신도시철도시스템공학

손 영 진 저

도서출판
구미서관

머리말

지하철도의 아이디어를 최초 낸 영국인 찰스 피어슨에 의해 세계 각국에 퍼져 서민의 발이 되어 주고 있는 도시철도는 두더지 구멍에서 힌트를 얻어 최초 제안하게 되었던 수송의 역사상 가장 기발한 것으로 1863년 1월 10일 세계 최초의 지하철도가 영국런던 파링턴(Farringdon)~패딩턴(Paddington)간 6km 구간에 지하철이 지구상에 역사적으로 처음 탄생하였다.

튜브라고 불리기도 했던 이 도시철도가 건설되고 증기기관차에서 전동기의 고안으로 모형전차가 발명되있고 계속해시 직류전동기, 소형전차의 탄생, 제3제조방식의 발명 등 도시철도는 발달을 거듭해왔다. 깨끗하고 간편하며, 지상도로의 교통량을 감소시킬 수 있다는 기대 등의 여러 가지 장점이 높이 평가되어 도시철도는 그 후 급속도로 보급되었다.

이제 도시철도는 도시인구의 폭발적인 증가추세와 맞물려 세계 각국의 대도시에서 서민의 발로 그 뿌리를 내리고 있는 가운데 전 세계에서 53번째로 최초로 민족 자본으로 건설한 1899년 5월 4일 서울에 노면전차 개통으로 서대문~청량리간 8km간 운행은 1899년 9월 18일 일본 침략의 청일전쟁 전쟁물자 수송을 위한 경인선 개통보다도 무려 4개월 15일이나 앞선 자랑스러운 우리나라의 철도 개통역사로 영국에서 철도가 탄생된 후 74년만이며, 최초 영국 도시철도개통 36년만의 일이였다.

1974년 8월 15일 지상에서 지하로 서울에 서울역~청량리간 7.8km 서울지하철 1호선 개통을 시작으로 37여 년간 6대도시 9개 도시철도 운영기관에서 1일 승객 850만 명 수송 규모로 발전해 왔으며 김해-부산 경전철과 의정부경전철 그리고 용인경전철이 건설되었고 서울의 우이-신설간 외 여러 도시에서 신교통시스템이 건설되는 일대 교통혁명이 일어나고 있는 작금에 이르러 충분한 실용전문 기술서적의 절박한 현실에서 도시철도에서 30여 년간 일선에서 직접 일하면서 연구 정리한 기술자료를 집필 정리하게 되었다.

도시철도시스템은 밀집되어 있는 대도시 교통난을 해결하기 위해 3분간격 운행시격에 한치의 오차 없이 편성당 3,000여명 승객 수송에 안전을 기반으로 해야 하기 때문에 전기, 신호, 통신, 토목, 건축, 기계설비, 궤도, 차량, 사령관제, 역무 등 업무 융합이 효율적으로 잘 이루어져야만 안전운행을 할 수 있는 중요한 총합 콘텐츠영역으로 중요함을 아무리 강조해도 넘치지 않는 현실 속에 도시철도 경험 기술에 맞춤식 기술분야에 조금이라도 기여 할 수 있는 도시철도 관계자들의 필수 기술서가 되도록 엮었다.

끝으로 이 책의 출판을 맡아 수고하신 구미서관의 임해진 사장님과 기인수 상무님을 비롯한 편집부 관계자 여러분께도 깊은 감사드린다.

2011년 8월

저자 손영진

목 차

제1장 세계 도시철도의 탄생과 역사 / 1

1.1 세계 최초의 도시철도 지하철 ···· 3
(1) 영국 철도의 호황 ···· 5
(2) 세계 최초의 지하철 탄생(런던 메트로폴리탄 철도회사) ···· 6
(3) 전기철도의 등장 ···· 8
(4) 도시철도(지하철)와 간선철도의 구분 ···· 11
1.2 미래형 공공교통 ···· 12
(1) 일반개요 ···· 12
(2) 신교통시스템 종류 ···· 13
(3) 신교통시설 건설계획 및 건설 ···· 31

제2장 철도영업 및 운수 / 35

2.1 영업역무 ···· 37
(1) 일반 개요 ···· 37
(2) 도시철도 영업 ···· 39
2.2 여객운송 ···· 41
(1) 여객운송 실무의 개념 ···· 41
(2) 용어의 정의 ···· 43
(3) 여객운송 계약 ···· 43
2.3 여객취급 ···· 44
(1) 도시철도 운임제도의 종류 ···· 44
(2) 도시철도 운임체계의 이해 ···· 45
(3) 승차권 ···· 46
(4) 여객운임 ···· 48
(5) 운송거절 및 승차권 무효처리 ···· 49
(6) 시내버스의 운임 ···· 49

(7) 환승 할인제도 50
2.4 휴대품 50
(1) 휴대 금지품 및 휴대품의 제한 50
(2) 휴대 금지품 및 제한품의 휴대 시 처리 51
2.5 역무자동화기기 51
(1) 기기 51
2.6 신교통카드시스템 53
(1) 게이트 단말기와 주변 구성 53
(2) 부정사용방지 54

제3장 철도운전이론 / 57

3.1 운전이론 59
(1) 일반개요 59
(2) 견인력의 분류 63
(3) 열차저항의 종류 69
(4) 제동장치 일반 73
(5) 제동일반이론 75
(6) 제동이론 77
(7) 제동거리의 산출 80
(8) 열차다이아(DIA) 85
(9) 철도차량의 특성과 운전 86
(10) 도시철도 특성 86
(11) 운전업무 87
3.2 운전계획 89
(1) 개요 89
(2) 열차운영 90
(3) 운전계획 수립 91
3.3 열차 운전속도 94
(1) 운전속도의 구분 94
(2) 운전속도 제한요인 95
3.4 폐색신호(閉塞信號, blocking signal) 98
(1) 폐색의 의의 98

(2) 폐색방식의 종류 ········· 99
3.5 안전관리 ········· 100
(1) 필요성 ········· 100
(3) 사고원인 및 예방대책 ········· 101
(4) 사상사고 발생시 조치 ········· 102
(5) 지적확인 환호 ········· 104
(6) 기관사 안전관리 ········· 106

제4장 도시철도차량(Rolling Stock)시스템 / 111

4.1 전기동차(Electric Train) 일반 ········· 113
(1) 전기동차 개론 ········· 113
(2) 전기동차의 종류 ········· 115
(3) 전기동차의 차종 및 편성 ········· 119
4.2 주요기기 구성 ········· 121
(1) 교직류 전동차 특고압기기 구성 및 기능 ········· 121
(2) 특고압제어회로 ········· 136
(3) 직류 전동차 기기 구성 및 기능 ········· 139
4.3 전동차 유지관리 ········· 152
(1) 개 요 ········· 152
(2) 전동차 검사 ········· 153
(3) 전동차 유지보수 정보화시스템(RIMS) ········· 155
(4) 전동차 O&M에서 SE 적용 ········· 178

제5장 토목궤도 / 187

5.1 도시철도의 공법 ········· 189
(1) 도시철도 구조물의 공법 ········· 189
5.2 선로(線路) ········· 192
(1) 개 론 ········· 192
(2) 곡선(曲線) ········· 195
(3) 기울기(句配) ········· 197

(4) 분기기 ······ 199
(5) 건축한계와 차량한계 ······ 204
(6) 궤도중심간격(軌道中心間隔) ······ 206
(7) 선로제표 ······ 207

5.3 궤도(軌道) ······ 207
(1) 궤도구조(軌道構造) ······ 207
(2) 레일 ······ 208
(3) 침목(枕木) ······ 213
(4) 도상(道床) ······ 215
(5) 레일체결장치 ······ 218
(6) 철도차량 소음과 진동 ······ 220

제6장 전기설비 / 229

6.1 전기철도 일반 ······ 231
(1) 개요 ······ 231
(2) 전기철도의 효과 ······ 235

6.2 전기철도의 분류 ······ 237
(1) 전기방식에 의한 분류 ······ 237
(2) 급전방식에 의한 분류 ······ 240
(3) 가선방식에 의한 분류 ······ 241
(4) 전기차 형태에 의한 분류 ······ 242
(5) 운전속도에 의한 분류 ······ 243
(6) 수송목적에 의한 분류 ······ 244

6.3 전철설비의 급전계통 ······ 245
(1) 급전계통의 구성 및 특성 ······ 245
(2) 급전계통의 운전 및 분리 ······ 245
(3) 전기방식별 급전계통 ······ 246
(4) 전차선로와 열차운전 ······ 247
(5) 열차운전관련 각종 표지류 ······ 250
(6) 전차선로의 단로기 취급 ······ 252
(7) 전차선로 설비 ······ 252
(8) 구분장치(Section) ······ 258

(9) 송 · 배전 설비 259
(10) 역사 전기설비 263
6.4 변전설비 266
(1) 변전소 주요기기 266
(2) 전력감시 제어설비 269

제7장 신호보안 / 271

7.1 신호시스템 273
(1) 개 요 273
(2) 신호시스템의 설치목적 275
(3) 신호시스템의 역사 276
(4) 신호시스템 비교 279
7.2 신호시스템의 안전성 280
(1) 신호시스템의 FAIL-SAFE 280
(2) 안전도의 비교 281
7.3 신호시스템의 구성 및 기능 282
(1) 신호설비 282
(2) 궤도회로장치 284
(3) AF 궤도회로 285
(4) 궤도회로에 사용되는 Bond 종류 286
(5) 선로전환기 287
(6) ATO장치 289
(7) LCTC컴퓨터 290
7.4 연동장치 291
(1) 개요 291
(2) 쇄정의 종류 296
(3) 전기연동장치 298
(4) 전자연동장치 299
7.5 신호제어 설비의 분류 302
7.6 폐색장치(閉塞裝置) 309
(1) 개요 309
(2) 폐색 312

제8장 정보통신 / 315

8.1 정보통신 일반 …… 317
(1) 정보통신 개요 …… 317
(2) 정보통신망 …… 323
(3) 무선통신기술 …… 325
(4) 디지털 전송설비 …… 328
8.2 열차무선 전화장치 …… 329
(1) 수도권 TRCP …… 329
(2) 서울메트로 TRCP(Train Radio Control Panel) …… 338
(3) 서울도시철도공사 열차무선설비 …… 349
8.3 화상전송 설비 …… 351
(1) 개요 …… 351
(2) 전송망 구성 …… 351
(3) LS(Local System) …… 352
(4) 공간 화상전송설비 …… 352
8.4 행선안내게시기 …… 353
(1) 목적 …… 353
(2) 설치 현황 …… 353
(3) 시스템 구성 내역 …… 353
8.5 복합통신장치 …… 355
(1) 설치목적 …… 355
(2) 운영현황 …… 356
8.6 방송장치 …… 356
(1) 설치목적 …… 356
(2) 자동방송장치 …… 356
(3) 관제방송장치 …… 357

제9장 사령관제 / 359

9.1 열차운행종합제어장치(TTC) ··· 361
(1) 개요 ··· 361
(2) 주요기능 및 계통도 ··· 362
(3) C.T.C장치 ··· 364
(4) 궤도회로(軌道回路, Track Circuit) ··· 364
(5) 연동장치(連動裝置) ··· 364
9.2 종합관제실 장치 ··· 366
(1) LDP(대형표시반, Large Display Panel) ··· 366
(2) 제어탁 ··· 367
9.3 열차다이아그램 ··· 369
(1) 열차다이아의 개요 ··· 369
(2) 열차번호 ··· 369
(3) 열차다이아의 기재요령 ··· 370
(4) 열차 다이아그램(예) ··· 370
9.4 열차 정시운행 확보 ··· 371
(1) 확보방안 ··· 371
(2) 전차선 급, 단전 취급 ··· 373
(3) 기 타 ··· 374
9.5 종합관제실의 업무 ··· 375
(1) 관제사의 임무 ··· 375
(2) 운전정리 ··· 376
(3) 차량고장에 대한 조치 ··· 377
(4) 열차운행기록지, 자기테이프, 열차무선 녹음테이프의 활용 ··· 378
(5) 운전시각의 기록 ··· 379
(6) 운전명령의 발령 ··· 379
(7) 전령법의 시행 ··· 379
(8) 지령식의 시행 ··· 380
(9) 역장의 열차감시 ··· 381
(10) 열차집중제어장치 고장의 경우 ··· 382
(11) 유실물 발생신고의 처리 ··· 382
(12) 열차만원 등의 통보 ··· 383
(13) 열차운행중 전차선 급, 단전 조치 ··· 383

9.6 원격방송시스템 ······ 384
(1) 원격방송시스템 운용법 ······ 384
9.7 상황보고 ······ 385
(1) 사고 등의 급보 ······ 386
(2) 운전장애의 기준 ······ 386

제10장 기계설비 / 387

10.1 열원설비 개요 ······ 389
(1) 기본방향 및 주요시스템 계획 ······ 389
(2) 열원공급방식 ······ 390
(3) 특기사항 ······ 390
(4) 냉동기의 종류 및 특징 비교 ······ 390
(5) 냉각탑 ······ 391
10.2 공조 및 환기설비 ······ 393
(1) 공기조화 및 환기설비 계획 ······ 393
(2) 공기여과장치 ······ 395
(3) 위생설비 ······ 398
(4) 소방설비 ······ 404
10.3 소방설비의 적용 ······ 405
(1) 적용소화설비 ······ 405
(2) 가스소화설비 ······ 407
(3) 제연설비 ······ 410
(4) 자동제어 ······ 415
(5) 승강설비 ······ 419

제11장 세계도시의 및 도시철도 개발동향 / 425

11.1 도시개발의 새로운 경향 ······ 427
(1) 21세기 도시개발의 새로운 패러다임, '지속가능한 도시개발' ······ 427
11.2 도시개발의 새로운 동향 ······ 428
(1) 뉴 어바니즘(New Urbanism) ······ 428

11.3 압축개발(Compact Development) ······ 429
(1) 바르셀로나 ······ 430
(2) 파리 ······ 430
11.4 대중교통지향형 개발(Transit Oriented Development, TOD) ······ 431
(1) 라구나 웨스트 ······ 431
11.5 복합용도개발(Mixed Used Development, MUD) ······ 432
(1) 록본기 힐 ······ 432
(2) 포츠다머플라츠 ······ 433
11.6 입체적 토지이용 ······ 433
(1) 난비피그 ······ 433
(2) 라데팡스 ······ 434
11.7 지속가능한 도시재생 ······ 434
(1) 셰필드 ······ 435
(2) 빌바오 ······ 435

제12장 도시철도관련 명칭약어 해설 / 437

12.1 전기동력차 일반회로 ······ 439
12.2 ATS회로 ······ 450
12.3 보조전원장치(SIV)회로 ······ 452
12.4 전기신호통신관련 용어 · 약어 ······ 453
(1) 신호관련 약어 해설 ······ 453
(2) C.T.C 장치 ······ 455
(4) 케이블류 ······ 458
12.5 전기철도관련 용어풀이 해설 ······ 459
12.6 전기내선규정관련 용어해설 ······ 467
(1) 시설장소에 관한 용어 ······ 467
(3) 기계기구에 관한 용어 ······ 475
(4) 재료에 관한 용어 ······ 477
(5) 과전류보호 및 누전차단에 관한 용어 ······ 478

참고문헌 ······ 482
찾아보기 ······ 487

제 1 장

세계 도시철도의 탄생과 역사

1.1 세계 최초의 지하철
1.2 미래형 공공교통

제1장 세계 도시철도의 탄생과 역사

1.1 세계 최초의 도시철도 지하철

세계 최초의 도시철도인 지하철도는 1863년 1월 10일 영국 런던의 팔링턴(Farringdon) 스트리트와 비셥스 로드의 패딩턴(Paddington)을 잇는 6km구간에 개통돼 증기기관차로 운영됐다.

전기철도 방식은 1890년에 탄생했다. 그 후 제1차 세계대전이 일어난 1914년에 전 세계의 여러 도시에서 지하철 건설 붐이 일어났다.

전기철도는 그 뒤 각국의 대도시에 보급되어 1896년 헝가리 부다페스트, 1897년 영국 글래스고, 1901년 미국 보스턴, 1900년 프랑스 파리, 1902년 독일 베를린, 1904년 미국 뉴욕, 1913년 아르헨티나 부에노스아이레스, 1927년 일본 도쿄, 1935년 소련 모스크바에서 개통되었다.

그림 1.1 개통기념 명패 Baker Street Station

세계 주요 국가들의 지하철 개통년도

1896년 – 헝가리 부다페스트
1898년 – 오스트리아 빈
1900년 – 프랑스 파리
1901년 – 미국 보스턴
1902년 – 독일 베를린
1904년 – 미국 뉴욕
1906년 – 독일 함부르크
1913년 – 아르헨티나 부에노스아이레스

런던에서 세계 최초의 지하철이 개통된 이래 전 세계적으로 지하철 건설이 추진되어 왔으며 특히 제2차 세계대전 이후 인구의 급격한 증가(1945년 약 25억 명, 1988년 약 50억 명), 도시의 인구집중, 자동차의 급격한 증가에 따른 도시교통 혼잡이 초래되어 세계 각 도시에서는 자동차 이용을 억제하고 시민들을 효율적으로 수송할 수 있는 공공수단인 지하철로 유도하였다.

제2차 세계대전 이전에는 지하철도가 10개국 19개 도시에서 운영되고 있었으나 1994년에는 33개국 87개 도시에서 총연장 약 5,000km가 운영중에 있으며, 기존 노선들은 확장되었고, 새로운 노선들도 도심지의 교통해소를 위하여 속속 건설되었으며, 지금도 건설중이다.

여러 나라에서 지하철도가 사회에 미치는 편익 때문에 지하철도 시스템을 채택 건설하고 있으나, 지하철도의 성장을 방해하는 가장 큰 저해요인 중 하나가 대규모 지하철 건설비 및 운영비이기 때문에 최근 세계 각국에서는 지하철도 건설 및 운영 투자비 절감을 위하여 차량의 개량이나 시스템의 개선 발전에 많은 노력을 하고 있다.

영국의 피어슨이라는 사람이 두더지를 보고 힌트를 얻어서 제안하고 관련 공사를 시작한 지 10년 만에 런던의 패딩톤과 팔링돈을 잇는 구간의 운행이 시작되었고, 개통식에만 무려 4천여 명의 런던 시민들이 몰려들었다고 한다.

런던 지하철은 첫 해에만 890만 명의 승객을 날랐고, 1880년에는 4천만 명이 넘는 승객이 지하철을 이용하였으나 지금처럼 전기차가 아니라 증기기관차였기 때문에 매연으로 인해 문제가 되기도 했다. 이 문제는 1890년 전기기관차의 등장으로 사라지게 되었고 영국에서 대성공을 거둔 지하철로 인해 전 세계의 여러 도시에서 지하철도 건설 붐이 일어나게 되었답니다.

우리나라의 최초 도시철도 지하철은 서울지하철 1호선 서울역–청량리의 7.8km구간으로 1971년 4월 12일 착공해 1974년 8월 15일 개통되었으며 이는 세계 최초의 도시철도 지하철이 개통된 후 약 110년만의 일이다.

그림 1.2 서울지하철 1호선 개통 모습

1) 역과 역 사이를 연결하고 도심을 순환하는 지하철은 큰 인기를 끌었었고, 이후 지하 깊숙이 터널로 건설하면서 때마침 실용화 단계에 접어든 전기철도 방식을 채택하게 되었다.
2) 기술의 발달에 따라 전기철도는 지하철이나 산악철도에 우선적으로 채택되었고 오늘날에 이르러 고속철도를 이끌고 있다.

(1) 영국 철도의 호황

1) "철도 도입 초기의 몇 십 년만큼 우리 삶의 방식이 그토록 짧은 기간에 그렇게 획기적으로 바뀐 시기는 없었다"고 아서 엘톤(Arther Elton)은 1945년 출간된 <영국의 철도 (British Railways)>에서 다음과 같이 회고했다.
   - 철도 도입 전에는 감히 나설 생각을 못했던 수백만의 사람이 여행을 떠났다.
   - 철도가 없었다면 저렴한 인쇄물의 대량 유통이 불가능했을 것이다. 라고,
2) 도시민의 식생활도 변했는데, 철도로 인해 고기와 채소의 가격이 처음으로 대다수 도시 거주자들이 구입할 수 있는 수준으로 떨어졌기 때문이다. 철도는 급속히 최대의 고용주가 되어 수많은 일자리를 제공했다. 철도는 수출품을 항만까지 값싸게 수송함으로써 19세기 영국 무역을 이끌어냈다. 철도는 영국의 국회의원들이 지역구에 오가는 시간을 며칠에서 몇 시간 단위로 단축시켜 정치체제를 바꾸어놓았다. 철도는 농업을 변화시켰다.
3) 19세기 후반에 들어서자 철도의 성공은 대승리가 되었다. 새로운 세대들은 영국의 파워를 넓은 세계에 확립시킬 새로운 수단으로 철도를 인식했다. 이제 철도 건설에는 더 이상의 장애가 없었다. 높은 산도 넘을 수 있었고, 넓은 강도 다리를 놓거나 터널을 뚫어 건널 수 있었다.

4) 세계에서 가장 인구가 많은 도시로 6개의 철도역이 있던 런던은 1850년대에 이르러 정작 도시 한가운데에서 심한 교통 체증에 시달리고 있었다.

(2) 세계 최초의 지하철 탄생(런던 메트로폴리탄 철도회사)

1) 런던의 도심은 철도 도입 이전에 이미 상업지역으로 발달해 있었기 때문에 런던을 각 지방으로 연결하는 주요 간선 철도역은 비싼 도심을 벗어나 외곽 지역에 종착역 개념으로 건설되었다.
2) 많은 여행객들이 런던브리지(London Bridge), 유스톤(Euston), 패딩턴(Paddington), 킹스크로스(King's Cross), 비숍스게이트(Bishopsgate), 그리고 워털루(Waterloo) 등 런던 외곽의 6개 철도역과 도심 사이를 승객용 마차(cab)나 승합차(omnibus)를 이용해 오가야 했기 때문에 교통량이 넘쳐난 것이다.
3) 이미 1830년대부터 런던의 도심과 간선 터미널 역 사이를 잇는 지하철도를 건설하자는 아이디어가 나왔지만 교통 체증 문제가 심각해진 1850년대가 되어서야 이러한 계획이 진지하게 검토되었고, 마침내 1854년 런던 서부 간선역인 패딩턴 역에서 북쪽의 킹스크로스 역을 거쳐 팔링턴가(Farringdon Street)까지 지하철 건설을 승인하는 의회 법안이 통과되었다.
4) 건설 당시 런던 지하철을 견인하는 동력원은 증기기관차였기 때문에, 지표면까지 연결되는 효과적인 환기 장치가 필수적이었다. 증기기관차의 스팀과 연기를 내보내고 신선한 공기를 터널로 끌어들이기 위해 노선 곳곳에 환기용 수직구가 설치되었는데, 도심의 거리에 세워진 환기구들은 1.5m 두께의 콘크리트로 주택의 전면부와 유사한 모양을 갖추도록 하는 등 거리의 미관을 살렸다.
5) 증기기관차 운행을 고려해 초기 터널들은 대부분 선로가 지나는 지역을 모두 파내고 건설 후 다시 덮는 개착식(cut-and-cover) 공법을 사용해 건설했다. 이에 따라 건설 과정에서 넓은 지역의 교통을 차단할 수밖에 없었을 뿐 아니라 해당 지표면의 건물들을 헐어내야 했다. 때로는 도시의 하수도를 잘못 건드려 터널이 침수되기도 하면서, 건설은 자금 부족으로 수년 간 지연되었다.
6) 당시 런던시티의 사무변호사(Solicitor to the City of London Corporation)를 역임하고 있던 찰스 피어슨(Charles Pearson)의 각별한 지원이 없었다면 이 프로젝트는 추진되기 어려웠을 것이다. 피어슨은 1840년대 중반부터 런던 도심에 지하철을 건설하자고 적극 건의해왔다. 그는 도심의 비위생적인 슬럼가를 허물고 슬럼가의 주민들을 도시 외곽

의 새집으로 이주시키는 대신, 교외의 거주지에서 도심의 일터까지 새로운 철도로 통근할 수 있도록 하자는 계획을 주장했다. 지하철을 운영하는 일에는 직접적으로 참여하지 않았지만, 그는 지하철 개념을 뛰어넘어 진정한 비전을 제시한 인물로 평가되었다.

1859년 그의 설득에 따라 런던 시티가 자금 지원에 나서 1860년에 수석 엔지니어 존 포울러(John Fowler)의 지도하에 건설이 재개되었다. 피어슨은 슬프게도 이 지하철의 완공을 보지 못하고 죽었지만, 그의 유지는 지하 철도망의 성장과 함께 계승되어 많은 도시민들이 쾌적한 교외로 이주했다.

1863년 1월 10일 세계 최초의 도시 지하철인 '메트로폴리탄 철도(Metropolitan Railway)회사'가 설립되었다. 오늘날 서울지하철공사의 새 이름인 '서울메트로'도 메트로폴리탄 철도에서 비롯되었다. 메트로(Metro)라는 명칭은 도시철도 지하철이라는 개념으로 통하기 시작하였다. 최초 영국런던 메트로폴리탄 철도는 개통 후 2~3개월 만에 이 지하철 이용객 수가 일일 2만 6000명에 달했다. 건설 당시에는 이 지하철 이용철도의 광궤 차량도 다닐 수 있도록 광궤와 표준궤의 복합 궤도로 건설되었지만, 1869년 3월에 이르러서는 광궤가 모두 사라졌다. 1864년에는 해머스미스와 패딩턴을 잇는 다른 지하철 노선이 개통되는 등 여러 노선이 계속 건설되었고, 1885년에는 런던의 내철 순환선이 완성되었다.

앞서 설명한 대로 이때까지 건설된 지하철은 증기기관차 운행을 고려해 통풍구를 많이 설치할 수 있도록 깊이를 아주 얕게 하여 지표면에서 불과 5m 아래에 선로가 놓였기 때문에 개착식 공법을 사용해야 했다. 내부 순환선이 완성된 1885년경에는 도심의 슬럼가를 허물고 재정비하는 것까지 목적으로 했던 초창기 지하철 건설 시기로부터 30여 년이 흘러 도심은 이미 상업지구로 발달해 있었다. 따라서 선로가 지나는 지역을 모두 파내고 다시 덮는 개착식 공법을 계속 사용하는 것은 매우 곤란해져 새로운 해결책이 필요했다.

새롭게 제시된 해결책은 지상의 교통에 지장을 주거나 건물들을 허물 필요가 없도록 지하 깊숙이 터널로 건설하는 것이었다. 때마침 실용화 단계에 접어든 전기철도 방식을 채택하면 매연의 문제도 해결될 수 있을 터였다.

1890년 스톡웰과 킹 윌리엄 가를 잇는 노선으로 개통된 '시티 & 사우스 런던 철도(City & South London Railway)'가 바로 세계 최초의 '고심도 전기철도 방식 지하철'이다. 이 지하전철은 지표면 아래 약 20m 깊이로 터널을 뚫는 공법으로 건설되었다. 뒤이어 개통된 런던 지하철들은 대부분 고심도 전기철도로 건설되었는데 1900년 7월 30일 개통된 '센트럴 런던 철도(Central London Railway)'는 승강장이 있는 역 구내의 단면이 둥근 원통형 모양으로 되어 '튜브(Tube)'라는 별칭으로 불렸다.

점차 튜브라는 별칭은 런던 지하철 모두를 가리키는 애칭이 되었으며, 이 고심도 지하철 튜브는 세계 주요 도시 지하철의 교본이 되었다. 오늘날 런던 지하철은 11개 노선을 따라 250개 역을 운영하며 영업 거리는 약 400km에 달하고 하루 승객은 약 425만 명에 이른다.

한편 영국 내에서 런던 외의 지역으로는 글래스고(Glasgow)가 튜브를 건설한 유일한 도시였는데, 특이하게도 1896년 개통된 이 튜브 순환선은 동력으로 고정형 증기기관을 설치하여 열차를 케이블로 견인하는 방식을 채택했다. 이 케이블 견인 방식은 1935년이 되어서야 전기철도 방식으로 바뀌었다.

(3) 전기철도의 등장

여기서 오늘날 지하철은 물론 고속철도에 이르기까지 폭넓게 사용되고 있는 전기철도의 탄생 과정을 간략히 살펴보면 다음과 같다.

전기는 전기뱀장어 등 생물체 전기나 정전기 현상 등으로 오랜 옛날부터 우리 인류에게 알려졌지만, 이 현상에 대한 본질적 이해는 18세기 후반에 들어서야 시작되었다. 1791년 전기 자극으로 개구리 근육을 움직이는 해부 실험을 통해 신경세포에서 근육으로 전달되는 신호가 전기를 매체로 한다는 생체전기를 입증한 동물학자 루이기 갈바니(Luigi Galvani)에 의해 동전기(정전기에 대비하여 움직이는 전기, 즉 전류)가 발견되었다.

이 실험에 사용된 전기발생장치를 연구한 물리학자 알레산드로 볼타(Alessandro Volta)에 의해 1800년 묽은 황산 용액 속에 아연판과 구리판을 담가 화학반응으로 전기를 얻어내는 전지(batteries)가 발명되었고, 이 볼타 전지는 전기의 성질에 대한 안정적 연구뿐만 아니라 실용적 활용의 기반을 조성했다.

19세기 초 전기가 실생활에 활용된 최초의 사례가 전신(telegraph)이었다. 전신기는 초창기 철도에 우선적으로 적용되어 철도시스템의 신경 역할을 담당했다. 19세기에 철도는 첨단을 걷는 가장 큰 산업이었기에 무언가 새롭게 발명했을 때 철도에의 적용 가능성이 제일 먼저 검토되었다. 1834년 직류 전동기를 발명해 미국에서 특허를 받은 토머스 다벤포트(Thomas Davenport)도 전동기로 움직이는 기관차라는 개념적 모형을 만들어 전동기가 가져올 미래상을 알리고자 했다.

세계 최초의 전기기관차는 1837년 스코틀랜드의 발명가인 로버트 다비드손(Robert Davidson)에 의해 제작되었다. 아연-산 전지를 동력원으로 한 까닭에 '갈바니'라고 이름 붙인 다비드손의 전기기관차는 1842년 에딘버러-글래스고 노선에서 시험되었는데, 짐차는 아예 끌지 못하고 전기기관차만 시속 6.4km로 달릴 수 있었다. 하지만 전지에서 소모되는 아연의 비용이 같은 출력을 지닌 증기기관차의 석탄 값에 비해 무려 40배나 비싸서 경제성이 없는 것으로 밝혀졌다.

1879년 베를린에서 열린 무역박람회에서 베르너 지멘스(Werner von Siemens)는 오늘날 유원지에서 볼 수 있는 여객용 꼬마 전기열차를 선보였다. 이때 사용된 동력차는 레일 중앙에 전력 공급용 레일을 설치한 제3궤조 방식이었다. 지멘스는 1881년 5월 16일 베를린 근처 작은 마을(Groß-Lichterfelde)의 마차궤도(tram way)에서 세계 최초의 여객용 전기차를 시험선 개념으로 운행했고, 베를린 시내에 이 전기철도를 건설하기를 희망했다. 그러나 전력원의 한계 등에 따른 전기철도에 대한 의구심을 해소하지 못해 베를린에 전기철도가 본격적으로 등장한 시기는 세계의 다른 도시들에서 전차 운행이 확산된 이후인 1902년이었다. 이렇게 전기철도의 실용화는 화학반응에 의한 전지의 한계를 넘어서 충분하고 경제적인 전력 생산 방식이 발명될 때까지 기다려야 했다.

직류발전기(dynamo)의 원리는 1831년 마이클 패러데이(Michael Faraday)가 발명했고, 이후 여러 발명가가 개량해왔다. 마침내 1871년 제노브 그램(Zenobe Gramme)은 상업적 발전이 가능한 수준으로 직류발전기를 개량하는 데 성공했다. 특히 그램은 1873년 비엔나에서 열린 산업 전시회에 참가하던 중 한 발전기에서 나오는 전류를 다른 발전기의 단자에 잘못 연결했는데, 이 발전기가 전동기처럼 회전하는 것을 발견하였다. 즉 발전기와 전동기가 사실은 같은 원리여서 회전자의 축을 돌려주면 전기가 생산되고(발전기), 반대로 회로에 전기를 넣어주면 회전자 축이 돌아가는 것(전동기)이었다. 이러한 원리를 사용해 오늘날의 전기기관차들은 가속 시 사용한 견인 모터를 감속 시에는 발전 제동기로 쓴다.

초기에 대규모의 전력을 생산하는 상업용 발전의 동력원으로 주목받은 것은 폭포수의 높은 낙차를 이용한 수차였다. 수력을 얻기가 힘든 곳에서는 석탄을 때서 얻은 증기력으로 터빈을 돌려 전기를 생산했다. 먼 지역에 전력을 보내기 위해서는 전압이 높을수록 유리한데 가정이나 산업 현장에서 사용하는 전압은 감전의 위험 때문에 적당히 낮아야 했다. 이 문제를 해결하기 위해서는 변압기(transformer)가 필요했다. 변압기는 유도전류를 사용하는 원리상 교류에만 가능했고 이에 따라 1880년대부터 1990년대에 걸쳐 에디슨의 직류 진영에 맞서 테슬라와 웨스팅하우스의 교류 진영이 펼친 전류 전쟁에서 교류 진영이 승리하게 되었다.

1881년 나이아가라 폭포를 이용한 수력발전소에서 그 가능성을 확인하는 등 세계 곳곳에서 대규모의 전력 생산이 가능한 발전소가 들어섰고, 이에 따라 전기철도 실용화를 가로막던 장애가 사라졌다.

1888년에는 미국인 프랭크 스프라그(Frank Julian Sprague)가 발명한 트롤리 방식(trolley system)을 적용하여 버지니아 주 리치몬드에서 '리치몬드 유니온 여객철도(Richmond Union Passenger Railway)'가 시내 전차 운행을 실용화하는 데 성공했다. 종래의 마차 궤도 옆에 세운 높은 전주에 전차선을 매달아 트롤리로 전기를 공급받는 스프라그의 '시내 전차(electric trams/trolley cars)'는 이후 세계 여러 도시에 퍼져나가 마차를 대체한다.

철도에서는 당연히 터널이 많은 노선에서 전기철도 방식이 우선적으로 도입되었으며, 앞서 살펴본 대로 1890년 런던의 고심도 지하철 튜브에서 최초로 실용화했다. 이때 사용된 전기 공급 방식은 차량 지붕 위 터널 상부에 전차선을 설치하는 방식이 아니라 터널 측벽에 별도의 전기 공급용 레일을 설치하는 제3궤조 방식이었다.

간선에서 전기철도는 1895년 미국 '볼티모어 & 오하이오 철도'에서 볼티모어의 상업지역 인근을 통과하는 약 6km의 터널 구간을 전철화하여 이 구간을 지나는 열차를 전기기관차로 견인한 것이 효시다. 초창기 전기철도는 전철화 설비의 높은 초기 투자비용 때문에 확산이 더디었고, 증기기관차의 매연이 크게 문제가 되는 터널 구간이 많은 철도 노선에 우선적으로 도입되었는데 대도시의 지하철이나 터널이 많은 산악지대의 철도가 그 대상이 되었다.

그림 1.3 우리나라 최초 전기철도 철원역

특히 전기기관차는 증기기관차에 비해 견인력이 매우 높아 경사가 심한 산악지역 철도에 적격이었고 산악지역은 수력발전을 위한 댐 건설에도 적합하여 스위스는 전 철도노선을 전철화했다. 우리나라도 1973년부터 태백선과 중앙선 등 산악지대를 통과하는 산업선을 우선적으로 전철화했으며, 1974년에는 경인선과 경수선 등 서울지하철 1호선을 전기철도로 개통했다.

오늘날 수도권에는 한국철도공사(코레일)가 광역철도 노선으로 경부선 서울－천안 구간, 경인선 구로－인천, 경원선 청량리－소요산, 경춘선 망우－춘천, 경의선 용산－문산(서울지하철 1호선과 연결된 광역 구간임), 중앙선 용산－팔당, 일산선 지축－대화(서울지하철 3호선의 광역 구간임), 안산-과천선 남태령-오이도(서울지하철 4호선의 광역 구간임), 분당선 선릉-보정 등 9개 노선에서 187개역 약 406km 거리에 전동차를 운행하며 하루 약 450만 명을 수송하고 있다. 서울시 구간에서는 서울메트로가 1호선에서 4호선까지 120개역에 약 138km, 서울도시철도공사가 5호선에서 8호선까지 148개역에 약 152km, 서울메트로 9호선(주)가 9호선(개화-신논현) 25개역 25.5km(1단계)에서 운행을 담당하며 2011년 6월 현재 서울시 전체적으로 하루 평균 약 700만 명을 수송하고 있다. 인천시 구간에서는 인천메트로가 23개역에 약 22km, 인천공항까지는 공항철도가 8개역에 약 61km 구간에 2010년 12월 완전개통 되어 전구간에서 전동차가 운행되고 있다.

(4) 도시철도(지하철)와 간선철도의 구분

도시철도(지하철)와 간선철도를 구분짓는 운영측면에서의 특징을 살펴보면, 도시철도는 출퇴근 등 도시 내 통근여객을 대상으로 2~5km의 짧은 간격으로 정차역을 둔 까닭에 평균속도가 시속 50km 내외이며, 성능이 비슷한 열차들을 빈번하게 운행한다. 반면, 간선철도는 역간 거리가 길어 평균속도가 높고, 열차의 종류도 고속열차부터 화물열차까지 다양하게 운행한다.

또한 간선철도에서는 일반적으로 예약시스템을 통해 여객이 가고자 하는 목적지를 정하고 이용 가능한 열차를 선정해 좌석이 지정된 표를 구매한다. 개표구나 집표구의 기능은 단순히 안내를 위한 것이어서 생략 가능하고, 정당한 표를 소지했는지의 확인은 열차 내에서 이루어진다. 반면 도시철도(지하철)는 일반적으로 이용할 열차나 좌석의 지정 없이 타는 역과 나오는 역의 게이트를 통과하면서 게이트에 설치된 정보 시스템이 운임을 징수하는 방식으로 운영한다.

한편, 우리나라에서 발표되는 교통통계를 보면 도시철도(지하철)와 간선철도의 구분을 제대로 하지 못하고, 광역철도를 포함한 '국철'과 지자체에서 운영하는 '지하철'로 분류하여 '공로'와 '해운' 및 '항공' 등 수송 수단별 이용 인원을 집계하여 '철도'의 수송분담률이 아주 낮은 것으로 발표하고 있다. 이는 매우 큰 오류로 잘못된 정책 판단을 초래할 가능성이 높다.

한국철도공사(코레일)의 광역철도만 하더라도 하루 240만 명에 달해 간선 여객열차 이용객 하루 30만 명보다 약 8배 이상 앞서 숫자 비교를 무의미하게 만든다. 그러나 간선철도의 이용객 수가 적다고 하여 중요성이 낮은 것이 아니다. 예를 들어 수입 측면을 비교해보면 KTX를 포함한 간선여객부문이 광역철도부문보다 3배 이상 높다.

프랑스에서는 100km 이상의 간선교통과 근거리의 도시 내 통근교통으로 교통시장을 구분하여 각각의 분담률을 구한다. 이와 비슷한 방식으로 최근 여객열차가 정차하는 주요도시들을 대상으로 간선교통에 있어서 철도·고속버스·항공·승용차(자가용)의 여객수송 분담률을 조사한 결과, 전국적으로 철도의 분담률이 37.1%로서 승용차의 44.8%에 근접하였고, 고속버스 13.9%, 항공 4.2% 순으로 드러났다.

특히, KTX가 운행하는 서울－부산간의 경우 철도의 분담률이 68.5%로 압도적이며, 항공 20.4%, 승용차 8.1%, 고속버스 3%의 점유율을 보이고 있다. 서울－대구간은 철도의 분담률이 66.0%에 달하며, 승용차 24.9%, 고속버스 8.4%, 항공 0.7%순으로 조사되었다. 반면, KTX가 기존 호남선으로 운행하는 서울－광주간은 철도의 분담률이 32.2%에 머물며, 고속버스 46.9%, 승용차 12%, 항공 8.9%로 조사되었다.

거리가 160km로 경쟁이 치열한 서울－대전간은 철도의 분담률이 39.9%, 승용차 43.8%, 고속버스 16.3%의 점유율을 보이고 있다. 이렇게 장거리 구간에서 철도의 수송 분담률이 높은 것은 고속도로를 이용하는 전체 차량 중 200km 이상을 주행하는 차량의 비중이 4.3%에 머물고 100km 이상을 합쳐도 15.2%에 지나지 않으나, 철도여객의 경우 200km 이상의 여행객이 36%이고 100km 이상을 합하면 61.1%에 이른다는 수치로도 뒷받침 된다.

1.2 미래형 공공교통

(1) 일반개요

자동차로 인한 혼잡과 환경문제 및 에너지절약 문제 등을 해결하기 위하여 미래형 대중교통 수단으로 단거리 구간에 운행할 수 있는 경전철시스템 등이 등장하게 되었으며, 경전철시스템은 전력공급 방법, 레일의 구조, 차량의 크기 및 형태 등에 따라 다양한 시스템이 세계 각국에서 운용되고 있다. 유럽이나 일본, 홍콩, 싱가포르 등지에서 볼 수 있었던 자동안내 주행차량, 노면전차, 모노레일, 간선급행버스 등의 새로운 교통수단이 대거 도입되고 있다. 이 같은 교통수단은 교통 사각지대에 사는 주민들의 불편을 해소하고, 지역개발에도 긍정적인 영향을 미칠 것이다.

최근 국내에서 건설을 계획중이거나 건설하고 있는 몇 가지 경전철시스템에 대하여 소개한다.

(2) 신교통시스템 종류

도시교통수단으로는 중·대형 전동차 및 노면전차, 모노레일, AGT 일본에서는 일반적으로 「신교통시스템」이라고 하고, 미국의 경우는 IEEE(Institute of Electrical and Electronics Engineers)의 표준형식으로 APM(Automated People Mover)이라는 정의를 하고 있으나 이는 동일한 의미이다. 이외에 버스, 자가용, 자전거 등 여러 가지 종류가 있고, 제각각 특성에 맞게 활용되고 있다. 이들의 수송력 등에 관한 특성을 종합하면 다음과 같으며, 이를 개념적으로 나타낸 것이 그림 1.4이다.

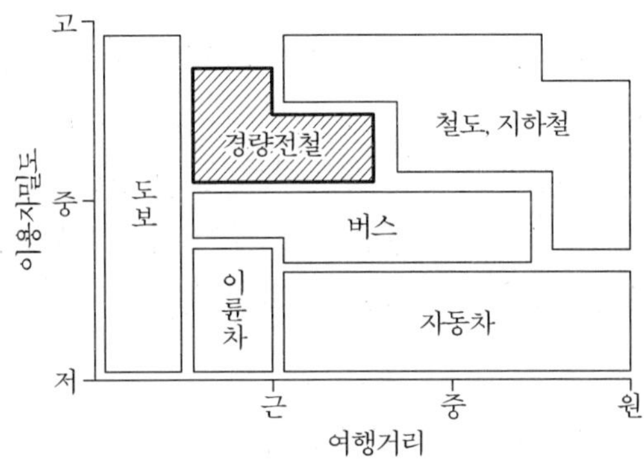

그림 1.4 도시교통의 교통수단 적용범위의 개념

기존 철도는 시간·방향당 수만 명의 수송수요에 대응할 수 있고, 아울러 표정속도가 30km/h 이상의 대량고속 수송수단이다.

자동차는 도어 투 도어(door to door)로 이동할 수 있는 접근성(接近性) 등에서 우수하고, 도로조건에 따라서는 시간당 이동거리도 길어지는 장점이 있다. 반면 공공교통수단에 비해 차량 1대당 정원 제한으로 인해 수송력은 낮으며, 시간당 수송력도 그다지 높지 않다.

자전거와 도보는 도로폭이 넓은 경우나 움직이는 보도와 같은 연속수송설비가 갖추어져 있는 경우에는 단위시간당 수만 명까지 수송이 가능하지만, 이동거리는 기껏해야 2km 이내에 불과하다.

노면전차와 시내노선버스 등은 1시간 당 수천 명의 수송수요에 대응가능하며, 10km 정도의 비교적 단거리 이동에 이용되는 교통수단이다. 이들은 지금까지는 대도시권에서는 대량·고속수송수단에 의한 공공교통망을 보완하는 역할을 담당하고, 지방의 중소도시에서는 도시 내 교통의 기본적인 교통수단이었다. 그러나 최근 자동차의 증가에 따른 도로혼잡으로 인해 표정속도가 저하하고 정시성(定時性)을 잃어, 공공교통수단으로서의 기능을 충분히 발휘할 수 없는 상황에 이르고 있다. 이러한 서비스 수준의 저하에 따라 이용자가 감소하여 노면전차와 버스는 채산성의 악화를 가져와, 어쩔 수 없이 노선폐지와 운행빈도 감소를 초래하는 상황에 도래했다. 이러한 자동차의 대폭적인 증가는, 도로혼잡, 대기오염 등 환경적인 측면이 도시의 심각한 문제로서 대두되고 있다.

이와 같은 도시교통의 상황과 더불어 현재 중·대형 철도 등의 공공교통시설의 건설비는 해마다 대폭적으로 오르고 있어, 수요와 채산성 측면에서 고려해 볼 때 보다 저렴한 교통시스템이 요구된다. 그래서 이용하기 쉬운 도시교통수단을 확보하여 이동성(移動性, mobility) 향상과 더불어 도시기능을 충실하게 하기 위해 각종 새로운 도시교통시스템이 연구개발 되어 도입되고 있다.

이와 같은 상황을 배경으로 하여 경량전철은 중·대형 철도(지하철 포함)와 버스와의 중간적 수요에 대응할 수 있는 철도시스템(그림의 빗금친 부분)이다. 비교적 최근에 연구개발 되어 이미 도입되고 있는 예도 많은 노면전차, 모노레일, AGT시스템(고무AGT, 철제AGT, LIMAGT), 오랫동안 지속적으로 개발중인 자기부상열차, 케이블차량, 또한 노면전차와는 다르지만, 버스를 발전시킨 형태인 가이드웨이 버스시스템 등이 있다.

1) 노면전차

노면전차는 모터리제이션(memorization : 자가용 사용)의 진행에 따른 노면교통의 정체와 더불어 그 대부분이 폐지되었지만, 개량형 노면전차는 폐지된 노면전차의 기능을 재평가, 최신 기술을 도입함으로써 노면전차를 새로운 시스템으로서 부활시킨 것이다. 이에 따라 정시성 확보와 고속주행을 가능하게 되었다. 노면전차는 기본적으로는 도로 위를 일반교통수단과 함께 운행된다. 노면전차는 도시의 대량수송 시스템(광역교통망, 우리나라 지하철 1, 2호선 등)과 비교하면 수송력, 속도 등은 떨어지지만, 일반적인 도로를 이용하므로 역설비, 인프라(infrastructure), 신호시스템을 단순하게 할 수 있어 건설비가 대폭적으로 절감되는 큰 장점이 있다. 인구가 20~30만 정도의 수송수요가 그다지 많지 않은 중, 소도시에 교통효율을 위해 도입이 가능하다.

그림 1.5 샌프란시스코의 노면전차

2) 모노레일

모노레일은 1개의 주행로(走行路, treacheries)위를 고무타이어 차량이 걸쳐서 달리는 방식(과좌식 모노레일)과 주행로를 달리는 대차에 차체가 매달려 달리는 방식(현수식 모노레일)이 있다.

일본에서는 오랫동안 「유원지의 놀이기구」라는 이미지가 강했으나, 1964년 일본 최초의 본격적인 도시 모노레일로서 도쿄의 모노레일 하네다선(羽田線, 과좌식)이 하네다공항과 도심을 연결하여 개통되었다. 모노레일은 기존 철도사업법(舊 지방철도법)에 의해 건설되었지만, 1972년 11월 「도시모노레일 정비의 추진에 관한 법률」이 제정되어 최근에는 이 법률에 따라 모노레일 건설이 추진되고 있다.

그림 1.6 모노레일

① 과좌식 모노레일

㉠ 차량

도시교통용 모노레일은 도쿄 모노레일, 기타큐슈 및 오사카 모노레일 3개 노선이 현재 운행되고 있다. 또한, 다마 모노레일은 1999년에 개통 되었으며, 건설중인 오키나와 모노레일은 2003년 개통되었다. 대차는 2축 보기식 대차이다. 주행륜은 질소를 넣은 고무타이어를 사용하며 한 축에 2개의 바퀴를 끼운 차축을 대차 프레임에 고정시킨다. 아울러 쉽게 타이어를 교환할 수 있는 구조로 되어 있다. 대차 프레임(bogie frame)측면에는 위쪽에 안내륜 2대, 아래쪽에 안전차륜 1대를 구비하고 있다. 주행륜과 마찬가지로 이들 차륜은 만일의 경우(펑크 등)에 대비해 모두 보조차륜을 갖추고 있다. 또한, 주행차륜에는 펑크 감지장치를 구비하고 있다. 전기방식은 직류 750V 또는 1500V를 사용한다.

㉡ 궤도

- 궤도거더(track girder, track beam)

  궤도거더는 PS콘크리트(prestressed concrete)제가 표준으로 되어 있다. 더욱이 긴 경간(span)을 필요로 하는 경우 등 특수한 입지 조건에서는 필요에 따라 강제거더와 합성거더를 채용하고 있다.

- 지주(standards, support, column)

  지주는 T형의 철근콘크리트제가 표준으로 되어있다. 한편, 지형과 용지 등의 제반조건에 따라 강제로 된 T자형 또는 문자 모양의 지주를 채용하는 경우도 있다.

- 분기기

  과좌식 모노레일의 분기기(turnout)는 궤도거더 그 자체가 분기주행로로서 그 일부분을 이동시키는 방식이다. 분기 거더는 이동용 대차에 지지되어 전동기에 의해 움직인다. 분기기는 본선용의 관절가동식과 차고내등 본선 이외의 저속주행부에서 사용하는 간이형 관절식의 2종류가 있다. 본선용 분기기(crossover)는 양쪽 이동교차와 한쪽 이동선 조합방식 외에 교차 건넘이 가능한 분기기를 개발-채용하여 분기기를 통과하는 열차의 속도를 향상시키고 있다.

그림 1.7 과좌식 오사카모노레일과 현수식 쇼난 모노레일

② 현수식 모노레일

㉠ 차량

도시교통용 모노레일은 쇼난 모노레일(Shonan monorail)과 지바시 모노레일(Chiba city monorail)이 운행되고 있다. 쇼난 모노레일은 3량, 지바시 모노레일은 2량(장래 4량편성 예정)으로 연차편성이 되어 있다. 대차는 고무타이어 공기스프링식 2축 보기방식(bogie type)으로 되어 있고, 각 대차에는 주행차륜 및 안내차륜일지라도 공기주입 고무타이어 4개로 구성되어있고, 각 대차에는 주행차륜 및 안내차륜일지라도 공기주입 고무타이어 4개로 구성되어 있으므로, 공기가 빠졌을 때의 인전을 위해 각각 보조치륜이 구비되어 있다. 현수장치는 대차와 차체를 열결하는 것으로 현수링크(stopper)로 구성되어 있다. 전기방식은 직류 1,500V이다. 주전동기는 직류전동기를 사용하며, 집전은 대차에 설치된 소형 팬터그래프가 궤도거더에 가설된 전차선과 접촉(contact)함에 따라 이루어진다.

㉡ 궤도

• 궤도거더

모두 강제로 되어 있는 궤도거더의 안을 대차가 주행하며 현수장치를 통해 차량이 매달려 있기 때문에 아랫부분이 박스형으로 뚫린 단면으로 되어 있다. 표준거더는 3경간(span)연속거더(3*30=90m)이다. 궤도거더 내부는 주행거더, 안내거더, 전차선 및 신호보안계인 신호제반설비가 설치되어 있다.

• 지주

지주의 형식은 T자형이 기본으로 되어 있지만 , 그 밖에 문자 모양 및 라켓형(racquet typc)이 있으며, 지형과 용지 등의 조건에 따라 다르다.

• 분기기

분기기의 표준형은 2차 분기기이고, 그 구조는 주행 및 안내 레일이 부착된 순T자형 단면의 가동레일이 동작하도록 되어 있고, 주행레일면을 수정하는 보정레일이 구비되어 있다.

3) AGT(Automated Guideway Transit)

AGT란 일반적으로는 「고가의 전용궤도에 소형경량의 고무타이어 부착 차량을 컴퓨터에 의해 운행관리하는 시스템」을 말하며, 최소 간격으로 운행하여 무인운전도 가능한 시스템이다. 일본에서는 일반적으로 이 시스템을 「신교통시스템」이라고 부르고 있지만, 기존철도와 지하철과는 다른 「경량전철」이라는 의미로 모노레일을 비롯해 노면전차, 리니어지하철

까지 포함하여, 혼란을 피하기 위해 좁은 의미의 AGT로 부르기로 한다.

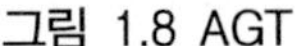
그림 1.8 AGT

그림 1.9 AGT의 히로시마(廣島)고속교통 아스트램라인

① **고무차륜 AGT**

AGT(Automated Guideway Transit)란 일반적으로는 「고가 등의 전용 궤도를 고무타이어 또는 철제차륜을 부착한 소형 경량 차량이 가이드웨이(guideway)를 따라 주행하는 경량전철시스템」을 일컬으며, 컴퓨터제어로 무인운전도 가능한 시스템이다. 따라서 경량전철 시스템 중에서 유·무인 운전에 의해 노면전차 등과 명확히 구분된다.

AGT 이외에도 모노레일, 노면전차, LIM과 같은 하드웨어면에서 신기술을 사용한 기존 교통수단의 운행상태를 소프트웨어면에서 개량한 교통수난 시스템을 경량전철이라고 한다.

일본에서는 「신교통시스템」이라고 정의하고, 이 중에서 무인으로 운전하는 시스템을 AGT(고무차륜, 철제차륜, LIM)라고 한다. 독자적인 궤도시스템을 가지고 운영되는 교통수단인 AGT는 다음과 같은 특성을 갖고 있어 오늘날 도시교통시스템으로서 호평을 받고 있다.

- 차량의 소형화를 통하여 터널 및 구조물 설치 등의 건설비용의 감소
- 새로운 운행기법의 도입으로 운영효율 향상
- 새로운 통신 및 제어기술의 도입으로 탄력적 수송수요 대응
- 운행자동화로 승무원 수 감소
- 기존 도시철도보다 다양한 규모위 수송용량
- 차량 등판능력 향상, 회전반경 감소로 산악지형이 많은 지역에도 적용가능
- 전기동력의 사용으로 공해가 없음
- 기존 궤도시스템에 비해 미려한 외형

그림 1.10 고무차륜 경전철

② 철제차륜 AGT

노면전차의 가장 발달한 시스템으로서 지하, 지상, 고가 노선이 혼재되어 있는 곳에 적합한 시스템으로 기존의 철도기술의 접목이 손쉽다는 점과 무인운전을 구현한다는 특징이 있다. 대표적인 노선은 영국 도크랜드(Docklands) 경량전철과 태국 방콕을 예로 들 수 있다.

도크랜드 경량전철 건설 배경에는 1970년대 중반 런던 중심부와 도크랜드 지역을 연결하는 지하철을 건설하여 이 지역의 재건을 촉진하려는 시도가 있었으나 재원조달 문제로 실패함에 따라 교통수단의 여러 대안을 검토한 결과 철제차륜 AGT가 타당하다는 결론에 도달하였다.

그림 1.11 런던 도크랜드 경량전철(철제차륜 AGT)

4) LIM(Linear Induction Motor)

Lim(Linear Induction Motor, 리니어 지하철, 小斷面 지하철)은 리니어모터를 채용함에 따라 차량단면을 줄여, 터널단면을 적게 함으로서 건설비의 절감을 도모할 수 있다.

리니어모터는 평판모양의 전동기이므로 차량하부를 낮출 수 있으므로 적은 터널 단면에서 일정한 차량공간을 확보할 수 있다. 대량의 수송수요가 필요하지 않은 경우에는 수송수요 적합한 차량단면을 소형화하여 보다 경제적인 지하철 건설을 도모할 수 있다.

그림 1.12 리니어 지하철의 도쿄도영 지하철 12호선

5) 자기부상열차

자기부상열차는 크게 상전도자기부상식과 초전도자기부상식으로 나눌 수 있다. 상전도자기부상식(常電導磁氣浮上式, EMS : Electromagnetic suspension)은 자기의 흡인력(吸引力)으로 차량이 부상(浮上)하고, 선형전동기로 추진하는 시스템이다. 운행속도가 300km/h, 200km/h, 100km/h의 세 가지 방식이 개발 중이며, 도시철도시스템으로서는 100km/h 방식이 적합한 것으로 판단된다. 그 대표적인 시스템이 일본의 HSST(High Speed Surface Transport)이다.

초전도자기부상식(超傳導磁氣浮上式)은 자기의 반발력(反撥力, repulsion force)으로 차량이 부상하고 리니어 모터로 추진하는 시스템이다. 대표적인 시스템은 일본의 야마나시(山梨試驗線, Yamanash : test track)으로 운행속도가 400km/h 이상이다.

그림 1.13 자기부상 실험용 차량(한국기계연구원 UTM)

① **상전도 자기부상식 철도**

상전도 자기부상식 철도란 통상의 전자석에 의해 부상(levitation) 지지되어 선형유도전동기로 추진되는 시스템이다. 상전도는 초전도에 대응하는 표현으로서 사용되고 있다. 상전도 자기부상식 철도로는 현재 독일의 트랜스래피드와 일본의 HSST (High Speed Surface Transport)가 실용화를 위해 개발중이다. 트랜스래피드는 지상일차 리니어 동기전동기방식이며, HSST는 차상일차 리니어 유도전동기방식을 채용하고 있다. 부상식 철도의 큰 장점은 비접촉 지지방식으로 인해 저소음주행과 주행저항이 적어 고속주행이 가능한 것이다. 일본의 HSST 시스템도 처음에는 최고속도 200~300km/h 정도인 HSST-200과 HSST-300을 목표로 개발을 추진해 왔다. 최근에는 급경사 급곡선이 많은 도시 내 교통수단으로서 최고속도 100km/h 정도인 HSST-100의 개발에 주력하여 실용화 단계에 거의 도달했다.

② **VVVF(가변전압 가변주파수)**

VVVF(Variable Voltage Variable Frequency, 가변전압 가변주파수) 인버터제어는 최근에 들어와 철도차량에 많이 사용되고 있다. 이 제어 장치를 탑재한 차량에 승차하면 가속 시에 바닥에서 윙윙하는 소리가 난다. 이것은 가선으로부터 받은 직류전원을 고속으로 on off하여 유도전동기에 인가하는 전압과 주파수를 변화시키는 소리다.

전동기는 그 사용전원에 따라 직류전동기와 교류전동기로 분류된다.

직류전동기는 브러시(brush)와 정류자가 필요하여 구조나 보수면에서는 불리하지만 속도제어가 비교적 간단하다. 그에 비해 교류를 사용하는 유도전동기는 원리적으로 가변운전이 상당히 어려워, 가변운전을 하기 위해서는 관련장치가 커지게 됨으로, 오랫동안 차량의 주전동기는 직류전동기가 주류를 이루었다.

그러나 최근 전력 전자의 발달로 인해 VVVF 인버터(inverter)에 의한 주파수 가변제어가 가능하여 교류전동기가 널리 사용되고 있다. 인버터란 직류전력을 교류전력으로 변환하는 장치로 회생 제동시에는 반대로 작동한다. 인버터에 사용되는 주회로 소자는 대용량 GTO(Gate Turnoff) thyristor 이외에 기존선 전차에는 비용저감과 아울러 가속시의 소음을 줄이기 위해 산업용으로 사용되는 IGBT(Insulated Gate Bipolar Transistor)도 사용되기 시작했다. 유도전동기의 VVVF제어로 보수성 향상 외에 점착 성능의 향상, 주전동기의 소형화 고출력화, 신뢰성의 향상, 전력소비량의 절약 등이 가능하다. 가격면에서도 양산이나 저비용 소자의 도입 등에 의해 개선되고 있으며, 현재는 이 방식이 가장 적합한 시스템으로 되어 있다.

③ **리니어 모터**

「리니어 모터(linear motor)」라면 (재)철도종합기술연구소(RTRI)가 개발하고 있는 초고속자기부상식철도(MAGLEV : Magnetic Levitation System)가 유명하나 개발 실용화되고 있는 선형 전동기에는 여러 종류가 있어 간단히 설명해 둔다.

기존의 전동기는 원통형으로 그 중심에 있는 축이 회전하는 것(회전형 전동기)이었으나, 이것을 잘라 직선상으로 전개한 것을「선형전동기」라고 한다.「리니어(linear)」란 영어로「선상의」 또는「직선의」라는 뜻이다.

기존의 회전형 전동기에는 교류인 유도전동기(induction motor)와 동기전동기(synchronous motor)가 있다. 이것들을 직선상으로 자른 전동기 중, 인덕션 모터는 1차측에 전류를 흐르게 하면 2차측에 유도전류가 흐르기 때문에 2차측에는 외부로부터의 배선이 필요 없으며 이 방식을 LIM(Linear Induction Motor)방식이라고 한다. 한편, 동기전동기는, 2차측을 직류로 여자하든지 영구자석을 이용한 것으로 LSM(Linear Synchronous Motor)방식이라고 한다.

이 직선동력을 열차의 추진력으로 하여 열차는 진행한다. 차량의 지지에 기존과 같이 차륜과 레일을 이용하는 방식(예 : 리니어 지하철)과 차량을 자석으로 부상시켜 원칙적으로는 차륜이 필요 없는 방식(예 : HSST)이 있다

6) 기타 경전철

이상에서 언급한 시스템 외에 PRT, 가이드웨이 버스(guideway bus), 도시형 공중케이블 등이 있으며, 각 시스템의 대표적인 사례를 들어 설명한다.

① **PRT(Personal Rapid Transit)**

GRT(Group Rapid Transit)와 대별되는 개념으로서, 일반적으로 고가안내궤도(elevated guideway)에서 무인으로 운행하는 궤도승용차 시스템을 말한다.

PRT 시스템의 특징으로는

㉠ 완전무인운전

㉡ 정해진 안내궤도 위를 운행(과좌식 모노레일의 발전적 형태임)

㉢ 승차정원(1~6명)

㉣ 지상, 지하, 고가에 적용 가능한 경량구조

㉤ 모든 궤도구간과 역사를 연결하는 네트워크로 구성함

㉥ 목적지까지 환승, 정차 없이 논스톱(non-stop) 운행 등

1966년 미국의 주택 · 도시개발국인 HUD의 타당성 연구보고서에서 미래형 교통수

단으로 제시된 이래, 1970년대 초반에 미국의 로스엔젤레스 시가 PRT 네트워크 구상계획을 세워, Monocab 개념을 포함시킨 현수식 PRT 개념이 TTI-Otis社에 의해 선형유도전동기 추진방식으로 구상한 바 있다. 이후 일본, 프랑스, 독일 등지에서 타당성 검토가 이루어졌다.

독일의 경우 함부르크 시에서 Cabin Taxi라는 이름으로 건설을 계획하였으나 예산 문제로 무산되었다.

그림 1.14 Cabin Taxi 차량과 시험노선

1993년 미국의 Raytheon社가 Taxi2000이라는 시스템의 개념설계를 완료한 후, 1995년에 실물 크기의 시험차 계획을 추진하였으나 심층적인 연구의 자료 미공개로 개발이 지연되었다. 이후 이 시스템 개념설계를 발전시켜 PRT2000을 제작하여 시험운행하고 있다(그림 1.14 참조).

그림 1.15 Raytheon社의 Taxi2000과 PRT2000

지난 20년간 PRT의 개념이 소개되면서 여러 분야에서 이에 대한 연구와 검토가 있었다. 그 중 문제점으로 도출된 사례는

㉠ 대용량 수송능력이 요구되는 노선이나 경제성이 있는 전자제어식 가이드웨이는

저밀도 요구수송능력의 소규모 차량에는 부적합

㉡ 피크시간(peak time, 尖頭時)대 1초 이하의 배차시격은 차량제동거리 등의 기술적인 문제로 어려우며, 이로 인해 요구수송수요를 만족시키지 못함

㉢ PRT 시스템은 안내궤도, 역사, 차량유치고 등에 너무 많은 공간을 필요로 하므로, 승용차용 시설확충이 더 효과적임

이상의 문제 등으로 인해 1970년대 중반 이후 컴퓨터 기술발달로 네트워크 설계용량, 선형유도전동기 기술의 발전에 따라 배차시격의 단축, 마이크로프로세서의 보급화·상용화에 따른 차량성능향상, 안전성, 신뢰성, 그리고 역무자동화기술의 발달에 따른 인건비 절감 등이 PRT에 대한 보다 심층적인 연구 필요성을 유발시키고 있다.

② 가이드웨이 버스

가이드웨이 버스(guideway bus)는 전용궤도 주행과 일반 도로면 주행이 가능한 시스템의 큰 장점에서 착안한 것으로, 그 개념은 「우선·전용레인(private lane), 기간버스(중앙전용레인 주행 시스템) 등의 노선버스가 거듭 발전한 모습」으로 형상화된 것이다.

일본에서 가이드웨이 버스는 1984년도부터 건설성 토목연구소, (社)일본교통계획협회 및 가이드웨이 버스 공동실험연구소(민간기업 7개社)가 관민 공동으로 연구하여 1985~1988년 사이에 토목연구소내의 실험선에서 시험차량 2량을 이용하여 주행시험이 이루어졌다. 실용화 운행으로는 1989년 3월부터 반 년 간에 걸쳐 개최된「아시아태평양박람회-후쿠오카 '89」에서 운행된 것이 최초이다. 이 운행은 한정된 기간이지만, 궤도법에 근거하여 운송시설로서 인허가를 받아 운행되었다. 일본내에서는 아직 본격적인 영업운행에 도입된 예는 없지만 나고야시(Nagoya city)에서는 시다미선(志段味線)에 도입이 결정되어 1996년 1월에 공사시행인가를 취득했다. 이외에 호주의 아들레이드시(Adelaide city), 독일의 엣센시(Essen city)에서 영업운행이 시행되고 있다.

가이드웨이 버스는 기존의 노선버스에 간단한 기계식 안내장치를 부착하여 전용궤도(專用軌道) 위를 가이드 레일(guide rail)에 안내되어 주행하는 시스템으로, 궤도안내 주행 중에는 가이드 레일이 있어 기관사는 핸들조작을 할 필요가 없으며 가속과 제동 조작만 하면 된다. 가이드 레일에 의해 유도되므로 주행로의 폭은 아주 적어도 가능하며, 전용 주행로의 전체 폭은 복선 주행로인 경우 7.5m정도로 고가의

일반도로에 비해 폭이 대폭 절약된다. 가이드웨이 버스 신교통 시스템과 마찬가지로 도로상공에 고가 형태로 도입되는 것이 일반적이다.

전동기를 탑재하여 전용 궤도상에서는 전기에 의해 주행하는 시스템도 연구되고 있지만, 현재로서는 가이드레일에 의한 궤도안내만을 채용한 시스템이 보다 경제적이며, 실용화가 용이한 시스템으로서 주목받고 있다. 여기에서는 간단한 시스템으로 된 후자의 가이드웨이 버스에 대해 취급한다.

시스템의 특징으로는 다음과 같다.

㉠ 정시성의 확보

전용 주행로를 주행하므로 다른 도로교통 수단의 영향을 받지 않는다. 또한, 교통신호의 영향을 받지 않고 연속운행이 가능하므로, 공공교통으로서의 정시성의 확보, 표정속도의 향상을 꾀할 수 있다.

㉡ 건설비의 저렴화

주행로 폭이 대폭적으로 감소되므로 고가의 일반도로에 비해 건설비가 싸고, 고무차륜 AGT 시스템과 비교해도 인프라 외부의 건설비가 낮으므로 일반 경량전철 시스템보다 적은 수요로 사업화가 가능하다.

㉢ 이원화 모드성

전용궤도 위와 일반도로면 위를 같은 차량으로 주행할 수 있으며, 환승없이 직통운전이 가능하다. 이것은 도로의 체증구간만 전용고가궤도를 건설하고, 기타 구간에서는 일반버스로 운행하게 하여 최소한의 투자로 큰 효과를 거둘 수 있다

㉣ 단계적 정비에 대한 대응

전용궤도 구간은 평면도로의 교통량, 건설자금, 채산성 등을 고려하면서 차차로 연장할 수 있다. 또한, 전용궤도 구간의 구조를 미리 고무차륜 AGT 시스템의 경량전철에 대응가능토록 고려해두면, 수요가 증가하는 단계에서 수송력이 큰 경량전철로 전환이 가능하다.

㉤ 기존 버스 사업자와의 적응성

지하철, 경량전철 시스템 등의 도입 시에는 기존 버스사업자와의 경합지역에서 교통네트워크의 재조정이 필요하며, 아울러 이 조정에는 여러 가지 어려운 점이 많다. 가이드웨이 버스는 기존의 버스 사업자를 설득해 정비할 수가 있으므로 교통네트워크의 재조정이 비교적 용이하다.

가이드웨이 버스시스템의 기본시방은 표 1.1과 같다.

표 1.1 가드웨이 버스시스템의 기본시방

구 분	성능 및 내용
수 송 력	최대 9,600명/h 정도
운행간격	약 30초 정도
모 드	듀얼(전용궤도 주행과 일반노면 주행)
최고속도	60km/h 정도
표정속도	20~30km/h
차량 · 차체	일반노선버스에 안내바퀴를 부착한 개조차
정 원	80명 정도
지지방법	고무타이어(앞바퀴는 보조바퀴를 안에 설치)
조타방법	안내바퀴에 의한 기계적 스티어링(전용궤도 위), 핸드링(일반노면 위)
회전반경	전용궤도 위에서는 최소 약 16m
안내레일 간격	최소 2.5m

그림 1.16 독일 엣센(Essen)시의 O-Bahn

③ 도시형 공중케이블

공중케이블(索道, cable car)이란 공중에 가설(架設)된 와이어로프(wire rope)에 운반기구를 매달아, 사람이나 물건을 운송하는 것으로서 통상 로프웨이(ropeway) 또는 리프트(lift)라고 하며, 옛날에는 주로 관광용으로 사용되었다.

도시형 공중케이블은 공중케이블이 가지는 다음의 특성을 살려, 저렴하고 채산성 있는 도시내 중량수송기관으로서의 도입을 시도한 것이다.

- 전용궤도계의 교통기관으로 도로교통에 영향을 주지 않으며, 정시성이 확보된다.
- 도로상공을 이용하는 경우 용지가 필요한 곳은 지주부(支柱部) 뿐이므로 도입공간의 확보가 비교적 용이하다.
- 지주사이의 버팀목 등의 구조가 필요 없어, 건설비가 낮아진다.
- 지주간격은 다른 교통시스템에 비해 넓게 할 수 있다.

• 급경사에 대한 대응이 가능하며, 종단선형 설정 자유도가 높다.

수송력은 최근 기술개발에 의해 편도 3,200~3,600명/시간 정도의 수송확보가 가능하므로, 앞으로 도시교통기관으로서의 개발이 발달되면 소량·중량 수송기관으로서 기대가 크다.

공중케이블은 일반적인 철도와 마찬가지로, 일본에서는 「철도사업법」에 따라 공중케이블사업을 경영을 위해서는 운수성장관의 허가가 필요하다. 「철도사업법 시행규칙」에 따라 공중케이블의 종류가 정의·분류된다. 이에 따르면 공중케이블의 종류는 운반기기 형태에 따라 다음 표 1.2와 같이 분류된다.

표 1.2 공중케이블의 종류

종 류		운반기 형태
공중 케이블	보통 공중케이블	문이 있는 폐쇄식 운반기 사용
	특수 공중케이블	외부로 개방된 의자식 운반기 사용

이 중에서 특수 공중케이블은 승객 수송기관에 적용하는 것이 곤란하므로 대상에서 제외한다.

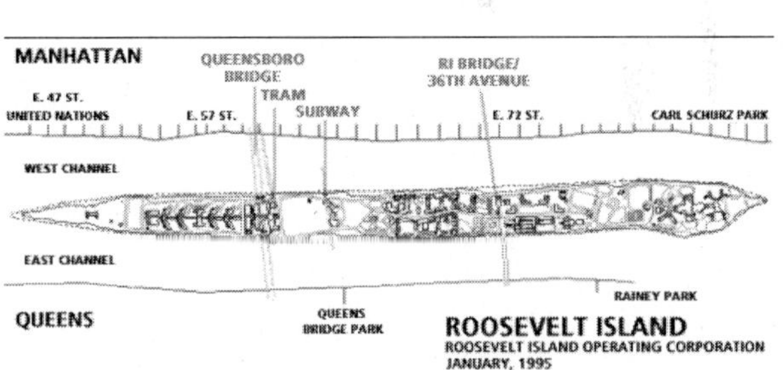

그림 1.17 루즈벨트섬의 공중케이블과 노선도

④ 새로운 버스 시스템

기존 노선버스의 수송력 개선을 위해 도입되는 새로운 수송시스템이다. 버스 우선차선과 교차점에서의 버스 우선 신호를 조합한 시스템과 대규모의 노면개량을 필요로 하는 기초 버스시스템 등 다양한 시스템이 이용자의 편리성 향상을 위해 일본 등 철도선진국에서 적용을 시도하고 있다. 또한, 버스의 전용궤도화의 시도로서 개발된 가이드웨이 버스도 실용화 단계에 있다. 가이드웨이 버스는 일반도로에서 운전사의 핸들조작에 의해 운전되고, 전용궤도상에서는 가이드웨이 시스템에 의해 자동 운전되는 시스템이다.

그림 1.18 가이드웨이 버스(일본 후쿠오카)

7) 세계 경량전철의 시스템별 총괄표

<table>
<tr><th>시스템 형식</th><th>국가</th><th>도시명</th><th>노선연장 (km)</th><th>정거장 수</th><th>개통 년도</th><th>제작사</th></tr>
<tr><td rowspan="2">철제 차륜 AGT</td><td>태국</td><td>Bangkok</td><td>23.1</td><td>25</td><td>1999</td><td>Siemens</td></tr>
<tr><td>영국</td><td>London</td><td>21.3</td><td>28</td><td>1987</td><td>Bombardier</td></tr>
<tr><td rowspan="12">고무 차륜 AGT</td><td rowspan="6">일본</td><td>Hiroshima</td><td>18.7</td><td>21</td><td>1988</td><td>Mitsubishi</td></tr>
<tr><td>Kobe Portliner</td><td>6.4</td><td>9</td><td>1981</td><td>Kawasaki</td></tr>
<tr><td>Kobe Rokkoliner</td><td>4.5</td><td>6</td><td>1990</td><td>Kawasaki</td></tr>
<tr><td>Komaki</td><td>7.4</td><td>7</td><td>1991</td><td>Mitsubishi</td></tr>
<tr><td>Tokyo</td><td>12.1</td><td>12</td><td>1995</td><td>Kawasaki</td></tr>
<tr><td>Yokohama</td><td>10.6</td><td>14</td><td>1989</td><td>Mitsubishi</td></tr>
<tr><td>프랑스</td><td>Lille</td><td>28.7</td><td>39</td><td>1983</td><td>MATRA</td></tr>
<tr><td rowspan="2">싱가폴</td><td>Bukit Panjang</td><td>7.8</td><td>14</td><td>1998</td><td>Adtranz</td></tr>
<tr><td>Changgi 공항</td><td>1.3</td><td>–</td><td>–</td><td>Adtranz</td></tr>
<tr><td>독일</td><td>Frankfurt 공항</td><td>3.8</td><td>–</td><td>–</td><td>Adtranz</td></tr>
<tr><td rowspan="2">영국</td><td>Gatwick 공항</td><td>0.15</td><td>–</td><td>1983</td><td>Adtranz</td></tr>
<tr><td>Stansted 공항</td><td>1.4</td><td>–</td><td>1992</td><td>Adtranz</td></tr>
<tr><td rowspan="7">고무 차륜 AGT</td><td rowspan="7">미국</td><td>Atlanta 공항</td><td>–</td><td>–</td><td>1980</td><td>Adtranz</td></tr>
<tr><td>Busch Gardens</td><td>1.07</td><td>–</td><td>–</td><td>Adtranz</td></tr>
<tr><td>Denver 공항</td><td>4.9</td><td>–</td><td>1994</td><td>Adtranz</td></tr>
<tr><td>Las Colinas Urban Center</td><td>4.4</td><td>–</td><td>1989</td><td>Adtranz</td></tr>
<tr><td>McCarran 공항</td><td>2.96</td><td>–</td><td>1985</td><td>Adtranz</td></tr>
<tr><td>Miami 공항</td><td>0.425</td><td>–</td><td>1980</td><td>Adtranz</td></tr>
<tr><td>Miami People Mover</td><td>7.1</td><td>23</td><td>1986</td><td>Adtranz</td></tr>
</table>

고무 차륜 AGT	미국	Newark 공항	3.6	–	1996	Adtranz
		Orando 공항	0.54	–	1981	Adtranz
		Pittsburgh 공항	0.7	–	1992	Adtranz
		Seattle 공항	2.6	–	–	Adtranz
		Tampa 공항	–	–	1971	Adtranz
MONO RAIL	일본	Chiba	15.5	19	1988	Mitsubishi
		Osaka	23.9	16	1990	Hitachi/Kawasaki
		Shonan	6.6	8	1970	Mitsubishi
		Tokyo	16.9	9	1964	Hitachi
	호주	Sydney	3.6	7	1988	AEG
	독일	Dortmunt	2.4	4	1984	Siemens
		Wuppertal	13.3	18	1901	
MONO RAIL	미국	Jacksonville	6.9	6	1997	Bombardier
		Seattle	1.9	2	1962	Alweg Rapid Transit Systems.
LIM	일본	Osaka	10.9	5	1990	Kawasaki
	말레이시아	Kuala Lumpur	29.2	24	1998	Bombardier
	캐나다	Vancouver	28.9	20	1986	Bombardier
TRAM	중국	HongKong	23.8	122	1904	
		Teunmun	31.8	57	1988	Kawasaki
	인도	Calcutta	67	447	–	
	일본	Hiroshima	18.8	61	–	
	북한	Pyongyang	50	–	1991	
	호주	Melbourne	240	–	–	Comeng
		Sydney	3.5	–	1997	Adtranz
	이집트	Alexandria	16	–	–	Kinki Sharyo
	오스트리아	Linz	15.3	39	–	Bombardier
	벨기에	Antwerp	101	–	–	BN PCC
		Brussels	133.6	17	–	Alsthom
		Charleroi	25	20	–	BC/ACEC
		Lobbes	–	–	–	
	독일	Bochum	87.8	–	–	Siemens
		Frankfrut	56.1	82	1968	Duewag
		Leipzig	154.6	269	–	Siemens
		Stuttgartt	108.5	176	–	Adtranz/Siemens

TRAM	프랑스	Grenoble	18.7	38	1987	Alsthom
		Maeseille	–	–	1876	
		Rouen	15.1	31	1994	Alsthom
		St Etienne	9.3	26	–	Alsthom
		Strasbourg	12.6	23	1994	Adtranz
	이태리	Milan	208.8	655	1876	Marelli
	네덜란드	Amsterdam	138	762	–	BN
	노르웨이	Oslo	38.3	–	–	Duewag
	포르투갈	Lisbon	53	100	1873	Siemens
	스페인	Vallencia	–	–	1994	Siemens
	스위스	Geneva	10.8	59	–	Vevey/Siemens
		Le Chablais	–	–	–	
	터키	Istanbul	1.6	–	1991	
		Konya	–	–	–	
TRAM	미국	San Francisco	–	–	–	
		San Jose	–	–	–	
		Secramento	32.8	34	1987	Siemens
		Sheffield	29	47	1994	Siemens
		St Louis	29	19	1993	Siemens
MAGLEV	일본	HSST-100L	–	–	–	
		HSST-100S	–	–	–	
	한국	UTM	–	–	–	
	독일	M-Bahn	1.6	3	–	
			–	–	–	
	영국	Birmingham	–	–	1984	
PRT	덴마크	RUF SYSTEM	–	–	–	
	독일	Cabin Taxi	–	–	–	
		Cable Liner	–	–	–	Siemens
		Mini Metro	–	–	–	Leitner
	미국	Morgantown	–	–	1975	
		ROMAG	–	–	1971	Boeing
		TAXI 2000/ PRT2000	–	–	–	Raytheon
TRAM	캐나다	Calgary	29.3	31	1981	Siemens
		Edmonton	13.7	10	1978	Siemens
		Toronto	79.6	–	–	UTDC

TRAM	미국	Baltimore	40.5	32	1992	Adtranz
		Boston	50	–	–	Kinki Sharyo
		Buffalo	10	14	–	
		Cleveland	21.5	33	1920	Breda
		Dallas	32	21	1996	Kinki Sharyo
		Denver	8.5	15	1994	Siemens
		Hudsonbergen	–	–	–	
		Los Angeles	66.2	38	1990	Siemens
		New Orleans	26	–	1835	Perley Thomas Car
		Piladelphia	61	–	–	Kawasaki
		Pittsburgh	17.2	–	–	Siemens
		Portland	52.6	50	1986	Siemens
		Saltlake	–	–	–	
		Sandiego	74.9	45	1981	Siemens

(3) 신교통시설 건설계획 및 건설

1) 자동안내 주행차량(AGT : Automated Guideway Transit)

AGT는 경전철의 일종으로서 고가선로 위를 달리는 전철로 궤도는 둘이며, 건설비가 지하철의 약 70% 정도 수준이다. 2005년 11월에 착공된 용인 경전철은 18.6km구간이며, 2009년 준공되어 2011년 운행될 예정이다.

부산-김해 경전철(23.5km)은 2011년 7월 운행될 예정이며, 의정부경전철(11km) 2011년 완공예정, 광명경전철(10.3km) 2012년 완공예정, 우이-신설 경전철(11.4km)은 2014년 완공 예정이며, 서울 면목동과 목동, 신림선, 동북선(왕십리-은행사거리), 부산지하철 3호선 2단계 등에서도 k-AGT를 도입 또는 검토되고 있다.

2) 노면전차(Tram)

노면전차는 도로에 깔린 선로를 이용해 달리는 경전철이며, 전주시에서 시내 2개 노선 24.3km 구간에 설치를 추진중이고 성남시에서도 2개 노선의 트램 도입을 검토하고 있다.

3) 단거리 순환 전철망(Monorail)

모노레일은 AGT처럼 고가선로를 달리지만 레일이 하나라는 점이 다르다. 서울시 강남구, 영등포구, 관악구 등 3곳이 검토 중이다.

4) 노웨이트 트랜짓(No Wait Transit)

NWT는 지상 5m 높이에 설치된 투명재질의 튜브 속으로 길이 6m, 폭 1.6m의 차량이 16m 간격으로 운행된다. 승객은 스키장의 리프트처럼 운행하는 객차를 기다리지 않고 바로 탑승할 수 있다. 경남 양산 물금지구에 설치 계획이 검토 중이다.

5) 간선급행버스(Bus Rapid Transit)

BRT는 지하철처럼 정류장과 정류장 사이를 멈추지 않고 달리는 신개념 버스다. 경기도 하남시에서 서울지하철 5·7호선 환승역 군자역 구간과 인천 청라지구－서울 강서구 화곡동 구간 등에 검토 중이다.

6) 자기유도버스(GRT)

GRT는 고무차륜형 버스차량에 자기장 유도장치를 부착해서 운행하는 차량이며, 서울시 난곡~신대방 3.1km 구간에 설치될 예정이다.

7) 관련 전문가들은 신교통수단이 전용궤도를 타고 운행되므로 대도시권의 혼잡을 획기적으로 개선할 수 있을 것으로 전망하고 있다.

8) 기타

대구지하철 3호선은 모노레일 방식을 채택 현재 공사가 진행중이며 2014년 완공될 예정이다. 자기부상열차 개발사업의 일환으로 국토해양부 주관 인천공항－용유역(6.1km) 추진 중이며, 또한 자기부상시스템 적용 민자 제안사업으로 송파－과천선, 송파－용산선 계획도 사업제안서가 제출되어 검토 중이다.

경기권과 서울 강남권을 잇는 대심도 급행전철(200km/h)도 현재 추진 중이며, 국토해양부에서 타당성 조사를 진행하고 있다.

그림 1.19 차세대전동차 독일ICE

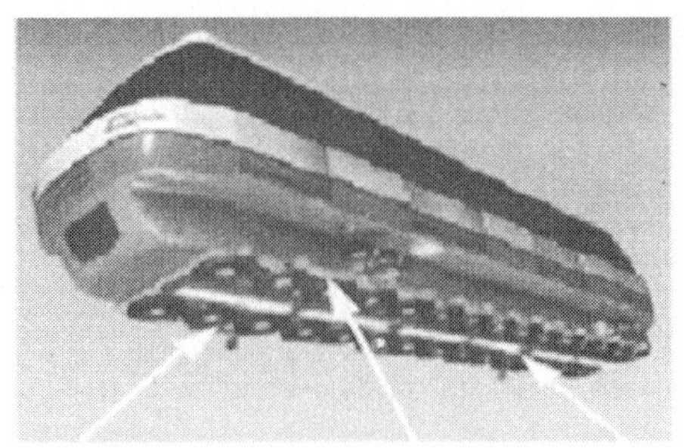

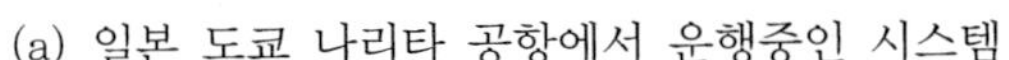

(a) 일본 도쿄 나리타 공항에서 운행중인 시스템

(b) 차량하부 시스템

그림 1.20 공기부상식 선형유도전동추진시스템

제2장

철도영업 및 운수

2.1 영업역무
2.2 여객운송
2.3 여객취급
2.4 휴대품
2.5 역무자동화기기
2.6 신교통카드시스템

제2장 철도영업 및 운수

2.1 영업역무

(1) 일반 개요

1) 영업활동 개념

영업활동이란 제품의 생산 및 서비스의 창출과 제공으로 거래가 형성되는 결과이며 상품 및 용역의 판매와 구매활동을 일컬으며 투자활동이나 재무활동에 속하지 아니하는 거래를 총칭하는 개념으로 사용된다. 주관적으로는 상인이 계속적으로 같은 종류의 영리행위를 반복하는 일, 객관적으로는 일정한 영리목적에 제공된 재산의 총체 또는 총괄적인 재산적 조직체를 말한다.

2) 도시철도에서의 영업활동

도시철도에서의 영업활동은 역을 중심으로 고객접점이 이루어지는 승객취급 활동과 승객을 운반구 즉 객차로 운전 운송하는 승무원의 서비스와 전동차를 정비하고 검수하는 차량분야의 정비 검수 업무, 기술분야의 설비 건축물 등과 각종 장비의 유지보수업무 등 모두가 영업활동이며 궁극적으로 매출액 신장을 위한 총체적 기업 활동이다. 나아가 도시철도의 장래와 발전에 대한 비전은 수익 구조의 개선과 아울러 공익성의 확충이란 과제를 어떻게 조화시켜 나아갈 것인가에 있으며 결국 이 모든 활동과 일은 영업활동에 귀착된다.

그리고 영업적 관점으로 접근해야 직원이나 도시철도와 관계되는 많은 사람, 한발 더 나아가 승객을 상대가 아닌 고객으로 접할 수 있으며 비로소 고객에 대한 관점을 형성할 수 있다. 고객이란 나를 중심으로 나를 향한 모두이다.

도시철도의 고객은 승객만이 아닌 도시철도 직원과 도시철도를 관계하는 모든 사람의 총합이며 영업활동에 대한 구체적 대상인 것이다.

3) 도시철도의 영업활동에 관한 법규

① 관련법규 및 적용체계

- 일반법 : 민법, 상법
- 특별법 : 철도법, 도시철도법
- 위임입법(시행령) : 철도운송규정, 도시철도법시행령
- 수송기관별 운송관련규정 : 도시철도여객운송규정
  도시철도여객운송규정시행내규

※ 협정 및 협약 : 포괄적 협정 → 세부사항 별도 협약
– 연락운송, 연락운임정산, 공동역 운영에 관한 협약 등

4) 영업활동과 고객

도시철도의 영업은 불특정다수의 장소적 이동을 다수의 요청에 의해 수행하며 그 이동의 대가로 지불되는 운임이 영업수입의 주부분을 차지하며 도시철도 매출액의 근간이다. 도시철도는 운송의 대가에 따른 상거래로 총칭되며 운송서비스를 통한 제1차적 고객과의 접점이 형성된다. 그러나 불특정 다수라는 함정은 승객을 고객이라는 손님으로 취급하기 어려운 대상성에서의 한계에 봉착한다. 다시 우리는 영업적 관점에서 승객 수송만을 위한 운송기관이 아니라 사회간접자본으로의 인프라와 도심과 시 외곽의 연결에 의한 문화적 격차 해소, 신속한 이동에 따른 부의 편중을 막고, 도시집중에 따른 환경오염과 슬럼화를 방지하는 순기능의 사회적 문화적 경제적 활동을 통한 제반 활동에서 고객의 개념을 정립해야할 것이다. 특히 불특정다수를 고객으로 받드는 도시철도인의 내부고객 만족을 위한 스스로의 시간을 만드는 것도 이 과목을 배우는 목적이기도 하다.

5) 도시철도의 고객

도시철도의 고객은 크게 외부고객과 내부고객으로 구분할 수 있다. 도시철도의 업무와 관련된 관계자와 고객의 접점에서 만나는 여객, 나아가 도시철도와 관련된 사업자, 상가 및 임대시설물 관계자와 직원의 가족을 포함하는 모든 관계자의 총칭이 외부고객이며 외부고객을 상대로 유무형의 서비스를 제공하는 도시철도 직원은 내부고객인 것이다.

(2) 도시철도 영업

1) 도시철도의 정의

도시철도라 함은 도시교통의 원활한 소통을 위하여 도시교통권역에서 건설·운영하는 철도·모노레일 등 궤도에 의한 교통시설 및 교통수단을 말한다.

산업혁명과 도시화는 인구의 집중화를 초래하였고 인구의 집중화는 지가의 상승을 부추기고 도시의 획일성은 상대적으로 열악한 노동자의 삶을 버겁게 하며 탈도시화에 의한 대도시를 중심으로 한 주변으로 이동 위성도시를 형성 발전하게 된다. 이때 대도시와 위성도시 간 이동의 문제와 탈도시화에 따른 노동력의 도심 이동의 신속성을 요구하는 것이 도시철도의 탄생이며 도시철도는 대중교통 수단이면서 대기 오염 및 환경 파괴와는 거리가 있는 친환경적 교통수단으로 도시의 매력적 이동수단으로 자리하게 되었다.

☞ 철도라 함은 철의 궤도를 부설하고 차량을 운전하여 여객과 화물을 실어 나르는 설비를 말한다. 철도는 인류생활이나 국가발전에 따라 더욱 발달하게 되고 전용통로로서의 철의 궤도와 강력한 동력을 가진 열차를 운반도구로 하여 장거리 대량수송의 적합한 교통수단으로 중심적 역할을 담당하고 있다.

※ 철도의 3요소 : 통로, 동력, 운반구

2) 도시철도운송의 특질

① 공공성

대도시속의 일반시민의 사회생활에 있어서 반드시 필요한 운송수단인 도시철도는 대중교통의 총아로 사회간접자본 동맥으로서 정치·경제·문화·군사 등의 발전에 큰 기여를 하고 있으며 도시의 발전은 역세권을 중심으로 급격한 팽창과 재개발을 통한 도시의 정비라는 시너지 효과까지도 그 공공성을 확보하고 있다. 따라서 일상생활필수품의 생산·공급의 원활을 기하기 위해서는 교통수단이 발달되어야 하며 일반국민이 이 교통수단을 신뢰하고 이용하는 관계가 확립되어야 할 필요가 있다. 이러한 관계의 발전이 공공의 복리증진에 밑바탕이 된다는 점에서 도시철도의 사명이 매우 크다고 할 것이다. 이러한 점에서 교통수단의 중심기능을 담당하는 도시철도의 공공성이 특히 강조되고 있다.

② 신속성

도시철도는 육상교통이 해결하지 못하는 도로의 정체를 시스템에 의한 운행으로 신속성을 확보하고 있으며 환경오염을 전기라는 무공해 에너지를 활용함으로써 대중교통의 지하화를 통해 운행성을 확보하였다. 도시철도운송은 불특정 다수를 상대로 하는 운송사업이므로 신속성을 요구한다. 여객을 목적지까지 운송하는 데에는 무엇보다도 열차의 운행이 예정된 시각에 정확히 운행되어야 하고 현대사회와 같이 경제활동이 활발한 도시생활 속에서 운송의 신속성은 그 효율성을 증대시키고 공공의 복리증진에도 부합된다.

③ 안전성

도시철도는 모든 운송설비의 대부분이 지하에 위치하며 여객운송이 지하를 중심으로 이루어지고 있다. 특히 다중의 여객을 수송하는 대중교통이 밀폐된 공간인 지하에서 이루어짐으로 안전성이 확보되지 않으면 여객으로부터 외면당할 것이며 막대한 투자에도 불구하고 안전이란 신뢰를 주지 못하면 대중교통 수단으로의 가치를 저버리는 것이다. 여객운송은 사람을 수송하는 것이므로 안전의 확보 없이는 도시철도도 있을 수 없다. 따라서 도시철도는 지하라는 특수성을 과감한 투자로 모든 설비에 있어 다른 교통수단보다 훨씬 높은 안전도를 확보하고 있으며 일반시민도 신속, 정확, 쾌적, 안전한 교통수단으로 신뢰하고 있다.

④ 독점성

도시철도사업은 장기간에 걸쳐 많은 자본이 투자되고 있는 반면에 운임은 매우 저렴하며 투자의 효율성은 매우 낮다. 따라서 국가나 공기업형태로만 투자가 가능한 규모로 수익과 이윤에 가치를 두는 사기업이 저렴한 운임으로는 적자가 뻔한 도시철도에 투자를 기피하는 것은 당연하다. 도시철도 경영 또한 국토해양부 장관의 면허를 받도록 되어 있어 일반 사기업이 운영하기에는 거의 어려우며 초기의 대규모 시설 및 설비 투자의 규모성에 의한 도시철도의 독점성이 있다고 하겠다.

3) 도시철도 직원의 정의

도시철도의 직원이라 함은 공사의 인사규정에 의거 도시철도 직원으로 임용된 자로 직접 그 직무에 종사하는 본사근무와 역무, 승무, 차량, 전기, 신호, 통신, 전자, 설비, 토목, 건축, 등 사업소 및 현업에서 근무하는 직원을 말한다.

☞ 철도안전법상의 철도종사자란?
① 철도차량 운전업무 종사자
② 관제업무 종사자
③ 여객을 상대로 승무 및 역무서비스를 제공하는 자
④ 안전운행 및 질서유지 철도종사자
- 철도사고 및 운행장애 현장에서 조사, 수습 및 복구 등의 업무를 수행하는 자
- 철도운행선 또는 운행선 인근에서 현장감독자 업무 수행자
- 순회점검 업무 또는 경비업무를 수행중인 자
- 정거장에서 철도신호기, 선로전환기 및 조작판 등을 취급하거나 열차의 조성업무를 수행중인 자
- 철도에 공급되는 전력의 원격제어장치를 운영하는 자
- 철도공안사무에 종사하는 국가공무원

4) 도시철도 직원의 의무

도시철도 직원은 법령과 공사의 제규정 및 직무상의 명령 지시를 준수하며 항상 공사를 보호하고 직무를 성실히 수행해야할 의무와, 공과 사를 분별하고 친절 공정하며 신속 정확하게 업무를 처리하여야 할 의무가 있다.

도시철도운송은 많은 승객을 대량으로 수송하기 때문에 직원이 근무를 태만히 하여 사고를 일으키면 많은 사상자가 발생하여 사회적으로 큰 물의를 야기하게 되고 국가 경제적으로도 큰 손실을 입게 된다. 따라서 직원이 의무사항을 준수하지 않거나 금지행위를 할 경우 인사규정에 의거 징계(파면, 해임, 정직, 감봉, 견책)를 받는다.

2.2 여객운송

(1) 여객운송 실무의 개념

1) 운송과 도시철도

① **운송** : 통로와 운반구를 이용하여 사람이나 물건을 장소적, 시간적 소재 의 위치변화 즉 장소적으로 이동시키는 것을 말하며 여기에는 철도, 자동차, 선박, 항공기, 모노레일, 삭도 등이 있다.

② **도시철도** : 도시교통의 원활한 소통을 위한 도시교통권역에서 건설 운영하는 철도, 모노레일 등 궤도에 의한 교통시설 및 수단을 말한다.

2) 운송계약과 운임

① **운송계약** : 도시철도경영자인 사장과 그 상대방인 도시철도 이용자간에 장소적 이동을 약정하고 운임을 지급할 것을 약정하는 상호적 관계에 의한 것이다. 지하철 경영자는 운임청구권 및 질서유지를 위한 직무상 지시권 등의 권리가 있으며 여객은 신속, 정확, 안전한 운송청구권과 쾌적한 여행의 배려 요구 권리가 있다.

② **운임** : 운송행위에 대한 반대급부로 받는 보수이며 요금과는 별개로 거리에 비례적으로 증가한다.

3) 지하철의 여객운송과 여객

① **여객운송업** : 도시철도는 사람을 운송대상으로 하는 여객운송을 전업으로 하는 상법상의 운송업체이며 그 경영자는 운송인이다.

② **여객**

- **여객운송규정에 의한 개념** : 여객업무의 취급대상이 되는 매표소나 자동발매기 앞에 줄을 서 있을 때부터 집표구를 통과하는 시점까지이다.
- **협의의 개념** : 도시철도를 이용할 목적으로 발매기나 매표실 앞에 줄을 서거나 교통카드에 의한 게이트를 통과한 때부터 도착역 집표기를 통과한 때 까지이다.
- **광의의 개념** : 도시철도를 이용할 의사를 가지고 지하철역에 도착한 즉시부터 도착역에서 역사를 벗어날 때까지이다.

4) 연락운송과 환승, 영업킬로

① **연락운송** : 이용객의 편의를 위해 운송수단간의 부담에도 불구하고 동일한 운송수단(수도권 전철구간 내에서 도시철도구간과 지하철구간, 인천지하철구간, 전철구간)간의 수송의 연결 즉 이어서 운송하는 것을 말한다.

② **환승** : 수도권 교통권역내에서 지하철과 시내버스를 상호 연계하여 이용하는 것(지하철 ↔ 버스)

③ **승환** : 교통수단 이용중 동일 수단으로 바꾸어 타는 것(지하철 ↔ 지하철)

④ **영업킬로** : 실제 승객이 이용하는 주 노선의 거리를 말하며 운임계산에 포함된 거리이며 운임을 받고 영업하는 거리를 킬로미터로 환산한 값이다.

5) 영업의 법적 근거

도시철도법 시행령 제18조 1항에 의한다.

(2) 용어의 정의

① **역** : 여객취급을 하기 위한 설비를 갖추고 열차가 정차하는 장소

② **여행 개시** : 여객이 여행을 하고자 하는 역에서 승차권을 개표한 때

③ **학생** : 초·중등 교육법 제2조 및 고등교육법 제2조에 정한 학교의 학생과 학원의 설립·운영 및 과외교습에 관한 법률에 정한 학원 중·고등학교 및 대학수험준비를 위한 종합반에 등록하고 실제 교육을 받는 자, 다만 대학원생 및 사이버대학생은 제외

④ **도시철도 구간** : 수도권 전철구간 내의 서울지하철구간 및 한국철도공사 전철구간, 인천지하철구간과 연락운송 하는 구간을 말한다.

⑤ **차내 지연** : 열차가 선로에서 "가다서다"를 반복하여 일정시간 이상 열차 내에서 정거장에 하차하지 못한 경우

⑥ **교통카드** : 무선주파수(RF : Radio Frequency) 방식을 이용하여 카드와 단말기 간에 물리적 접촉 없이 교통운임을 지급할 수 있는 IC카드로서 수도권 전철구간에서 통용되는 카드

⑦ **후급교통카드** : 공사와 교통카드발행사업자(사업자)와의 약정에 의하여 신용카드업자가 발급한 신용카드(Credit Card)로 교통운임을 지불할 수 있는 카드

⑧ **선급교통카드** : 공사와 사업자와의 약정에 의하여 발행한 카드로서 사업자가 대금을 미리 이에 상당한 금액을 입력하여 발급한 카드로서 입력금액 범위 내에서 교통운임을 지불할 수 있는 카드

⑨ **청소년** : 청소년복지지원법 제6조에 의거 운임이 감면되는 13세 이상 18세 이하의 자

(3) 여객운송 계약

1) 법적성질

① **낙성계약** : 계약서의 작성, 물건의 인도 기타의 급부 없이 당사자의 합의만으로 계약이 성립

② **쌍무계약** : 철도경영자와 여객이 쌍방간 운송의 의무와 운임지불의 의무를 지닌 계약

③ **유상계약** : 계약 이행에 있어 상당한 가치의 보상이 필요한 계약 즉 인력과 설비의 투입과 금전의 지출이 수반되는 계약

④ **부합계약** : 일정조건의 사전 제시에 대한 일방의 승인으로 성립되는 계약

2) 계약의 성립

운임을 지불하고 승차권을 구입하거나 상당증명서에 의해 승차권을 교부 받음으로 성립하며 교통카드 이용객은 개표한 때를 기준으로 하며 무임 유아는 동반여객기준으로 성립된다.

3) 계약의 소멸

① 계약의 이행
② 유효기간 만료
③ 계약취소(여행보류)
④ 계약의 해제

2.3 여객취급

(1) 도시철도 운임제도의 종류

1) 거리비례제

여객이 실제 승차한 거리의 길고 짧음에 비례하여 운임을 산출하는 방법으로 일정한 거리까지는 건설비, 인건비 등 발착비를 감안하여 기본운임을 징수하고(현재 12km까지) 그 이상을 초과하여 여행할 때는 다시 일정한 거리만큼마다 일정한 금액을 추가하는 방법으로 수익자 부담의 원칙에 의거 가장 합리적인 제도라 하겠다. 그러나 점점 광역화, 대량화되어 가는 지하철도의 체계상 이 거리비례제는 운임 단계가 복잡하여 운송기관이 운임을 징수하는 데 어려움이 있고 이용 여객 역시 그 단계가 너무 복잡하여 이용에 불편하다는 단점을 가지고 있다.

2) 이동구간제

이동구간제는 거리비례제와 마찬가지로 승차거리에 비례하여 운임을 산출하는 방법이다. 그러나 요금단계가 복잡하다는 거리비례제의 단점을 보완하고 장점인 수익자 부담원칙의 합리성을 유지하면서 운임 단계를 단순화시킨 제도로 기본운임 이월 구간에 대하여 임률 적용구간을 장거리로 구분하여 동일 운임 정거장 수를 여러 개 발생하게 하도록 하여 거리비례제에 비해 요금 단계를 단순히 하는 방법이다.

3) 구역제

구역제는 거리비례제나 이동구간제가 승차거리에 비례해 운임을 산출하는 제도인데 반하여 전체 영업구간을 일정한 구역으로 나누어 각 구역간 이용 구역 수에 따라 운임을 산출하는 제도이다. 따라서 거리비례제나 이동구간제에 비해 요금 단계가 현저하게 단순화되어 운송기관의 운영이나 여객의 이용에는 그 편리성이 획기적이라 할 수 있으나 운임요금이 거리에 비례하지 않아 수익자 부담의 원칙에 어긋날 뿐만 아니라 운송기관으로서는 수입금에 손실을 초래하는 결과를 가져오는 단점을 가지고 있다.

4) 균일제

균일제는 영업구간 전부를 한 가지 운임으로 묶어 운영하는 제도를 말한다. 그러나 이 제도는 이용자한테는 유리하나 운영자 입장에서는 한 가지의 요금으로 운영되기 때문에 역무자동화를 운영하는 데 편리한 이점은 있으나 수익 측면에서는 막대한 부담을 지게 하는 결과를 초래하는 결과를 발생한다. 현재 승차한 거리에 관계없이 동일한 운임을 내는 버스 운임제도가 이에 속하며 외국의 경우 전철요금에도 이 제도를 적용하고 있는 도시가 많은 제도이다.

(2) 도시철도 운임체계의 이해

2004년 7월 1일 이전까지 광역·도시철도 운임계산의 원칙은 시계 내(I·C·B) 구간에서는 구역제 운임제도가, 시계 외(O·C·B) 구간에서는 이동구간 운임제도가 적용되어 왔다. 그러나 서울시의 신교통체계 계획에 의하여 T-money 카드가 도입되면서부터 운임산출의 원칙이 거리비례제로 전환되었다. 이와 함께 신교통 운임체계가 시행되기 전에는 자성승차권 요금을 기준으로 삼고 교통카드를 사용하는 여객에게는 일정 금액을 할인하여 주는 방법이었으나 새로운 운임체계가 시행되면서부터는 교통카드 요금을 기준으로 삼고 자성승차권을 이용하는 여객에게는 100원을 추가하여 징수하는 방법으로 바뀌어졌다. 이는 카드 사용을 활성화시켜 이용자한테 편리성을 제공하고 아울러 운수수입금의 투명성을 확보하고자 하는 데 있으며 또한 자성승차권 이용자한테 100원을 추가하여 받는 것은 승차권 제작 및 그에 소용되는 제반비용을 감안하여 그 비용을 추가하고 있는 것이다. 이러한 요금체계의 변화와 함께 도입된 신교통카드와 환승할인제도의 시행은 처음에는 많은 시행착오를 겪었지만 시간이 흐를수록 점점 정착되어 가고 있고 앞으로 획기적인 제도의 개편이 없는 한 이 제도가 그대로 유지될 전망이다.

즉, 승차역에서 하차역까지의 거리(승차거리)가 12km 이내까지는 교통카드를 사용한 일반 여객의 경우 2011년 6월 현재 기본요금을 900원으로 하고 1회용 승차권을 이용하는 승객에게는 100원의 추가요금을 받는 것을 기준으로, 청소년은 교통카드 사용 시는 일반카드 요금의 20%의 할인혜택을 주고 1회용 승차권 사용 시는 할인혜택이 없으며, 초등학생은 카드 사용 시와 1회용 승차권 사용 시 모두 해당 승차권 별로 어른 요금의 50% 할인혜택을 주고 있다. 또한 승차거리가 12km를 벗어났을 경우는 12km에서부터 42km까지는 매 6km마다 100원을 추가하고, 다시 42km를 초과했을 때부터는 12km마다 100원의 요금을 추가하게 된다.

표 2.1 도시철도 운임체계

	구분	교통카드 기준	1회권
거리 비례제	일반	12km 이내 : 900원	교통카드요금에 100원 추가
		12~42km : 6km마다 100원	
		42km 이상 : 12km마다 100원	
	청소년	일반기준 20% 할인 (기본요금 720원)	할인 없음(일반 1회원 요금)
	초등생	일반기준 50% 할인 (기본요금 450원)	일반 1회원 기준 50% 할인

(3) 승차권

1) 승차권의 종류

① 자성승차권

- 보통권 : 일반보통권, 할인보통권
- 청소년 · 학생정액권
- 우대권
- 정기권

② **단체권**

③ **교통카드**

- 일반교통카드 : 일반선급교통카드, 일반후급교통카드
- 청소년·학생선급교통카드(이하 "청소년카드"라 한다)
- 어린이선급교통카드(이하 "어린이카드"라 한다)

그림 2.1 에드몬슨 승차권의 발명자, 토마스 에드몬슨의 초상
(1845년 메릴랜드 역사학회 소장)

2) 승차권의 서식

① **승차권의 표시사항**

- 자성승차권 앞면 : 승차권명, 할인율, 운임수준, 운임, 통용구간, 통용만료일, 판매일자
  - 자성승차권 뒷면 : 사용상 유의사항
  - 자성승차권의 마그네틱선 및 교통카드 IC칩 : 승차권의 종류, 할인종별, 운임, 운임수준, 통용구간, 발착역 등 필요한 사항

② **자성승차권의 크기 및 재질**

- 승차권의 크기
  - 길이 : 66mm+1mm, -0.5mm
  - 폭 : 30mm±0.1mm
  - 두께 : 0.27mm±0.02mm
  - 마그네틱 입력선 : 5mm
- 승차권의 재질 : P.V.C.

(4) 여객운임

1) 여객운임의 종류

① 자성승차권보통여객운임 : 일반보통권, 할인보통권
② 청소년·학생정액여객운임 : 정액권
③ 단체여객운임 : 단체권
④ 우대여객운임 : 우대권
⑤ 교통카드보통여객운임 : 일반교통카드, 어린이카드
⑥ 청소년·학생교통카드운임 : 청소년카드
⑦ 정기여객운임 : 정기권

2) 여객운임의 계산경로 : 최단 경로에 의한다.

3) 여객의 구분 및 운임 – 여객의 연령별 구분

① 어 른 : 13세 이상 65세 미만의 자
② 어린이 : 6세 이상 13세 미만의 자 또는 초등학생
③ 유 아 : 6세 미만의 자
④ 노 인 : 65세 이상의 자
⑤ 청소년 : 13세 이상 18세 이하의 자

4) 단체여객운임

① 단체여객운임 할인율

표 2.2 단체여객운임 할인율

구 분	할인율
어린이	20%
청소년 및 학생(중학생 이상)	30%
어른	20%

② 단체여객운임의 계산

- 왕복단체는 단수 처리된 편도×2
- 인솔자는 20명마다 1명씩 운임 면제

5) 우대여객운임

수도권 전철구간 내에서 무임으로 한다.

(5) 운송거절 및 승차권 무효처리

1) 여객운송의 거절

① 승차거부 및 계속 승차거절 자

- 전염병 환자
- 차내 또는 역에서 고성방가를 하거나 술에 만취된 자
- 다른 여객에게 혐오감을 주는 행위를 하거나 할 염려가 있는 자
- 풍기를 문란시킬 염려가 있을 정도로 신체를 노출시킨 자
- 불결한 몸가짐을 한 자
- 위험품(65조 1항) 및 제66조 제1항에서 정한 물품을 휴대한 자
- 공사의 허락을 받지 아니하고 차내, 역 등에서 여객 또는 공중에 대하여 기부를 청하거나 물품을 판매 또는 배부하거나 기타 연설, 권유 등의 행위를 한 자
- 유효한 승차권을 소지하지 아니하거나 승차권의 검사를 거부하는 자

2) 승차권을 무효로 하여 회수할 경우

- 자성승차권 및 단체권의 표시사항을 변조하였을 때
- 어른이 어린이용 할인보통권을 사용하였을 때
- 우대권을 사용자격 이외의 자가 사용하였을 때
- 구간이 연속하지 아니하는 2매 이상의 승차권을 사용하여 각 승차권에 표시된 구간과 구간과의 사이를 승차하였을 때
- 통용기간이 종료된 승차권을 사용하였을 때
- 우대권 또는 할인 승차권을 사용하는 여객이 제36조에 정한 신분증을 소지하지 아니하였거나 그 제시를 거절하는 때

(6) 시내버스의 운임

신교통체계가 시행되면서부터 서울의 버스의 개념도 종전의 도시형, 좌석, 마을, 순환버스의 개념에서 서울시내 먼 거리를 운행하는 파랑(간선버스), 간선버스 또는 지하철과의 연

계 및 지역 내 통행을 위한 초록(지선버스), 서울과 수도권 도시를 급행으로 연결하는 빨강(광역버스), 다양한 통행수요에 대응하는 노랑(순환버스) 체계로 전환되었으며 지하철과의 환승할인 제도가 도입되어 현재 아래와 같은 요금이 적용되고 있다.

(7) 환승 할인제도

대중교통수단 간에 갈아탈 때마다 따로 따로 두세 번 내는 기존 수단별 독립요금체계를 개선하여 갈아타는 교통수단과 횟수에 관계없이 거리에 따라 요금이 부과되는 대중교통 통합요금제를 도입하여 환승요금을 무료 또는 대폭 할인하고 지하철 시내구간의 불합리한 구역요금 제도를 시외구간과 같은 거리비례제로 일원화함으로써 합리적인 대중교통 요금체계를 구축하는 데 있다.

2.4 휴대품

(1) 휴대 금지품 및 휴대품의 제한

1) 휴대 금지품

① 여객은 다음 각 호에 해당하는 물품은 이를 휴대하고 승차할 수 없다.

- 폭발물, 인화성 물질 등 위험품, 기타 여객에게 위해를 끼칠 염려가 있는 물건
- 사체
- 동물, 다만 용기에 넣은 소수량의 조류, 소충류 및 크기가 작은 애완동물로서 용기에 넣어 휴대하여 다른 여객에게 불편을 줄 염려가 없는 경우와 시각장애인의 인도를 위해 공인증명서를 소지한 인도견은 제외된다.
- 전차선 등에 접촉으로 안전사고 및 열차운행에 지장을 줄 염려가 있는 풍선류

② 여객의 휴대품 중에 금지품이 들어있을 우려가 있을 때에는 그 물건의 내용을 점검할 수 있다. 점검결과 이상이 없을 때에는 그 포장을 원상복구하여야 한다.

③ 제2항의 규정에 의하여 휴대품의 내용을 점검할 경우 이에 응하지 아니하는 여객은 승차를 거부할 수 있다.

④ 여객의 휴대품이 열차 내에서 전도되거나 충격으로 파손이 우려되는 것은 여객이 보호하여야 한다.

2) 휴대품의 제한

① 여객은 제65조의 규정에 의한 휴대금지품 이외에 가로, 세로, 높이의 합이 158cm 이상 또는 중량이 32kg 이상의 기준을 초과하는 물품은 이를 휴대하고 승차할 수 없다.

② 제1항의 규정에 불구하고 다음 각 호의 물품은 이를 휴대할 수 있다.

- 운동 및 오락용구로 길이가 2m 정도의 것
- 신체장애자의 휠체어

(2) 휴대 금지품 및 제한품의 휴대 시 처리

1) 휴대 금지품 또는 제한품을 휴대하여 승차하였을 경우의 처리

여객이 휴대 제한품을 휴대하여 승차한 경우에는 최근 역에 하차시키거나 역외로 퇴거시키고 부가금을 받는다(위험품 : 10만원, 휴대 금지품 : 5,400원, 휴대 제한품 : 900원).

2) 금지품 및 제한품의 휴대 승차 방지

규정에 정한 물품을 차내에 반입할 우려가 있다고 인정되는 경우에는 사전에 이를 방지하는 조치를 취하여야 한다.

2.5 역무자동화기기

(1) 기기

1) 승차권발매용단말기(WTIM)

승차권발매용단말기는 승차권을 발매하는 단말기로 승차권의 예약, 발매업무 처리 및 여행정보 업무를 신속하고 정확하게 수행할 수 있는 복합 다기능 멀티스크린을 구비하고 있으며, 입장권도 승차권발매용단말기를 이용하여 발매한다.

- 각종 승차권의 발매, 승차권 조회(판독), 충전기능
- 영수증 발행, 발매이력조회 및 회계통계기능
- 각종 승차권 판독 / 정산기능

- 예약 쿠폰 교환기능

2) 자동개집표기(AGM)

자동개집표기는 개집표 업무를 자동화한 것으로 부정승차방지, 개집표 정보를 실시간 제공이 가능하며, 승차권의 MS정보를 판독하여 승차권을 검사할 수 있다.

3) 자동발매기(ATIM)

자동발매기는 고객이 직접 신용카드를 이용하여 승차권을 구매할 수 있는 장비로써 예약·결제한 승차권 발매용과 조회·발권용으로 구분하여 역 대합실에 설치된다.

4) 무선이동단말기

운행중인 열차 내에서 승무원이 소지하여 고객에게 승차권 관련 서비스의 제공 및 열차운행 정보(시각, 운임, 좌석현황)를 안내하며, 기존 열차정보와 타 교통정보 등의 여행에 필요한 정보를 제공한다.

5) 자동안내 게시기

열차운행에 관한 정보를 자동으로 안내표시하는 설비로서 각종 여행정보를 신속하고 정확하게 표출하여 이용객에게 편의를 제공한다.

① **종류**

개표안내표시기, 출발안내표시기, 홈안내표시기, 도착안내표시기, 행선안내표시기, 종합안내표시기

② **기능**

- 열차운행에 관한 정보표출 : 열차접근, 도착, 출발, 중간정차역 도착 및 출발, 지연, 행선, 현재시각, 열차연계시간 안내, 운행에 관련된 정보
- 각종 안내정보 표출 : 개표안내, 홈안내, 도착 및 출발안내, 기타
- 비상경보 표출 : 비상, 응급, 이례사항 표출 등
- 승차권 발매관련 정보 : 잔여석 안내, 승차권 구입안내
- 철도관련 각종 홍보 : 열차상품, 열차연계 기타 이용객에게 알려야 할 사항
- 각종 시설물 이용안내 : 여행정보시스템, 장애인 시설물, 엘리베이터, 에스컬레이터, 기타 주의사항
- 기타 정보사항 : 일기예보, 주요뉴스, 정부홍보 등

③ **설치위치**

- 개표안내표시기 : 개표구 상단
- 안내 표시기 : 승강장 입구 상단
- 출발안내표시기 : 발매창구 부근
- 도착안내표시기 : 집표구 부근
- 종합안내표시기 : 발매창구 및 출입구 부근

6) 역단위 서버

역단위 서버는 역사에 설치된 모든 역무자동화 설비들의 장애, 운용모드 변경자료를 실시간으로 수집하여 저장하고 고객 모니터링을 통하여 표시 및 프린터로 인쇄하며, 각종 알람에 대한 통계 보고서를 작성한다. 수집된 자료는 HOST로 전송한다. 또한, AFC 설비의 운용에 필요한 정보를 HOST로부터 수신하여 장비로 전송하고, 운용모드를 장비단위 또는 일괄적으로 제어한다.

2.6 신교통카드시스템

신교통카드의 시스템 구성은 다음 그림과 같이 각 역사에 설치된 RFID단말기, 휴대용 정산기, 유인·무인충전기 등의 기기 안테나에 카드를 태그하면 단말기와 교통카드 내에 내장된 IC CHIP과 무선주파수 방식에 의하여 정보가 교신되어 자료가 처리되고 처리된 자료는 단말기에 저장되며 해당 자료는 현 시각 역 집계시스템(SMS)로 정보가 전달, 집계되고 역 집계시스템에서는 한국통신 광통신망(Co-Lan)을 통하여 각 관계사에 전송된다.

(1) 게이트 단말기와 주변 구성

1) 게이트 RFID단말기

RFID단말기는 RFID카드 확인 및 요금 정산-집표·무표처리 등 이벤트 생성 및 디스플레이로 출력

2) LATENT

latent는 게이트 위에 부착되어 교통카드와 정보를 주고받으며 개표 및 집표처리를 하는 기기이다. 서울메트로는 게이트에 1대당 1개의 latent가 있어 개표와 집표를 할 수 있으나 도시철도공사는 1대의 게이트에 1개의 개표 latent와 1개의 집표 latent가 각각 있어 2개의 latent로 운영되고 있다.

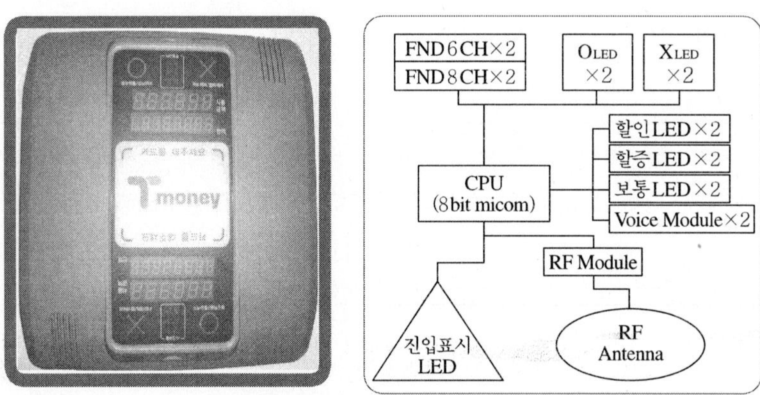

그림 2.2 LATENT 외관과 구성

(2) 부정사용방지

1) BL(Black List) 또는 PL(Positive List)체크

BL 또는 PL체크란 단말기에서 카드 부정사용을 방지하기 위한 검사방식으로, 사전에 리스트(BL 또는 PL)를 다운 받아 카드 태그 시 게이트에서 검색하여 카드 검사하는 방식이다.

2) 교통카드의 이용기준

교통카드의 이용기준으로는 시간검사와 구간검사가 있다. 일반적으로 개표 후 5시간이 넘으면 정산처리를 시행하여 기본운임을 수수하고 재개표 가능 시간은 개표 2시간 이후에 재개표 가능하다. 특히 서울 전용 정기권 카드는 서울 전용 구간 외에서는 승차가 불가능하고 어린이 및 청소년카드의 경우 구입 후 10일 이내 등록을 하도록 해야 한다.

표 2.3 교통카드의 이용기준

내용 모드	Space check	Time check
개(집표)모드	1) 일반교통카드 - 개표시 운임 감액 2) 정기권카드 - 개표시 : 1회 차감 - 구간초과 이용시 : 단계별 기본 거리마다 1회 차감(서울 전용 : 24km 마다 1회 차감) ※ 서울 전용 정기권 - 서울 전용 구간 이외 역에서 승차불능	1) 5시간 초과 검사 - 일반카드, 정기권카드 2) 재개표 허용시간 (일반 및 정기권카드) - 2시간(도철, 인천 15분) 3) 정기권카드 - 30일내 60회 사용 4) 청소년카드 - 생일기준으로 변경

3) 단말기에서 카드 인식

① **단말기에 표시되는 사항**

- 정상적인 태그 시 : ○표시
- 잘못된 태그 시 : ×표시

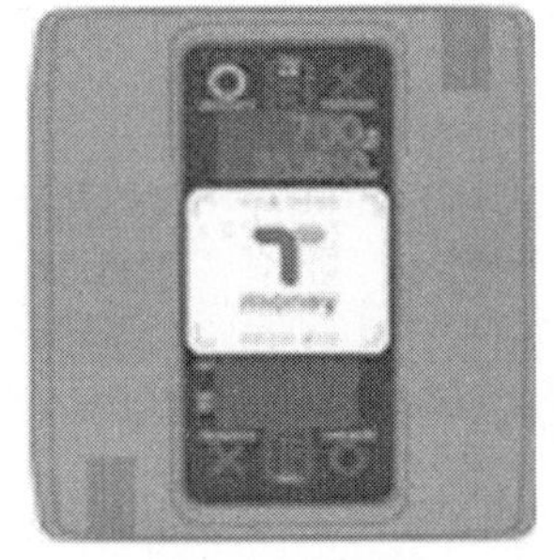

② **태그시 음성안내**

- 일반인 : "삐"(1회)
- 청소년 어린이
  - "삐, 삐"(2회)
  - 잘못된 태그시 : "삐, 삐, 삐"(3회)

4) Error code

카드 이용시 '삐'하고 3번 울리면 이상이 있는 카드로서 코드 번호가 현시되는지 확인한 후 역무원의 안내를 받아야 한다.

제 3 장

철도운전이론

3.1 운전이론
3.2 운전계획
3.3 열차 운전속도
3.4 폐색신호(閉塞信號, blocking signal)
3.5 안전관리

제3장 철도운전이론

3.1 운전이론

(1) 일반개요

1) 철도운전이론의 초기단계

동력차가 견인력을 발휘하여 선로상을 주행하려고 할 때 동력차와 객화차에서는 끌려가지 않으려는 힘, 즉 저항이 발생한다. 이 저항보다 견인력이 클 때 열차는 가속을 얻게 되며, 가속이 된 이후 적당한 속도제어 또는 정차를 목적으로 제동력을 확보해야 한다. 운전이론의 초기단계는 열차의 안전운행에 관여되는 기본인자인 동력차의 견인력·열차저항·제동력에 관한 이론을 말한다.

그림 3.1 동력차

2) 운전이론의 계획 단계

① 운전계획에 관한 이론

- 동력차 견인정수 사정

열차의 속도에 의하여 동력차가 견인할 수 있는 객화차의 중량을 환산량수로 표시한 것이 동력차의 견인정수이며, 이 견인정수는 운전계획상의 하나의 요소로 되어 있으나 주로 견인력과 열차저항의 상호관계에 의하여 결정된다.

- 최소 운전시격 및 표준운전시분 검토

열차의 운전은 안전을 위하여 열차상호간 일정한 시간 간격을 유지하여야 한다. 동일한 선로 내에서 최소운전시격을 산출하는 것은 선로이용률 및 차량운용률 등을 높이는데 필요한 귀중한 자료가 된다.

- 운전설비의 검토

선로의 구배나 신호기의 위치, 기타 운전에 관한 여러 설비들을 어떻게 조정하고 배치하는 것이 열차를 합리적으로 운전하는데 필요한 것인지를 확인하는데 운전선도를 활용할 수 있다.

② 동력차 조종실무에 관한 이론

- 합리적이고 경제적인 동력차 조종법에 관한 이론
- 안전하고 성확한 동력차 소종 및 기초고장 처치

3) 마찰력

물체에 외력을 가하면 물체의 접촉면을 따라서 이 힘과 반대의 방향으로 운동을 방해하려는 힘이 생기는데, 이 힘을 마찰력(frictional force)이라 한다.

마찰력은, 물체끼리의 면이 접해서 생기는 접선력이며 물체의 운동방향과 반대로 작용하고 수직항력과 두 물체사이의 마찰계수 값에 비례한다.

① 마찰력의 크기

물체가 정지해 있을 때의 마찰력으로서 물체에 가해진 외력의 크기와 같다.

$$F = \mu N = \mu \mathrm{mg} \qquad (3.1)$$

여기서, F : 마찰력

μ : 마찰계수

N : 수직항력

- **정지마찰력** : 외력이 존재함에도 물체가 정지해 있을 때의 마찰력으로서 물체에 가해지는 외력과 평형을 이룬다.
- **운동마찰력** : 외력에 의해 물체가 움직이는 상태에서의 마찰력을 말하며 정지마찰력보다 작다.
- **최대정지 마찰력** : 외력이 한계이상이 되었을 때 물체가 움직이기 직전의 마찰력으로서 가장 큰 값을 갖는다.

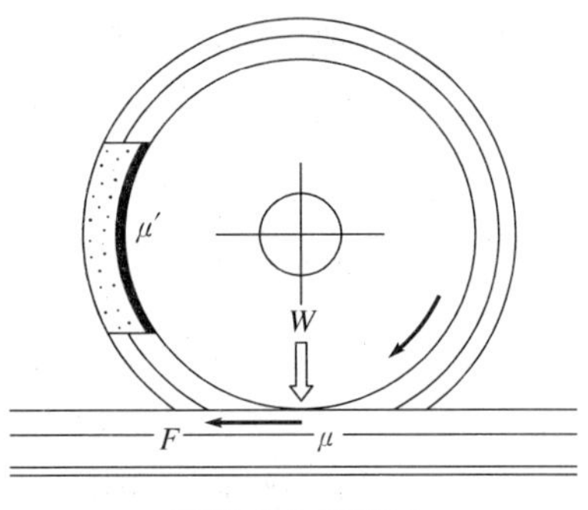

그림 3.2 점착력

② **마찰계수의 산식**

주철제륜자와 차륜간의 마찰계수의 특성은 제륜자 압력의 증가, 속도의 향상, 제동시간의 경과 등에 따라 작아지게 되며 저속(약 23km/h)에 급격히 증가하여 평균치의 1.5~2.0배로 되며 정차직전에 최대로 된다.

마찰계수의 크기는 접촉면의 성질에 관련되나 접촉면 넓이와는 무관하다(단, 실제 열차운전시의 점착계수 또는 차륜과 제륜자간의 마찰계수 등은 접촉열의 방산 효율에 따라 접촉면의 넓이에 영향을 받게 된다).

정지마찰계수 > 미끄럼마찰계수 > 회전마찰계수

마찰계수의 실험식(美, 윗헬드 식)

주철제륜자와 차륜간의 마찰계수(속도 일정 시)

$$\mu = C\frac{1+0.01V}{1+0.05V} \quad \cdots\cdots (3.2)$$

여기서, C : 천후상수

V : 열차속도(km/h)

※ 천후상수 C의 값 : 쾌청시 : 0.42, 보통시 : 0.32, 우천시 : 0.30

③ **차륜활주(공전) 방지를 위한 점착계수 향상 방법**

- 활주방지를 위한 제동력 조절방법
  - 응하중 제어장치 : 만차, 공차 조건에 따른 수직하중 변화에 따라 제동압력을 자동으로 조절한다.
  - 속도기준을 두어 일정속도 이상에서는 제동압을 한 단계 낮춘다(고속도에서는 저속도에서 보다 점착계수가 낮아진다).
  - 차륜활주방지장치 : 차륜의 슬립유무를 판단하여 슬립이 발생한 차축에 대해서

제동압을 조절한다(안티스키드 장치).

- 모래를 레일위에 뿌리는 것은 효과적으로 점착계수를 증가시킬 수 있다.
- 차륜에 연마자를 설치하여 차륜에 있는 오염물질을 제거하며, 연마입자로 인하여 점착계수를 증가시킬 수 있다.
- 레일 표면위에 Syton이란 액체를 뿌려준다. 오일에는 효과적이지 못함. NaOH용액을 뿌려주면 오일에 대하여도 효과적인 첨가제이다.
- 레일면에 열풍을 불어 레일을 건조시킴으로써 점착계수를 증가시킬 수 있다.
- 구동차륜 앞에 스파크 방전을 할 수 있는 전극을 설치하여 레일위의 오염물질을 휘발시킴으로서 점착계수를 증가시킬 수 있다.

④ 차륜과 제륜자간 마찰계수 좌우인자

㉠ 차륜과 제륜자의 재질

차륜과 제륜자를 모두 철로 만들면 마찰계수는 크게 증가하나 마모가 심하여 자주 차륜을 삭정 교환해야 하므로 실용적이지 못하며, 실제로는 차륜은 강, 제륜자는 철로서 만들어 제륜자의 마모를 많게 함으로서 차륜의 수명을 길게 하고 있으나 마찰계수는 적다.

㉡ 제륜자의 온도 및 시간

가장 큰 변수로서 작용한다. 저온인 상태에서 마찰계수가 크며 온도 및 시간이 증가함에 따라 감소된다. 하절기보다 동절기에 제동효과가 현저히 좋은 것은 이러한 이유 때문이다.

㉢ 제륜자 접촉면의 넓이와 형상

제륜자는 열을 흡수하기 쉬운 상태를 유지해야 하며 제륜자를 크게 하면 온도 상승도 느리고 냉각면적도 크게 되어 마찰계수가 커진다. 반대로 제륜자를 작게 하면 온도상승도 빠를 것이며 제동효과는 큰 제륜자에 비해 작아진다.

한편 제륜자의 형상도 다소 마찰계수의 값에 영향이 있으므로 제륜자가 함유한 열량을 될 수 있는 한 대기중으로 방산하기 쉽게 만드는 것이 좋다.

㉣ 마찰면의 상태

신품 제륜자는 제동효과가 불량하다. 제륜자의 마찰면에는 작은 요철을 형성하고 있으며 여기에 돌기부분이 있으면 그 부분만 제동작용을 하기 때문에 곧 고열이 되어 제동효과를 감소시킨다. 그리고 마찰면에 유체류의 유동체로 오손되어 있을 때는 차륜과 제륜자간의 피제륜이 생기기 때문에 마찰계수가 감소되며 반대로 모래와 같은 제륜이 건재된다면 마찰계수는 증대된다. 비상제동을 사용할 때 살사를 하는 것은 점착력도 증대시키지만 마찰계수의 증대현상을 가져온다.

㉤ 제륜자압력의 강약

제륜자압력이 변하면 마찰계수도 변하며 압력이 높을수록 계수는 감소된다. 제륜자압력이 증대하면 열을 흡수하는 정도는 높아지나 방산하는 양은 같기 때문에 마찰계수가 감소되기 때문에, 제륜자 압력을 높이기보다는 제륜자수를 증가시키면 1개당 압력이 저하되므로 제동효과가 훨씬 크게 된다.

㉥ 운전속도의 고저

차륜과 제륜자간의 마찰계수는 속도에 따라서 변화되며 속도가 클수록 감소하고 저속일수록 차륜과 제륜자간의 치합이 이루어져 마찰계수가 증대되고 정차무렵(약 23km/h)에 급격히 증가되어 충격을 줄 염려가 있다. 그러한 이유 때문에 여객열차의 경우 정차직전에 완해정차를 하여야한다.

4) 견인력

동력차의 견인력(Tractive Force)은 기관에서 발생된 회전력을 동력전달장치에 의해 동륜에 전달하여 동력차 및 객화차의 저항에 이겨 객화차를 견인하고 전진하는 힘, 즉 스스로 전진하고 객화차를 견인하는 힘을 견인력이라 한다.

견인력은 동륜과 레일면과의 사이에 마찰력을 이용하는 것이므로 만일 동륜주에 발생한 견인력이 이 마찰력보다 크면 동륜은 공전하여 동력차는 전진할 수가 없다. 즉, 동력차가 공전을 하지 않고 가속 전진하기 위한 기본조건은 다음 식 (3.3)과 같다.

$$F > Td > R \qquad \cdots\cdots (3.3)$$

여기서, F : 동륜과 레일면의 마찰력

Td : 동륜주 견인력

R : 열차저항

(2) 견인력의 분류

견인력은 작용하는 장소에 따라 지시 견인력(Ti), 동륜주 견인력(Td), 인장봉 견인력(Te)으로 분류되며, 제한인자에 따라 점착 견인력(Ta)과 특성견인력으로 구분된다.

1) 작용하는 장소에 따른 분류

① 지시 견인력(Ti)

기관에서 발생하는 출력을 가지고 표현한 견인력, 즉 기계 각부의 마찰로 인한 손실을 고려하지 않고, 연료가 가지고 있는 열에너지와 기계효율을 100%(ℑ = 1)로 보았을 때 기관 크랭크축에 나타나는 견인력이다.

② **동륜주 견인력(Td)**

실제로 동륜과 레일면간에 발휘되는 견인력으로서 동력차 종별 지시견인력에 의한 내부손실을 제한 견인력을 말한다. 그러므로 동륜주견인력은 전력입력원 또는 기관출력보다 작다.

동륜에 발생하는 출력(P)과 동륜주 견인력(Td), 속도(V)의 관계식에서 동륜주 견인력은 마력에 비례하고 속도에 반비례한다.

$$Td = \frac{270P}{V}(\text{kg}) \quad \cdots\cdots (3.4)$$

여기서, P : 출력(PS)
Td : 동륜주 견인력(kg)
V : 속도(km/h)

③ **인장봉 견인력(Te)**

동력차 후부의 연결기에 나타나는 견인력이다. 동륜주 견인력에서 동력차의 각종 저항을 감한 것이 인장봉견인력이며 객화차를 견인하고 주행하기 위하여 실제로 유효한 견인력으로 인장봉견인력을 유효견인력이라고 한다.

$$Te = Td - (Rr + Rg + Rc + Rt)(\text{kg}) \quad \cdots\cdots (3.5)$$

여기서, Te : 인장봉 견인력(kg) Td : 동륜주 견인력
Rr : 주행저항 Rg : 구배저항
Rc : 곡선저항 Rt : 터널저항

2) 제한인자에 따른 분류

① **특성 견인력**

동력차의 견인력은 디젤기관차는 기관 및 견인전동기의 특성, 전기기관차 및 전동차는 견인전동기의 특성, 디젤동차는 기관 및 변속기의 특성에 따른 제한을 받으며, 이와 같은 제한을 받는 견인특성을 특성견인력이라 한다.

중저속용(150km/h 이하) 동력차의 이상적 견인특성은 저속에서 큰 견인력을 발생하고 고속에서의 견인력은 상대적으로 적은 견인력을 발생시키되 고속성능을 발휘할 수 있어야 이상적인 동력차라 할 수 있다.

② 점착 견인력(Ta)

동력차의 동륜주와 레일면간의 마찰력을 점착력(Adhesion)이라 한다. 이때의 점착력은 동륜주견인력이 커지면 증가하나, 일정 한도를 넘으면 공전하게 되어 급속히 감소하게 된다.

일반적으로 점착력은 최대점착력을 말하며, 이와 같은 점착력에 제한을 받는 견인력을 점착견인력이라고 한다.

$$Ta = 1000\mu \cdot Wd(\mathrm{kg}) \quad \cdots\cdots (3.6)$$

$$\mu = \frac{Ta}{1000\,Wd}$$

여기서, Ta : 점착견인력(kg)
μ : 점착계수
Wd : 동륜상중량(ton)

• 점착계수

점착계수 μ는 공전하는 순간의 점착견인력과 동력차정지시의 동륜상 중량과의 비를 말하며 기후, 선로상태, 동력차상태, 축중이동량에 따라 변화할 수 있다. 점착계수의 일반적 산식은 다음과 같다.

디젤전기기관차 $\mu = 0.265\dfrac{1+0.114\,V}{1+0.150\,V}$

전기기관차 $\mu = 0.326\dfrac{1+0.279\,V}{1+0.367\,V}$

전기동차 $\mu = 0.245\dfrac{1+0.0050\,V}{1+0.100\,V}$

디젤동차 $\mu = 0.285\dfrac{1+0.114\,V}{1+0.150\,V}$

여기서, μ : 점착계수
V : 열차속도(km/h)

궤 조 상 태	일반적인 경우	모래를 뿌린 경우
건조하고 맑을 경우	0.25 ~ 0.30	0.35 ~ 0.40
습한 경우	0.18 ~ 0.20	0.22 ~ 0.25
서리가 내린 경우	0.15 ~ 0.18	0.20 ~ 0.22
기름끼가 있는 경우	0.10	0.15
낙엽이 있는 경우	0.08	

축중이동량

열차의 가감속에 따른 관성력에 의하여 축당부담 중량이 이동하게 되며, 이때의 이동중량을 축중이동량이라 한다. 이 축중이동량은 동력차의 경우 정지중량의 약 15%를 산정하므로 견인력 및 제동력 산출시에 정지중량의 85%를 적용한다.

- 점착력 향상방안
  - 점착계수의 향상
  - 동축중의 일시적 변화유도
  - 축중이동 방지
  - knotch 취급의 적정 · 활주방지장치의 도입

③ 유효 견인력

동력차의 특성에 의한 견인력과 동륜과 레일간의 점착견인력 중 객화차를 견인하는데 유효하게 작용하는 견인력을 말한다. 즉, 동력차의 견인력은 저속도에서는 점착견인력, 고속도에서는 특성견인력의 제한을 받게 되며 유효견인력은 이들 견인력 중 가장 적은 최소의 값에 의한다. 운전계획분야에서 동력차의 견인정수를 산정하는 경우 이 유효견인력을 적용하여 산정하고 있다.

3) 견인정수

각종의 기관차가 각종 구배를 포함하여 본선에서 각 구간에 정해진 소정 열차속도 종별에 따라 소정 시분으로 안전하게 견인하고 이상적인 운전을 할 수 있는 열차중량의 최대 환산량수를 견인정수라 한다.

견인정수는 각각의 열차운전조건을 고려하여 규정으로 정해진 산식, 수치를 이용한 열차 안전수송단위의 한도로서 열차수송실무의 계획적인 해결조성, 차량운용을 통해 안전운행 확보와 합리적이고 경제적인 수송을 가능하게 할 조건으로서 중요한 효율을 가지고 있다.

① 견인정수의 종류

- 실제량수법
- 실제 ton수법
- 인장봉하중법
- 수정 ton수법
- 환산량수법 - 현재 한국철도공사에서 사용

② **견인중량**

견인중량이라 함은 동력차가 견인운전할 때의 객·화차 중량을 말한다. 견인중량은 동력차의 견인력과 열차저항의 관계에서 구할 수 있으며 다음과 같은 관계식이 성립한다.

$$T = R \cdot W(\text{kg}) \quad \cdots\cdots (3.7)$$

여기서, T : 동력차인장봉견인력(kg)
R : 열차저항(kg)
W : 견인중량(kg)

식 (3.7)에서 $R = Rr \pm Rg + Rc + Rt$ 이므로

$$W = \frac{T}{R} = \frac{T}{Rr \pm Rg + Rc + Rt} \quad \cdots\cdots (3.8)$$

③ **견인정수의 사정**

㉠ 하중곡선

하중곡선은 각종 구배에 있어서 견인중량과 균형속도관계, 속도에 대한 주전동기의 전류, 견인력, 출력 등의 관계를 표시하는 도표이다.

$$W = \frac{T - WL(RLsr + Rg)}{RCsr + Rg} \quad \cdots\cdots (3.9)$$

여기서, W : 견인중량(ton)
T : 견인력(kg)
WL : 정비중량(ton)
Rg : 구배저항(kg/ton)
$RLsr$: 동력차 출발 또는 주행저항(kg/ton)
$RCsr$: 객화차 출발 또는 주행저항(kg/ton)

㉡ 가속력곡선

가속력곡선은 어느 차량형식에 대하여 편성중량을 정한 경우 놋치별로 속도와 가속력의 관계를 평탄, 직선로에서 가속관계를 표시한 도표이며 구배별 속도곡선 작성의 기본자료로서 전 동력차의 개별조건(편성, 중량 등)에 따라 구분 작성함이 보통이다.

㉢ 사정구배(査定句配, Ruling Grade)

열차의 견인정수 지배요인은 구배, 곡선, 동력차성능, 운전방법, 천후상태 등 여

러 가지 요소가 있으나, 최대의 영향을 미치는 것은 선로의 구배이다. 어느 운전 선구의 상구배 중 최대견인력이 요구되는 구배를 그 구간의 견인정수를 지배하는 구배라 하여 사정구배(Ruling Grade) 또는 지배구배라 한다.

사정구배의 길이가 긴 경우 견인정수는 그 구배의 균형속도 이상으로 사정(査定)해야 한다. 즉 균형속도를 낮게 하면 견인정수는 낮게 된다.

㉣ 가상구배(假想句配)

가상구배는 열차속도가 감속되긴 하지만 그 가상구배를 균형속도 이상으로 운전할 수 있을 때에는 견인정수 사정에는 고려하지 않는다. 그러나 구배정상의 속도가 운전계획상의 최저속도 이하일 때에는 견인정수 사정에 고려하여야 한다.

㉤ 견인정수 사정상 고려사항

- 열차사명 : 견인정수의 대소에 따라 운전속도가 달라지므로 열차의 사명을 충분히 고려하여야 한다.
- 선로의 상태 : 상구배의 완급, 곡선 및 터널, 궤도상태, 하구배 제동거리, 도중역 유효장 등 운행선구의 선로조건을 고려하여야 한다.
- 동력차상태 : 유효견인력, 점착력, 제동성능, 기기용량, 연료 및 전차선전압 등 동력차 조건을 고려하여야 한다.

5) 열차저항

열차가 견인력을 발휘하여 객화차를 견인하는 경우에 항상 그 진행방향과 반대방향으로 진행을 방해하는 힘이 작용하며, 이 힘을 일반적으로 열차저항(Train Resistance)이라고 한다.

열차저항의 단위는 열차 전체의 저항을 표시하는 경우는 (kg)으로 하고 1(ton)당의 저항은 (kg/ton)을 사용한다.

열차저항은 크게 다음과 같이 분류한다.

① 출발저항(Starting Resistance)

② 주행저항(Running Resistance)

③ 구배저항(Gradient Resistance)

④ 곡선저항(Curve Resistance)

⑤ 터널저항(Tunnel Resistance)

열차저항의 단위는 차량중량 ton당 kg으로 나타내며, 중량에 비례한다고 생각하는 것이 보통이다.

(3) 열차저항의 종류

1) 출발저항(Starting Resistance)

열차가 구배 없는 직선구간에서 출발할 때 받는 저항을 출발저항이라 한다. 이때 움직이는 상태의 열차를 견인하는 것보다 매우 큰 견인력이 필요하게 되며, 이 견인력을 저항으로 계산한 것을 열차의 출발저항(Starting Resistance)이라고 한다.

① 발생원인

- 차량의 차축과 축수, 대소치차 등의 사이에 형성되어 있던 유막이 차량의 정차중에 흘러내려 희박해짐에 따라 유막결핍 금속과 금속의 접촉으로 인한 마찰력 증가로 작용하는 저항을 말한다.
- 일단 차량이 움직이면 유막이 형성돼 3km/h 전후에서 최소치가 되고 이후 속도가 상승함에 따라 증가된다.
- 기온이 높아질수록, 정차시간이 길수록 유막 파괴로 인하여 출발저항이 커진다.
- 3km/h부터는 주행저항으로 간주된다.
- 화차가 객차보다 출발저항이 적은 것은 화차의 연결량 수가 많아 연결기 유간이 많은 관계로 저항이 적어지는 율이 크기 때문이다.

② 출발저항 산식

$$Rs = rs \times W \quad \cdots\cdots (3.10)$$

여기서, Rs : 출발저항(kg)
rs : 출발저항(kg/ton)
W : 열차중량(ton)

2) 주행저항

주행저항(Running Resistance)이란 열차가 주행할 때 그 진행방향과 반대로 작용하는 모든 저항을 총칭하여 말하며 전동기의 입력 대 출력 간의 손실, 치차의 전달손실 등은 포함하지 않는다.

① 주행저항의 원인별 분류

주행저항의 원인은 상당히 복잡하나 주원인별로 보면 다음과 같다.

㉠ 기계에 의한 저항

- 기계부의 마찰 및 충격
- 차륜과 궤조간의 마찰

- 차축과 축수간의 마찰

㉡ 속도에 의한 저항

- 공기의 마찰
- 차량의 동요

② 원인별 저항의 크기

㉠ 차축과 축수간 마찰에 의한 저항

차축과 축수간에 발생하는 차륜의 회전을 방해하는 마찰력 F는

$F=\mu \cdot W$ (μ : 차축과 축수간의 마찰계수, W : 차축상의 중량)

마찰계수(μ)의 값은 발차시 최대이고 3~4km/h 전후하여 최소이고, 이후 속도상승에 따라 증가한다.

㉡ 차륜답면과 레일간의 마찰저항

이 저항은 속도와 차량중량에 비례하나 차축과 축수 간 마찰저항에 비해 극소하다.

- 전동마찰에 의한 저항
- 사행동(蛇行動, snake motion)에 의한 저항
- 후렌지와 레일면 간의 미끄럼 마찰저항

㉢ 차량동요에 의한 저항

차량의 전후, 상하, 좌우, 로링(Rolling), 피칭(Pitching), 요잉(Yawing) 등의 동요로 인한 저항으로서 속도자승에 비례(ton당 $0.00005V^2$에 비례)하며 그 값은 극소하나, 고속도인 경우에는 그 저항이 심하여 전 주행저항의 50% 이상의 비율을 차지한다고 한다.

㉣ 공기에 의한 저항

공기저항은 차량중량과 무관하며 차량형상, 단면적, 연결량 수 등에 따라 다르다. 견인량 수가 많은 경우 ton당 공기저항이 감소하게 되는 이유가 여기에 있으며 주행저항의 주요비중을 차지한다.

- 전부공기저항 : 열차전부에 걸리는 저항(열차전면은 +의 압력을 받는다) 예를 들면, 무풍일 때도 열차가 V km/h의 속도로 진행시는 정지하고 있는 열차에 대해 V km/h의 바람이 부는 것과 동일하다.
- 후부저항 : 열차후부의 공기가 희박해짐에 따른 저항이며 열차의 후부에는 와류현상이 발생하여 (−)의 압력을 받아 안 끌려가려는 현상이 발생한다.
- 차량간의 와류저항 : 각 차량간에 와류를 일으키는 관계에 의한 현상

• 측면저항 : 차량의 측면 상하면에는 공기의 점성에 의한 마찰저항이 발생된다.

※ 전부저항, 후부저항, 차량간의 와류저항은 속도의 자승에 비례하고 측면저항은 속도에 비례한다.

공기저항은 다른 저항과 달리 열차중량에는 관계없이 차량의 형상, 연결량 수, 공기와의 접촉면 등에 의해 결정된다. 장대편성 열차의 톤당 공기저항은 점차 감소되나 동차와 같이 단차 운전시는 커진다. 공차 1톤당 주행저항은 영차에 비해 크다.

㉤ 주행저항의 일반식

$$R = a + bV + cV^2(\text{kg/ton}) = (a + bV)W + cV^2(\text{kg}) \quad \cdots\cdots (3.11)$$

여기서, a : 기계부분 마찰저항, 차축과 축수간 마찰저항, 속도와 무관
b : 차축과 궤조간 마찰저항, 충격으로서의 저항, 속도에 비례
c : 공기저항, 동요저항, 속도제곱에 비례

$$R\gamma = \gamma r \cdot W(\text{한국철도공사 속도정수 사정기준규정}) \quad \cdots\cdots (3.12)$$

여기서, $R\gamma$: 주행저항(kg)
γr : 주행저항(kg/ton)
W : 차량중량(ton)

3) 구배저항(句配抵抗, Grade Resistance)

열차가 구배선을 운전할 때 지구의 중력에 반하여 진행하므로 이 중력을 이기기 위한 힘이 더 필요하게 되며 이 저항을 구배저항(Grade Resistance)이라고 한다. 구배저항은 지구중력에 의하여 생기는 것이므로 그 크기는 열차의 중량과 구배의 경사에 정비례하여 증감한다. 급구배선이 많은 구간에는 그 구배저항의 값이 상당히 크기 때문에 열차의 운전에 영향을 주게 되는 값도 상당히 크다. 구배저항은 상구배의 저항치에 (+), 하구배의 저항치에 (−)의 구배를 붙여 구별한다.

구배저항의 산식은 다음 식 (3.13)과 같다.

$$Rg = \pm g \cdot W \quad \cdots\cdots (3.13)$$

여기서, Rg : 구배저항(kg)
g : 구배
W : 차량중량(ton)

4) 곡선저항

열차가 곡선을 주행할 때는 직선보다 더 큰 견인력이 필요하게 된다. 이 같은 곡선으로 인해서 증가하는 저항을 곡선저항이라 한다.

① **곡선저항의 발생원인**

- 내외레일 길이차에 의한 저항
  곡선부에서는 외측레일이 내측레일보다 ℓ만큼 길 때 내측차륜의 미끄럼(활주)마찰에 의하여 발생하는 저항(단, $\ell = 2\pi \times$궤간$\times \frac{\theta}{360}$)
- 관성 및 원심력에 의한 궤조와 차륜간의 마찰저항
  외측궤조에 횡압이 발생하여 차륜 후렌지부와 궤조간의 마찰저항 생성
- 차륜이 곡선운전시 회전중심으로부터 전부는 곡선의 내측으로, 후부는 외측으로 활동하게 됨으로서 발생하는 궤조와 차륜답면의 마찰저항

② **곡선저항의 크기를 좌우하는 인자**

곡선저항의 크기는 곡선반경의 대소, 캔트량, 슬랙량, 운전속도, 대차고정축거, 궤조의 형태 및 마찰력 등에 의한 제한을 받는다.

③ **국철 상용식(속도정수사정기준규정)**

$$Rc = \frac{700}{r} W \qquad \text{(3.14}$$

여기서, Rc : 곡선저항(kg)
r : 곡선반경(m)
W : 차량중량(ton)

5) 터널저항

열차가 터널 내를 주행할 때 터널 내에서 발생하는 풍압변동에 의한 공기저항이 발생하며, 터널저항의 크기는 터널의 단면적, 길이, 측면형상 및 열차의 속도 등에 따라 다르다.

그러나 곡선저항, 구배저항 등보다 극히 적은 값을 가지므로 한국철도 속도정수사정기준규정에서는 운전계획상 500m 이상의 터널에서의 환산저항값을 일괄 적용하고 있다.

① **터널저항**

$$Rt = \gamma t \cdot W \qquad (3.15)$$

여기서, Rt : 터널저항(kg)
rt : 터널저항(kg/ton)
W : 차량중량(ton)

② **터널의 저항치**

한국철도에서는 중저속용열차(150km/h 이하)를

단선터널 rt_1 = 2(kg/ton)

복선터널 rt_2 = 1(kg/ton)으로 정하고 있다.

(4) 제동장치 일반

1) 철도제동의 종류

① **기계식 제동장치**

㉠ 수용제동 : 열차의 정지제동을 목적으로 하는 것이 아니고 정차중인 차량의 전동방지용으로 설치한 것이며 원시적인 제동방법이다.

㉡ 공기제동 : 압력공기를 사용하여 제동력을 발휘하도록 만든 제동장치로써 자동공기제동장치와 직통공기제동장치로 구분된다.

② **전기식 제동장치**

㉠ **발전제동** : 직류직권전동기의 특성활용

동력차에 장착되어 있는 견인전동기는 발전기와 구조가 같기 때문에 이 전동기를 일시 발전기로 결선을 변경하여 운행중인 열차가 가지고 있는 운동에너지를 전기적에너지로 바꿔 소모시킴으로서 제동효과를 발휘하는 것으로, 이것은 견인전동기가 장치된 차량에만 가능하며 또한 열차 속도가 저속인 경우에는 운동에너지가 적어 소정의 효과를 발휘할 수 없어 열차의 감속용으로만 사용하여야 하는 단점이 있다.

㉡ **회생제동** : 제동력을 전기화하여 전차선에 전기력을 반환

기본원리는 발전제동과 같으나 다른 점은 발전제동시 발생된 전력을 변전소로 송전하여 다른 동력차에 사용하도록 하는 제동장치이나 이 제동방법을 사용하기 위해서는 전차선, 전압변환장치 및 주파수변환장치 등을 설치하여야하는 어려움이 있다.

㉢ **레일제동** : 레일과 차량간 반대극성의 자력 이용

자기력을 이용한 제동방법으로 레일과 차량에 서로 반대되는 극성을 가진 자기력을 발생시키도록 함으로서 레일이 차량을 끌어 당기도록하여 제동효과를 발생시키는 제동장치이다.

㉣ **와류제동** : 궤간에 별도 와류장치 설치

레일제동과 유사한 방법이나 이것은 궤도의 궤간에 별도의 와류 발생장치를 설치하여 자력선에 의한 와류를 일으켜 제동효과를 발생시키는 장치이다.

㉤ **혼합제동** : 공기와 전기제동장치를 혼합 작용하도록 설치된 제동장치로서 전기제동장치로만 정차시킬 수 없으므로 혼합제동 방식을 채택하여 사용하고 있다.

2) 철도제동시스템의 연구과제

우리나라의 경우 1981년도 제정된 철도청훈령 제5119호 '속도정수사정기준' 제26조에 "비상제동 성능은 실제동거리와 공주거리를 합한 전제동거리가 110km/h까지 600m, 150km/h까지 1,000m로 한다."라고 규정되어 있다.

일본의 경우는 1964년 제정된 일본운수성의 철도운전규칙 제54조에 "비상브레이크의 성능은, 제동거리가 공주거리를 포함하여 600m 이내(신칸센의 열차를 제외)에서 정지 가능하여야 한다."라고 규정되어 있다. 또한 일본 재래선의 경우 최고운행속도가 점점 높아짐에 따라서 비상제동거리 600m를 만족시킬 수 있는 제동시스템의 개발과, 주어진 속도에서 제동거리를 예측할 수 있는 제동거리 계산식에 관한 연구가 진행되고 있다.

① **제동제어계**

- 고응답성 제동 : 제동작용시 까지 소요되는 기계적, 전기적인 작동시간을 짧게 하여 공주시간을 최대한으로 단축시키는 것(제동초속도 100km/h시 1초에 약 28m, 150km/h시 1초에 약 42m 주행)
- 유효점착력의 활용 : 차륜과 레일과의 점착특성을 고려하여 기계적, 전기적 제동특성을 효율적으로 접합하여 매순간 유효한 최대점착력을 활용할 수 있는 방법 도모
- 전기제동의 성능향상 : 전기제동을 비상제동에 포함시키는 시스템을 연구하여 비상제동시 전기제동과 기계제동이 동시에 작용케 하여 큰 제동효과를 얻는 방안 연구
- 제동시의 충격방지시스템 : 열차의 비상제동시 각 차량의 공주시간의 차이와 제동력의 차이에서 발생하는 전후 차량과의 충돌에 대한 승객의 안전을 보장하기 위한 것

② **제동장치 구조계**

- 점착력 감소방지 : 열차속도의 고속화와 관련하여 점착력증가재 분사, 차륜답면에 대한 연구, 레일면 청소 등
- 비점착브레이크 개발 : 점착력의 한계를 보완하는 방법으로 레일브레이크 등의 비점착브레이크의 개발이 필요하다.

- 차량의 경량화 : 알루미늄체 등 개발
- 열강도 증가 : 세라믹 함유 알루미늄디스크 개발시험

(5) 제동일반이론

1) 제동원력

진공제동, 증기제동, 자동공기제동기와 같이 원동력이 피스톤면에 작용하는 힘(제륜자를 누르는 힘)을 말한다.

$$\text{제동원력} = \frac{\pi}{4}d^2 \times P(\text{kg/cm}^2)$$

여기서, P : 피스톤에 작용하는 유효압력(kg/cm^2)
D : 제동통의 내경

※ 제동원력(P)는 계기압력이라야 하며, 제동통압력으로부터 복귀스프링의 저항(0.35kg/cm^2)을 차인한 나머지 정미제동통 압력으로 산출한다.

2) 제동사용률

제동기 설계상 최대 상용제동을 시행하는 것을 전제동이라 한다. 이러한 전제동에 대하여 제동력을 가감할 수 있는 경우를 부분제동이라 한다.

$$\text{제동사용률} = \frac{\text{부분제동}}{\text{전제동}}, \quad \text{부분제동력} = \text{전제동력} \times \text{제동사용률}$$

3) 제동배율

제동통에 형성된 공기압력에 의하여 제동통 피스톤이 이동하게 되며, 이 피스톤의 이동되는 힘은 기초제동장치를 거치면서 증폭되어 제륜자에 전달되게 된다. 이때 증폭된 압력의 비를 제동배율(제륜자압력과 제동통압력의 비)이라 한다.

① **제동배율**

$$E = \frac{\text{제동압력}}{\text{제동원력}}, \quad \text{제동압력=제동원력×제동배율}$$

$$= \frac{\text{제륜자총압력}}{\text{피스톤총압력}} = \frac{\text{피스톤행정거리}}{\text{제륜자이동거리}}$$

$$= \frac{\text{제동통압력} \times \text{제륜자당 레버비} \times \text{관계제륜자 수}}{\text{제동통압력}}$$

= 제륜자당 레버비 × 관계제륜자 수

② **제동배율(E)의 크기**

제동배율의 크기는 제동장치 종별에 따라 다르다.

- 기관차의 경우 : 4.85~6.71
- 객차의 경우 : 3.65~8.17
- 화차의 경우 : 8~13.8
- 전기기관차 : 6~9, 부수차 : 8~12, 전동차 : 8~12

4) 제동률

제동통압력이 제륜자압력으로 전달되면서 너무 과대한 제륜자압력으로 제동작용을 하게 되면 차륜이 레일 위를 회전하지 못하고 활주하게 된다. 제륜자압력은 차륜이 활주하지 않는 범위 내에서 제한해야 할 필요가 있는데, 이것을 제동률이라 한다.

제동률은 열차중량에 대한 제륜자압력의 비를 말하며, 중량에 대한 제동력의 산정에 중요한 제한 요인이다.

$$\text{제동률} = \frac{\text{제륜자압력}}{\text{축중량}} \times 100(\%)$$

① **제동률의 크기**

- $\text{축제동률} = \frac{\text{축당제륜자압력}}{\text{열차축당중량}} \times 100(\%)$

※ 기관차와 같이 제동기를 사용하는 동축 이외의 차축은 제륜자압력이 없으며 제동율도 계산에 넣지 않는다. 따라서 제동기가 작용하는 차축에 대한 제동률을 축제동률이라 한다.

- $\text{전차제동률} = \frac{\text{총제륜자압력}}{\text{열차총중량}} \times 100(\%)$

※ 한 개 차량에 대하여 제동기가 작용치 않는 차축의 유무에는 관계치 않고 그 차량 전중량에 대한 총제륜자압력의 비를 전차제동률이라고 한다. 제동거리를 산출할 때는 전차제동률을 사용한다.

- 제동률의 표준

기관차 58~80%, 객차(공차) 70~90%, 화차(공차) : 50~70%

객차와 화차의 제동률은 많은 차이가 있으며 동력차의 제동율도 여객용과 화차용으로 구별하는 것이 좋으나, 실제로는 그 중간의 제동률을 취하고 있다. 화물열차가 가장 적은 제동률을 갖는 이유는 영공차에 의한 중량의 변화가 심하므로 활주의 위험성을 고려하였기 때문이다.

② 제동률에 의한 열차편성의 조건

- 가능하면 여객, 화물용 견인차를 구분하여 배치한다.
- 차량의 혼합편성시 제동률의 중간치를 취하여 충격을 최소화한다.
- 화물열차 또는 입환을 위한 동력차는 제동률을 저하시킨다.

5) 제륜자압력

제륜자가 차륜답면을 누르는 압력을 제륜자압력이라 한다.

① 제동배율에 의한 산식

$$P = \frac{\pi \times D^2}{4} \times P' \times n \times E \times \eta \quad \cdots\cdots (3.16)$$

여기서, P : 제륜자압력(kg)
D : 제동통의 직경(cm)
P' : 정미제동통압력(kg/cm^2)
E : 제동배율
n : 제동통수
η : 기계효율(85~90%)

※ 제동통 복귀스프링의 저항이 약 0.35kg/cm^{2}이므로 순수 제동통압력 $P_1 - 0.35$kg/cm^2

차 량	제 동 방 법	
	상용제동	비상제동
기관차	2.5 − 0.35	4.5 − 0.35 = 4.15kg/cm^2
객화차	3.25 − 0.35	4.5 − 0.35 = 4.15kg/cm^2

(6) 제동이론

1) 감압량에 따른 제동통압력의 형성

제동작용을 위하여 삼동변 및 제어변을 움직이게 하는 원동력은 균형피스톤 혹은 제어변의 막판양면의 압력차를 이용하는 것으로서 이 압력의 차는 제동관압력의 감압에 의하여 이루어진다. 즉 제동통 압력의 형성은 제동관의 압력을 감압하여야 하고, 이 감압량에 비례한 보조공기의 압력이 제동통으로 진입함으로서 이루어진다.

① 보일의 법칙

공기압력과 체적과의 관계를 정리한 법칙으로서 공기제동장치의 공기압 이동상태를 제동장치의 체적과 비교하여 기초이론을 적용하는 법칙이다.

$$P_1 V_1 = P_2 V_2 \quad \cdots\cdots (3.17)$$

여기서, P_1 : 최초의 압력
P_2 : 최후의 압력
V_1 : 최초의 체적
V_2 : 최후의 압력

② 기관차 제동통압력

기관차의 제동통 압력의 크기는 6-BL 제동장치의 분배변을 기준으로 적용하였으며 압력실, 작용실, 제동통 등의 체적을 공기압과의 변화비를 보일의 법칙에 의한 계산으로 적용하고 있다.

- 압력실에서 나간 공기압력의 크기 × 압력실 체적
  = 작용실에 공급된 공기압력의 크기 × 작용실 체적
  (압력실에서 나간 공기압력의 크기 = 제동관 감압압력의 크기
  작용실에 공급된 공기압력의 크기 = 제동통 공급공기 압력의 크기)
- 작용실(작용통 및 배관 포함) 체적을 1이라 할 때 압력실체적은 2.5배이므로, (r×2.5=Cp×1)에서

$$Cp = 2.5r(\text{kg/cm}^2) \quad \cdots\cdots (3.18)$$

여기서, r : 제동관 감압량(kg/cm^2)
Cp : 제동통압력(kg/cm^2)

③ 객화차 제동통압력

객화차는 기초제동장치인 삼동변의 원리에 의한 값을 적용하고 있다.

- 보조공기통에서 나간 공기압력의 크기 × 보조공기통체적
  = 제동통 공급공기압력의 크기 × 제동통체적
- 제동통체적을 1이라 할 때 보조공기통체적은 3.25배이므로, (r×3.25 = Cp×1)에서 Cp=3.25r(kg/cm^2)이나 객화차에서는 기관차와는 달리 제한된 공기압력(보조공기통공기압)이 삼동변으로 공급되므로 대기압만큼을 제하여야 한다. 그러므로 객화차의 제동통압력은,

$Cp = 3.25r - 1(\text{kg/cm}^2)$

r−1의 설명
평상시 제동통 안에는 피스톤 복귀스프링에 의해 피스톤이 구석에 밀려 있다가 보조공기통으로부터 압력이 들어와야만 비로서 압력이 형성된다. 이렇게 최초 진공이던 피스톤 안에 압력을 송기한다고 볼 수 있으므로 절대압력이 되며, 이것을 계기압력으로 환산하려면 $r-1$을 하여야 한다.

2) 최소유효제동통압력

최소유효제동통압력은 제동통에 공급된 공기압력이 제동통 내의 리턴스프링압력(0.35 kg/cm²), 제동피스톤의 마찰력(0.05kg/cm²)의 합보다 커야 한다. 즉, (유효제동통압력 > 리턴스프링압력 + 제동피스톤의 마찰력)이므로,

$$\text{유효제동통압력} > 0.4\text{kg/cm}^2$$

3) 최소유효감압량

제동관 감압에 따라 최소유효제동통압력이 형성될 수 있는 감압량을 최소유효감압량으로 본다.

① 기관차의 경우

$$2.5r > 0.4\text{kg/cm}^2 \qquad r = \frac{0.4}{2.5}\text{kg/cm}^2$$

$$\therefore\ r > 0.16\text{kg/cm}^2$$

② 객화차의 경우

$$3.25r - 1 > 0.4\text{kg/cm}^2 \qquad r = \frac{0.4+1}{3.25}\text{kg/cm}^2$$

$$\therefore\ r > 0.43\text{kg/cm}^2$$

4) 최대유효감압량

제동통 압력은 제동관감압량에 비례하여 보조공기통압력이 제동통으로 유입되어 압력이 형성되나, 제동관 감압량이 어느 정도 감압되고 나면 보조공기통과 제동통압력이 균형상태가 되어 더 이상 제동관의 압력을 감압하여도 제동통압력은 증대되지 않는다. 또한 그 이상 감압을 하게 되면 제동관의 압력공기를 버리는 것만큼 손실이 된다. 이렇게 보조공기통과 제동통의 압력이 균형을 이루는 제동관 감압량을 최대유효감압이라 하며 차량별, 제동장치

별 무효감압의 한계를 숙지하여 안전하고 경제적인 제동취급을 하여야 한다.

① 기관차의 경우

㉠ 제동관압력 5kg/cm^{2}인 경우

$$5-r=2.5r \qquad \gamma=\frac{5}{2.5+1}$$

$\therefore\ r=1.43\text{kg/cm}^2$

㉡ 제동관압력 6kg/cm^{2}인 경우

$$6-r=2.5r \qquad \gamma=\frac{6}{2.5+1}$$

$\therefore\ r=1.71\text{kg/cm}^2$

② 객화차의 경우

㉠ 제동관압력 5kg/cm^{2}인 경우

$$5-r=3.25r-1 \qquad \gamma=\frac{6}{4.25}\text{kg/cm}^2$$

$\therefore\ r=1.41\text{kg/cm}^2$

㉡ 제동관압력 6kg/cm^{2}인 경우

$$6-r=3.25r-1 \qquad \gamma=\frac{7}{4.25}\text{kg/cm}^2$$

$\therefore\ r=1.65\text{kg/cm}^2$

(7) 제동거리의 산출

제동은 열차가 가진 운동에너지를 제륜자와 차륜간의 마찰력에 의하여 열에너지로 변화시키는 과정을 말한다. 이 운동에너지를 열에너지로의 변환은 제동을 체결하기 시작하여 열차가 정지하기 까지 사이에 일어난다. 운동에너지를 열에너지로 변환하는 사이에 주행한 거리를 제동거리라 하고 소요된 시간을 제동시간이라 한다.

열차가 가진 운동에너지는 속도의 자승에 비례하고 중량에 비례하므로 제동거리는 제동초속도의 자승에 비례하고 열차의 중량에 비례하게 된다. 이때 공주거리는 제동체결 후 제동이 유효하게 작용하기까지의 주행거리를 말하며 소요된 시간을 공주시간이라 칭한다.

실제동거리는 제동이 유효하게 작용 후 정지할 때 까지 주행거리를 말하며 속도의 자승에 비례한다. 따라서 전제동거리는 공주거리와 실제동거리를 합한 것이며 제동초속도에 영향을 많이 받는다.

열차의 제동거리는 크게 공주거리와 실제동거리로 분류할 수 있다.

1) 공주거리

① 공주거리의 한계

제동변을 제동위치로 이동하면 압력공기가 유동하는 시간과 기초제동장치에 유간이 있기 때문에 완전히 제동이 체결되기까지는 어느 정도 시간이 필요하다. 제동변을 제동위치로 이동하여 제동이 작용하기까지의 주행거리를 공주거리, 소요시간을 공주시간이라 한다.

철도차량의 공주거리는 제동취급 시점부터 제동력이 예정제동률의 75%를 달성할 때까지 진행한 거리를 공주거리로 산정한다(속도정수사정기준규정 적용). 또 이때까지 경과한 시간을 공주시간이라 한다.

② 공주거리의 발생사유

- 제동취급 후 공기배관을 따라 공기의 이동에 따라 제동통압력이 형성되기 위하여 소요되는 시간동안 진행한 거리

> 공기의 이동소요시간
> 제동관압력은 초당 150~200m 진행하므로, 1m 진행시 약 0.05sec 소요

- 기초제동장치의 동작 시간동안 진행한 거리
- 제륜자가 DIA에 접촉한 후 적정압력으로 제동통압력이 상승하기 위하여 소요되는 시간동안 진행한 거리

> 공주시간은 제동장치의 종류, 제동취급방법, 열차의 편성, 연결량 수 등에 따라 다르다.

③ 공주거리의 계산

- 공주시간

  공주시간은 최초 제동취급 후 예정제동율의 75%를 달성하는데 소요되는 시간을 말한다.

  - 제동취급 후 최전부차량(기관차)에 제동이 체결되기 시작하는데 소요되는 시간 : 약 0.9sec(보통제동기)
  - 최전부 차량으로 부터 최후부 차량까지 제동관 압력공기의 이동에 소요되는 시간 : 제동축수 n, 축간거리 약 5m로 할 때 약 0.025n/sec
  - 차량당 제동시점부터 완료시까지 소요되는 시간 : 약 3sec

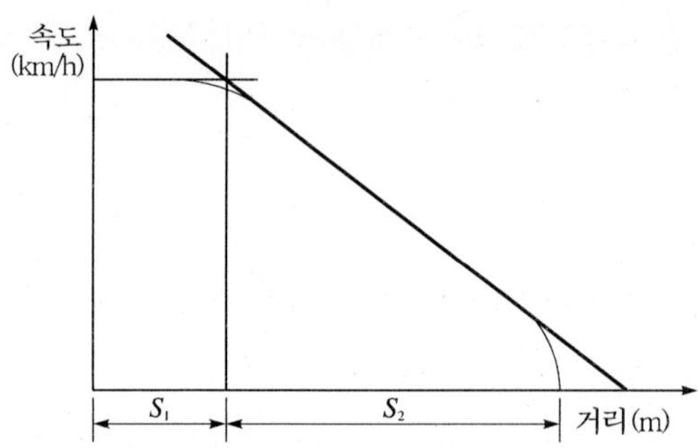

그림 3.3 공기제동기의 공주시간(단위 : sec)

열차종별		비상제동	상용제동
차량별	연결량 수		
여객용	약 11량	2~3	6~7
화물용	25~30량	6~8	12~14
ARE용		1.5	3
전동차	10량 편성	1.5~2	3~3.5

• 공주거리(S_1)

$$v \cdot t_1(\mathrm{m/s \cdot s}) = \frac{V}{3.6} \cdot t_1(\mathrm{km/h \cdot s}) \quad \cdots\cdots (3.19)$$

[단, 평탄선구일 때, S_1 : 공주거리(m)

V : 제동초속도(km/h)

t_1 : 공주시간(sec)]

2) 실제동거리

실제동거리(S)는 전 제동거리에서 공주거리를 제한 값을 말한다.

① 운동에너지식에 의한 방법

$$Ek = \frac{1}{2} m V^2 \times (1 + \alpha) \quad \cdots\cdots (3.20)$$

$$Ek = \frac{1}{2} \times \frac{W}{g} V^2 \times (1 + \alpha)$$

여기서, Ek : 운동에너지(kg·m)

m : 열차의 중량(kg) = W/g

W : 열차의 중량 V열차의 속도(m/sec)

g : 중력에 의한 가속도(m/sec²)

α : 회전부분의 관성계수(일반열차 : 0.06 전기차 : 0.09)

지금 주행중인 열차에 제동을 체결하려면 Fdm(kg)의 평균감속력(제동력과 열차저항의 합)으로서 감속되어 거리 S_2(m)를 진행 후 열차가 정지하였다면 이때의 제동 및 열차저항이 한 일의 양은 $Fdm \times S_2$(kg/m)로 된다.

이 일의 양과 위에 표시한 운동에너지와 같으므로

$$Fdm \times S_2 \frac{1}{2} m V^2 (1+\alpha)$$

$$\therefore \ S_2 = \frac{m V^2}{2Fdm}(1+\alpha)$$

위 식의 단위는 kg, m이므로 이것을 우리가 일상 사용하는 단위, 즉 열차의 속도를 V(km/h), 열차중량을 W(ton)로 계산하면,

$$V = \frac{V}{3.6}, \quad m = \frac{W}{g} = \frac{1,000\,W}{9.8} \text{이므로}$$

$$S_2 = \frac{mv^2}{2Fdm} = \frac{\frac{1000\,W}{9.8} \cdot (\frac{V}{3.6})^2}{2Fdm} = \frac{3.937\,W \cdot V^2}{Fdm}$$

② 위 ①식에서 W값에 관성중량을 포함하여 계산하면,
(일반열차 6%, 전동열차 9%의 중량을 가산)

- 일반열차 : $S_2 = \frac{3.937\,W \cdot V^2}{Fdm}(1+0.06) = \frac{4.17\,WV^2}{Fdm}$
- 전기차, 전동차 : $S_2 = \frac{3.937\,W \cdot V^2}{Fdm}(1+0.09) = \frac{4.29\,WV^2}{Fdm}$

이 식은 특히 중요한 의미를 갖는다. 즉 실제동거리는 열차의 중량에 비례하고 감속력에 반비례하며, 제동초속도의 자승에 비례한다.

상식의 Fdm 대신에 열차중량 1ton당의 감속력 fdm으로 하면 S_2는 다음과 같다.

- 일반열차 : $S_2 = \frac{4.17\,V^2}{fdm}$
- 전기차, 전동차 : $S_2 = \frac{4.29\,V^2}{fdm}$

여기서 fdm은 ton당 제동력과 ton당 열차저항의 합이므로 상기식을 변형하면,

공기의 이동소요시간 열차가 정지하도록 가해진 힘 Fdm의 값

$$Fdm = (\frac{P}{W}) \cdot fm + (Rr \pm Rg + Rc + Rt)$$

일반열차 : $S_2 = \dfrac{4.17V^2}{\frac{P}{W}fm + rm \pm rg + rc + rt}$

전기차, 전동차 : $S_2 = \dfrac{4.29V^2}{\frac{P}{W}fm + rm \pm rg + rc + rt}$

전제륜자압력(kg)

② 운동식에 의한 방법

$S = v \cdot t$(m/s · s)에서

$$v(\text{평균속도}) = \frac{v_2 + v_1}{2}$$

$$a(\text{가속도}) = \frac{v_2 - v_1}{t} \Rightarrow t = \frac{v_2 - v_1}{a} \text{이므로,}$$

$$S = v \cdot t = \frac{v_2 + v_1}{2} \cdot \frac{v_2 - v_1}{a} = \frac{{v_2}^2 - {v_1}^2}{2a}$$

v 및 a값을 철도실용단위로 환산하면,

$$S_2 = \frac{(\frac{V}{3.6})^2}{2 \cdot (\frac{A}{3.6})} = \frac{V^2}{7.2A}$$

3) 전 제동거리의 산출

전제동거리(S) = 공주거리(S_1) + 실제동거리(S_2)

일반열차 : $S = \dfrac{V \cdot t}{3.6} + \dfrac{4.17WV^2}{Fdm}$(m)

전동열차 : $S' = \dfrac{V \cdot t}{3.6} + \dfrac{4.29V^2}{Fdm}$(m)

※ W값은 Fdm값에 따라 계산방법을 달리할 수 있다.

일반열차 : $S = \dfrac{V}{3.6}t + \dfrac{4.17V^2}{\frac{P}{W}fm + rm \pm rg + rc + rt}$

$$\text{전기차, 전동차 : } S = \frac{V}{3.6}t + \frac{4.29\,V^2}{\frac{P}{W}fm + rm \pm rg + rc + rt}$$

(8) 열차다이아(DIA)

1) 열차다이아 종류

열차다이아는 Train Diagram의 약칭으로서 철도의 상품이다. 이 열차라는 상품 판매는 수송수요 및 수송요청을 기초로 하여 열차계획을 수립하고 설정함으로서 이루어진다. 이 열차설정을 도표화한 것 즉 열차의 시간적 추이에 의한 열차운행상태를 도시(圖示)한 것이다.

① 눈금에 의한 분류

- 1시간목(時間目) 다이아 : 이 다이아는 상기 열차계획, 시각기정구상의 작성, 차량운용계획, 승무원운용계획 등에 사용된다.
- 2분목(分目) 다이아 : 1시간의 폭을 60mm로 하는 다이아로서 열차계획의 기초가 되며 시각개정작업이나 임시열차의 계획, 정기열차의 계획, 정기열차의 계획, 등 상용열차계획에 사용되고 또 운전정리 등 정확한 시각을 기입할 필요가 있을 때 사용하는 다이아로서 시각의 눈금이 2분 간격으로 되었다.
- 1분목(分目) 다이아 : 1시간의 목을 78mm로 하는 다이아로서 열차밀도가 높은 수도권의 전동열차의 운전정리용으로 주로 사용한다. 이 다이아는 시각의 눈금이 1분 간격으로 되었다.
- 10분목(分目) 다이아 : 1열차횟수가 많은 선구의 1시간목 다이아 대신 사용하는 다이아로서 시각의 눈금이 10분 간격으로 되었다.

② 구성방법에 의한 분류

- 넷(net)다이아
- 평행다이아
- 규격다이아

2) 다이아 설정시 고려할 사항

① 수송량과 수송력 및 수송파동

② 열차사명과 계통

③ 견인정수 및 표준운전시분

④ 운전시분의 탄력성 - 정차역, 정차시분 및 유효시간대와 발착시간 - 열차접속

⑤ 열차상호간 지장이 없고 선로용량을 초과하지 않을 것
⑥ 설비조건에 적합할 것
⑦ 선로보수시간 감안
⑧ 구내작업

3) 열차설정의 기본원칙

① 열차상호간에 안전하고 원활하게 운전할 수 있어야 한다.
② 정확하게 열차를 운전할 수 있어야 하고 적은 지연에 대해서는 탄력이 있어야 한다.
③ 열차는 수송파동에 대응할 수 있어야 한다.
④ 열차는 시발역부터 종착역까지 동일한 열차번호이어야 한다.

(9) 철도차량의 특성과 운전

철도차량의 운진은 2차원의 평면상을 운전하는 자동차나 3차원의 공간을 비행하는 비행기와 다르게 1차원의 선운전밖에 하지 못하며 그 특성은 다음과 같다.

① 선로 위에서 운동만 하므로 열차와 열차, 또는 열차와 차량 혹은 장애물과 충돌 또는 접촉을 일으킬 염려가 있다.
② 차량은 차륜으로 레일 위를 주행하기 때문에 어떤 원인에 기인하여 차륜이 레일 위에서 탈선 될 수가 있으며 전복될 우려가 있다.
③ 신속한 정지가 곤란하다. 즉 레일과 차륜은 철제로서 마찰력이 적으므로 비교적 수송은 용이하나 점착력이 적어서 제동거리가 길어진다.
④ 다수의 차량을 연결하고 운전하기 때문에 운전중 연결된 차량간에 복잡한 운동으로 분리될 우려가 있고 필요에 따라 입환 작업을 하여야 하며 입환 작업시 사고가 발생할 우려가 있다.

(10) 도시철도 특성

서울의 도시철도는 1~4호선의 서울메트로, 5~8호선의 도시철도공사, 서울메트로 9호선(주)가 9호선을 담당 서울시의 지하철 교통망이 형성된다. 그 외에 한국철도공사가 수도권 전철노선과 연계하여 서울 및 인접 생활권 도시에 거주하는 주민들이 교통난 해소에 일익을 담당하고 있다.

열차 운전은 차량, 전기, 선로, 신호, 통신, AFC, 영업 등 각 분야의 기술과 운용을 최대로

극대화된 상태를 유지하면서 승객을 맞이하는 최종 마무리 단계이며, 운반구인 차량을 이용하여 목적지까지 무사히 안전하게 정해진 시간 내에 이동시켜 주는 것이라고 하겠다.

정확하고 신속하고 안전한 열차 운전은 도시철도 운영기관의 지향하는 최고 목표이며 최대의 사명이다. 수도권 도시철도의 운영은 05시 30분부터 익일 01 : 00까지 수많은 열차가 최소 2.5~8분 간격으로 운행되고 있다.

1개 열차는 전동차 10량 또는 8량을 연결하여 1개 편성으로 운행되며 기관사와 차장이 근무하면서 운전과 승객의 안전수송을 책임지고 있다. 도시철도는 ATC시스템을 설치하여 운행되고 있으며 1인 승무체제로 운영되는 기관도 있다.

(11) 운전업무

1) 개요

① 철도 : 궤도를 부설하고 차량을 운전하여 여객과 화물을 운송하기 위한 설비
② 열차 : 정거장외 본선을 운전할 목적으로 조성한 차량을 말하며
③ 운전 : 동력차를 조종하여 여객 또는 화물을 목적지까지 안전한 수송 담당

2) 열차가 형성되는 과정

① 열차로서 조성이 완료되면
② 폐색취급을 하여
③ 신호취급을 하면
④ 열차운전을 할 수 있다.

3) 운전분야 업무

원활한 철도수송과 안전확보를 최대의 과제로 현장에서 운전업무를 담당한다.

① 운전업무

㉠ 운행열차 구분

- 여객, 화물, 소화물, 공사, 회송, 단행, 시운전열차
- 운행기간에 따라, 정기적인 열차와 부정기열차로 나눔

㉡ 승무사업

- 열차승무 : 여객과 화물수송에 참여하는 승무
- 입환사업 : 정거장구내에서 열차를 출발시키기 전 여객과 화물을 순서별로 정

리 하는 것

- 소내입환사업 : 기지사무소 및 전동차사무소 구내에서 전동차를 정리하는 사업

② 승무원 관리

㉠ 승무원 관리 : 승무원의 근무기강확립과 왕성한 책임의식 및 사명감을 함양하기 위하여 소속장이 다음 사항에 대한 관리계획을 수립, 시행

- 복무관리
- 휴양관리
- 환경 적성관리(적성, 품성, 신체, 적합성 등)
- 기타 필요한 사항

㉡ 관리방법 : 담당지도과장별 책임지도하며, 다음 사항을 집중관리

- 가정환경
- 적성관계
- 건강관계
- 업무지식
- 기타적성(취미, 기호, 성격, 직무의욕, 생활태도 등)
- 주위의 인간관계 등

㉢ 승무원 교양 : 효과적인 지도교양을 위한 소속 특성에 적합한 충분한 교양

- 전동차의 운전에 필요한 기술 및 규정(작업내규 포함)
- 담당 운전선구의 기준운전선도
- 전동차 고장 처치법
- 도상 및 시청각 교양자료
- 신규자, 전입자에 대한 교양자료
- 사고예방을 위한 대책 및 사례
- 이례사태 발생시 조치법
- 경제적 운전기법
- 기타 승무원 교양에 필요한 자료

㉣ 승무원 지도교육 방법 : 강의식과 시청각교육, 토론회, 사례발표회 및 작업기준 모의 훈련

- 소집교육
- 첨승지도 실기교육
- 지도분담교육

- 상황실교육
- 면접교육
- 게시교육
- 양성교육
- 계절별 교육
- 대화교육
- 기타 특별교육

ⓜ 전동차 승무원 사업절차 : 사업이란 자기 소속에서 출무점호 이후 승무 행로에 의거 승무 후 귀소하여 종료 보고를 마친 행로의 단위로 다음 표와 같이 진행된다.

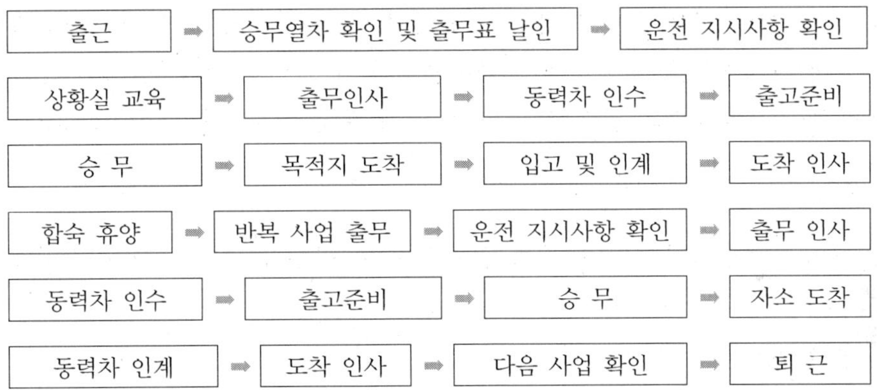

3.2 운전계획

(1) 개요

도시철도 수송기관의 기본 사명은 승객을 목적지까지 안전하고, 신속하고, 정확하며, 또한 쾌적하게 수송하는데 있다. 수송업무의 중추가 되는 운전계획은 안전운행이라는 기반 위에 경제성, 능률성, 합리성 및 승객에 대한 서비스면 등을 고려하여 운전계획이 수립되어야 한다.

운전계획은 수송수요를 예측하고 선형 및 전동차 특성 등에 따른 운전 곡선도를 제작하여 이것을 기초로 최적의 수송력을 창출하여 운용효율을 극대화시키는데 있다. 따라서 승객의 수송을 원활히 하기 위해서는 수송수요, 수요추이, 수요파동 등을 조사하고 장래의 변화 예측 및 지역적인 사정, 시간적인 특수사정 등을 고려하여 수송수요에 상응하는 수송력을 계획하여야 한다. 이러한 계획을 바탕으로 운전 곡선도 작도 및 표준 운전 시분을 산정하고 이 자료를 근거로 전동차 소요량과 운행 시격을 결정하여 열차다이아를 제작한다.

한편 열차다이아를 근거로 전동차 운행표, 열차운전 시각표 등의 작성 및 소요 승무원을 산정하여 효율적으로 승무원을 관리하여야 한다. 또한 운전계획 과정에서 열차운행 혼란의 극소화와 혼잡구간에 대한 반복운전으로 승객에 대한 서비스제공 및 고장차량의 비상대비를 위한 운전설비도 함께 검토되어야 한다.

(2) 열차운영

역 설비, 차량, 선로, 에너지 공급 및 신호 보안 설비 등 철도의 모든 하드웨어(Hardware)를 가장 효율적으로 조합할 때 여객과 화물수송의 최적화를 달성하는 동시에 철도의 경제성도 높여야 하는 철도운영의 핵심이 바로 이 열차 운영 매니지먼트(management)이다.

1) 수송계획

최고경영자의 경영방침과 수송 수요를 근거로 하여 근무자들이 수송계획을 수립하는데 수송계획의 주요 내용은 다음과 같다.

① **수송력 설정**
수송수요의 변화에 따른 열차편성과 열차 수

② **열차방식의 선정**
열차를 전기차로 할 것인가 디젤차로 할 것인가 어떤 목적으로 사용 될 것인지를 인지하고 결정

③ **열차 단위와 횟수의 결정**
열차의 용량에 따른 적정한 빈도 결정

④ **열차종별의 책정**
운행기간에 따라 정기 및 임시열차 등 필요에 따라 여러 종류로 책정

⑤ **열차의 속도 책정**

2) 열차계획

① 수송력 검토확정
② 열차의 설정구간

③ 열차의 배열
④ 차장률과 유효장 결정
⑤ 차중률과 견인정수
⑥ 기준운전시분
⑦ 정차역과 정차시분
⑧ 열차최소 간격
⑨ 열차다이어
⑩ 차량과 승무원 관리
⑪ 열차의 지령

이와 같이 열차운전을 하도록 하기 위하여 수송계획을 기초로 하여 상기와 같은 조건을 고려하고 결정한다.

(3) 운전계획 수립

운전계획 수립은 결과적으로 열차운행 스케줄을 작성하는 것으로써, 수송수요 예측, 수송수요 분석, 수송력 검토, 시설, 설비의 수용조건, 소요 전동차 편성 등을 검토하여 운전계획이 수립된다.

1) 수송수요 예측

교통영향평가서를 근거로 수송수요를 예측하고 1차로 동 자료를 근거로 수송수요를 예측하고 있다. 2차로 해당기관의 영업분야에서 년 1회씩 수송 수요를 조사하여 조사된 자료를 운전계획 수립에 활용하고 있다.

2) 수송수요 분석

신설 노선의 이용 승객은 선별 및 년도별로 다소 차이가 있으나 전일(全日) 대비 시간당 출, 퇴근 시간대에 약 12~19% 집중적으로 발생되며, 또한 혼잡도는 도심부 및 승환역 주변에서 최대치를 나타내고 있다

3) 수송력 검토

① 승차기준

㉠ 혼잡도 : 200%

㉡ 정원 : 선두차 : 148명(좌석 48, 입석 100)

중간차 : 160명(좌석 54, 입석 106)

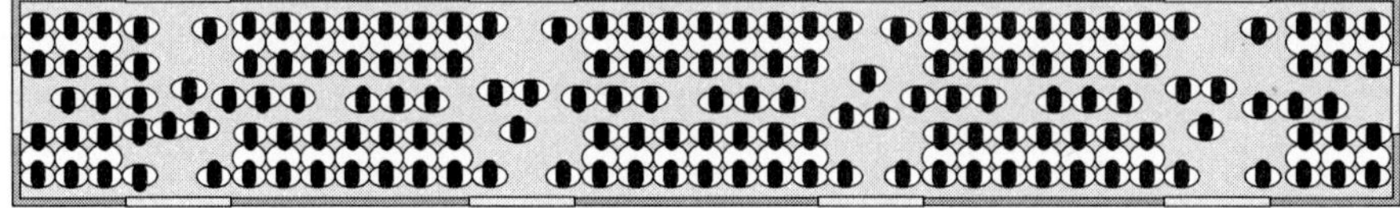

- 좌석에 앉은 사람(3+7+7+7+3)×2 = 54명
- 그 좌석앞에 서있는 사람 54명
- 전동차 중간에 서 있는 사람 3명 그룹이 12그룹 = 36명
- 각 문 양쪽에 서 있는 사람(2×4×2) = 16명
- 열차조성 : 10량 또는 8량

② 운행시격

㉠ 열차 설정상, 설비측면

- 운행시격은 선행열차와 후속열차의 운전간격을 시, 분으로 표시한 것을 말하며, 그 노선에 있어서의 최소값을 최소 운행시격이라고 한다.
- 후속열차가 언제나 간격제어에 대한 속도억제 브레이크를 필요로 하지 않은 진행을 지시하는 신호에 의하여 운전할 수 있는 것이 전제조건이다.
- 최소 운행 시격은 열차 간격제어의 방식, 폐색구간, 열차편성, 가/감속도 및 구내배선 등 각종 요소에 의하여 결정된다.

여기서 열차의 지연 회복 등을 고려하여 최소 운행 시격보다 약 10초 이상의 여유를 두고 운전계획을 수립하고 있다.

㉡ 수송수요 측면

- Rush-Hour 운행시격
  - RH 최대 재차 인원 ÷ 수송력 = 운행횟수(회)
  - 60분 ÷ 운행횟수 = 운행시격(분)
- 평시 운행시격
  - 단위시간 재차인원 ÷ 수송력 = 운행횟수(회)
  - 60분 ÷ 운행횟수 = 운행시격(분)

- 위 식에 의하여 산출할 수 있지만 타 노선과 운행시격차가 큰 경우에 승환 승객 집중으로 인한 혼잡을 예방하기 위하여 실제 운행시격과 지역조건, 승환 노선 시격 등을 고려하여 경영자 방침에 의하여 설정한다.

• 조조, 심야시간 운행시격

경제성 및 이용승객 서비스를 고려하여 적정시격을 결정한다.

③ **혼잡도**

혼잡도는 경제발전 등으로 시민들의 생활이 윤택하여 짐에 따라 쾌적한 교통 편의 제공을 위하여 200% 내외로 계획되고 있다.

대형전동차 기준					혼잡도				
중간차	160								
선두차	148								
	선두차 갯수	선두차 합	중간차 갯수	중간차 합	100%	150%	180%	200%	250%
4량 1편성	2	296	2	320	616	924	1109	1232	1540
6량 1편성	2	296	4	640	936	1404	1685	1872	2340
8량 1편성	2	296	6	960	1256	1884	2261	2512	3140
10량 1편성	2	296	8	1280	1576	2364	2837	3152	3940

4) 시설 및 설비 수용성

도시철도의 시설 및 설비의 규모는 열차운행 및 승객을 수용할 수 있는 고정된 값을 가지고 있으므로 운전계획 수립시 반드시 수용 가능여부를 판단하여야 하며 고려해야할 주요 항목은 다음과 같다.

① 영업 연장의 규모 및 단계별 개통계획
② 기존 및 향후 노선과의 연계수송
③ 반복운행 및 회차설비
④ 야간 유치 및 비상시 고장차 대피설비
⑤ 유지보수를 고려한 Motor Car 유치설비
⑥ 영업중지 구간 단축 및 응급조치를 위한 대처방안
⑦ 평면 및 종단 선형과의 부합성
⑧ 지역특성 및 역세권 현황에 따른 승강장 형태
⑨ 역별 승객 편의 설비(에스컬레이터) 수용성

5) 소요차량 편성 수 산출

보유하고 있는 전동차 모든 편성을 매일 매일 열차 운용에 투입하여 사용하는 것이 아니고, 그 일부는 비상대기 및 검수 등의 예비로써 확보 되어야 한다.

차량운용률이란 1일의 운용차량 수(정기, 부정기, 임시열차를 포함)와 총보유 차량 수에 대한 비율로 차량 검수상태를 알 수 있는 가장 간편한 표준치이다. 즉 「차량운용율+예비율=100%」로 보는 것이다.

여기서 예비율을 얼마로 할 것인가 하는 것은 상당히 어려운 점이 있다. 새로운 시스템 및 전동차를 신조하여 운용하는 초기 단계에는 상당기간 차량의 조율 없는 상태에서 낮은 예비율을 적용하는 것은, 초기 고장 및 수송 수요예측 불확실성 등의 이유로 운용에 어려운 점이 예상되어 다소 높은 예비율을 적용하여 차량 각부의 조율 및 기계 성능의 안정이 있는 후부터 10~15% 정도 적용하는 것이 타당하다.

소요차량 편성수의 총수량은 영업용 운용차량과 예비차량을 합한 것이다. 영업용 운용차량의 편성수를 구하는 산정식은 다음 식 (3.21)과 같다.

$$Nt = \frac{(T+t)\cdot 2}{P} \qquad (3.21)$$

여기서, Nt : 운용차량 소요 편성수
T : 표정시분(시발역 출발시각부터 종착역 도착시각까지)
t : 양단 역의 반복 시분
P : 최소 운행시격(분)

예비 차량은 운용예비와 검수 예비로 구성되며 보유율은 운용 편성수의 12% 정도를 적정하고 있다. 예비차량의 보유율이 과대하면 투자비의 낭비가 되고 부족하면 원활한 영업운전에 지장을 초래한다.

3.3 열차 운전속도

(1) 운전속도의 구분

1) 평균속도

열차가 운전한 구간의 총거리를 그 구간에서 정차한 시분을 뺀 실제 주행한 총시간으로 나눈 속도를 말한다.

* 열차가 주행한 총거리÷(총 운전시간 − 정차시간)

2) 표정속도

열차가 운전한 총 거리를 도중의 정차 시간까지를 포함한 전체의 운전시간으로 나눈 속도를 말한다.

* 열차가 주행한 총거리÷총 운전시간

3) 최고속도

차량 및 선로 등의 조건에서 허용되는 최고속도를 말한다.

4) 균형속도

동력차의 인장력과 열차저항이 균형되어 등속 운전시의 속도를 말한다.

5) 제한속도

운전의 안전 확보를 위하여 여러 가지 조건에서 제한을 둔 속도를 말한다.

(2) 운전속도 제한요인

1) 신호

신호란 열차 및 차량의 운전에 관하여 진입에 대한 가, 부 여부를 지시하는 것으로써 열차진로의 지장여부와 조건에 따라 열차를 정지시키거나 운전속도를 제한하는 등의 기능을 가진다. 따라서 반드시 이러한 신호의 현시 조건에 따라 열차를 운전하여야 한다.

열차 또는 차량의 ATC 신호에 따른 ATO 운전속도는 다음과 같다.

① ATC 신호 : 02, 01, 25, 35, 45, 55, 60, 65, 70, 75, 80, 90신호

② ATO(정상) : 정지, 정지, 22, 32, 42, 50, 55, 60, 65, 70, 75, 85km/h

③ ATO(회복) : 정지, 정지, 22, 32, 42, 52, 57, 62, 67, 72, 77, 87km/h

2) 선로의 형태

선로의 조건은 수평과 직선으로 되는 것이 좋으나 지형과 구조물 등의 특성에 따라 레일의 종류(60kg, 50kg 등), 노반의 상태, 곡선, 구배 및 분기기 설치 등 선로의 형태를 다르게 하여야 하며 그에 따라서 운전속도가 제한된다. 선로의 형태에 따라 운전속도를 제한하는 것은 열차 주행시 수평 및 직선에서 이 조건과 동일한 제동력 및 제동거리를 확보하여 안전운행을 확보하는 목적이 있다.

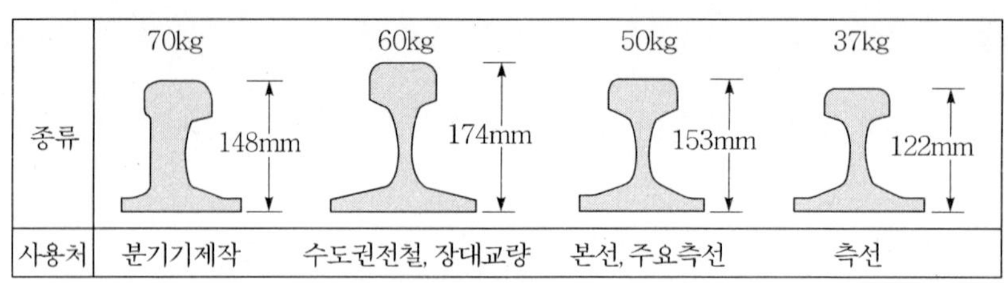

그림 3.4 레일종류 및 사용처

① 분기기에 따른 제한속도

열차 및 차량을 한 궤도에서 다른 궤도로 이동시키기 위한 궤도상의 설비를 분기장치 또는 분기기(turnout)라 하며 분기부는 포인트부(point : 전철기), 리드부, 크로싱부 3부분으로 구성된다.

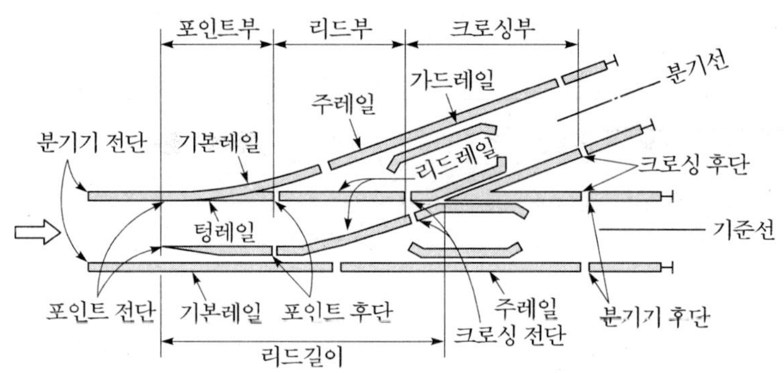

그림 3.5 분기장치

분기기 종류 / 구 분	NS 분기기 (철도 2250-1021라)	I형 분기기 (철특시 98-49호가)	탄성 분기기 (철특시 98-49호가)
전경			
텅레일	70S	70S (후단 50kgN 레일 단면단조)	70S (후단 50kgN, 60kg 레일 단면단조)
기본 레일	50kgN		60kg (50kgN용은 전후단 단조)
텅레일	5,700mm	8,850mm	9,300mm
입사각	1°23′20″		0°

분기 리드부는 곡선이며, 동개소를 차량이 통과시에도 원심력에 의해 차량은 외방으로 탈출하려고 하나 이를 방지하기 위하여 외측레일을 높이는 캔트를 붙여야 하나 분기부에는 캔트를 부여할 수 없기 때문이다.

② **하구배에 따른 제한속도**

선로는 수평에 가깝도록 부설하는 것이 바람직하나 지상과 터널, 고가의 연결부 등 특성에 따라 불가피하게 구배가 주어지게 되며, 이 구배는 열차의 견인중량이나 운전속도를 제약하는 등 수송능률에 직접적으로 큰 영향을 미칠 뿐만 아니라 선로의 보수비나 차량의 관리비용에도 적지 않은 영향을 미치게 되므로 완만한 구배를 형성할 수 있도록 노력하여야 한다. 특히 지하철 구조물에서는 지하수를 배수하여야 되는 필요에 따라 완만한 구배는 반드시 존재하고 있다.

③ **곡선에 따른 제한속도**

선로의 곡선은 지형과 구조물 등으로 인하여 방향을 전환하여야 할 필요가 있을 때 방향 전환지점에 삽입하는 것으로 보통 원 곡선(元曲線)을 사용하며 곡선의 반경을 그 단위로 한다. 또한 곡선의 선로에는 열차운행 중 원심력에 의한 탈선이나 전복을 막기 위하여 바깥쪽 레일에 기울기(Cant)와 안쪽 레일에 확대 궤간(Slack)을 두고 있다.

3) 차량의 구조 및 상태

① **차량의 구조 및 상태에 의한 제한속도**

차량의 견인전동기와 차량과의 치차비(齒車比), 연결기의 강도, 차량의 상태(파손, 제동축 비율 등)는 차량의 최고속도를 결정하는 데 가장 큰 요인이 된다. 도시철도에서 적용하고 있는 차량의 최고속도는 100km/h이다.

② **제동축수 부족시의 제한속도**

- 연결 축수 100에 대하여 제동 축수 80% 이상인 경우에는 60km/h 이하의 속도로 운전하고, 계속 운전에 대하여는 운영사령의 지시에 따른다.
- 연결 축수 100에 대하여 제동 축수 80% 미만인 경우에는 가장 가까운 역에 승객 하차시키고, 45km/h 이하로 주의운전 하여야 한다.
- 연결 축수 100에 대하여 제동 축수 50% 미만인 경우에는 다른 열차와 합병하여 구원 조치하여야 하며, 열차의 맨 뒤 차량이 제동 축수가 부족한 경우에는 승객을 취급하는 열차로 사용할 수 없다.

4) 기 타

사고 기타 부득이한 사유로 인하여 정상 운행이 곤란 할 경우와 폐색방식 변경, 이상 기후시 등에도 속도가 제한된다.

3.4 폐색신호(閉塞信號, blocking signal)

(1) 폐색의 의의

열차운전은 안전확보를 위하여 열차속도에 따른 제동 거리만큼의 간격을 유지해야 한다. 또한 동일한 선로에는 많은 열차가 전후하여 운전되는 것이므로 어떠한 방법을 강구하지 않는다면 열차 상호간의 안전을 확보할 수 없게 된다. 물론 각 열차는 제정된 시간에 따라서 운전하는 것이기는 하나, 열차 또는 선로의 고장, 기타의 사정으로 정상운전을 할 수 없을 때에는 열차와 열차가 접근하여서 위험한 사태를 초래할 염려가 있게 된다. 이런 경우 열차 상호간의 위험을 방지하고 안전을 확보하기 위하여 열차와 열차와의 사이에 일정한 공간적 거리를 두고 운전하도록 취해진 방법을 폐색이라고 한다.

폐색을 운용하기 위하여 일정한 나누어진 구역을 폐색구간으로 부르고 이와 같은 방법으로 운전하는 방식을 폐색방법이라 한다. 폐색방법은 본선을 일정한 구역으로 나누어 그 구역 내에는 1개 열차 외에 다른 열차를 동시에 운전시키지 않는 방법과 동일방향에 계속하여 운전한 열차가 있을 때에는 일정한 시간을 경과하지 않으면 다음 열차를 운전시키지 않는 방법이 있다.

폐색방식은 1개의 폐색구간 내에는 1개의 열차밖에 운전하지 않는 방법으로 열차는 일정한 구역을 점유하고 그 구역을 안전하게 고속도로 운전할 수가 있으므로 열차상호간의 안전이 확보되는 반면, 폐색준용법은 단지 일정시간이 경과하면 다음 열차를 운전하게 되기 때문에 절대적인 안전 확보가 필요하다. 그러므로 폐색준용법에 의하여 열차가 운행될 경우에는 취급상의 엄격한 제한을 받게 된다. 폐색방식은 폐색구간을 운전하는 열차의 안전을 확보하기 위하여 시행하는 것으로써 가장 완벽한 방법을 채택하여야 하고, 이러한 방법을 상시 사용하고 있으므로 이를 상용 폐색방식이라 한다.

그러나 폐색장치의 고장, 열차 또는 선로의 고장 등으로 상용 폐색방식을 시행할 수 없을 경우에는 이에 버금가는 대용 폐색방식을 사용하고, 대용폐색방식을 사용할 수 없을 경우에는 최후의 수단으로 폐색준용법을 사용하고 있다.

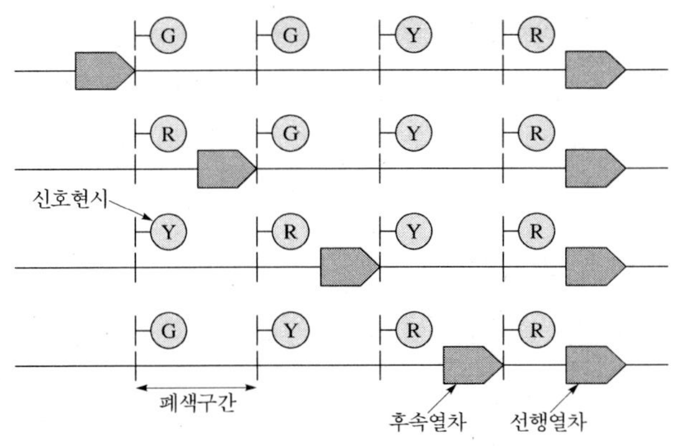

그림 3.6 폐색방식

(2) 폐색방식의 종류

1) 폐색방식의 종류

① **상용폐색방식** : 차내신호 폐색식, 자동폐색식, 연동폐색식, 통표폐색식

② **대용폐색방식**

- 복선운전을 할 때 : 지령식, 통신식
- 단선구간 또는 단선운전을 할 때 : 지도통신식

③ **폐색준용법**

- 전령법
- 무폐색운전

2) 폐색방식 시행원칙

① 열차의 운전은 본선을 폐색구간으로 분할하여 상용폐색방식에 의하여 시행하여야 하며, 상용폐색방식에 의할 수 없는 경우에는 대용폐색방식을 시행하여야 한다.

② 폐색방식에 의할 수 없는 경우에는 폐색준용법을 시행한다.

3) 폐색구간의 경계

① **상용폐색방식을 시행할 때**

장내표지, 출발표지, 폐색표지가 설치된 지점. 다만, 단선구간에서 양방향 운전시는 진행방향의 출발, 자동폐색, 장내경계표지가 설치된 지점

② **대용폐색방식을 시행할 때**

- 지령식 : 운영사령이 지정하는 구간

- 통신식 : 정거장 내외의 경계
- 지도통신식 : 운영사령이 지정하는 정거장 내외의 경계

③ **폐색준용법을 시행할 때**

- 전령법 : 운영사령이 지정하는 구간
- 무폐색운전 : 정거장간에서 다음 폐색경계표지 설치지점까지

4) 1폐색구간에 2 이상의 열차를 운전할 수 있는 경우

① 무폐색운전에 의하여 폐색경계표지 내방으로 진입할 때

② 전령법에 의하여 열차를 운전할 때

③ 폐색구간 내에서 열차를 분할하여 운전할 때

3.5 안전관리

(1) 필요성

철도교통은 산업화로 인한 대도시 인구집중, 경제 및 여가활동의 증가, 경제발전에 따른 수송수요 증가 등으로 인해 교통수단으로서 필연성과 중대성이 함께 요구되면서 한 단계 더 발전할 수 있는 초석을 마련하였지만, 안전이 확보되지 않는다면 영업활동의 막대한 손실은 물론 사회적, 경제적 손실과 생산성 감소 등 사회 전반에 미치는 영향은 매우 크며, 업무 수행중 본인 부주의에 의한 직무사고 또한 있어서는 안 될 사항이기 때문에 안전확보는 철도의 지상 과제이다.

(2) 도시철도 사고의 분류

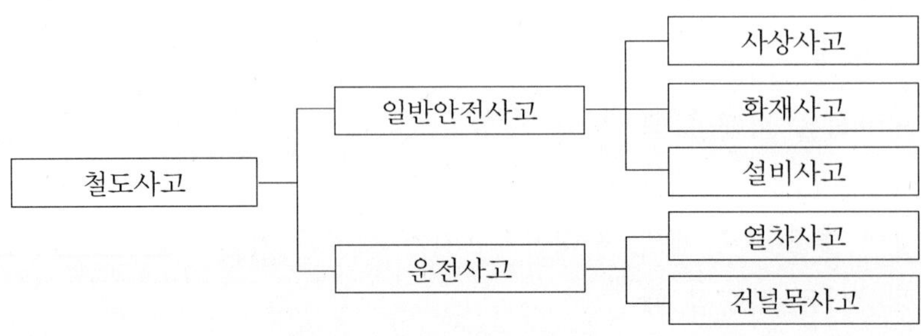

그림 3.7 도시철도 사고의 분류

(3) 사고원인 및 예방대책

1) 차량고장 발생시 기관사의 자세

- 선보고 후 조치한다.
- 10분 이내에 본선을 개통한다는 신념을 갖는다.
- 응급처치는 최소한의 필요 조치를 취하고 인명피해 및 병발 사고예방을 최우선으로 조치한다.
- 당황하지 않고 조치할 수 있다는 자신감을 갖는다.
- 고장 유니트 또는 고장차량을 확인 후 처치에 임한다.
- 전부 운전실에서 처치불능 시 속히 후부운전실에 가서 시도하여 본다.
- 응급처치가 되지 않을 경우에는 일단 팬터그래프를 하강시켰다가 약 3~4분 경과 후에 재기동시켜본다.
- 후부운전실 또는 재기동으로 처치불능 시는 즉시 구원요청 한다.

① 취급부주의 운전사고

㉠ 원인

- 안전의식 부족과 안전관리 생활화 미비
- 지적확인 환호응답 및 안전수칙 등 기본적 준수사항 이행 부족
- 형식적인 점검
- 신규 및 전입자에 대한 교육 및 관리 소홀
- 불안전요인을 알고 있으면서도 안전조치 미강구
- 근무 교대시 업무 인계인수 소홀
- 주요지시 및 정보사항 확인 소홀 및 미준수
- 정당한 신호, 전호를 취급하지 않은 운전취급
- 관계진로 및 신호현시상태를 확인하지 않은 열차 취급
- 타성적인 운전취급 및 안이한 정신자세 등

㉡ 대책

- 지적확인 환호응답 철저
- 각종 지시사항 확인 및 준수
- 정신자세 확립 및 잡념, 억측 엄금
- 타성적인 운전취급 배제하고 재확인하는 자세 견지

② **직무사고**

㉠ 원인

- 업무 시작 전 안전조치 여부 확인 소홀
- 행동으로 이어지지 않는 안전수칙
- 선로 횡단시 지적확인 환호응답 불이행
- 침착하지 않고 서두르는 조급한 마음
- 본연 업무의 정확한 이해와 이례사항 발생시 조치요령의 충분한 숙지

㉡ 직무안전사고 예방을 위한 행동요령

- 기관사 안전수칙을 숙지하고 이행할 것
- 철저한 지적확인환호 이행으로 각종 사고를 미연에 방지할 것
- 차량기지구내 검수대 보행 시 추락에 주의할 것
- 전차선 설치구간에서는 전차선 접촉에 주의할 것
- 출입금지 장소(고압 전기설비 설치장소 등)에 출입 시에는 반드시 관계자의 승인을 얻은 후 출입할 것
- 출고점검 시 안전수칙 준수 및 이동금지전호 철거여부를 확인할 것
- 차량기지구내 선로통행 시는 반드시 지정된 통로를 이용하고, 부득이하게 선로를 횡단 시에는 좌, 우를 확인 후 신속히 횡단할 것
- 선로전환기 철차나 레일 두부를 밟고 보행하지 말 것
- 운전실 승·하차 시에는 반드시 운전실 난간을 잡고 안전하게 승·하차하고 절대로 뛰어 내리지 말 것
- 기동 전 전차선 급전여부를 확인할 것
- 기동중인 전동차의 고압부분에는 절대 접촉하지 말 것
- 차량기지구내 검사고 입·출고 시 관계규정을 준수(서행)할 것
- 운행중인 열차에서는 절대로 신체의 일부를 밖으로 노출하지 말 것
- 차상 하에서 Cock개방 등의 작업 시는 두부 손상에 주의할 것
- 운전실 출입문 및 측 창문 쇄정 시 손가락이 끼이지 않도록 주의할 것
- 이례사항 발생 시 침착한 행동으로 안전조치 후 사고조치 등

(4) 사상사고 발생시 조치

1) 사상사고의 종류

① 사상사고 : 도시철도사업과 관련하여 발생한 인명사고를 말한다.

② 여객사상사고 : 여객이 도시철도를 이용 중 입은 부상 또는 사망사고를 말한다.
③ 공중사상사고 : 일반공중이 입은 부상 또는 사망사고를 말한다.
④ 직무사상사고 : 직무와 관련하여 입은 부상 또는 사망사고를 말한다.

2) 사상사고 발생 또는 발견 시 기관사의 조치

① 즉시 정차
- 비상제동 체결
- 당시속도, 발견거리 등 확인

② 운영사령에 상황보고 : 관할 토목분소 관계직원 소집요청
③ 대 승객 안내방송 후 제어대 중앙 방송제어기 스위치를 사령위치로 전환
④ 전동방지 : 주차제동 체결, 역전기 취거
⑤ 운전실 쇄정 후 현장조치
- 사망이 명백한 경우 외에는 즉시 응급조치 후 운영사령의 지시에 따른다.
- 부상자가 있는 경우 열차 진행방향의 최근 역까지 이송 후 구호를 의뢰한다.
- 사망자는 열차운전에 지장이 없는 장소에 안치하고, 다음 역 도착 즉시 역장에게 조치를 의뢰한다.
- 목격자 진술서 확보 : 불가능한 경우에는 관계직원(역무원)에게 의뢰한다.
- 대 승객 안내방송을 한다.
- 운영사령에 상황보고(6하 원칙에 의한 보고)한다.

3) 사상사고 발생 시 급보사항

① 기관사, 역장 → 운영사령
- 사고발생 일시 및 장소
- 관계열차
- 사고상황 및 피해정도
- 사고의 원인
- 사상자 인적사항
- 당시속도, 발견거리 등

4) 열차 내에서의 사상사고

열차운전 중 차내에서 여객사상사고가 발생된 경우에는 열차 진행방향의 최근 정거장 역장에게 사고개요 신고 및 사상자 구호를 의뢰하여야 한다.

5) 전동차 제동거리 산출식

$$S = \frac{V}{3.6} \times t + \frac{V^2}{7.2 \times \{\beta \pm (I/31.1)\}} \quad \cdots\cdots (3.32)$$

여기서, S : 제동거리(m)
V : 열차속도(km/h)
I : 구배율
β : 감속도
t : 공주시간

상용제동시	3.5km/h/sec
비상제동시	4.5km/h/sec

상용제동시	1.2sec
비상제동시	1.0sec

① 전동차 비상제동 거리표(감속도 : 4.5km/h/Sec 적용)

속도		제동거리 (m)	속도		제동거리 (m)
km/h	m/s		km/h	m/s	
5	1.39	2	55	15.28	109
8	2.22	4	58	16.11	120
10	2.78	6	60	16.67	128
12	3.33	8	62	17.22	136
15	4.17	11	65	18.06	148
18	5.00	15	68	18.89	162
20	5.56	18	70	19.44	171
22	6.11	21	72	20.00	180
25	6.94	26	75	20.83	194
28	7.78	32	78	21.67	209
30	8.33	36	80	22.22	220
32	8.89	40	82	22.78	230
35	9.72	48	85	23.61	247
38	10.56	55	88	24.44	263
40	11.11	60	90	25.00	275
42	11.67	66	92	25.56	287
45	12.5	75	95	26.39	305
48	13.33	84	98	27.22	324
50	13.89	91	100	27.78	336
52	14.44	98			

(5) 지적확인 환호

1) 지적확인 환호의 목적

기기의 오 취급, 신호·전호·표지상태의 오인으로 인한 안전사고를 사전에 예방한다.

2) 지적확인 환호 시행

기관사는 다음 각 호의 경우 확인할 대상물을 지적확인 환호하여 기기취급의 정확을 기하여야 한다.

① 운전중 신호의 현시상태 전호, 표지 및 진로의 방향 기타 중요한 사항을 확인할 때
② 차량점검시 주요기기의 상태 및 기능을 확인할 때
③ 기기를 수동 취급할 때

3) 기본요령

지적확인 환호의 기본요령은 아래에 의한다.

① 먼저 취급 또는 확인할 대상물을 찾는다.
② 인지로 대상물을 정확히 지적한다.
③ 대상물의 명칭과 상태를 확인한다.
④ 일정한 위치에서 명확하게 환호한다.
⑤ 2인 이상 승무 시에는 운전업무를 수행하는 자가 선창하고, 보조업무를 담당하는 자는 확인 후 복창한다.
⑥ 5감(시각, 촉각, 청각, 후각, 지각)을 통한 확인
⑦ 형식을 배제하고, 실질적인 확인
⑧ 평소 지적확인환호의 생활화

4) 정거장 착 · 발 시 단독지적확인 환호 요령 및 순서

① 정위치 정차 시 "정차양호"
② 출입문 개방, 대표등 소등 시 "소등"
③ 진로개통표시기 확인 시 "○○선 진로개통 또는 진로정지"
④ 출입문 폐문, 대표등 점등 시 "점등"
⑤ 후부 승강장 상태 확인 시 "후부양호"
⑥ 출발버튼 점등 후 버튼취급 시 "출발"

(6) 기관사 안전관리

기관사 안전수칙

1. 운전 시작 전 제동성능과 ATC/ATO 기능을 확인하자.
2. 운전중에는 신호조건에 따라 운전하고 각종 제한속도는 철저히 준수하자.
3. 의심스러울 때는 일단정차 후 가장 안전한 방법을 취하자.
4. 열차사고 등 선로에 내릴 때에는 인접선 열차에 주의하자.
5. 이례사태 발생시는 당황하지 말고 침착하게 행동하고 안전하게 조치하자.
6. 억측운전이 사고발생의 원인이 된다는 것을 명심하자.
7. 규정의 준수와 지시의 실천이 안전운행 확보의 첩경임을 명심하자.
8. 출입문 취급 시 승객의 승하차 상태를 반드시 확인하자.
9. 열차 출고 시는 주차제동 풀림상태와 차륜막이 제거상태를 반드시 확인하자.
10. 운전 중에는 어떠한 경우라도 신체가 차창 밖으로 나가서는 안 된다.

1) 신체검사

① 주기

- 최초검사 : 해당업무를 수행하기 전에 실시하는 신체검사
- 정기검사 : 최초검사를 받은 후 2년 마다 실시
- 특별검사 : 철도사고 등을 일으키거나 질병 등의 사유로 해당업무를 적절히 수행하기 어렵다고 철도운영자 등이 인정하는 경우에 실시하는 신체검사

② 철도사고란(철도안전법 시행령 57조)

- 열차의 충돌·탈선사고
- 철도차량 또는 열차에서 화재가 발생하여 운행을 중지시킨 사고
- 철도차량 또는 열차운행과 관련하여 3인 이상의 사상자가 발생한 사고
- 철도차량 또는 열차의 운행과 관련하여 5천만원 이상의 재산피해가 발생한 사고

③ 벌칙

- 신체검사를 받지 않고 업무에 종사한 자 및 업무를 하게한 자는 1년 이하의 징역 또는 1천만원 이하의 벌금

2) 적성검사

① 주기

㉠ 최초검사 : 해당업무를 수행하기 전에 실시하는 적성검사

㉡ 정기검사 : 최초검사를 받은 후 10년마다 실시

ⓒ 특별검사 : 철도사고 등을 일으키거나 질병 등의 사유로 해당업무를 적절히 수행하기 어렵다고 철도운영자 등이 인정하는 경우에 실시하는 적성검사

② 검사항목

㉠ 최초검사

- 문답형 검사 : 지능, 작업태도, 품성
- 반응형 검사 : 속도예측 능력, 주의력(선택적 주의력, 주의 배분 능력, 지속적 주의력) 거리지각능력, 안정도
- 불합격 기준
  - 지능검사 점수가 85점 미만인 자(해당 연령대 기준 적용)
  - 반응형 검사중 속도예측능력과 선택적 주의력검사 결과가 부적합 등급으로 판정된 경우
  - 작업태도검사와 반응형 검사의 점수합계가 50점 미만인 경우
  - 품성검사 결과 부적합자로 판정된 자.

㉡ 정기검사

- 문답형 검사 : 작업태도
- 반응형 검사 : 속도예측 능력, 주의력(선택적 주의력, 지속적 주의력), 안정도
- 불합격 기준 : 작업태도검사와 반응형 검사의 점수합계가 40점 미만인 경우

㉢ 특별검사

- 문답형 검사 : 지능, 작업태도, 품성
- 반응형검사 : 속도예측능력, 주의력(선택적 주의력, 주의배분능력, 지속적 주의력) 거리지각능력, 안정도
- 불합격 기준
- 지능검사 점수가 85점 미만인 자(해당 연령대 기준 적용)
  - 반응형 검사 중 속도예측능력과 선택적 주의력검사 결과가 부적합 등급으로 판정된 경우
  - 작업태도검사와 반응형 검사의 점수합계가 50점 미만인 경우
  - 품성검사 결과 부적합자로 판정된 자.

㉣ 벌칙

- 적성검사를 받지 않고 업무에 종사한 자 및 업무를 하게한 자는 1년 이하의 징역 또는 1천만원 이하의 벌금

3) 안전교육

① 교육 시간 : 분기별 6시간

② 교육 내용

- 철도안전법령 및 안전관련 제규정
- 철도운전 및 관제이론 일반
- 철도사고사례 및 사고예방대책
- 철도사고 및 운행장애 등 비상시 응급조치 및 대책
- 안전관리의 중요성 등 정신교육
- 근로자의 건강관리
- 기타 안전 및 보건관리에 관하여 필요한 사항 등

③ 교육 방법 : 강의 및 실습

④ 벌칙 : 안전교육을 실시하지 아니한 철도운영자는 1천만원 이하의 과태료 처분

4) 음주제한

① 음주상태의 기준 : 혈중 알콜농도 0.05% 이상

② 마약류관리에 관한 법률에 의한 마약류를 사용한 경우

③ 측정방법 : 호흡측정기 검사

④ 벌칙

- 2년 이하의 징역 또는 2천만원 이하의 벌금
  - 술을 마시거나 마약류를 사용한 상태에서 업무를 한 자
  - 술을 마시거나 마약류사용 확인 및 검사를 거부한 자

5) 운전면허 취소의 경우

① 거짓 그 밖의 부정한 방법으로 운전면허를 받은 때

② 운전면허 효력정지 중 철도차량 운전시

③ 술에 만취된 상태(혈중 알콜농도 0.1% 이상)에서 운전시

④ 술에 취한 상태의 기준(혈중 알콜농도 0.05% 이상)을 넘어 운전을 하다 철도사고를 일으킨 때

⑤ 마약류를 사용한 상태에서 운전할 때

⑥ 운전면허증을 타인에게 대여한 때

⑦ 철도차량운전중 고의 또는 중과실로 철도사고를 일으킨 때(사망자가 발생한 때)

⑧ 술을 마시거나 마약을 사용한 상태에서 업무를 하였다고 인정할 만한 상당한 이유가 있음에도 불구하고 확인 또는 검사(측정)요구에 불응한 때

⑨ 결격사유에 해당할 때
- 20세 미만자
- 정신병자, 정신미약자, 간질병자
- 마약, 대마, 향정신성 의약품 또는 알코올 중독자
- 듣지 못하는 자, 앞을 보지 못하는 자
- 다리, 머리, 척추 그 밖의 신체장애로 인하여 걷지 못하거나 앉아 있을 수 없는 자
- 한쪽 팔 및 한쪽 다리 이상을 쓸 수 없는 자
- 한쪽 다리 발목이상을 잃은 자
- 한쪽 손 이상의 엄지손가락을 잃었거나 엄지손가락을 제외한 손가락의 모든 마디를 3개 이상 잃은 자
- 말을 하지 못하는 자
- 운전면허 취소된 날부터 2년이 경과하지 않았거나 운전면허 효력정지중인 자

6) 운전면허 효력정지의 경우

① 철도차량 운전중 고의 또는 중과실로 철도사고를 일으킨 때

㉠ 1천만원 이상의 물적 피해가 발생한 때
- 1차 : 효력정지 15일 이상
- 2차 : 효력정지 3월 이상
- 3차 : 면허 취소

㉡ 부상자 발생한 때(3주 이상 진단)
- 1차 : 효력정지 3월 이상
- 2차 : 면허 취소(부상자 5명은 사망자 1명으로 본다)

② 술에 취한 상태(0.05 이상 0.1 이하)에서 운전하였을 때

㉠ 1차 : 효력정지 3월 이상

㉡ 2차 : 면허 취소

7) 운전면허 관리

① 갱신
- 유효기간 : 5년

- 갱신 절차
  - 유효기간 만료일 전 6월 이내 철도차량 운전면허 갱신신청서를 교통안전공단에 제출
  - 유효기간 만료일 6월전 까지 본인에게 통보
- 증빙서류
  - 철도차량운전 면허증
  - 운전면허 갱신에 필요한 경력
    - ·운전면허의 갱신을 신청하는 날 전 5년 이내에 운전면허 유효기간 내에 6월 이상 해당 철도차량 운전경력
  - 철도차량 운전업무에 아래 하나에 해당하는 업무에 2년 이상 종사한 경력
    - ·관제 업무
    - ·교육훈련기관에서의 교육훈련업무
    - ·철도운영자 등이 철도차량운전자를 대상으로 지도교육 또는 관리 또는 감독 업무
    - ·운전면허 유효기간 내에 교육훈련기관에서 철도차량 운전에 필요한 이론 교육(규정, 기술)과 기능교육을 면허갱신 신청일 전까지 각 20시간 이상을 받은 경우
  - 운전면허 효력이 정지된 자가 운전면허의 갱신을 받고자 하는 경우 효력이 정지된 날부터 6월 이내에 갱신을 신청하여 운전면허를 받아야 한다. 갱신을 받지 아니한 때는 그 기간이 종료된 날의 다음 날부터 효력 상실
  - 운전면허 갱신을 받은 경우 갱신 받은 운전면허의 유효기간은 갱신받기 전 유효기간의 만료일 다음날부터 유효기간을 기산한다.

② 벌칙

- 10만원
  - 운전면허 취소 또는 효력정지처분을 받은 날로부터 15일 이내에 교통안전공단에 운전면허증을 반납하지 아니한 자
- 1년 이하의 징역 또는 1천만원 이하의 벌금
  - 무면허 또는 효력이 정지 중 운전한 자 및 운전업무를 하게 한 자

제4장

도시철도차량(Rolling Stock)시스템

4.1 전기동차(Electric Train) 일반
4.2 주요기기 구성
4.3 전동차 유지관리

제4장 도시철도차량(Rolling Stock)시스템

4.1 전기동차(Electric Train) 일반

(1) 전기동차 개론

1) 전기동차의 정의

전기동차는 궤도로부터 일정한 높이에 전차선을 가설하여 변전소로부터 공급되는 전압을 전차선을 통해 공급받아 동력을 발생시키는 전동기를 구동하는 차량으로서 동력을 발생시키는 전동기가 분산되어 있는 동차를 말하며, 일정한 편성(編成)으로 구성되어 운행한다. 전차선에 공급되는 교류 25kV 구간과 직류 1500V 구간을 운행할 수 있는 교직류전동차(ADV)와 직류구간만을 운행할 수 있는 직류전동차(DCV)로 구별된다.

그림 4.1 전기동차

2) 전기동차의 특징

전기동차는 도심지의 근거리 교통수단으로서 높은 운행밀도를 가지고 있으며, 많은 승객을 신속·정확하게 목적지까지 수송하기 위하여 다음과 같은 특징을 가지고 있다.

① **동력이 분산되어 있다.** motor

전기동차는 여러 대의 차량을 한 개의 편성으로 구성하여 운행하고 있다. 편성된 차량중에서 동력을 발생시키는 차량(M차 : Motor Car)을 분산하여 연결하여 놓음으로서 객실공간 확보, 축당중량 분배 등을 고려하고, 또한 고가속이 가능하고 운행 중 편성 차량 중 일부 차량에서 고장이 발생하여도 정상적인 차량의 동력만으로 응급운전을 할 수 있다는 장점이 있다.

② **총괄제어(總括制御) 운전을 한다.**

전기동차는 각각의 차량을 4량, 6량, 8량, 10량 등으로 조합하여 1개 편성으로 운용할 수 있으며 모든 편성의 제어를 전부 운전실에서 일괄적으로 동시에 할 수 있는 기능을 가지고 있으며, 일부의 기기는 후부운전실에서만 제어가 가능하다.

③ UNIT

여러 대의 차량을 1개 편성으로 구성하여 열차로 운행이 가능한 기능을 갖춘 최소 구성단위를 UNIT라고 한다.

UNIT 구성의 기본조건

- 최초 기동에 필요한 에너지원 ……………………………………축전지
- 최초 기동에 필요한 압력공기 ……………………보조 공기압축기
- 객실등, 냉난방등 승객 서비스 전원 ……………보조 전원장치
- 열차운행에 필요한 외부전원 수전장치 …………………집전장치
- 동력을 발생시키기 위한 제반 장치 ……………인버터, 전동기

3) 전동차의 추진원리

전동차는 변전소로부터 전차선으로 공급되는 DC 1,500V 전원을 집전장치로 받아들여서 이를 전력변환장치에서 열차를 움직이기에 적당한 전력으로 변환시켜 견인전동기로 공급 전동기가 회전하고 그 회전력에 의해 추진한다.

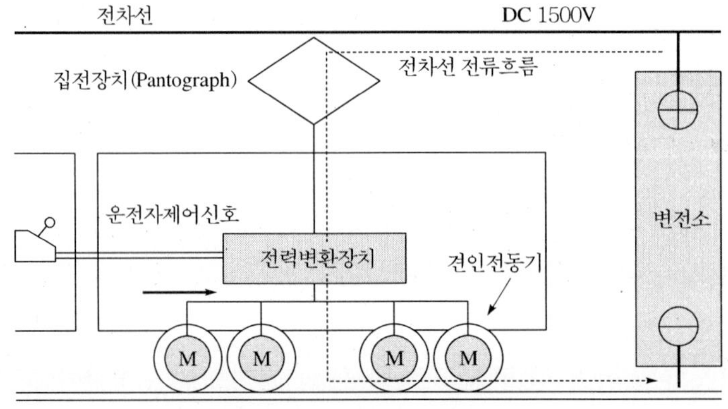

그림 4.2 전동차의 추진원리

(2) 전기동차의 종류

전동차의 종류를 구분하는 기준은 여러 방법이 사용되고 있으나 제어시스템 공급사에 의한 구분과 운행구간 또는 전동기에 공급되는 전력 제어방법에 따라 다음과 같이 두 가지로 구분하고 있다.

1) 제어시스템 공급사(제작사)에 의한 구분

① ABB전동차 : 스웨덴 ABB와 현대정공
② GEC진동차 : 영국 GEC 알스톰과 대우중공업
③ 도시바전동차 : 일본 도시바와 한진중공업
④ 미쯔비시전동차 : 일본 미쯔비시와 현대정공

2) 운행구간 및 전력공급에 의한 구분

① 교·직류겸용 전동차
② 직류전용 전동차

- 교·직류 전동차 특성
  - 교류구간이나 직류구간을 모두 운행할 수 있다.
  - 보안도가 높아진다.
  - 교류구간에서는 높은 전압(25kV/AC)을 받기 때문에 각 기기의 절연도가 높아야 한다.
  - 직류구간 운행 중에는 교류구간에서만 사용되는 기기는 사용되지 않는다.
  - 교·직 양용이기 때문에 차량제작비가 높다.

③ 전동기에 공급되는 전력의 제어방법에 의한 구분

㉠ 저항제어차

우리나라에 처음으로 도입된 전동차는 모두 견인전동기 회로에 저항을 삽입하고 저항의 값을 변경시키는 방식으로 전차의 속도를 제어 하였으며, 서울지하철 1호선과 수도권 전철구간에 운행되는 전동차중 구형(舊形) 전동차가 이에 해당된다. 이 전동차는 견인전동기인 직류직권전동기를 제어할 때 견인전동기 회로에 큰 저항기(主抵抗器)를 삽입하고 Pilot Motor를 이용하여 이 저항치를 조정하여 전동기에 공급되는 전압과 전류를 제어하는 방법으로 전동기의 속도를 제어한다. 전동차가 역행(力行, Powering)을 할 때는 P1, P2가 접촉하고 B는 차단되어 전차선 전류가 견인전동기와 주저항기를 통해 흐르게 하여 열차를 가속시키고, 제동시에는 반대로 P1, P2가 차단되고 B가 접촉하여 전차선 전력과 완전히 격리된 LOOP 회로를 구성한다. 이 경우 견인전동기는 미미(微微)한 잔류자기(殘留磁氣)에 의해 발전을 시작하지만 직류직권전동기의 특성상 발전된 전류가 계자를 여자시키는 순환회로에 의해 매우 짧은 기간에 큰 발전전류가 확립되며, 발전된 전류가 형성하는 강한 전자력이 계자와 전기자 사이에서 열차를 감속시키는 방향으로 작용하여 열차를 감속시킨다. 이와 같이 전자력의 역학관계에 의해 운동에너지를 감소시키는 방법을 이용한 제동장치를 전기제동장치라 하며, 이때 발전된 전력을 저항기를 통해 소비시키는 제동을 발전제동이라 하고, 전원측(전차선)으로 되돌리는 제동을 회생제동이라 한다.

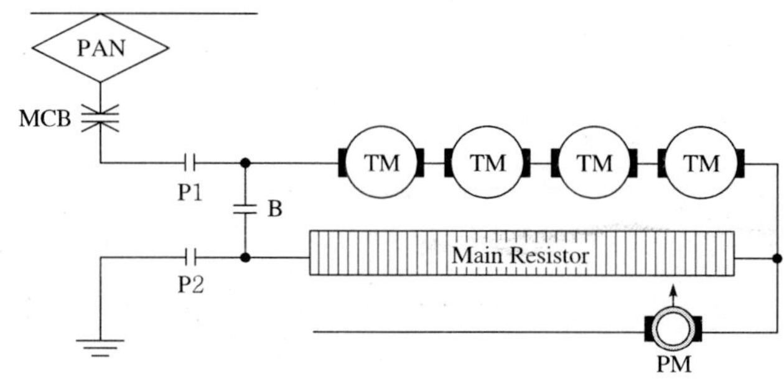

그림 4.3 저항 제어 회로

㉡ 쵸퍼(CHOPPER)제어차

현재 서울지하철 2, 3호선 및 부산지하철에서 운행중인 쵸퍼제어차는 비록 직류전동기를 사용하지만 저항 제어차보다 한 단계 진보된 기술로 제작된 전동차라 할 수 있다. 저항제어차는 전차선에서 견인전동기로 공급되는 전력을 저항기를 통해 강제로 소비시키는 방법으로 속도를 제어하는데 비해 쵸퍼제어차는 싸이리스터를 이용한 쵸퍼장치로 전차선 전압을 적절히 조절하여 견인전동기에 공급하여 속도를 제어하고, 또 회생제동을 사용하므로 저항제어차에 비해 획기적이라 할 수 있을 정도로 전력에너지의 소비를 절감시킬 수 있다.

쵸퍼는 직류전압을 싸이리스터를 사용하여 고빈도로 쵸핑하여 변압시키므로 직류변압기라고도 한다.

역행 시는 T1이 동작하여 on time에 비례한 전류를 견인전동기에 공급하고, 회생제동 시는 T2가 동작하여 발전회로를 구성하는데 T2가 off되고 있는 동안(off time) 견인전동기에서 발전된 전력이 D2를 통해 전차선으로 송출된다. 또한 FL(Filter Reactor)과 FC(Filter Capacitor)는 싸이리스터가 on/off 될 때마다 견인전동기 회로의 전압과 전류가 급변하는 것을 흡수하여 안정시키며, Free Wheeling Diode는 T1의 on time 동안 전동기의 계자 및 전기자 코일에 축적되었던 전력이 off time 동안 계속 흐르게 하여 견인전동기회로의 전압 및 전류가 급격히 변하지 않도록 한다.

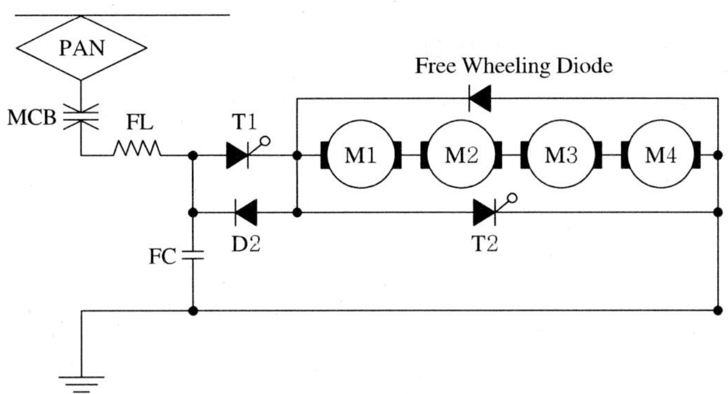

그림 4.4 chopper 제어 회로

쵸퍼 제어차의 전류 흐름

- 역행
  T1 on : 전차선 → MCB → FL → T1 → M1 → M2 → M3 → M4 → Rail
  T1 off : M1 → M2 → M3 → M4 → FWD → M1 …
- 제동
  T2 on : M4 → M3 → M2 → M1 → T2 → M4 …
  T2 off : M4 → M3 → M2 → M1 → D2 → FL → MCB → 전차선

㉢ VVVF(Variable Voltage Variable Frequency) INVERTER 제어차

1990년대 이전까지 우리나라의 철도동력차에 사용되는 견인전동기는 모두 직류직권 전동기를 사용하였다. 이는 직류직권전동기가 교류 유도 전동기에 비해 성능이 좋아서가 아니라 비교적 간단한 제어장치로 속도를 제어할 수 있는 특성을 가졌기 때문이다. 브러시가 없어 Brushless Motor라고도 불리는 교류 유도전동기는 보수점검이 거의 필요가 없을 정도로 성능이 우수한 전동기로서 사회에서는 널리 사용되고 있었지만 전동기의 특성상 속도 제어가 매우 까다로워 당시의 기술로는 열차를 견인하는 전동기로 사용하기가 어려웠기 때문에 차선(次善)의 선택을 하였던 것이다. 그러나 철도 공학자들은 교류유도전동기에 대한 미련을 버리지 못하고 부단이 노력을 경주하던 중 '90년대 들어 전력용 반도체 기술과 마이크로프로세서의 발전에 힘입어 어렵게만 느껴졌던 열차 견인용 교류유도전동기의 실용화가 가능해 졌다. 즉 고속 스위칭 교류유도전동기의 속도제어가 가능해진 것이다. VVVF는

교류유도전동기의 제어 방법인 전압과 주파수를 동시에 변환시킨다는 뜻으로 Variable Voltage Variable Frequence의 약자이며, 우리나라에는 1992년 안산선~과천선~지하철 4호선이 연결 개통되면서 교직(交直) 양용 VVVF 전동차를 운행한 것이 교류유도전동기를 견인전동기로 사용한 시발점이 되었다.

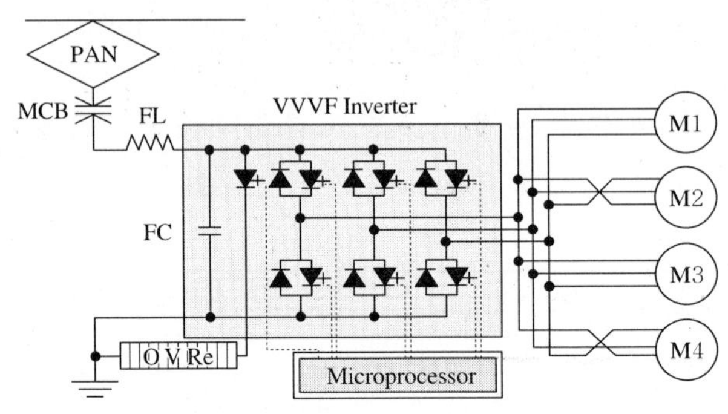

그림 4.5 VVVF 전동차 운전실

- 주행시스템은 PWM(Pulse Width Modulation) 콘버터 및 VVVF인버터로 구성된 주변환장치에 의해 종전 직류직권전동기 구동방식을 삼상교류 유도전동기 구동방식(종전 DC 120kW 전동기→ AC 200kW 유도전동기)으로 전환하여 견인전동기의 간소화와 무보수화를 실현하였으며, 과거 6M4T의 차량 구성비를 5M5T 또는 3M3T 등으로 동력비율을 낮추는 성과를 이루었다.
- 삼상교류 유도전동기에는 정류장치나 브러시가 없어 보수 점검에 드는 시간 및 경비가 대폭 절감될 뿐만 아니라 전동기의 신뢰도를 높일 수 있다.
- 기계적인 조작 없이도 인버터에 의해 정·역행 운전이 가능하므로 기계적인 접촉기, 절환기 및 회로차단기 수가 감소되어 크기 및 중량이 축소될 수 있다.
- 직류전동기와 동일한 출력에서 약 30%정도 소형 경량화 시킬 수 있다.
- 회생제동방식을 채택함으로서 대폭적인 에너지 절감효과를 얻을 수 있다.
- 고속운전에 의한 속도향상을 꾀할 수 있다. 즉, 직류직권전동기의 최고회전수는 3,000~3,500rpm이고, 삼상교류 유도전동기의 경우에 있어서는 5,000~7,000rpm까지도 높일 수 있을 정도로 전기자의 기계적인 강도가 월등하다.
- 농형 전동기의 분권특성으로 차축 공전에 대해 재점착 성능이 향상되어 설계시 점착특성을 높게 잡을 수 있다. 따라서 견인되는 차에 대한 전동차 비율저감, 높은 가감속 특성으로 성능향상, 회생제동율 분담 증가로 인한 회생율 향상을 꾀할 수 있다.

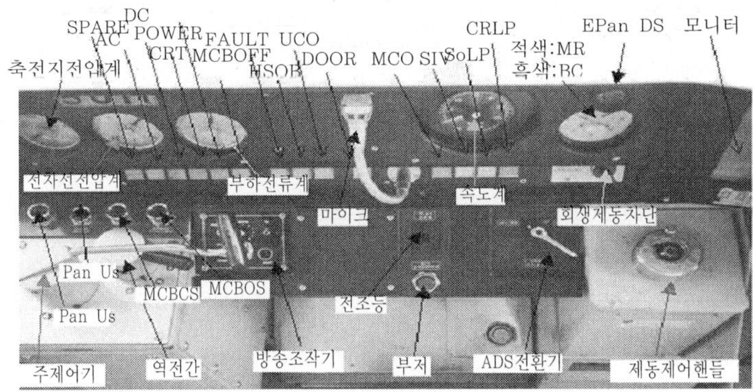

그림 4.6

(3) 전기동차의 차종 및 편성

1) 전기동차의 차종

전기동차는 견인 및 승차효율을 극대화하기 위하여 동력을 분산하여 설치함으로서 각 차량을 기능별, 용도별로 구분하여 나음 표 4.1과 같이 분류하고 있나.

표 4.1 전기동차의 기능별, 용도별 분류

차량종류	호칭 약호	구조 및 기능
제어차	TC(Train Control Car)	운전실을 구비하여 전기동차를 제어하는 차량
구동차	M(Motor Car)	동력장치를 가진 차량
	M1, M2, M'(Motor Car)	동력장치와 집전장치를 가진 차량
부수차	T(T1, Trailer Car)	객차
	T1(T2, Trailer Car)	객차

2) 전동열차의 편성

전동차가 열차로서의 기능을 갖는 최소 편성단위는 4량으로 그 형태는 TC+M+M'+TC이나 편성량 수를 증가 운행함에 따라 6량 편성, 8량 편성, 10량 편성으로 구성하여 운행할 수 있으며, "M+M'" 2량을 1unit단위로 편성하여 4량 편성열차는 1개 유니트, 6량 편성열차는 2개 유니트, 8량과 10량 열차는 3개 유니트로 되어있다.

① 4량 편성(2M2T) : TC - M1 - M2 - TC(최소 편성단위)
② 6량편성(3M3T) : TC - M - M' - T - M' - TC
TC - M1 - T1 - M1 - M2 - TC
③ 8량편성(4M4T) : TC - M - M' - T - T - M - M' - TC
TC1 - M1 - M2 - T1 - T2 - M1 - M2 - TC2

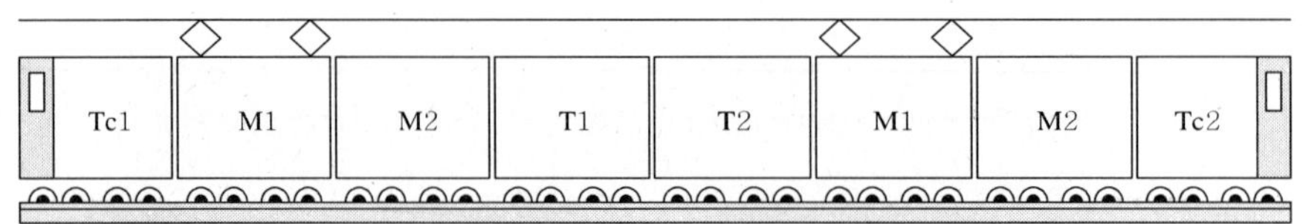

④ 10량 편성(5M5T) : TC - M - M' - T - M' - T1 - T - M - M' - TC

3) 승객 정원

① TC : 148명(좌석 48명, 입석 100명)
② M, T : 160명(좌석 54명, 입석 106명)

4) 주요성능

① 최고속도 : 100km/h(일부차량 110km/h)
② 최고 운행속도 : 80km/h(일부구간 90km/h)
③ 표정속도 : 35km
④ 가속도 : 3.0km/h/s
⑤ 감속도 : 상용 3.5km/h/s, 비상 4.5km/h/s
⑥ 저크제어 한계 : 0.8m/sec^3

5) 제어회로 전압

① 직류 100V DC(70~110V DC)
② 교류 220/380V AC(+5%, -10%), 60Hz(±2%)

6) 제어 공기압력

① 5kg/cm^2(변동 범위: 4~6kg/cm^2)

7) 속도제어 및 제동방식

① 속도제어 방식 : 가변전압 가변 주파수(VVVF) 인버터와 응하중에 의한 속도제어

② 제동방식 : 회생제동 병용, 전기지령식에 의한 응하중부 공기제동

4.2 주요기기 구성

(1) 교직류 전동차 특고압기기 구성 및 기능

1) 전동차회로의 개요

① 교류 및 직류

- 교류구간
  팬터그래프(PAN : 2개) → 주차단기(MCB) → 교직절환기(ADCg) → 주휴즈(MFS) → 주변압기(MT) → PWM콘버터 → VVVF 인버터 → 견인전동기
- 직류구간
  팬터그래프(PAN : 2개) → 주휴즈(MFS) → 주회로분리 스위치(MDS) → 단로기(HB, LB) → VVVF인버터 → 견인전동기

2) 전동차회로의 분류

교직류 전기동차의 회로분류는 설명의 편의상 다음과 같이 분류할 수 있다.

① 특고압회로

특고압회로라 함은 팬터그래프에서 수전한 전원이 주변환장치 전까지를 말한다.

② 주회로

주회로란 주변환장치(콘버터, 인버터)와 유도전동기회로를 이르는 말이다.

③ 고압보조회로

VVVF제어차는 주변환장치와 접선인 701선에서 시작하여 고압보조기기(SIV, CM: 단 CM은 SIV에서 나오는 교류 440V에 의해 구동된다)를 거쳐 500선까지의 회로를 말한다.

④ 저압보조회로

저압보조회로는 직류 100V회로와 교류 100V회로로 나뉘어져 있는데 보조전원장

치(SIV)에서 발생한 3상교류(440V)를 이용하여 교류, 또는 직류 100V로 변환시켜 사용되는 모든 저압회로를 총칭하는 것으로 각종기기의 제어 및 등회로와 기타 축전지 충전 등의 부속기기에 필요한 회로를 말한다. 따라서 여기서는 각 회로별 설명중 회로의 제어에 관련된 저압회로는 그 회로설명과 병행하여 서술해 나가기로 하겠다.

3) 차량제어시스템 변천 및 비교

① 저항제어시스템

- 1960년대 개발된 차량으로 전차선으로부터 공급받은 전원을 요구하는 속도와 견인력에 알맞게 저항기로 가감하여 직류전동기를 제어하는 차량
- 차량가격은 인버터제어 차량보다 낮으나, 전력소비가 많고 보수유지비가 높은 단점이 있음

② 쵸퍼제어시스템

- 1968~1980년에 개발된 차량으로 전차선으로부터 공급받은 전원을 반도체소자로 하여금 운전에 알맞은 전원으로 변환하여 직류전동기를 제어하는 차량
- 차량가격은 저항제어 차량보다 높으나 전력소비가 적고 보수유지가 다소 용이

③ 인버터제어시스템

- 1982년 이후 개발된 차량으로 전차선으로부터 공급받은 전원을 반도체 소자로 하여금 운전에 알맞은 전압과 주파수로 변환하여 교류전동기를 제어하는 차량
- 차량가격은 저항제어 및 쵸파제어 차량보다 높으나, 전력소비가 적고 기계적인 장치가 적으며 견인전동기의 구조상 브러시 정비가 필요 없어 보수유지가 용이

4) 특고압회로 및 제어회로

교류와 직류구간을 모두 운행할 수 있는 교직류 전기동차는 직류전용 전기동차에 비하여 보다 많은 기기설비가 필요하고, 또한 교류와 직류구간에 따른 회로의 결선이 다르도록 설계되어 있다. 즉 직류구간에서는 DC1500V인 전차선전원을 팬터그래프에서 그대로 수전하여 견인전동기나 고압보조기기에 공급하면 되나, 교류구간에서는 전차선의 AC25KV의 전원을 수전하여 주변압기에서 소정의 전압(AC840V 2조)으로 강압시켜 주변환장치(VVVF제어차)를 거쳐 견인전동기와 고압보조기기에 전원을 공급하게 된다. 따라서 교직류 전기동차에는 별도의 교류와 직류를 전환하는데 필요한 전환용기기가 설치되어 있는데 M'차 옥상위에 교직절환기(ADCG)가 설치되어 있다. 또 전차선과 전동차간의 회로를 개폐해 주는 주차

단기(MCB)가 옥상위에 설치되어 있어 평상시에는 회로의 개폐로 일종의 스위치 역할을 하지만 교류구간을 운행중 전동차회로에 중대한 고장이 야기되었을 경우 신속히 회로를 개방하여 차량기기를 보호하는 차단기 역할도 겸하도록 되어있다.

5) 특고압 구성 주요기기

① 팬터그래프(PAN) : 전차선의 전원을 전기동차로 수전하는 집전장치(集電裝置)

② 주차단기(MCB) : 전기동차의 전원을 개폐시키거나 이상발생시 보호기기의 연동으로 회로를 차단하는 기기

③ 교직절환기(ADCg) : 전차선 전원에 따라 전동차의 회로를 교류 또는 직류회로로 절환하는 기기이다

④ 주휴즈(MFs) : 주변압기(MT)를 보호할 목적으로 설치한 기기로 주변압기 1차측 회로에 이상전류가 들어올 경우 용손되어 주변압기를 보호하는 역할을 한다.
(예 : 직류모진시 용손-전동차의 회로가 교류상태로 있을 때 직류 1500V의 대전류가 주변압기로 들어오는 경우)

⑤ 주변압기(MT) : 교류 25kV를 2차측에 교류 840V 2조로 강하시키는 변압장치이다.

6) 주요기기의 구조 및 작용

① **팬터그래프(Pantograph : pan)**

전차선의 전원을 전동차로 받아들이는 장치로 팬터가 적당한 압력을 유지하여 전차선에 접촉하도록 작용하는 기기와 상승·하상에 사용되는 기구를 총칭하여 집진장치라 한다.

전동차의 집전장치는 M'차 지붕에 설치되어 있으며 경합금의 판을 마름모형으로 하여 조립되어있다. 또한 VVVF제어차의 경우 회생제동시 발생할 수 있는 전차선과 팬터그래프의 분리를 고려하여 M'차 1량당 2개의 팬터그래프가 정착되어 있다. 집전장치의 특징은 다음과 같다

첫째, 전차선의 고·저변화에 대하여 원활한 접촉성능을 갖도록 설계되어있다.

둘째, 틀조립은 하부를 상호교차하여 마름모형으로 함으로서 틀조립을 소형화하였다.

셋째, 눈과 추위에 대비하여 주요작동부분에는 커버를 설치하고 실린더는 고무다이어프램방식을 채용하고 있다.

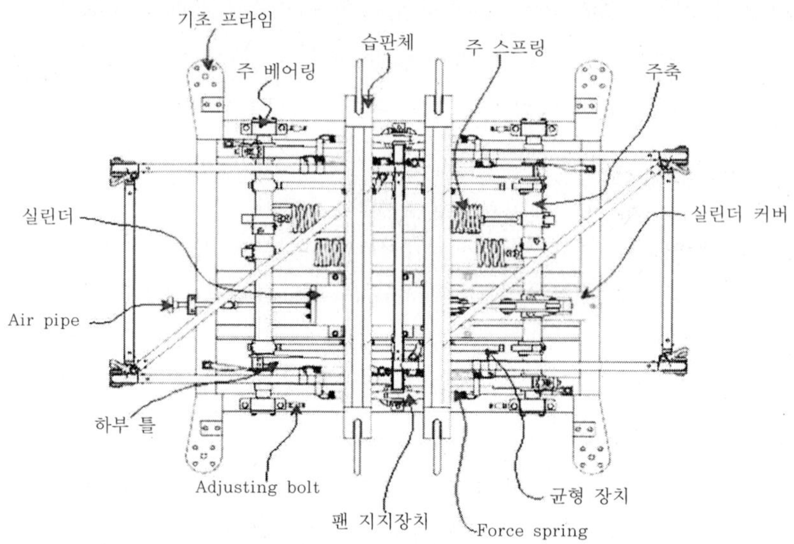

그림 4.7 팬더그래프 평면도

㉠ 팬터그래프의 제원

- 사용조건
  - 전차선 전압 : AC 25kV, 60Hz, DC1500V
  - 전차선 방식 : 지상 - 심플 카테나리, 지하 - 강체가선
  - 전차선 높이 : 최저 4,7500mm, 표준 5,200mm, 최고 5,400mm(단 높이는 레일 면상에서의 높이임)
- 제원
  - 형식 : PT55-A-M
  - 조작방식 : 전자공기식
  - 동작방식 : 공기와 스프링에 의한 상·하강
  - 동작시간 : 상승 12±2초, 하강 5±1초(단 조작공기압력 5kg/cm^{2}로 완전상승에서 접은 위치까지)

㉡ 팬터그래프의 구조

팬터그래프에는 2개의 집전슈(collector-shoe)가 있고 지지장치에 의하여 틀조립체의 상부에 취부되어 있다. 틀조립체는 상부틀조립체와 하부틀조립체로 구성되며 하부틀조립체는 상호교차되어 있으며 그 하단을 2개의 주축에 각각 취부되고 주스프링의 힘을 받아 압상력을 집전슈에 전달한다. 2개의 주축은 균형봉에 의해 연결되어있고 한쪽의 주축은 레바와 링크에 의해 작용이 억제된다.

그림 4.8 팬터그래프 구조

• 집전슈(collector shoe) : 2개의 집전슈는 지지암(arm)에 취부 되어 있고 각각 4개소에서 안정되게 지지되어 있으며 코일스프링과 고무베로스를 조합한 일종의 공기스프링에 의해 진동을 흡수하도록 되어있다. 1개의 집전슈에는 4개의 동합금인 습판이 있으며 습판체는 알루미늄 합금판이 사용된다.

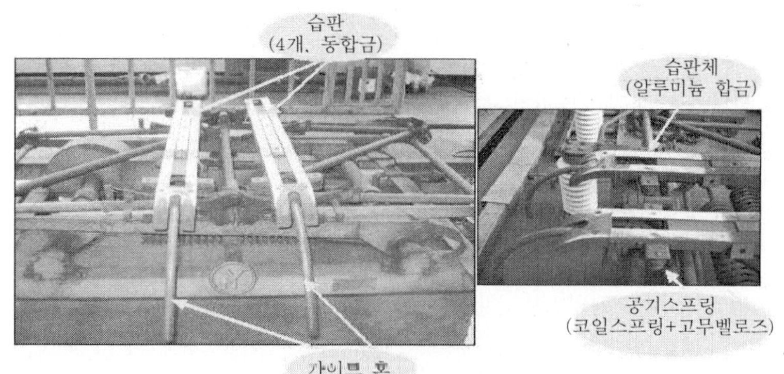

그림 4.9 집전슈

• 틀조립체 : 상부틀조립체는 전차선 접촉성능에 영향을 주지 않도록 가볍게 경량화 하였고, 하부틀조립체는 상부틀조립체에 비하여 길이가 길고 진동과 비틀림 등에 견딜 수 있도록 설계되어 하단부는 주축에 취부되어 있다.

• 주스프링(Main Sping) : 주스프링을 2개의 주축 사이에 가로로 2개가 설치되어 있고 팬터그래프 상승작용시 주축을 회전시켜 하부틀을 들어 올려주는 압상력을 제공한다.

• 작용실린더 : 고무막판(Gum Diaphram)식 실린더로 내부에는 팬터그래프 하강작용시 주스프링의 힘을 이겨 하부틀을 접는 방향으로 잡아당기는 하강스프링이 내장되어 있고 작용공기압력에 의해 제어된다.

• 압상력 증가장치(Force Spring) : 저항제어차에만 장착되어 있으며, 지하구간에 강체가선방식의 경우 지상구간에 비해 전차선의 높이가 낮아 팬터그래프가 낮게 펼쳐진 상태에서 전차선과 접촉하게 되므로 충분한 압상력이 발휘되기 어렵게 된다. 이때 하부틀이 압상력 증가장치와 접촉된 상태로 스프링의 탄성이 가해져 지상구간의 경우보다 약 1.5kg정도의 압상력을 증가(약 7.5kg)시켜주는 장치이다.

팬터그래프 작용높이에 따른 팬터그래의 압상력

① 작용높이 700mm 이하의 경우에는 주스프링의 힘에 압상력 증가장치의 스프링의 탄력이 추가된다.
② 작용높이 700mm 이상에서는 하부틀이 압상력 증가장치에서 떨어지므로 순수하게 주스프링의 힘에 의해 팬터그래프 압상력이 형성된다.

㉢ 팬터그래프의 작용

• 상승작용 : 팬터그래프 전자변(Pan V)이 여자하여 작용실린더에 압력공기가 공급되면 실린더 내의 하강스프링 힘을 이겨 피스톤을 밀게 된다. 따라서 피스톤봉에 연결된 레버 및 링크를 통하여 억제되었던 주축의 회전이 자유로와저 주스프링의 힘에 의해 주축이 하부틀을 올리는 방향으로 회전하면 팬터그래프는 상승하게 된다.

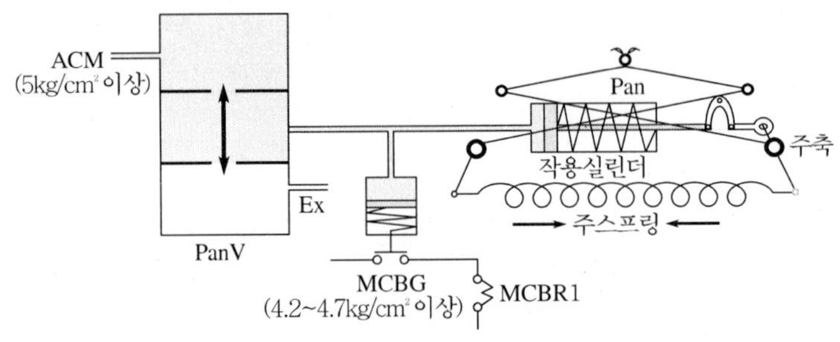

그림 4.10 팬터그래프 작용도(하강)

• 하강작용 : 팬터그래프 전자변이 무여자되어 작용시린더 내의 압력공기가 배기되면 하강스프링의 힘에 의하여 피스톤봉이 잡아당겨지므로 피스톤봉의 선단에 연결되어 있는 레바와 링크를 잡아당겨 주스프링의 힘을 이기고 주축이 하부틀을 접는 방향으로 회전되므로 팬터그래프는 하강하게 된다.
팬터그래프 공기관에 설치된 MCB-G(VVVF제어차의 경우 PanPS)는 팬터그래프를 상승할 수 있는 충분한 압력공기가 형성된 조건에서 주차단기(MCB)를 투입하기 위하여 정착한 것이다.

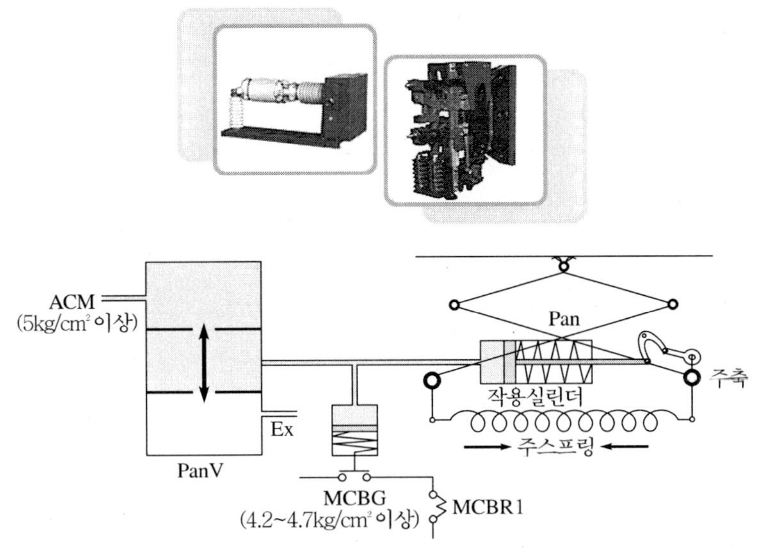

그림 4.11 팬터그래프 작용도(상승)

② 주차단기(Main Circuit Breaker : MCB)

㉠ 개요

주차단기는 일반적으로 진공차단기라 칭하고 있으며, 진공상태에서의 높은 절연 능력과 아크의 확산작용을 이용하여 진공용기 내에서 고정극에 이동극을 접촉 또는 분리시킴으로써 특고압회로를 여닫는 작용을 한다.

주차단기는 교류구간을 운전중 주변압기 1차측 이후의 전기기기에 고장이 발생하였거나 과대전류 혹은 이상전압에 의한 장애발생시, 또는 교류피뢰기가 방전하였을 때 등에 전차선과 전동차간의 회로를 신속, 정확하게 차단하는 작용을 하며 직류구간에서는 차단동작을 할 수 없도록 되어있다.

회로를 차단한다는 것은 전동차에 부하가 걸린 상태에서 주차단기 접촉자의 양 전극을 개방하는 것인데, 이때 전극의 상태와 회로의 조건, 개방거리 등에 의해 접촉자간에 아크가 발생되는데 교류회로에 있어서는 교류의 성질상(정현파) 반주기마다 전류의 크기가 "0"의 점을 지나게 되므로 "0"의 지점에서 회로를 차단하면 아크의 소거를 용이 하게 할 수 있다.

그러나 직류의 경우에는 통상적으로 상시 대전류가 흐르고 있으므로 견인전동기 회로와 고압보조회로가 차단된 조건에서 단순히 특고압회로를 개폐하는 역할만 하도록 되어있다. 주차단기는 절연내력이 매우 높고, 절연회복이 대단히 빠른 성질을 가진 진공을 이용한 차단기로 그 특징은 다음과 같다.

첫째, 소형이기 때문에 구조가 간단하고 조작음이 적다.

둘째, 차단부는 진공밸브를 사용하였기 때문에 접점에 대한 별도의 보수점검이 불필요하다.

셋째, 투입조작에 사용되는 공기의 양이 극히 적기 때문에 별도의 공기통이 필요 없다.

㉡ 구조

주차단기(MCB)는 M'차 지붕위에 설치되어 있고, 구조는 주회로를 개폐하는 차단부(전자변, 차단코일, 투입코일, 조작실린더 및 조작기구 등) 외에 지지애자 및 애관 등으로 구성된다. 기타 부속장치는 기계적 보조접점, 보온용 히터와 VVVF 제어차는 PanPS가 있다. 주차단기의 투입은 조작공기압력에 의해 이루어지며 차단은 차단코일(MCB-T)이 여자되면 차단스프링에 의해 차단된다.

- 진공밸브 : 진공밸브는 원통형 절연유리관의 한쪽에 금속보호물(shield)을 통하여 단판을 용접하고 중앙부에 고정전극을 용접하고 있다. 이동전극은 절연유리관 다른 쪽에 중앙구멍을 관통하여 금속베로스를 거쳐 취부된다. 따라서 개폐동작은 베로스의 신축에 의하여 기밀을 유지한 체로 행하여진다.
- 조작부 : 조작부는 진공밸브 내의 양극을 개폐시키는 부분으로 증폭실린더, 작용실린더 외에 여러 개의 레버(Lever)와 이동전극, 작용봉 등으로 구성된다.

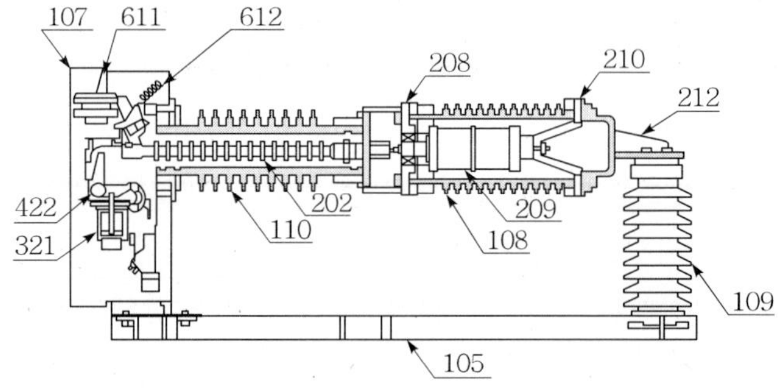

번호	기기명칭	번호	기기명칭	번호	기기명칭
105	베이스 프레임	202	로드	321	제어 실린더
107	커버	208	단자대	422	서포팅 레버
108	보호애자	209	진공차단부	611	보조스위치
109	지지애자	210	단자대	612	차단스프링
110	지지애자	212	커버	–	–

그림 4.12 주차단기구조

- 보조스위치 : 조작부 커버 내에 있으며 진공차단기의 접촉 및 차단동작에 따라 기계적으로 동작하여 특고압제어회로 등의 저압회로 결선구성에 사용된다. 접점은 "a접점"과 "b접점"이 각각 8개씩 설치되어 있다.
- 보온용 전열기 : 한냉시 동결로 인한 동작 불량을 예방하기 위하여 설치하였으며 100V, 100W의 전열기가 2개 사용되고 있다.
- 차단기 조압기 및 팬터압력스위치 : 팬터압력스위치(PanPS)는 VVVF제어차에 설치되어 있으며 팬터그래프의 상승작용시의 압력공기에 의해 전기적인 회로를 구성시킨다. 즉, 팬터그래프가 상승된 조건에서 주차단기를 투입할 수 있도록 회로를 구성함과 동시에 팬터그래프 상승작용에 사용되는 공기압력이 미약(MCB-G : 4.2～4.7kg/cm^2, PanPS : 4.1～4.4kg/cm^2)할 경우에는 이 기기의 접점이 붙지 않아 주차단기 투입제어회로를 구성하지 않으므로 주차단기가 투입되지 않도록 하거나 일단 주차단기가 투입된 상태에서도 팬터그래프 상승에 작용하는 공기압력이 규정치 보다 낮을 경우에는 자동으로 접점을 개로하여 주차단기를 차단하도록 하였다.

㉢ 주차단기의 동작

- 투입동작 : 주차단기 투입전자변(MCB-C)이 여자 되면 압력공기는 전자변을 지나 증폭실린더를 거침으로써 전자변을 통한 공기보다 증폭되어 작용실린더에 들어가 작용피스톤을 들어 올리면 레버가 상승된다. 레버가 상승하면 지지레버에 의해 수직동작이 수평동작으로 전환되어 봉(Rod)에 전달되므로 봉은 수평으로 이동하여 이동극을 고정극에 접촉시켜 폐로상태가 된다.
  일단 주차단기가 투입되면 투입전자변은 소자되어 작용실린더 내의 압력공기를 대기로 배출시켜 버리지만 일단 상승된 레버의 롤러가 지지레버의 받침판 사이에 끼여 내려오지 않으므로 주차단기는 투입된 상태를 유지한다. 이는 차단시 보다 신속한 차단을 하기 위하여 작용실린더 내의 공기를 미리 빼주는 과정으로 생각하면 된다. 한편 기계적 보조스위치는 "a" 접점이 구성된다. 투입동작을 쉽게 이해하기 위하여 뚜껑이 없는 볼펜을 사용할 때를 생각하면 된다. 즉 볼펜을 사용할 때는 볼펜의 뒷부분을 눌러주면 심이 나오면서 걸쇠에 걸려 손을 놓더라도 볼펜심은 들어가지 않는다. 이후 볼펜사용이 끝났을 경우 볼펜의 걸쇠를 눌러주면 볼펜 속의 스프링 힘에 의해 볼펜심은 안으로 들어가게 되는데 이는 다음에 설명할 주차단기 개로동작과 결부시켜 생각하면 이해하는데 도움이 될 것이다.

• 개로(차단) 동작 : 개로(차단)동작은 주차단기 트립코일(MCB-T)이 여자되므로써 이루어진다.

MCB-T가 여자되면 트립레버가 회전하여 훅-레버(Hook Lever)가 지지레버를 자유롭게 풀어준다. 따라서 퀵 브레이크 스프링(Quick Break Spring)이 지지레버를 밀면서 봉을 잡아당기게 되면 이동극을 고정극에서 떨어트려 주회로를 개방한다. 이 때 기계적인 보조스위치를 "b"접점이 접촉된다.

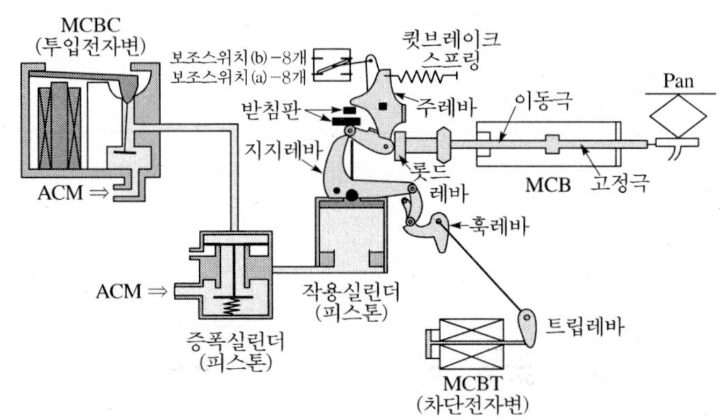

그림 4.13 MCB 동작도

③ **교직절환기**(ADCg)

㉠ 개요

교직류전차는 전차선의 전원에 따라 그 회로를 주변압기측에 접속(교류)하거나 또는 직접 견인전동기측에 접속(직류)을 해주는 회로절환기가 필요하다. 그와 같은 기기가 바로 M'차 지붕위에 설치된 교직절환기(ADCg)로 운전실에서 기관사가 교직절환스위치(ADS)를 조작함으로서 회로를 절환시켜 주는 압축공기조작식 단로기이다. 아울러 저항제어차의 경우에는 M′차 상하의 교류제어기 상자내에 있는 교직전환기(ADCm)와 같이 회로를 절환토록 되어있다.

㉡ 구조

교직절환기는 회로절환부와 조작부로 구성되어 있다. 회로절환부는 단로기(BLade)를 회전애자에 설치(팬터그래프에서 수전된 전원이 와 있음)하고 정삼각형 형태로 2개의 고정애자에 교류측(주변압기측)과 직류측(견인전동기측)회로를 접속하여 취부되어 있다.

조작부에는 교류용과 직류용 2개의 전자변과 조작실린더, 조작레버, 링크와 퀵브레이크 스프링(Quick Break Spring)으로 구성되고 조작레버의 짧은 쪽에 있는 조작봉(Operating Rod)에 의해 접촉되는 기계적 보조스위치로 구성된다.

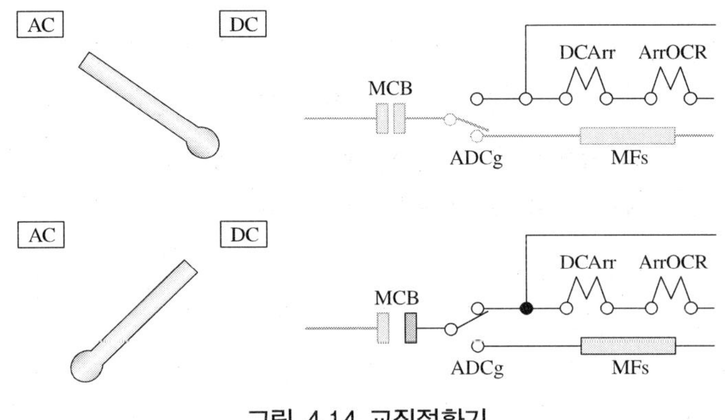

그림 4.14 교직절환기

㉢ 작용

운전실의 교직절환스위치(ADS)를 소정의 전차선 전원에 맞춰 절환하면 먼저 주차단기(MCB)가 개방된 후 ADS위치와 동일하게 직류 또는 교류전자변이 여자되어 압력공기를 실린더로 유입시켜 피스톤을 동작시킨다. 따라서 피스톤 봉과 링크에 접속되어 있는 조작레버는 60°를 회전하여 접촉이 완료되나 도중 30°까지는 타클스프링을 압축하기 위한 힘을 필요로 하기 때문에 동작이 완만하나 30°을 넘어가면 타클스프링의 힘이 반대로 공기압력에 가세하게 되므로 급속히 회전하여 단로기를 접촉부에 접속시킨다.

또한 단로기의 절환동작이 완료되지 않을 때에도 스프링압력에 의하여 완전히 절환을 할 수 있게 할 뿐만 아니라 차체의 진동으로 단로기가 접촉부에서 떨어지는 일이 없도록 해 준다. 아울러 조작레버가 회전하면 보조스위치도 절환되어 전차선 전원에 따른 제어회로의 구성을 달리하도록 한다.

④ **주휴즈(MFs)**

㉠ 개요

주휴즈는 M′차 지붕위에 있고 주변압기(MT) 1차측에 큰 전류가 흘러 들어올 경우 용손되어 주변압기를 보호하기 위한 목적으로 설치하였다. 교직류 전차가 교류구간에서 직류구간으로 진입시 기관사가 교직절환 조작을 잊은 체 교류상태인 그대로 진입한 경우 무가압구간에서 주차단기가 개방되어야 하나 기계적인 고장 등으로 개방되지 않으면 직류구간에서 DC 1,500V의 대전류가 주변압기에 그대로 흘러 들어와 주변압기를 소손시킬 우려가 있다. 따라서 그전에 주휴즈(MFs)

가 용손되어 주변압기 및 기타의 기기를 보호하는 장치이다

㉡ 구조 및 작용

주휴즈는 원통형의 붕산블럭 중앙의 구멍에 가용편을 넣고 한편은 단자에 스크류로 취부하고 다른 한쪽은 인장봉에 접속시켜 스프링에 의하여 항상 인장되어 있다. 과대전류에 의하여 가용편이 용단되면 전기적인 아크는 탄성에 의하여 붕산통의 구멍으로 딸려 들어감과 동시에 고열에 의한 붕산의 분리로 다량의 물이 발생된다. 이 물이 수증기로 변해 높은 고압을 형성하기 때문에 전기적인 아크를 압박하게 되므로 구멍속에서 불꽃의 작용이 행하여진다. 이 휴즈의 한 쪽 끝에는 용단여부를 알려주는 동작표시장치가 있어 주휴즈가 용단되면 적색단추가 약 30mm가량 튀어나오므로 용단여부를 쉽게 판별할 수 있다.

그림 4.15 주휴즈

⑤ **비상접지스위치(EGS)**

비상접지스위치(EGS)는 M′차 옥상에 설치되어 있으며 전차선로의 장애발생으로 급히 전차선 전원을 차단할 필요가 있을 때와 검수시 안전작업을 할 수 있도록 전차선을 팬터그래프를 통하여 대지로 접지시킬 때 사용하는 기기로 운전실의 비상접지 제어스위치(EGCS)가 동작되면 마이크로 스위치에 의하여 비상접지스위치 보조계전기(EGSR)가 동작하여 일단 팬터그래프를 하강시킨 후에는 수동으로 운전실의 비상접지 제어스위치를 복귀시키지 않는 한 다시 팬터그래프가 상승되지 않도록 되어 있다.

⑥ **계기용 변압기(PT)**

계기용 변압기는 M′차 옥상이 있고 교류구간에서는 AC25KV를 AC100V로 강압시켜 교류전압계전기(ACVR)를 작동시키며, 직류구간에서는 1차측을 통한 전류에 의하여 직류전압계전기(DCVR)가 동작된다.

1차코일은 팬터그래프에 접속되며, 2차코일은 정류기와 저항을 통하여 교류전압계전기에 접속된다. 또한 1차측의 접지측은 저항기를 통하여 접지되는데 그 저항기의 도중에 직류전압계전기에 접속 된다. 이와 같이 계기용 변압기는 팬터그래프가 상승하고 있는 동안은 항상 통전되어 전차선의 전원종류를 탐지하여 주회로 제어계통을 전차선 전압에 일치하도록 지시해 주는 역할을 한다.

그림 4.16 계기용 변압기

⑦ **교류피뢰기(ACArr)**

교류피뢰기는 전차가 교류구간을 운전중 낙뢰 등의 외부 써지가 차내로 들어 왔을 때 즉시 방전한다. 피뢰기가 방전을 하면 전차선 전원을 접지시켜 변전소의 급전을 차단시키므로 전동차 및 기기를 보호하는 것으로 M′차 지붕위에 설치되어 있다. 이 피뢰기가 동작한 경우에는 주차단기 투입순간 재차 전차선 단전을 유발하므로 팬터그래프를 상승키는 순간 단전이 발생되는 비상접지스위치 동작과 구분을 할 수 있다

⑧ **직류피뢰기(DCArr)와 피뢰기과전류계전기(ArrOCR)**

직류피뢰기는 직류구간을 운행중 외부로부터 차량의 전기기기에 진입하는 써지를 흡수하여 차량을 보호하고, 또한 전동차가 직류구간에서 교류구간으로 진입시 기관사가 운전실의 교직절환스위치(ADS)의 조작을 실념하여 전동차의 회로가 직류인 상태에서 교류구간으로 진입하는 경우를 「교류모진」이라 하는데 직류피뢰기의 동작은 외부 써지에 의한 것보다는 주로 이와 같은 「교류모진」에 의해서 방전되고 그 방전전류는 변류기(CT_2)를 통하여 피뢰기과전류계전기(ArrOCR)를 여자시킨다. 이 피뢰기과전류계전기(ArrOCR)가 동작하면 주차단기를 차단하고, M′차의 차측등(백색)을 점등시킴과 동시에 운전실의 고장대표등(Fault)을 점등시키며, 저항제어차의 경우 교류과전류표시등도 함께 점등된다.

그림 4.17 직류피뢰기

⑨ 과전류계전기와 교류접지계전기

㉠ 과전류계전기(ACOCR)

교류과전류계전기(ACOCR)는 M′차 차체하의 교류제어기함 내에 설치되어 있고 주변압기 1차측에 설치된 변류기(CT)을 통하여 작용하도록 되어 있으며 주변압기 1차측으로 과전류가 들어올 때 여자 되어 주차단기(MCB)를 차단함으로써 이하의 기기를 보호한다.

그러나 전차선과 펜터그래프의 사이가 차량진동 등으로 이격되는 순간 또는 이동시 주차단기가 투입되는 순간에 써지전류가 들어올 때에도 과전류계전기가 동작할 수 있지만 제어회로상에 주차난기용 시한계전기(MCBTR)의 작용으로 일정 시한(약 0.5초)정도의 써지에서는 주차단기를 차단하지 않도록 하였다.

㉡ 교류접지계전기(ACGR)

교류접지계전기는 저항제어차에만 있으며 교류구간에서 주변압기 2차측 이후에 접지현상이 발생되면 ACGR회로가 구성되어 주차단기를 차단시키는 보호계전기이며, 이 계전기가 동작하면 운전실의 고장대표등(Fault 등)과 접지등(GR 등)이 점등되며 M′차 백색차측등이 점등된다.

⑩ 주변압기(MT)

㉠ 개요

주변압기는 팬터그래프에서 수전한 교류 25kV의 전원을 공급받아 전압을 강압하여 2×840V를 주변환장치에 보내준다. 주요장치의 냉각용 전원은 보조전원장치(SIV)의 전원에 의해 냉각토록 되어있다.

㉡ 형식 및 정격

- 형식 : MTKO1C

- 냉각방식 : 냉각유 강제순환에 의한 풍냉식
- 정격

권 선	1차	2차	3차
정 격	연 속		
용량(KVA)	1790	990	800
전압(V)	25,000	2×840	2×840
전류(A)	71.6	589	476
주파수(HZ)	60		

⑪ **접지 브러시(GB)**

접지 브러시는 귀환전류의 통로로서 베어링의 전기적 부식을 방지하기 위하여 설치

⑫ **보조제어함(AC Box)**

특고압 관련 계전기 기타기기 장착

⑬ **필터리액터(FL)**

주회로의 고주파분을 흡수하고 전차선의 이상 충격 전압 등을 흡수하여 주변환기의 링크부에 이상전압이 인가되는 것을 방지

⑭ **변류기(Current Transformer)**

과전류보호용 변류기(CT1)은 주변압기 1차측에 과전류 발생시 과전류계전기(ACOCR)를 동작시켜 주차단기(MCB)를 개방하고, 모진 보호용 변류기(CT2) 직류구간 운행 중 전차선에 교류 25kV가 혼촉되거나 교류모진 시 동작하여 피뢰기 과전류계전기(ArrOCR)를 동작시킨다.

⑮ **주변환기(C/I)**

컨버터와 인버터를 합친 것으로 교류구간에서는 컨버터와 인버터 모두 구동되고 직류구간에서는 교직절환기(ADCg)에 의해 인버터만 동작된다. 이 기기는 M, M′차에 설치되며 각각 4대의 견인전동기를 병렬제어 한다.

⑯ **밀착연결기**

차량을 연결하는 장치로 전기동차는 밀착연결기를 사용하고 있다. 또한 동력부가 분산되어 있고 정차횟수가 많기 때문에 자동연결기와 같이 연결면에 간격이 생기면 전후 동에 따라 충격이 클 뿐 아니라 차량을 분리하고 연결할 때는 연결기 이외에도 전기회로, 공기호스 등을 끊고 붙이는 불편을 덜기 위해서 연결기에 공기관을 설치하고 동시에 연결과 분리가 되도록 하였으며 연결면에 간격이 없도록 만든 것이 밀착연결이다.

(2) 특고압제어회로

1) 개요

특고압제어회로는 팬터그래프의 상승, 하강 및 주차단기 투입, 차단과 비상접지스위치의 동작, 교직절환 등의 전동차 특별고압기기를 제어하는 저압회로를 말한다. 일반적으로 전동차의 고압기기는 저압전원으로서 제어되는 간접제어방식을 채택하고 있다.

고압의 기기를 제어하기 위하여 스위치를 조작하면 DC100V의 전원이 전자코일에 흘러 전자코일 안의 철심이 전자석이 되므로 작용편을 흡인하여 작용편의 한쪽 끝이 하강하여 공기통로를 개방하거나, 고압회로의 주접촉부를 접촉시켜 고압회로를 구성하도록 되어있다.

2) 특고압제어

① 직류모선(103선)의 가압과 운전실 선택

전동차의 제어전원은 대부분 직류 100V를 사용하고 있어 최초의 기동시는 TC차 차체하에 탑재된 알칼리축전지의 전원을 가지고 기동을 하게 된다. 그러므로 기동을 하기 위해서는 축전지의 전원을 전편성에 가압해 주어야 하는 선을 직류모선(103선) 가압회로라 한다. 또한 전동차가 본선을 운전할 경우 운전실이 최소 2개소 이상이 되므로 모든 운전실에서 제어가 가능하면 곤란하므로 조작자가 있는 1개소의 운전실에서만 제어가 이루어지도록 하였다.

이상과 같은 조건을 만족시키기 위한 조작이 바로 운전대의 제동핸들을 삽입함으로서 이루어지는데, 사전에 운전실 및 각차 배전반내의 스위치와 공기계통이 완전히 정비되어 있어야 함은 두말할 나위가 없다.

㉠ 직류모선(103선)의 가압

조작자가 운전대에서 제동핸들을 삽입하여 이동하면 각 표시등이 점등되고 ATS 경고령이 순간적으로 울리는 것을 알 수 있는데 이 같은 현상으로 다음과 같은 것을 판단할 수 있다.

- ATS의 정상적인 작동상태
- 축전지 전원이 직류모선(103선)에 가압
- 운전실 선택이 제대로 이루어졌음을 알 수 있다.

이와 같은 현상은 제동핸들 삽입으로 인한 다음 회로에 의하여 이루어진다.

M차(Bat) - 101 - (Bat N1) - 102 - TC차 - 102 - (Bat kN) - 102a - (BV) - 104 -M차 - 104(Dd) - 104a - (BatKN) - 104b - ((Bat K)) - 100d2

이상의 회로로 축전지 접촉기가 축전지 전원에 의해 여자 되면 BatK연동편이 접촉되어 각차의 직류모선(103선)이 인통된다.

BatK는 PanR(팬터그래프제어 전자변) 접점에 의해서도 여자 될 수 있는데, 이는 팬터그래프가 상승된 상태에서는 제동변핸들을 취거해도 BatK를 계속 여자시켜 직류모선을 가압하기 위함이다.

BatK가 투입되면 (Bat) - 101 - (BatK) - 101a - (Bat N_2) -103의 회로로 103선에 가압된다.

※ 차량유치시 Pan을 하강하지 않은 상태에서 전차선이 단전된 경우 PanR에 의해 103선이 계속 가압되어 축전지의 방전사고가 우려되므로 다음과 같이 별도 회로를 삽입하여 유치 중 단전시 SIV가 정지되고 PanTR이 소자되어 소정의 시간(3분)이 지나면 109선을 통하여 Pan을 하강하여 Battery 방전사고를 미연에 방지토록 하였다.

㉡ 운전실 선택

특고압제어, 속도제어, ATS전원 등은 전부 운전실에서 전원을 공급받게 되어있고, 출입문개폐 연동회로, 객실 냉·난방제어 및 표시등회로 중 일부의 전원이 후부운전실로부터 전원을 공급받도록 되어있어 운전실의 위치선택을 필요로 한다. 이 운전실의 선택은 운전실 선택계전기에 의해 구성되는데 선택계전기들은 TC차 배전반에 다음과 같이 설치되어 있다.

- HCR : 전부운전실 선택계전기(4개)
- TCR : 후부운전실 선택계전기(2개)
- ICR : 중간운전실선택계전기(2개)로 ICR의 경우 VVVF제어차에는 없는 것으로 TC차가 가운데로 오는 편성 즉 TC - M - M′ - TC - TC - M - M′ - TC 등의 편성을 고려하여 설치된 계전기이나 현 수도권 전동차에는 아직까지 이와 같은 편성은 구성된 적이 없다.
- HCR의 동작 : 103 - (HCRN) - 105 - (BV) - 105a - (TCR_1) - 105b - (TCR_2) - 105c - ((HCR_1))- 105d - ((HCR_2)) - 105e - ((HCR_3)) - 105f - ((HCR_4)) - 100i에 의해서 각 HCR은 사용접점수가 많아 4개를 직렬로하여 사용하고 있어 설혹 1개의 계전기가 단선이 되더라도 전체의 계전기에 영향을 주도록 되어 있어 고장발견을 용이하게 하였을 뿐만 아니라 제어의 난조가 발생하는 것을 예방하기 위함이다.
- TCR의 동작 : 전부운전실에서 HCR이 동작하면 전부TC차 {(BV) - 105a - (TCR_1) - 105b - (ICR_2) - 105c - (HCR_1) - 105} - M차{106} - M′차{106}……후부TC차 {106 - (HCR_1) - 106a - ((TCR_1)) - 106c - ((TCR_2)) - 100i에 의하여 후부운전실의

TCR이 여자한다.

TCR의 동작에 의하여 후부운전실의 105a - 105b선간의 TCR_1 접점이 떨어져 HCR회로는 개방되므로 잘못하여 후부운전실에서 제동변핸들을 삽입하더라도 편성차의 제어전원이 달라질 염려는 없다.

이는 두 사람의 조작자가 전·후운전실 양쪽에서 거의 동시에 핸들을 삽입하여도 어느 한쪽 먼저 제동변핸들을 삽입한 운전실이 전부운전실이 되는 것이다.

② 보조 전동공기압축기(ACM) 구동회로

무동력상태의 전기동차를 기동시키기 위해서는 팬터그래프나 주차단기, 교직절환기 등을 제어하는 계전기를 작동시키는 전기력(DC100V) 뿐만 아니라 기기를 실제적으로 동작시키는 제어공기력이 축전지전원에 의해 구동되는 보조전동공기압축기(ACM)에서 얻게 된다.

보조 전동공기압축기는 M′차 객실의자 밑에 설치되어 있으며 여기에서 압축된 공기는 압력조정변에서 5kg/cm^{2}로 조정되어 팬터그래프, 주차단기, 비상접지스위치, 교직절환기, $L_1 \cdot L_2 \cdot L_3$ 등에 공급된다.

㉠ 운전실에서의 제어

TC차 운전실에 있는 ACMCS를 누르면 TC차 {103선 - (HCRN) - 105 - (ACMCS) - 111 - {M차} - M′차{- 111 - (ACMKN) - 111a - (Dd) - 111e - (MC - (ACMLRE) - 11a - (ACMLP) - 100 - BRR) - 111g - (ACMK) - 100d} (ACMLRE) - 111L - (ACMLP) - $100C_2$ 이 회로로 각 차가 일제히 보조공기압축기 전동기 접촉기(ACMK)가 여자되어 동작한다. ACMK가동작하면 M′차{103 - (ACMN) - 111b - (ACMG) - 111c - (ACMK) - 111f - ((ACM - ACMF)) - 100d3}의 회로로 보조전동공기압축기(ACM)가 구동된다.

한편 ACMK는 103 - (ACMN) - 111b - (Dd) - 111d - (ACMK) - 111e - (MCBRR) - 111g - ((ACMK)) - 100d - (ACMG) - 111c - (ACMK) - 111f - (Dd) - 111a - (Dd)의 회로로 ACMK는 자기 유지(Self Hold)의 접점을 구성하여 구동을 계속 한다.

공기압력이 7.5kg/cm^{2}에 달하면(약 5~6분 소요) 보조공기압축기용 조압기(ACMG)가 동작하므로 동작차량의 ACM은 정지하나 MCB가 투입되기 전 즉, 전동공기압축기가 구동하기 전에 공기압력이 6.5kg/cm^2 이하로 내려가면 ACM의 구동이 재개된다.

단, 주차단기(MCB)가 투입되면 이 회로의 111e-111g간을 개방하게 되므로 ACMG가 회로를 구성하고 있다 하더라도 ACM을 정지시킨다.

㉡ M′차 배전반에서의 제어

TC차로부터의 제어 외에 M′차 배전반 내에도 표시등부 푸시버튼 스위치를 마련하여 M′차에서도 ACM의 제어가 가능토록 되어있다. 회로의 방식은 TC차로부터 제어하는 경우와 동일하다.

(3) 직류 전동차 기기 구성 및 기능

1) 주회로 구성 및 기능

가선으로부터의 전원을 수용하여 휴즈와 차단기를 통하여 견인제어장치에 입력된 후 견인제어 장치에 의한 가변전압 가변주파수 제어에 따라 견인전동기에 3상 교류전력을 공급하여 열차를 구동한다.

① Pantograph : 가선 집전장치 1500V 수전용 장치
② Line Fuse : 고전압 시스템의 과전류 차단용
③ DC Arrester : 가선에서 발생되는 돌발전압이 고전압 시스템으로 유입방지용
④ Earth Switch : 점검 및 보수시 주회로 차단용
⑤ 충전 접촉기 : 고전압 유입시 충전 저항기를 연결하는 접촉기
⑥ 충전 저항기 : FC에 충전시 돌입전류를 소모시키기 위한 전류제한회로
⑦ 주회로 차단기 : 가선으로부터 시스템에 전류를 공급 및 차단
⑧ 필터 리엑터 : 사고 잔류의 억제, 고조파전류 억제
⑨ 접지장치 : 귀환전류 접지, 차체접지
⑩ 전류 측정 유닛 : 가선 전류를 측정
⑪ 과전압 저항기 : 발전제동용 저항 및 FC방전용
⑫ VVVF인버터 : 모터의 회전력과 속도를 제어하는 장치
⑬ IGBT : Switching 소자
⑭ OVT : 발전 제동용 저항기
⑮ 접지 브러시 : 귀환전류 통로

2) SIV장치(보조전원장치)

DC1500V를 2분압하여 각각의 인버터에 의해 교류로 변환 후 트랜스에서 합성하여 3상 380V 60Hz 전원을 만들어 보조계통에 공급한다.

① **SIV 주요장치**

- 주회로 개폐용 전자접촉기 : 주회로 연결 및 개방
- CHS유니트 : 인버터에 직류전원을 공급하고 사고시 과전류 차단
- IGBT유니트 : 직류전원을 스위칭하여 펄스전류를 출력하는 장치
- 제어유니트 : 기동 및 정지 고장표시
- 트랜스 : 정격 출력전압을 출력

3) CM(전동공기 압축기)

전동차에는 제동장치, 출입문장치, 팬터그래프 상승, 제어장치, 기적 등에 압력공기가 필요하므로 이를 확보하기 위하여 대용량의 전동공기 압축기를 설치하였다.

① **CM장치 주요기기**

- 전동기 : DC1500V의 전원을 받아 회전하는 직류직권전동기를 설치하여 30분 정격으로 되어 있는 차종과 AC380V의 전원을 받는 3상 농형 유도 전동기가 설치된 차종이 있다.
- 압축기 : 전동기의 회전력을 직접 치차를 거쳐 크랭크축을 회전하여 저압 실린더 및 고압 실린더에 의해 공기를 2단 압축하는 방식과 압축시 소음을 줄이기 위해 오일과 공기를 혼합하여 압축하는 헤리컬 기어를 이용한 차종으로 구별된다.
- 동기구동 : 여러 개의 CM을 동시에 압축을 시작하고 멈춤도 동시에 하도록 하여 부하 편중을 방지 한다
- 공기 건조기 : 마이크로 오일필터로 되어 있으며 이곳을 통과하면 오일과 수분이 제거된다.
- 안전변 : CM-G 또는 제어회로의 이상으로 압축공기가 세트치 이상 되면 토출하여 기기를 보호하는 장치이다.

4) TCMS장치(열차종합제어 감시장치)

TCMS(Train Control and Monitoring System)는 반도체 기술, 소프트웨어 기술과 데이터커뮤니케이션 기술을 이용한 중앙집중식 차내 정보제어를 N행하는 마이크로컴퓨터시스템이다.

차량에 설치된 직렬전송선을 이용하여 터미널과 연결시켜 차내 장비를 제어하고 모니터하며, 전체시스템 관리 감시와 장치간의 정보를 전송시키는 것으로 전원이 투입되면 자동기동 되어 운전관련 제어기능과 운전지원 및 차량검사 지원을 하는 차량 관리시스템이다.

각 차량에 설치된 장치에서 전차내 TCMS 주요기기의 제어지령과 동작데이터를 수집하

여 운전실에 설치된 모니터 화면을 통하여 전차의 운행정보 및 주요 기기의 동작상태를 승무원이 감시할 수 있도록 하는 기능을 수행한다.

TCMS는 차상의 각 부속시스템들이 정확한 기능 수행여부를 연속적으로 감시하며 이상 발생시 고장기록 데이터 및 고장추적 데이터를 수집, 기록한다.

① **주요제어 및 감시를 수행하는 장치**

- 운전실 데스크
- 고압장치
- 추진장치
- 제동장치 및 공기압력
- 보조전원장치
- 차량전기장치
- 신호장치

등의 시스템을 제어하고 감시하며 운전자에 대한 지원, 차량 장착장비 점검, 열차 작동 정보 등의 기록을 전송하고 모니터링을 위한 정보 전송 등을 수행한다.

② **자기진단 기능**

- 기기 간 전송 진단, 간선전송진단
- LCD진단, ROM. RAM 진단
- 터치 판넬진단, AI진단, DI진단

그림 4.18 TCMS

③ **내부감시 및 처리 기능**

㉠ 데드맨 감시

운전모드가 수동, 기지, 비상인 경우 운전자가 M/C 손잡이를 놓으면 손잡이 접점 신호가 TCMS로 입력되어 안전 운행을 위한 경고 시스템을 수행한다. 데드맨

검지 3초후 부저를 울리고 역행을 차단하고 7초 후 FSB(상용최대제동력, Full Service Breaking)를 체결한다.

㉡ 접지스위치 감시

팬터그래프 상승명령이 있거나 LB(단류기, Line Breaker)가 투입중 접지스위치의 서비스 위치입력이 차단되면 60ms 내에 LB차단시키고 고장메시지를 현시한다. 접지위치와 서비스위치 중 어떠한 신호도 입력이 되지 않은 상태가 8초 이상 지속시 고장을 현시하고 LB개방과 팬터그래프 하강명령을 출력한다.

㉢ 응하중 연산기능

BCU(제동제어유닛, Breake Control Unit)에 있는 압력스위치에서 0~10kg/cm^{2}의 압력을 0~10V의 전기적 신호로 변환하여 CC(차량제어컴퓨터, Car Computer)에 전송하며 전 출입문 닫힘이 입력되면 검지된 값으로 응하중 연산을 CC에서 처리한다.

㉣ 제동력 부족감시 기능

상용전제동시 BCPS(제동제어 압력스위치, Brake Control Press Switch)의 설정압력 이상의 기준신호가 지령되었을 때 제동통 압력이 BCPS의 설정값 이하로 2.5초 이상 지속시 TCMS에서 제동부족을 검지하여 타 차량의 제동력을 상승하여 제어하는 차종과 제동력 부족을 검지하면 비상제동이 체결되는 차종이 있다.

㉤ 제동 불완해 감시기능

어떠한 제동명령이 없는데도 제동통의 압력이 BCPS의 설정값(0.5kg/cm^2 또는 1.0kg/cm^2) 이상의 상태가 5초 이상 지속 시 제동 불완해를 검출 후 역행을 차단한다.

5) ATC/ATO 장치

그림 4.19

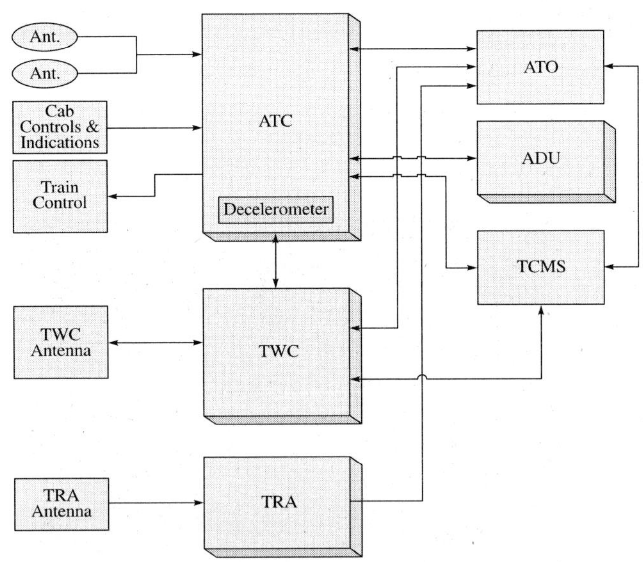

그림 4.20 ATC/ATO장치 블록도

① ATC의 주요기능

- 속도지령을 수신하여 해독, 속도 결정 : 타코미터 1, 2
- 방향결정, 과속보호, 출입문감시
- 자동고장절체, 전두제어, 출발 전 시험
- 모드확인, 캐리어 교정

② ATO의 주요기능

- ATO 활성화, 역출발, 가속제어
- 속도조절, 정밀정차, 전차정지
- 회차, 출발전시험, 자기진단, 트랙데이터베이스, 정차제동

③ 성능요건

- 정밀속도 조절 : ±3km/h 이내
- 역에서 정밀정차 : ±30cm
- ATC간섭에 의한 정밀정차 : ±1m
- 정밀정지 위치검지기준치 : ±1/2DLS(±1m 이내)
- 회차구간에서 정밀정지 : ±2.5m 이내
- 최대 져크율 : 0.8m/S3
- ATO 시스템은 Fail Safe 조건이 아님

④ TWC의 주요기능

- 데이터 버퍼링 : 메시지해독
- 통신 : ATC, ATO, TCMS, 모뎀
- 역확인 : AT Station을 결정

그림 4.21 ATC/ATO/TWC

6) 제동장치

제동장치는 ATC/ATO 운전에 적합한 고응답, 고성능을 갖으며 최대 점착 한계 내에서 유효 회생제동을 최대한 이용하며 전력 소모의 극소화, 제동 슈 마모의 최소화를 기함으로서 경제적 운용이 되도록 시스템을 구성하였다.

① 제동장치 종류 및 작용

㉠ 상용제동

Mascon 및 ATO 제동 지령 출력 및 ATC에서 FSB지령 출력에 의하여 수행되는 제동으로 전공연산(M+T차 교차제어)을 수행하여 제동을 체결한다.

㉡ 비상제동

비상제동장치는 각 제동작용장치에 있는 비상전자변을 소자시킴으로서 차량을 정지시키는 안전한 방법을 제공하기 위한 것이다.

차종별로 차이는 있으나 다음과 같은 경우 체결된다.

- ATC의 비상제동지령
- 주간제어기를 비상제동위치에 둘 경우
- 운전실의 비상제동 스위치 작동
- MR관 압력이 낮을 경우
- 열차분리 시

㉢ 보안제동

상용과 비상제동 고장시 사용하며 전, 후부 운전실 어디서도 취급이 가능하며 보안제동을 취급시 양쪽 운전실에 보안제동 등을 점등시킨다.

보안제동 입력이 TCMS에 입력되면 TCMS는 역행을 차단한다.

㉣ 주차제동

차내에 압력공기가 없을 때에 필요한 제동이므로 공기완해 스프링 체결방식이다. 주차제동 체결 상태에서 열차가 운행하는 사고를 방지하기 위하여 역행회로와 연동이 되어있다. 운전실내의 주차제동스위치(PBS ON, PBS OFF)를 동작시켜 주차제동을 체결 및 완해를 하기 위한 것으로 전부TC차의 지령을 후부TC차의 주차제동 전자밸브와 인통되어 체결된다.

㉤ 정차제동

열차속도가 정지상태($V = 0$km/h) 및 MASCON위치(N)를 이용하여 각 차량의 정차제동을 체결한다. 차량의 안전운행 및 정차시 승차감 향상을 위하여 열차가 역에 진입하여 정차하면 자동으로 제동이 체결되어 차량의 미끄러짐 현상을 방지하고 역행회로와 인터록 되어 있고 자동으로 완해 된다.

자동운전인 경우 ATO에서 속도 검지를 통하여 정차제동 출력을 TCMS에 전송하여 체결하며, 수동운전인 경우 TCMS가 검지한 열차정지 속도와 마스콘의 위치가 타행 또는 제동위치 여부에 따라서 제동장치에 정차제동 출력을 지시한다.

㉥ 회생제동

발전제동에 의해 발생된 전력을 주저항기로에서 열로서 발산시키지 않고 전차선 전압보다 전압을 더 높이 상승시켜 팬터그래프를 통하여 전차선을 거쳐 변전소 및 역행 운행중인 다른 전동차에 보내주는 방식으로 전력소비량이 절약된다.

㉦ 전자 직통제동

직통관의 급배기를 전기적으로 동시에 제어함으로서 직통제동의 단점인 제동력 발생의 시간적 차이가 없고 장대한 편성이라도 동시에 제동력이 작용함으로 제동력의 불균형이 발생치 않으며 다양한 제동제어가 가능하다.

㉧ 수용제동

사람의 힘으로 레버를 이용하여 제동력을 얻는 제동장치로서 제동력이 약하여 전동방지용이나 저속시 보조적인 제동장치로 사용된다.

② **제동별 주요제어방식**

- 회생제동병용 공기제동방식, 응하중제어 공기방식 : 상용제동, 비상제동
- 지령선 소자에 의한 순수 공기제동 : 비상제동
- 지령선 여자에 의한 순수 공기제동 : 보안제동
- 지령선 여자 및 MR압력 배기에 의한 스프링작용식 제동 : 주차제동
- 속도검지에 의한 자동제동 : 정차제동

③ **제동 시스템 기능**

- 제동전자제어유니트(ECU) 구동차, 부수차
- 주간제어기에 의한 역행 및 제동제어(원 핸들)
- 회생제동 병용, 저크 제한기능
- ATC/ATO장치 및 TCMS와 협조제어
- 응하중제어(상용 및 비상, 정차제동)
- 활주방지기능(상용 및 비상, 정차제동)
- 열차구원운전
- 제동력감시기능 및 원격제어기능
- TCMS와 정보전송 기능

④ **안전루프회로**

선두 TC에서 비상제어계통이 후부 TC를 돌아 선두 TC에 복귀되는 일련의 회로 중 어느 부분이든 차단되면 차량에 비상제동이 걸리고 견인조작이 불가능하도록 하는 안전회로이다. 각각의 감시하는 기기는 배터리 전압, 주간제어기, 전두선택여부, ATC 고장여부, 열차정지여부, 비상제동 스위치취급여부, 주공기 압력스위치 등을 감시한다.

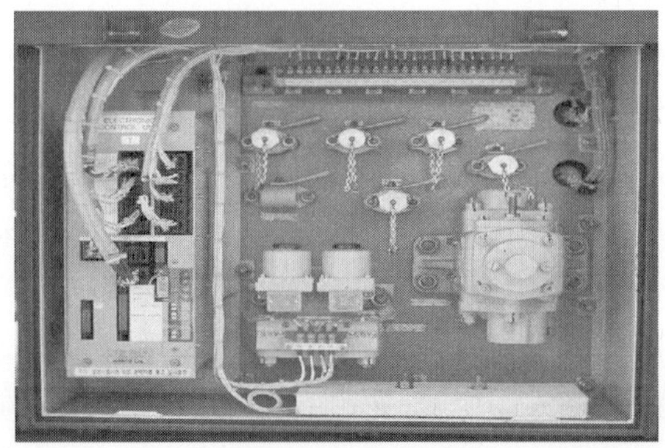

그림 4.22 BOU장치

⑤ 공기관 컷아웃 코크의 도색

도 색	명 칭
백 색	• 주공기통관 컷아웃 코크 • 보안공기통관 컷아웃 코크 • 팬터그래프 회로용 컷아웃 코크 • 기압스위치용 컷아웃 코크 • 공급공기통관 컷아웃 코크 • 조압기용 컷아웃 코크 • 기적 스위치용 컷아웃 코크 • 와이퍼용 컷아웃 코크
황 색	• 구원 제동용 컷아웃 코크
적 색	• 제동통 회로용 컷아웃 코크 • 출입문 제어용 컷아웃 코크 • 제어공기관 컷아웃 코크
흑 색	• 구원제어용 컷아웃 코크

7) 방송장치

방송장치는 승객의 안전한 승하차와 공지사항을 전달하는 기능과 객실 내 비상사태 발생 시 열차 무선장치를 경유 승객과 승무원 사령과 승객과의 통화 기능을 갖는다.

① 방송장치의 우선순위

- 1순위 : 사령의 대 승객 방송
- 2순위 : 승객의 비상통화
- 3순위 : 승무원의 차내 방송
- 4순위 : 승무원의 운전실간 통화
- 5순위 : 자동 방송장치의 자동안내 방송

② 장치의 구성

방송장비시스템

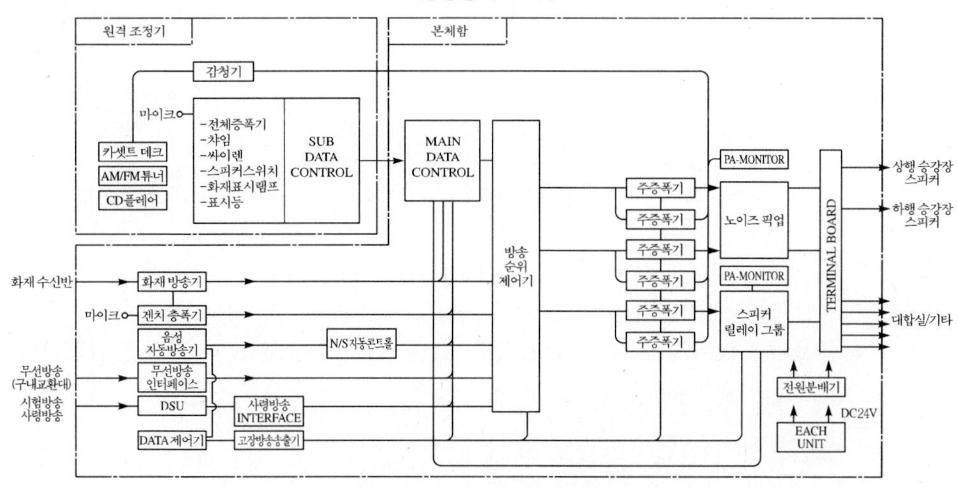

그림 4.23 방송장치 블록도

- 중앙제어기 : 객실방송, 좌, 우 차외방송, 운전실 비상인터폰과의 통화, 사령에서의 대승객방송, 승무원과의 비상인터폰통화
- 측면제어기 : 객실방송, 차외방송, 수동안내방송, 운전실 인터폰통화
- 자동안내방송장치 : 정차역 안내 및 홍보방송을 자동, 수동 실행, 장치의 이상 유무점검, TCMS와 통신
- 비상인터폰 : 객실과 통화, 사령과 통화
- 모니터스피커 : 운전실에 설치된 스피커
- 출력증폭기 : 음성 신호를 증폭
- 차량스피커 : 객실, 차외측에 설치

8) 승객 안내장치

승객의 서비스향상을 위하여 전차의 행선지, 정착역, 다음 정착역, 정착역의 출입문방향 및 공지사항을 방송장치와 연계하여 표시한다.

① 장치의 구성

- LCD 안내게시기 구성도
  - 상·하선 승강장, 대합실, 통로 표시반

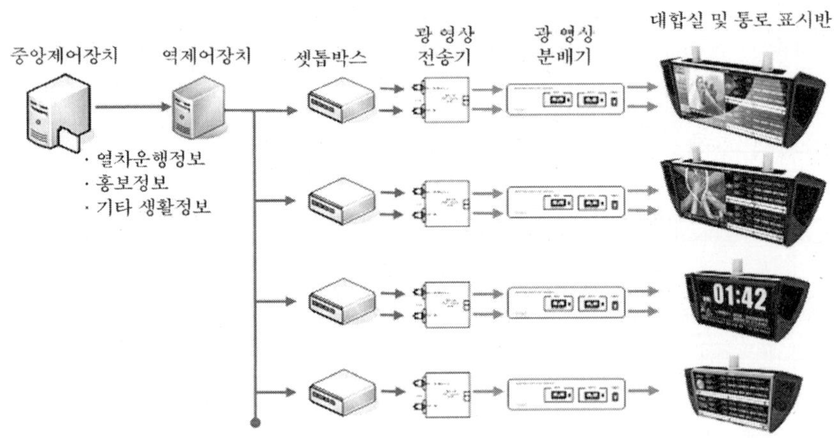

그림 4.24 안내표시기 블록도

- 설정기 : TCMS와 통신하며 각 정보를 표시기에 전달하고 고장검지, 데이터 전송, 자동 및 수동설정 등이 가능하다.
- 열번표시기 : 열차번호를 표시
- 행선표시기 : 종착역을 표시

- 객실안내 표시기 : 객실 내에 정보를 표시

9) 전동차 냉난방

① 객실 환기상태(설계상 기준)

구분	장치 가동시 현상	결과
냉방기 가동시	외부공기 내부로 유입 1,920㎥/h	내부공기압 상승 출입문 개방시 공기유출
환풍기 가동시	내부공기 외부로 유출 1,980㎥/h	내부공기압 하강 출입문 개방시 공기유입
출입문 개방시 (자연환기)	대류에 의한 내, 외부 공기환기 1,915㎥/h	환풍기 미가동시 외부로 소량 유출
송풍기 가동시	내부 공기 순환 공기 출입 없음	좌동

② 객실 환기장치 가동시 공기흐름 개요도

• 냉방기 선택시 설정온도 이상 : 압축기 가동(실질적 냉방)

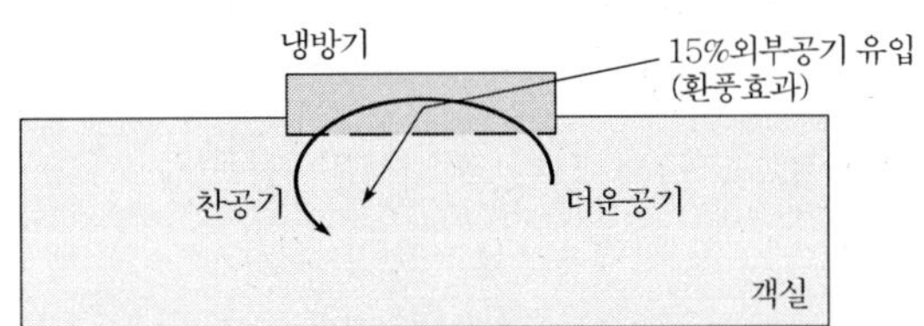

• 냉방 선택시 설정온도 이하 : 냉방기용 환풍기만 가동

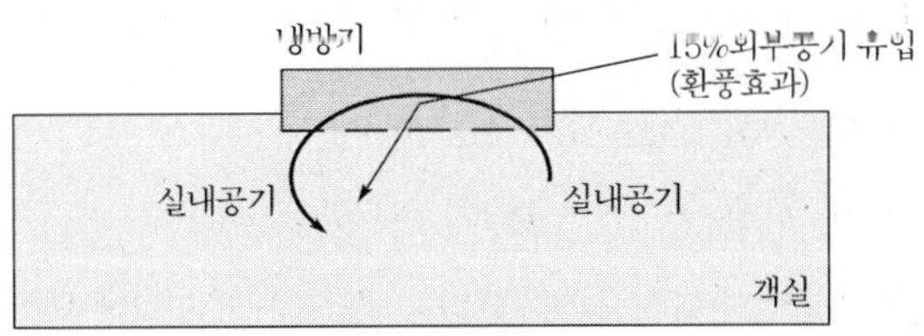

• 객실 송풍기(Linedeliar) 가동시 공기흐름
- 내부공기 유속변화로 체감온도 변화

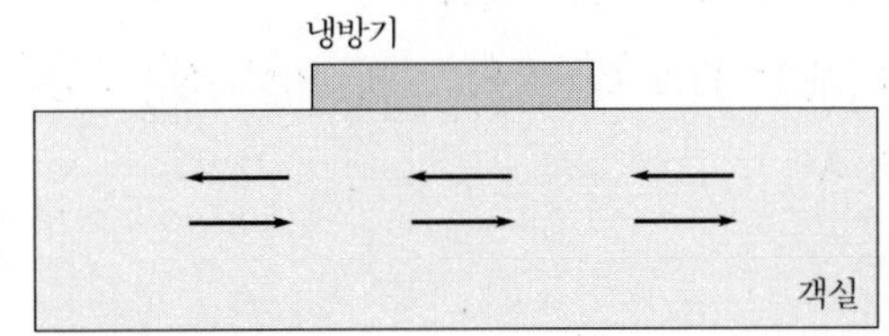

- 객실 환풍기 가동시 : 내부공기 외부로 유출(차종에 따라)

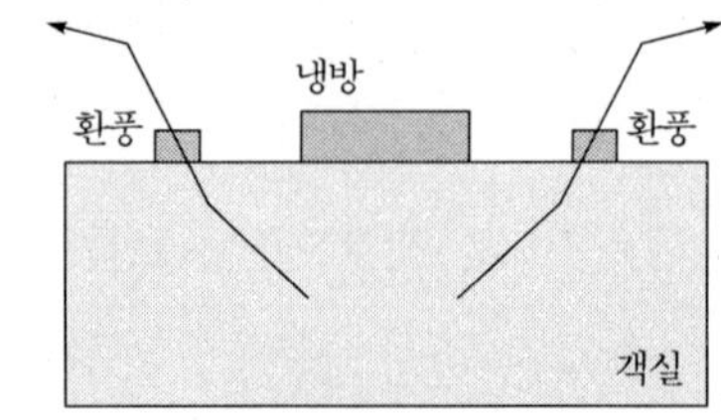

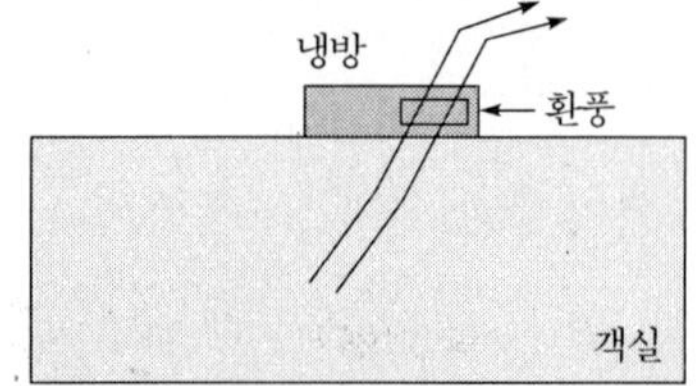

10) 조명장치(Light Circuit Diagram)

① CAB LAMP(운전실등 : Cab 1,2)

- CABL 1 : 운전실 우측등, AC 220V 전원 - CABLN1 ON/OFF 취급으로 점, 소등
- CABL 2 : 운전실 좌측등, DC 100V 전원 - CABLN 2 ON/OFF 취급으로 점, 소등

② HEAD LAMP(전조등 : HL 1, 2) 및 TAIL LAMP(후미등 : TL 1, 2)

- 운전실에서 HTN ON/OFF 취급으로 점, 소등
- 전원 : DC 100V
- 용량 : HL 1, 2 ⇒ 165/55W
  TL 1, 2 ⇒ 40W
- HEAD LAMP(HL 1, 2) : 전부 TC 차만 점등
- TAIL LAMP(TL 1, 2) : 후부 TC 차만 점등

> * 전조등은 HCR ON측 운전실에서 제어
> * 비상전조등은 운전실 선택과 관계없이 제어
> * 후부등은 TCR ON측 운전실에서 제어

③ ADL 1~4(방공등, Air Defence Lamp)

- DC 100V 전원 사용(운전실 1, 각 차량당 4)
- 전, 후 운전실에서 취급 가능 100V 전원 - ACDN ON/OFF 취급으로 점, 소등
- 용량 : 30W
- LKN ON 상태에서 TC차의 ADCN ON/OFF 취급으로 점, 소등

④ TTL(시각 표시등, Time Table LAMP)

- TTL ON 상태에서 TLS ON/OFF 취급으로 점, 소등
- 용량 : DC 30W

⑤ ROOM LAMP(객실등 RDL 1~4/RAL 1~20)

- 각 차량마다 DC등(RDL) : 4개 장착

  AC등 (RAL) : TC차 - 18개

  기타 - 20개 장착

- 운전실 설치 LCS 1의 ON취급시
- 전, 후 운전실 취급 가능

⑥ **연장급전시 각 차량 LRR1 여자로 LCS1 ON 상태에서도 각 차량 LK2 소자(TC차 10개 기타 12개 소등)**

객실 교류 형광등은 객실 등 접촉기 1, 2의 2개 그룹으로 제어되며 부하 반감 시에는 1개 그룹이 소등된다.

⑦ **용량 :** 40W

그림 4.25 냉방기 외형

11) 각종 계기류 및 표시등

① **계기류**

- 공기압력계 : 해당 TC차의 주공기 압력 및 제동통 압력 현시
- 전차선 전압계 : 주회로에 입력되는 가선전압 현시

  M차 4개의 VVVF 인버터 중에서 최고값 현시

- 전차선 전류계 : 주회로에 공급되는 전류
  M차 4개의 VVVF 인버터와 두개의 SIV 총 전류 값 현시
- 축전지 전압계 : 양쪽 TC차 축전지 전압 중 높은 값 현시

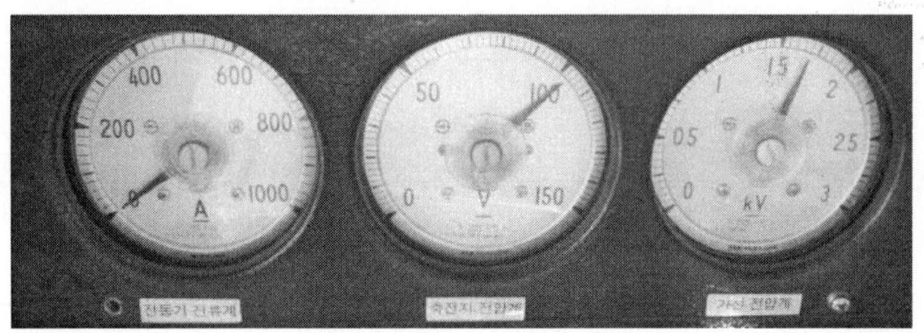

그림 4.26 각종 계기류

4.3 전동차 유지관리

(1) 개요

전동차의 유지관리는 전동차를 사용하는데 지장이 없는 상태로 유지하기 위한 기능의 확인 및 수선을 말한다.

1) 전동차 구조상 특징

① 기계적 마모부분이 적다.

② 각 부분이 유니트화 되어있다.

③ 주요부품은 밀봉이 되어있다.

④ 제어 및 감시를 컴퓨터로 행한다.

2) 전동차 고장의 특징

① 마모고장에서 우발고장으로 변화되는 부분이 많다.

② 고장원인이 복잡하고 원인규명이 어렵다.

③ 고장의 재현성이 없는 경우가 많다.

3) 전동차 검사 흐름도

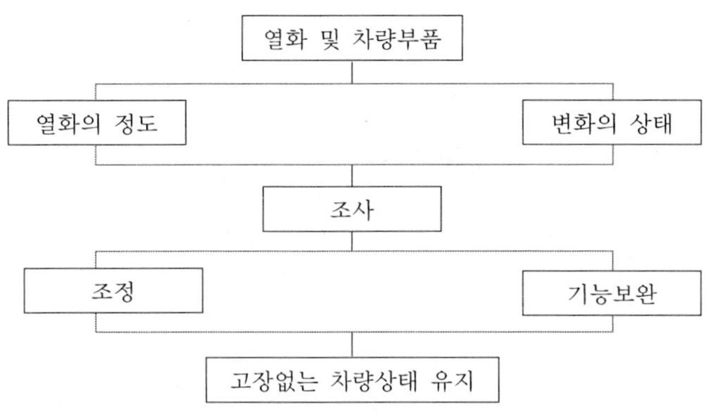

그림 4.27 전동차 검사 흐름도

(2) 전동차 검사

1) 전동차 검사방법

- 예방검사방식(정기검사방식) : 고장이 나기 전에 일정한 시간 또는 주행 km를 기준으로 하여 검사하는 방식
- 사후검사방식(수시검사방식) : 기능이 정지되거나 불량하여 고장이 발생시 시행하는 검사

2) 전동차 검사의 분류

① Line 검사(경정비, 기지검사)

- 차량의 종합적인 기능판단과 각 장치의 기능상태 확인
- 고장개소의 조기발견과 신속한 수리복구
- 소모품 등 수명이 짧은 부품의 교환 및 수리
- 차량기능 유지를 위한 청소 정비
- 차량조건의 파악과 취급 방식의 적정화 유도

② Shop검사(중정비, 공장검사)

- 전동차의 각 기기에 대한구조 기능을 설계시의 상태로 수리, 복구한다.
- 부품수명에 대하여 장기계획으로 교체
- 차량의 구조상 개조

3) 검사주기의 적용

정기검사는 기간검사주기 또는 주행검사주기를 기준으로 당해주기에 먼저 도달한 전동차부터 순차적으로 검사를 시행함을 원칙으로 한다.

① 경정비 검사주기적용 : 기간, 주기중 먼저 도달한 주기를 적용한다.

② 중정비 검사주기 적용 : 전회 시행된 6년 검사 출장일을 기준으로 하며 고장 및 중수선으로 인한 비운행일은 제외한다.

4) 하위검사시행

3개월 검사 이상의 검사를 시행 시는 하위검사는 시행한 것으로 간주한다.

5) 검사의 종류

① 정기검사

종류	내 용	시행소속
3일 검사 (3D)	검사주기(72시간)에 도달시 전동차의 주요부분에 대한 작용상태와 기능확인을 시행하는 검사	경정비 담당소속
3월 검사 (3M)	검사주기(3개월 또는 4만km 주행)에 도달시 각부의 작용상태 주요단위기기의 상태점검 및 기능을 확인하는 검사	경정비 담당소속
3년 검사 (3Y)	검사주기(3년 또는 40만km주행)에 도달시 주요부품의 분해검사 및 수선을 시행하는 검사	중정비 담당소속
6년 검사 (6Y)	검사주기(6년 또는 80만km주행)에 도달시 영구결합 제외한 부품을 해체하여 분해 검사 수선	중정비 담당소속

② 비정기 검사

종류	내 용	시행소속
임시검사 (T)	이상상태 발생 또는 발생우려가 예상될 때 검사를 시행하거나 개조 등을 목적으로 일시적으로 행하는 검사	경정비 또는 중정비 담당소속
특별검사 (S)	전동차의 개조 또는 수선 등을 목적으로 계획에 의해 시행하는 검사	〃
차륜교환 검사(NWC)	차륜의 마모 파손 등을 교환하기 위하여 시행하는 검사	중정비 담당소속
인수검사 (A)	신규제작 또는 주요부위를 개조하여 도입된 전동차의 기능상태를 확인하는 검사	경정비 담당소속

6) 철도차량의 사용내구연한(제작완료일 기준)

종 류 별	사용내구연한
1) 고속철도차량	30년
2) 일반철도차량	
가. 디젤기관차	25년
나. 전기기관차	30년
다. 디젤동차	20년
라. 전기동차	25년
마. 객 차	25년
바. 화 차	30년
사. 특수차	철도차량 제작당시 정한 기준

정밀진단결과 당해 철도차량이 안전운행에 지장이 없는 것으로 판정된 때에는 15년의 범위 내에서 그 사용 내구연한의 연장기간을 지정할 수 있다.

(3) 전동차 유지보수 정보화시스템(RIMS)

1) 개요

현재 우리나라는 서울을 포함하여 6개 대도시에서 서울메트로, 서울도시철도공사, 부산교통공사, 대구도시철도공사, 한국철도공사, 인천메트로, 광주도시철도공사, 대전도시철도공사 메트로9 등 9개 운영 주체별로 각각의 정보화 시스템을 운영하고 있다. 하지만 대부분의 운영기관에서 전동차 유지보수 정보화체계 구축에 필수적인 부품관리, 각종 정기검사, 신기술교육은 물론 정비지침서에 따른 부품도면 관리가 아직 체계적으로 이루어지지 않고 있는 실정이다.

전동차 운행중에 발생한 각종 운행 자료 등 고장이력들을 포함한 정보들이 대부분 종이문서로 관리 되는 수준이거나 전동차 자재의 부분 전산화로 종이 문서를 전자 문서화 하는 정도이다. 이런 환경 하에서 전동차 운행의 신뢰성 및 안전성 확보, 업무 효율 향상 및 비용절감과 서울메트로가 32년간 축적해온 도시철도 유지보수 경험 및 지식을 과학적으로 체계화하기 위하여 전동차 유지보수정보화시스템(RIMS, Rolling Stock Information Maintenance System) 구축의 필요성이 증대하였다.

RIMS는 전동차의 유지보수와 관련된 신뢰성 있는 데이터베이스에 근거하여 전동차 고장원인분석 등 이력관리를 통한 전동차 예방정비 체계를 확립함으로서 신뢰성 있는 종합 경영시스템 구축에 초석이 되어 지하철 안전 운행확보 및 경영개선에 크게 기여하는 것을 목표로 한다.

그림 4.28 업무절차표준화

RIMS 개발 및 구축사업은 2001년 3월 29일부터 시작하여 개발이후 2004년 10월 12일~2005년 3월 20일까지 경정비 부분의 시험운영을 성공적으로 완료하였다. 바로 이어서 2005년 3월 21일~2005년 9월 30일까지 창동 및 지축 차량사무소에서 경정비와 중정비부분을 포함한 종합시스템으로서 시범운영을 성공적으로 완료하였다. 2006년부터 확대적용을 추진하고 있으며 2007년 말까지 완료를 목표로 하고 있다. 총 사업비는 84억 원으로, 한국철도기술연구원이 44억 원으로 소프트웨어를 개발하였고 서울메트로는 20억 원을 하드웨어 구축에 2005년까지 투자하였다. 계속 확대적용 단계인 2006년에는 추가로 20억 원을 투자하였다.

RIMS 개발 이후 경정비 부분은 창동 차량 사무소에서 중정비 부분은 지축 차량사무소를 상대로 시범운영하여 발생한 문제들의 수정과 보완작업을 거쳐 나가면서 RIMS의 완성도를 높여 나갔다. 이 과정에서 정보화에 따른 고용불안과 노동통제 등의 이유로 노동조합의 일부 부정적인 반응으로 인해 어려움을 겪기도 하였다.

현재 운용되고 있는 전동차 유지보수작업에 대한 기록이 수작업으로 이루어져 시간도 많이 소요되고, 기록 자료들을 누구나 공유하기가 쉽지 않아 활용도가 떨어지거나 사장되는 등 비효율적인 측면이 많았다. 이러한 환경 속에서 전동차 유지보수의 신뢰성 및 안전운행 확보, 업무효율 향상 및 비용절감과 서울메트로가 32년간 축적해온 도시철도 유지보수 경험과 지식을 과학적으로 체계화를 위하여 전동차유지보수정보화시스템(RIMS, Rolling Stock Information Maintenance System)의 구축의 필요성이 증대하였다.

따라서 본 RIMS는 RIMS구축시점부터 전동차 운용 및 유지보수의 효율적 예방정비체계 확립과 전동차 안전운행에 기여할 수 있도록 전동차 유지보수체계 정보화 프로젝트를 경정비와 중정비부분에서 시범운영하는 과정에서 여러 가지 문제점들을 분석하여 RIMS를 차량분야 전체에 정착시키기 위한 성공적 요인을 RAMS가 베이직에 깔려 있다.

RIMS구축에 따라 전동차 유지보수와 관련된 신뢰성 있는 데이터베이스에 해당하는 RAMS를 근거하여 전동차 고장원인 분석 등 이력 관리를 통한 전동차 예방정비 체계를 확립함으로서 신뢰성이 있는 종합 경영시스템 구축의 초석이 되어 지하철 안전운행 확보 및 경영개선에 기여한다.

2) 서울메트로의 전동차 유지보수체계 현황

서울메트로는 하루 450만 명 이상의 시민을 수송하는 기관으로서 영리성보다는 공공성에 초점을 맞추어 운영하고 있는 공공 교통기관으로서 전동차 유지보수체계도 영리성보다는 시민의 편의성과 안전성에 초점을 맞추어 운영하고 있다.

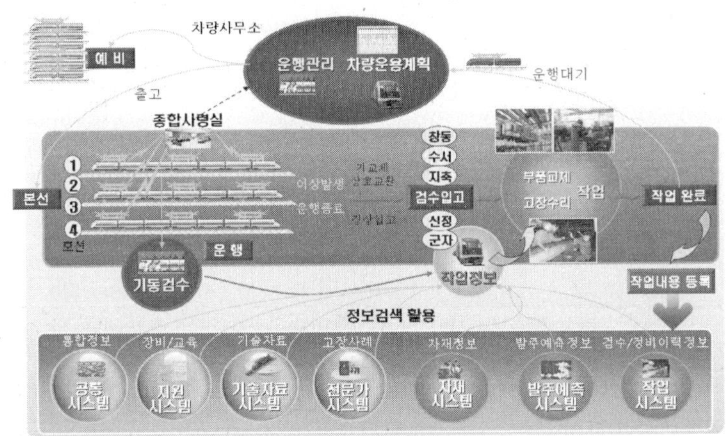

그림 4.29 RIMS운용체계

현재 서울메트로는 4개의 노선별로 분산되어 있는 5개 차량사무소인 군자, 신정, 지축, 수서, 창동차량사무소에서 직/간접으로 전동차 유지보수를 실시하고 있으며, 인적구성은 중정비 담당분야에 기술행정 및 자재 수급을 담당하는 운영팀과 정비팀 그리고 기술팀, 경정비를 담당하는 운영팀과 검수팀으로 전동차분야에 총 2,447명이 전동차 1,944량을 각종 정기검사와 임시검사, 특별검사 등을 시행하고 있다.

한편, 서울메트로의 차량분야 5개 차량사무소에서 관리하는 전동차 종류는 영국형제어차(GEC, General Electric Company) 현대교직VVVF제어차(ADV, Alternatic Direct Variable Voltage Variable Frequency) 현대직류VVVF제어차(DV, Direct Variable Voltage Variable Frequency), 대우교직VVVF제어차(ADV, Alternatic Direct Variable Voltage Variable Frequency), 대우직류VVVF제어차(DV, Direct Variable Voltage Variable Frequency)와 현대쵸퍼제어차

(Chopper)인 6가지이며, 각 차종별에 따른 각종 정기검사 검사표는 전동차 도입순서에 따라 필요한 검사표를 만들어 사용함에 따라 서로 호환성 없이 편성별로 평균적으로 약 60여 종의 검사표가 전동차별/차량사무소별로 사용하고 있는 실정이다.

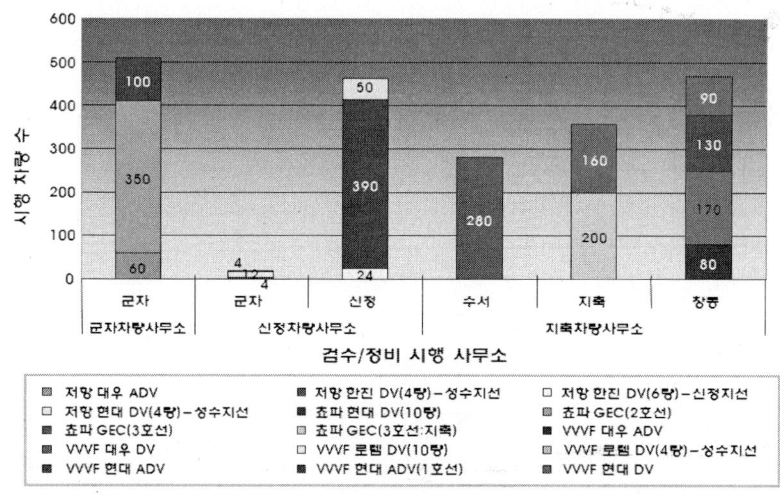

그림 4.30 전동차 보유현황

표 4.2 전동차 검사주기

<table>
<tr><th colspan="2">구 분</th><th>검사주기</th><th>검사내용</th></tr>
<tr><td rowspan="4">경정비</td><td>출고점검</td><td>영업운행 출고시</td><td>출발 전 시험 외 9개 항목</td></tr>
<tr><td>도착점검</td><td>운행 후 입고시</td><td>차량 각 부 외관 및 동작점검
주간제어기함, 제동변 기능상태 등 20개 항목</td></tr>
<tr><td>일상검사</td><td>72시간 또는 3일 이내</td><td>주요 부품에 대한 작동상태와 기능확인
주간제어기, 제동 변함 외관 및 작동상태 등 87개 항목</td></tr>
<tr><td>월상검사</td><td>2개월 주행거리
3만 km</td><td>각 부의 작용상태, 주요 단위기기의 상태 점검 및 기능확인 주간제어기 배선, 단자, 나사류 조임상태 등 204개 항목</td></tr>
<tr><td rowspan="2">중정비</td><td>중간검사</td><td>2년 또는 주행거리
30만 km</td><td>월상 검사기준과 다음사항을 추가하여 종합기능시험을 실시. 절연저항시험, 절연내 전압시험, 최저전압작동시험, 최저공기압력작동시험, 공기누설시험 등</td></tr>
<tr><td>전반검사</td><td>4년 또는 주행거리
60만 km</td><td>중간검사기준과 다음사항을 추가하여 전반적인 종합기능시험을 실시하고 시운전을 시행. 교류 특고압회로, 교·직류 고압회로, 저압회로, 제어회로 등</td></tr>
<tr><td rowspan="3">비정기검사</td><td>차륜교환
검사</td><td colspan="2">차륜외경이 사용한도에 도달하거나 또는 차륜의 균열, 파손 등으로 차륜을 교환하기 위하여 시행하는 검사</td></tr>
<tr><td>임시검사</td><td colspan="2">전동차의 이상상태 발생시 또는 발생우려가 예상될 때 이상부위를 원상회복시키기 위하여 시행하는 검사</td></tr>
<tr><td>특별검사</td><td colspan="2">전동차 개조 또는 수선 등을 목적으로 특별히 계획에 의해 시행하는 검사</td></tr>
</table>

전동차 유지보수 업무는 경정비와 중정비로 나누어지고 경정비에는 출고점검, 도착점검, 일상검사, 월상검사가 있으며, 중정비로는 중간검사, 전반검사가 있고, 비정기 검사로서는 임시검사, 특별검사, 차륜교환검사, 인수검사 등이 있다.

정기검사는 운행기간(시간 단위, 월 단위, 년 단위로 구분) 내지는 주행 km중 기간과 주행 km가 한 가지라도 해당되면 정기 검사주기에 해당되는 것으로 관리하고 있다.

① 국내외 도시철도 정보화 현황

본 RIMS의 구체적인 범위와 관련하여 영국의 런던지하철, 스페인의 바르셀로나 지하철, 독일의 뮌헨 지하철, 미국의 뉴욕지하철, 케나다의 몬트리올 지하철 등의 해외 도시철도의 정보화는 부분적으로 정보화를 운영하고는 있으나 논하고자 하는 RIMS처럼 종합시스템은 아니다.

표 4.3 해외 도시철도 정보화 현황

국가별	정보화 구축 현황
런던 지하철 (London Underground Ltd-LUL)	• 유지보수 관련 전산시스템 : 유지보수 업체 담당 → 통합적인 관리가 안 되고 있음.
바르셀로나 지하철 (Transports Metropolitans de Barcelona-TMB)	• 전산시스템 : 스케줄관리, 작업결과관리, 작업지시 • 타 시스템과의 연동 불가 : 검수정비 이력관리 및 재고현황 파악을 위한 단순 프로그램 관리 • 관리자의 관리감독 편이성 위주의 시스템 관리
뮌헨 지하철 (S-bahn unchen)	• 전산시스템 : 스케줄관리, 결과등록, 조회서비스 • 모든 문서가 종이로 관리
뉴욕 지하철 (New York Metropolitan Transportation Authority)	• 전산시스템 : 차량 이력관리 시스템이 핵심으로 Spear2000이라는 패키지를 적용한 시스템 관리 • Client/Server 아키텍처로 운영하고 있음. • SAP 또는 IFS 등과 같은 ERP시스템의 유지보수 모듈과 기능이 유사함.
몬트리올 지하철 (Montreal Transit Corporation-STM)	• 각 단위 별로 시스템이 존재 → 인터페이스 및 그룹 공유에 문제가 있음 • STM은 SAP를 전체 적용하기 위해 조정중 → 2004년부터 SAP 확산 적용계획 있음 • 차량운행에 대한 신뢰성 향상을 위한 노력은 차후 한국형 도시철도 유지보수시스템에 접목시킬 수 있는 좋은 사례임

그리고 현재 우리나라는 서울메트로, 서울도시철도공사, 한국철도공사, 인천메트로, 부산교통공사, 대구도시철도공사, 광주도시철도공사, 대전도시철도공사 등 8개 운영주체별로 각 각의 정보화시스템을 운영하고 있으며, 서울메트로를 제외한 운영기관에서는 전동차 자재의 부분 전산화로 종이문서를 전자문서화 하는 정도

이며, 도시철도 운영 주체별 독자적으로 정보화를 추진하여 국가적으로 본의 아니게 중복투자 되어 예산이 낭비되는 측면과 도시철도 운영기관별 사용하는 시스템이 달라 정보를 공유할 수 없는 서울메트로의 RIMS처럼 종합적인 정보화 유지보수시스템은 국내 처음이다.

3) RIMS 프로젝트 시스템의 개요 및 시범운영

RIMS 프로젝트 구성은 유지보수작업시스템을 중심으로 기술자료 지원시스템, 유지보수지원시스템, 유지보수공통시스템, 전문가시스템, 차량운행정보 자동수집시스템, 유지보수자재시스템 등으로 네트워크가 원활하게 링크되도록 개발 구성되어 있다.

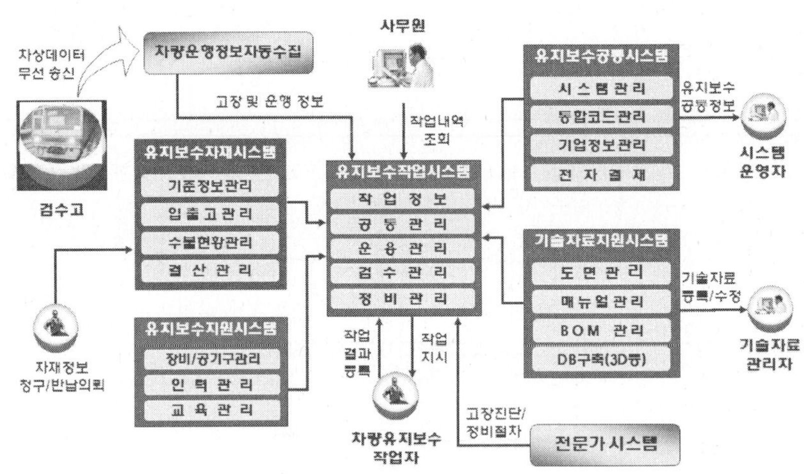

그림 4.31 RIMS 체계도

① 유지보수작업시스템

유지보수작업시스템은 현행 차량사무소의 경정비 담당 부서인 검수팀, 중정비 담당 부서인 정비팀의 업무를 기초로 하여 구축 되었으며 전동차의 일정관리로부터 시작되며, 검수작업결과를 입출력 장비(PC/Web PAD)를 이용하여 바로 작업장에서 입력하면 점검내역이 전자결재로 연동되어 일일업무보고가 가능한 시스템이다.

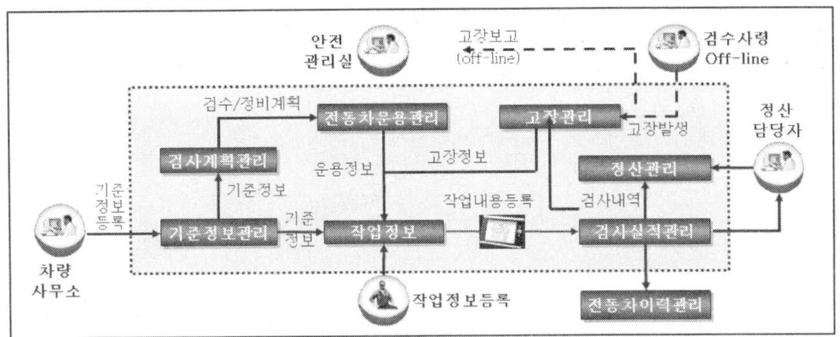

그림 4.32 유지보수작업 시스템

② **유지보수작업 시스템**

기술자료 지원시스템은 전동차 유지보수에 필요한 전반적인 기술자료 관리 및 통합검색을 제공하는 체계를 갖추어 사용자, 운영자, 관리자가 적시적소에 활용, 유지보수업무의 효율성을 증대하고 전동차 유지보수활동을 극대화 및 표준화하기 위해 지원하며, 전동차의 부품목록·준공도·3D·정비지침서·표준규격서·자재코드 등을 부품구성표(BOM, Bill of Materials)와 연계시켜 전동차의 모든 정보를 다양한 경로를 통해 검색·조회·관리할 수 있는 시스템이다.

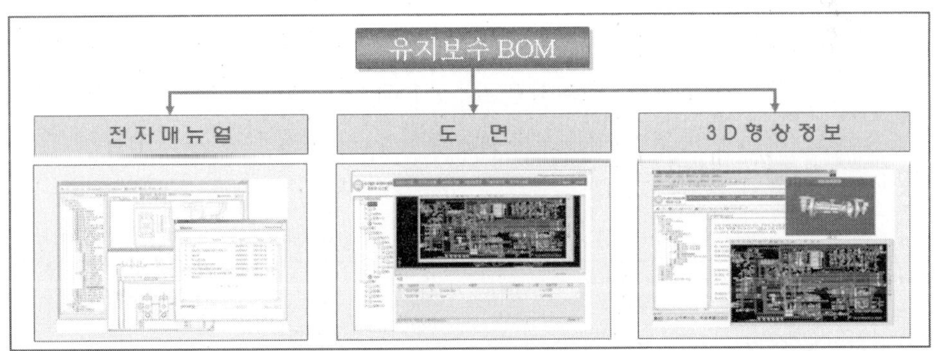

그림 4.33 유지보수작업 시스템

③ **유지보수지원시스템**

유지보수지원시스템은 장비 및 공기구의 운용관리·검사관리, 인력관리, 외주수선관리 등의 모듈로 구성되어 있으며, 시범운영 적용은 기계장비 및 공기구 검사계획, 유지보수실적 및 이력관리 전산화와 교육계획 수립 및 교육일지 전산화, 차량사무소별 작업반 및 작업조 편성 전산화이며, 적용효과는 기계장비 및 공기구 현황

관리 및 유지보수 효율향상과 기계장비 및 공기구의 각종 검사실적 및 이력관리 전산화로 업무능률을 제고하였고, 교육관련 전산화로 업무능률 향상과 각 업무별 인력관리가 가능한 시스템이다.

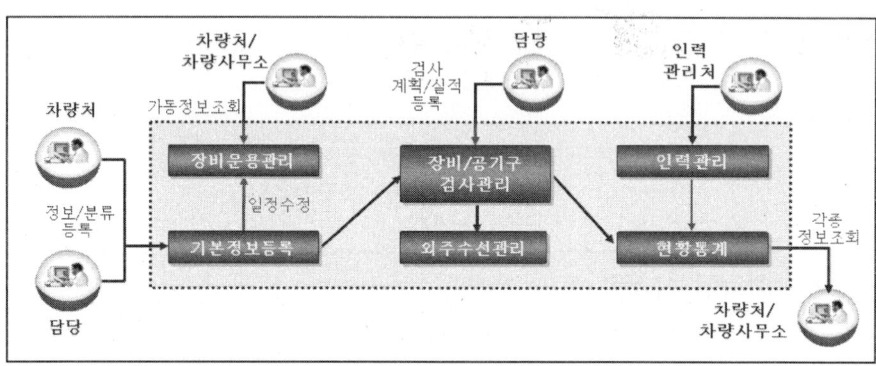

그림 4.34 유지보수지원시스템

④ **유지보수공통시스템**

유지보수공동시스템은 시스템관리, 통합코드관리, 기업정보관리, 전자결재 등으로 구성되어 사용자의 시스템 접근과 정비 기술자의 사용부품에 대한 의견 등 기업평가와 시스템에서 발생되는 모든 문서를 전자결재를 시행하여 효율적인 업무처리를 할 수 있도록 구성하였고, 검사표 및 정산서 등 작업자별 메뉴를 통한 검색 및 시스템관리이며, 적용 효과는 검사표 및 정산서 전자결재로 업무 간소화, 검사표의 전산화로 자료 활용도 향상, 정산서의 전산화로 각 공장별 자료수합의 편의성 향상, 각종 통계자료 및 정보공유 할 수 있는 시스템이다.

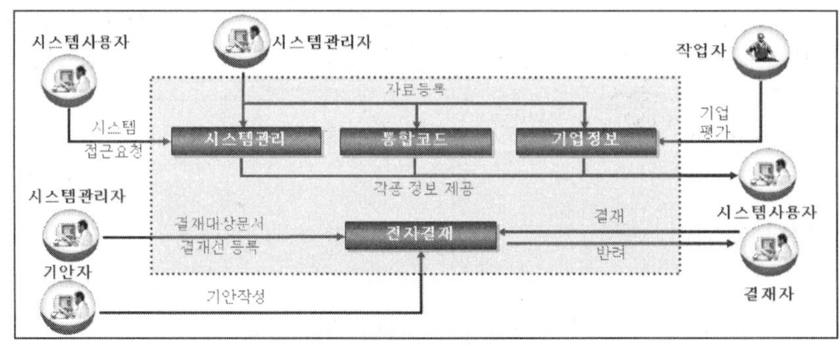

그림 4.35 유지보수공통시스템

⑤ 전문가시스템

전문가시스템은 전동차 고장 및 응급조치요령을 사례기반데이터로 구축하여 고장처리 및 이상 징후 제거에 신속히 대처하는 효율성을 높이는 방법을 적용하였으며, 전동차 장애발생 시 응급조치 및 고장사례 데이터베이스를 검색하여, 응급조치 및 고장처리에 활용함으로써 안전운행을 확보하고 원인을 분석하며 시스템 반영으로 업그레이드 시키고 학습을 통하여 검수 및 정비지식을 축적하고 활용하는 시스템이다.

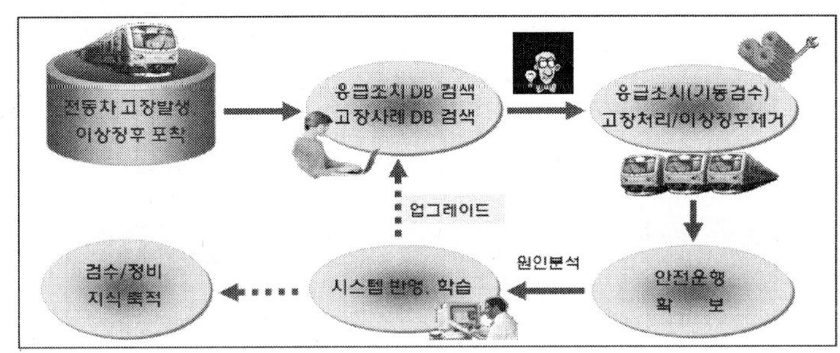

그림 4.36 전문가 시스템

⑥ 유지보수자재시스템

유지보수자재시스템은 전동차의 유지보수작업에 필요한 장치 및 부품을 효율적으로 관리하고 적절한 시기에 작업에 필요한 부품을 공급하는데 목표를 두고 있으며 기준재고 설정 및 재고 모니터링을 통한 적정한 전동차부품 재고확보와 필요부품을 쉽게 검색할 수 있는 시스템이다.

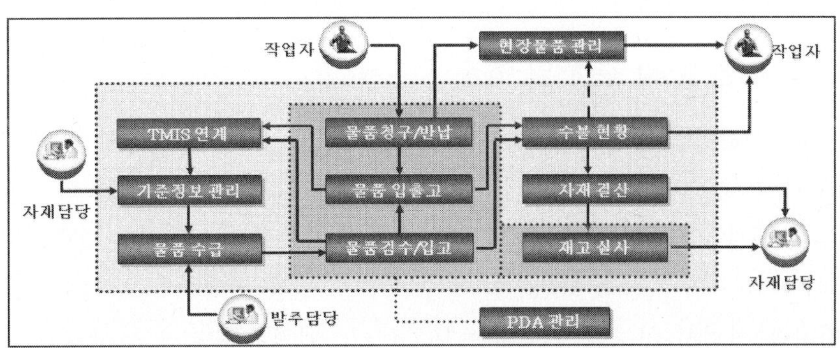

그림 4.37 유지보수자재시스템

⑦ 차량운행정보 자동수집 시스템

전동차가 차량기지 입고 시, 차량의 운행 정보를 차량정보 수집 장치를 통해 사무실의 운영PC로 자동으로 전송 및 표출을 수행하는 시스템으로, 전동차의 고장 상태를 차량기지 입고 즉시 판단할 수 있는 전동차 운용에 효율적인 시스템으로, 전동차의 운행상의 데이터를 운행하는 동안 수집하고 차량사무소 기지 입고 시 수집된 데이터를 무선장치를 통해 전송하여 별도의 작업자를 거치지 않고 사무실에서 전동차의 상태를 자동으로 확인할 수 있다.

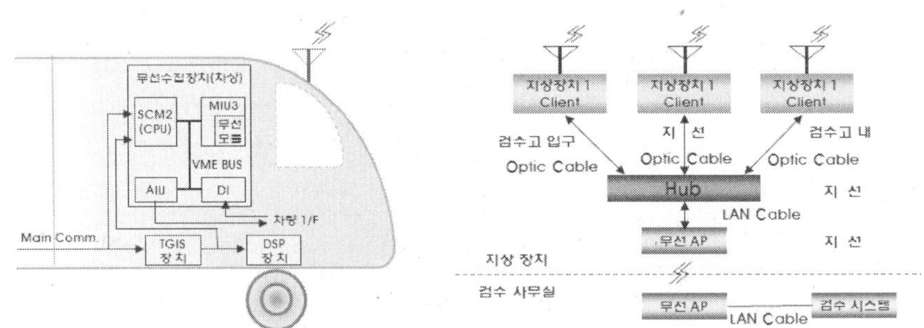

그림 4.38 차량운행정보 자동수집 시스템

⑧ RIMS 프로젝트 시범운영

시범운영은 창동차량사무소를 대상으로 시험운영을 하였으며, 시범운영을 차질 없이 진행하기 위해서 정비계획일정에 맞추어 정비 검사표 프로그램 개발과 동시에 실무에 적용하는 등 많은 어려움이 있었다. 창동(경수선 분야) 및 지축(중수선 분야) 차량사무소에서 시범운영 모든 차량사무소에 횡단전개 하였다.

4) RIMS를 위한 BOM 구축 및 활용

RIMS 구축에 있어 가장기본이 되는 것은 BOM 구축이다. BOM은 특정제품이 어떤 부품들로 구성되는가에 대한 계층 데이터로서 BOM의 가장 기본이 되는 정보는 제품의 구조정보이다. 부품 생산 기업에서의 BOM은 생산업체의 수주에서 납품에 이르기까지 모든 기업활동을 정보화하여 일괄 관리 하기위한 필수 요소로 활용 되어왔다. 도시철도차량의 유지보수 예방정비와 신뢰성 확보를 위해서는 BOM 시스템이 필수적으로 구성되어야 한다.

그러나 도시철도차량 특성상 주문자 생산방식과 유지보수작업을 통한 잦은 설계변경과 구조변경이 이루어져 엄청난 양의 데이터와 이에 대한 변경 이력관리 등의 어려움으로 BOM 구축과 활용에 제한이 있었다.

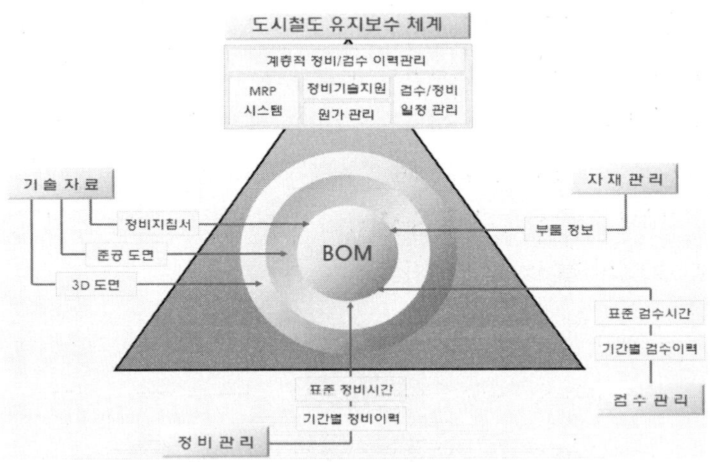

그림 4.39 BOM 구성도

서울메트로의 BOM 시스템은 이러한 어려움은 물론 현장에서 더해지는 차량의 조성, 편성변경 등의 난제를 모두 해결할 수 있도록 구축하였으며, 이에 더해 각종 기술 자료와 자재정보, 응급조치 및 고장분석 등의 활용적인 측면까지 고려하였다. 따라서 향후 서울메트로 BOM 시스템은 차량의 기본적인 구성을 모두 포함하고 있는 Master BOM과 이를 기반으로 유지보수에 필요한 부분을 따로 구성하는 유지보수 BOM으로 구성된다.

Master BOM은 전동차의 장치별 분류에 따른 Location 별 정보로 구성되어 있다. 일반적으로 Master BOM을 먼저 구축하였으며, 향후 유지보수 BOM을 구축 시 필요한 부분을 추가 혹은 삭제를 할 수 있다.

① 지능형 BOM의 정의 및 구성

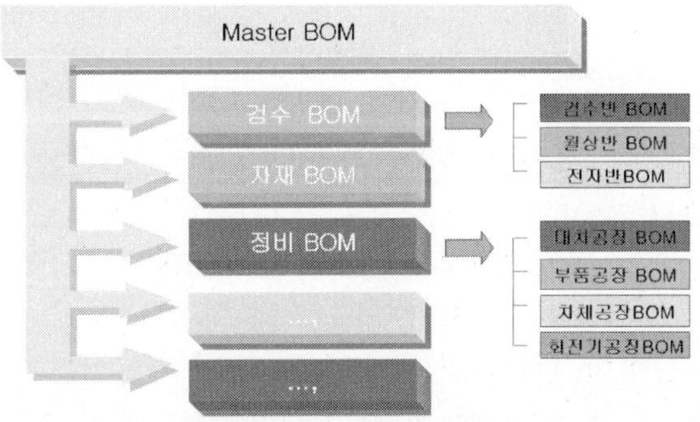

그림 4.40 BOM 구성내용

지능형 BOM이란 각 목적에 따라 Master BOM에 링크된 정보나 필드에 주어진 정보를 추출하여 구성된 이용 측면의 BOM이다. 기능별 BOM의 예로 자재 BOM, 검수 BOM, 정비 BOM, 더 나아가 부서별 BOM 구성된다. 지능형 BOM의 구성방법은 BOM 툴을 사용하여 기능별로 추출하여 구성하는 방법과 즐겨찾기 자기메뉴기능을 이용하여 지능형 BOM을 구성하는 방법이다. 실제 BOM은 차종별 Master BOM 단 하나만이 존재하며 큰 기능형 BOM은 BOM툴을 이용해 구성하고, 작은 지능형 BOM은 즐겨찾기 등을 이용하여 구성하는 것이 합리적이다.

② 지능형 BOM의 예

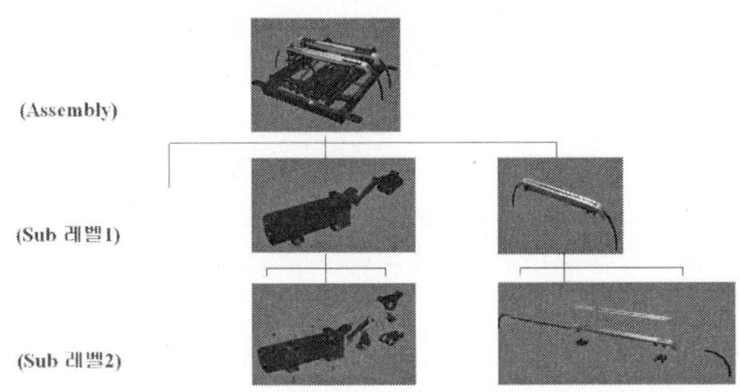

그림 4.41 BOM 지능형 레벨

지능형 BOM의 예를 들어 부품공장의 특고압조의 BOM을 구성한다면 그림에서와 같이 Master BOM에서 특고압조에 필요한 팬터그래프의 구성단위를 추출해와 BOM을 구성한 상태에서 팬터그래프 정비 필요한 정보 및 얻고자하는 각종정보를 링크하여 완성한다.

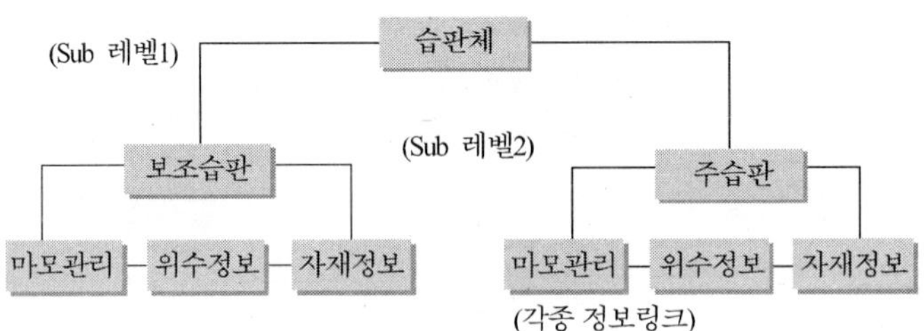

그림 4.42 팬토그래프 링크도

각종 정보로는 정비지침서 및 각종 도면 등의 기술자료와 자재정보, 보조습판 및 주습판의 마모 등의 작업 정보가 될 것이다. 이를 통해 우리는 부품을 추적·관리를 통해 치명도 및 사용수명과 교환주기 등을 파악하여 사전정비 및 품질관리가 가능은 물론 DB를 이용한 자재소요량 관리시스템 구축을 위한 기반을 확보할 수 있다. 또한 상하측 또는 동일 계층의 정비/검수 이력을 분석함으로써 정확하고 신속한 검수/정비 관리시스템을 구축하기 위한 기반을 확보함으로써 업무 차질의 예방으로 생산성을 향상할 수 있다.

5) RIMS 프로젝트의 성공적 적용 결정요인

RIMS 프로젝트를 계속적으로 성공시키기 위해서는 보수적인 철도의 구조적인 현실에 선진의 종합 경영 및 신뢰성 관리 시스템 도입과 적용을 위한 정보화 정책 수립이 필요하며, 이를 위하여 우선 RIMS 프로젝트 실증적 적용의 문제점을 고찰하고 이 결과를 사용하여 실증적 성공요인을 추출하고, RIMS를 구성하는 시스템분야별 극복한 방안이다.

① 유지보수작업시스댐은 기존의 유지보수 작업비용산출과 정보기술도입으로 효율성 향상비율 면에서 종이문서가 없어지면서 전산화에 의한 효율성과 부서 간 데이터 공유로 인한 장애 예방에 신속하게 대항할 수 있게 하였다.

② 유지보수자재시스템은 1,944차량의 전동차의 유지보수에 필요한 42,000여 종의 각종 부품을 효율적으로 관리하고 재고 적정관리에 따른 결산을 쉽게 할 수 있게 하였다.

③ 유지보수지원시스템은 전동차 정비에 필요한 장비 등을 체계적으로 관리하여 가동률과 이력 관리에 따른 장비공구 현황을 파악관리 할 수 있도록 하였다.

④ 유지보수전문가시스템은 전동차고장에 대한 분석결과 및 응급조치 요령을 통합 관리하여 예방정비에 도움이 되도록 하였다.

⑤ 기술자료지원시스템은 기술 자료의 체계화를 하고 전동차 부품과 회로 등과 연계하여 작업자들 간의 실시간 공유가 가능하여 업무의 효율성을 증대시킬 수 있게 하였다.

⑥ 차량운행정보 자동수집시스템은 운행하고 있는 전동차내부의 정보를 현장작업자들에게 실시간으로 전달되어 고장처치 및 예방정비에 준비시간을 단축하게 하였다.

⑦ 유지보수 공통시스템은 정보화시스템관리와 통합관리, 그리고 각종정비 및 검사표 등을 전자결제할 수 있는 기능을 갖게 하였다.

6) RIMS 확대적용 완료시 기대효과

전동차 유지보수에 필요한 42,000여종의 물품에 대한 수급관리 및 효율적인 자재관리로 도시철도 공공성 및 안전성을 확보하면서 흑자 철도경영 개선에 이바지 할 것으로 기대하는 다음과 같은 효과가 있다고 생각한다.

첫째, 전동차 유지보수에 대한 각종 정보공유와 기술자료 검색 및 활용 등 전 직원이 업무에 활용함으로써 정보화마인드 생성·발전하는 계기가 될 것이며, 둘째, 전동차 검사 시 각종 자료 입력에 따른 데이터베이스 구축 및 실시간 조회 등으로 전동차 유지보수 관리체계 합리화를 구축할 수 있다고 예상된다. 셋째, 전동차 부품의 사용주기 및 재고 관리 등이 정확하게 관리되어 예산집행의 효율성과 경제성이 제고되는 흑자경영 기틀을 마련할 수 있을 것이며 넷째, 전동차 유지보수업무 수행 시 전동차 이력 및 기술자료 등 각종 문서를 공유함으로써 관련정보를 종합하여 판단하고 효율적인 예방정비로 전동차 운행 안전성이 확보될 것이다. 다섯째로 각종 자료의 영구보존 및 공유로 직무교육 등의 활용 극대화를 통한 기술력 향상과 전동차 안전운행에 기여할 것 등이다.

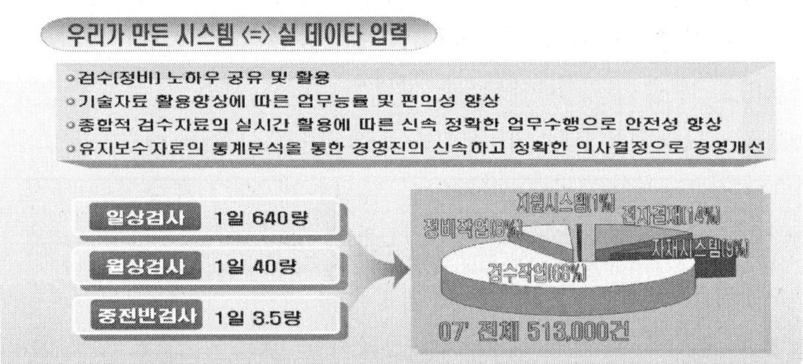

그림 4.43 RIMS 활용실적

7) RIMS 관리시스템 실증적 운영결과 분석

① 실증적 운영 추진배경

현재 우리나라는 서울을 포함하여 6개 대도시에서 서울메트로, 서울도시철도공사, 한국철도공사, 부산교통공사, 대구도시철도공사, 인천메트로, 광주도시철도공사, 대전도시철도공사 등 8개 운영 주체별로 각각의 정보화시스템을 운영하고 있다. 하지만 대부분의 운영기관에서 전동차 유지보수 정보화체계 구축에 필수적인 부품관리, 각종 정기검사, 신기술교육은 물론 정비지침서에 따른 부품도면의 관리가 아직 체계적으로 이루어지지 않고 있는 실정이다.

전동차의 운행중에 발생한 각종 운행자료 등 고장이력들을 포함한 정보들이 대부분 종이문서로 관리되는 수준이거나 전동차 자재의 부분 전산화로 종이문서를 전자 문서화하는 정도이다. 이런 환경 하에서 전동차 운행의 신뢰성 및 안전성 확보, 업무 효율 향상 및 비용절감과 서울메트로가 32년간 축적해온 도시철도 유지보수 경험 및 지식을 과학적으로 체계화하기 위하여 전동차 유지보수정보화시스템(RIMS, Rolling Stock Information Maintenance System) 구축의 필요성이 증대하였다.

RIMS는 전동차 유지보수와 관련된 신뢰성 있는 데이터베이스에 근거하여 전동차 고장원인 분석 등 이력관리를 통한 전동차 예방정비 체계를 확립함으로서 신뢰성 있는 종합경영시스템 구축에 초석이 되어 지하철 안전운행 확보 및 경영개선에 크게 기여하는 것을 목표로 한다.

RIMS 개발 및 구축사업은 2001년 3월 29일부터 시작하여 개발이후 2004년 10월 12일~2005년 3월 20일까지 경정비부분의 시험운영을 성공적으로 완료하였다. 바로 이어서 2005년 3월 21일~2005년 9월 30일까지 창동 및 지축 차량사무소에서 경정비와 중정비부분을 포함한 종합시스템으로서 시범운영을 성공적으로 완료하였다. 2006년부터 확대 적용을 추진하고 있으며 2007년말까지 완료를 목표로 하고 있다. 총 사업비는 84억 원으로, 한국철도기술연구원이 44억 원으로 소프트웨어를 개발하였고 서울메트로는 20억 원을 하드웨어 구축에 2005년까지 투자하였다. 계속 확대 적용단계인 2006년에는 추가로 20억 원을 투자 하였다.

RIMS 개발 이후 경정비 부분은 창동 차량사무소에서 중정비부분은 지축 차량사무소를 상대로 시범운영하여 발생한 문제들의 수정과 보완작업을 거쳐 나가면서 RIMS의 완성도를 높여 나갔다. 이 과정에서 정보화에 따른 고용불안과 노동통제 등의 이유로 노동조합의 일부 부정적인 반응으로 인해 어려움을 겪기도 하였다.

본 RIMS의 실증적 운영 결과 분석을 목표로 한다. 서론에 이어 시범운영과 실제 운영 시 발생한 문제들과 이의 극복방법을 다루었다. 여기서는 RIMS 운영에 장애가 되었던 환경적측면과 실제 운영측면 그리고 시스템별 기능측면 세 가지로 나누어 살펴보았다. RIMS 운영 결과 분석을 수행 하였는데 경제적측면, 관리적측면, 안전성 및 신뢰성측면 그리고 RIMS 사용자들의 평가 등 네 가지 관점에서 조사 하였다. RIMS의 성공적 정착을 위한 필수 선행조건들과 보다 완전한 시스템 구축을 위한 추후 보완분야를 다루었다.

② RIMS 운영 시 발생 문제 및 극복방안

본 RIMS에서는 운영과정에서 발생한 여러 문제들을 어떻게 극복했는지 조사했다. 이를 위해 먼저 운영환경측면에서 어려웠던 점과 이의 극복방안을 살펴보았고 실제 사용과정에서 나타난 문제들을 어떻게 해결 했는지를 조사하였다.

③ 환경적 측면에서 어려움 및 극복방안

RIMS 개발 및 운영은 국내에서 처음으로 시도하는 정보화사업으로 이 분야에 대한 지식이나 경험이 거의 전무한 상태로 사업을 추진하였기 때문에 여러 번의 시행착오를 거치는 등 많은 어려움이 있었다. 이를 보다 효율적으로 극복하기 위하여 개발 관련기관(서울메트로, 한국철도기술연구원, 현대정보기술(주))들 사이에 유기적인 개발 업무협조를 하였고 문제 발생시에는 모두의 의견을 종합하여 해결방안을 모색하는 등의 노력을 하였다.

RIMS 운영에 가장 큰 불안을 감추지 못한 당사자는 노동조합이었다. 노동조합은 RIMS가 구조조정, 노동통제 수단, 개인정보 유출의 차원에서 악용할 소지가 있다고 보아 RIMS 사용에 부정적 입장을 표명하였다. 이에 차량의 안전운행과 경영개선 차원에서 RIMS의 필요성을 충분히 설명하고 노동조합과 네 차례의 실무협상 끝에 대한민국 초유의 '노사동수 정보화 전담반'을 구성하여 업무를 시작할 수 있었다.

RIMS 운영에 또 다른 어려움은 정보화로 인해 전혀 새로운 업무가 늘어나게 되니 새로운 조직과 인원충원에 대한 요구였다. 이 부분은 개발주관 부서(서울메트로 차량처) 의 권한 밖의 문제였기 때문에 RIMS 시범운영이 성공 여부가 불투명한 상황에서 인원과 조직을 논하는 것은 시기상조이며 이 문제는 시범운영 효과 검토 후 전사적 차원에서 논의하는 것이 바람직하다고 설득하였다.

RIMS를 구축하고 전문가를 대상으로 시험운영하고, 현장에 직접 적용하는 시범운영하는 과정에서 전동차운영 및 기술에 오랜경험과 해박한 실무자인 현장기술자를 확보하는데 주력하는 과정에서 일부 여론은 전산정보화 하는데 인원을 줄여야 한다는 왜곡된 편견에 RIMS 구축에 필요한 최소 30여명의 전문가 구룹을 확보하는데 애로사항이 많았다.

전동차를 유지보수하는 현장기술자 그룹에서 사명감을 가진 기술자를 선발하여 TFT에 가담시키려면 현장기술자들의 인원부족에 따른 반론에 감당하기 어려운 점이 많았던 현실 앞에 차량분야의 발전을 위해 각자의 부족함과 어려움을 일시적으로 RIMS의 완성을 위해 나누자고 설명을 했다.

④ 실제적 운영에 따른 문제점 및 극복방안

RIMS의 실제 운영과정에서 발생한 여러 문제점들과 극복방안은 아래 표 4.4에 정리하였다.

표 4.4 실제적 운영에 따른 문제점 및 극복방안

구분	RIMS 실제 운영시 발생 문제	극복 방안
물품 분류 체계화	• 정부물품 분류체계 11자리를 수용분류 단계의 제약존재 • 분류체계의 구조적 문제	• 분류구조의 탄력성으로 추가 및 변경이 가능토록 구성하여 정부 및 국제기관 표준권고안과 호환성 증대 • 분류코드 8자리-식별코드 8자리 조합
전동차 유지보수 BOM 링크 실현	• 준공 도면의 단위부품 링크시 인식에 어려움 존재	• 전동차 상단은 위치별 분류체계, 하단은 장치별 분류체계를 구축하여 1개 BOM 완성 후 편성 차호별 부여 • 복사 기능 부여하여 전체 BOM완성

구분	RIMS 실제 운영시 발생 문제	극복 방안
전동차 유지보수 계획 수립	• 전반적인 정비계획일정의 미반영	• 정비계획 수립 업무흐름도를 구축, 업무 처리절차 표준화와 정비계획 표준화 방안 계획반영
전동차 검수 및 정비검사표 관리	• 검사표 상이와 자료관리 일원화 및 공유체계의 미흡	• 검사표 양식의 표준화
물품 구매 발주	• 요구분석의 미반영 • 전담팀의 물품구매의 인식부족	• 원활한 물품수급체계를 구축하고 향후 통합시스템인 SMERP와 연계(Seoul Metro Enterprise Resource Planning)
순환 예비품 관리	• 검수/정비/자재부서별 이해관계 상충	• 계획수립 및 실적관리는 검수/정비 • 수합기능과 수불관계는 자재로 구분
시리얼 번호관리	• 오류 입력/실시간 입력의 부재로 전체 시스템 혼란 야기	• 시리얼번호 관리정책으로 스마트태그(RFID)의 구축
전동차 유지보수 인력관리	• 정비팀 공장의 조 단위 검사표 작성과 직제 상 결재에 문제 발생	• 각 공장의 조 단위 까지 정식 직제화
차량사무소 현장창고 관리	• 자재청구와 사용실적의 RIMS 전환시재청구 및 반납에 문제점 발생	• 물품관리체계의 통일화
전동차 유지보수 원가집계 관리	• 편성별/호선별/차종별 원가산정에서 일산선 제외로 집계의 어려움	• 일산선 정산집계프로세스 개발

⑤ 시스템별 기능적 어려움 및 극복방안

RIMS를 구성하고 있는 7개 시스템분야별로 어려움과 극복방안을 정리하였다.

- 유지보수작업시스템은 기존의 유지보수 작업비용산출과 정보기술도입으로 효율성향상비율면에서 전산화에 의한 불필요하게 된 종이문서 효율성과 부서간 데이터 공유로 인한 장애예방에 신속하게 대항할 수 있게 하였다.
- 유지보수자재시스템은 1944차량의 전동차의 유지보수에 필요한 42,000여 종의 각종 부품을 효율적으로 관리하고 재고 적정관리에 따른 결산을 쉽게 할 수 있게 하였다.
- 유지보수지원시스템은 전동차 정비에 필요한 장비 등을 체계적으로 관리하여 가동률과 이력관리에 따른 장비공구 현황을 파악, 관리할 수 있도록 하였다.
- 유지보수전문가시스템은 전동차고장에 대한 분석결과 및 응급조치 요령을 통합관리하여 예방정비에 도움이 되도록 하였다.
- 기술자료지원시스템은 기술자료의 체계화를 하고 전동차부품과 회로 등과 연계하여 작업자들 간의 실시간 공유가 가능하여 업무의 효율성을 증대시킬 수 있게 하였다.
- 차량운행정보 자동수집시스템은 운행하고 있는 전동차내부의 정보를 현장작업

자들에게 실시간으로 전달되어 고장처치 및 예방정비에 준비시간을 단출하게 하였다.

- 유지보수공통시스템은 정보화시스템관리와 통합관리, 그리고 각종정비 및 검사표 등을 전자결제할 수 있는 기능을 갖게 하였다.

⑥ **RIMS 운영결과 분석**

본 RIMS 운영결과를 경제적, 관리적, 신뢰성 및 안전성 그리고 RIMS 사용자들의 설문조사, 모두 네 가지 측면에서 살펴보았다.

⑦ **경제적측면**

RIMS 도입으로 인한 경제적 효과를 구체적인 금액으로 나타내는 것은 쉬운 일이 아니다. 따라서 본 연구에서는 구체적인 금액을 제시하기보다는 RIMS 도입으로 인해 경제적 이득이 기대되는 분야 RIMS 구성 주요시스템 별로 조사하여 이를 아래 표 4.5에 정리하였다.

표 4.5 RIMS로 인한 경제적 이득분야

주요 시스템	경제적 이득분야
유지보수작업시스템	• 정비검사표 전산화로 작성시간 단축 • 정비검사표 작성 결과 주요 부품 사용 실적 정산 시간 단축 • 고장 내역 전산 관리에 의한 고장차 이력관리 및 진단 시간 단축
유지보수자재시스템	• 물품입출 수불카드 생성으로 자재관리 자동구현 • 물품검색 및 확인 세분화 자재관리 • 재고수준 적정관리로 물품 수급 용이
유지보수지원시스템	• 장비 공기구의 검사 및 운영관리의 효율성 증가 • 계측기 검사 계획 및 일정 자동관리 • 교육 관련 효율성 향상
유지보수전문가시스템	• 고장 응급처치 탐색 용이 • 고장요인 사전예방업무 처리의 효율성 가미 • 예방 검수로 인한 전동차의 특별 점검 시간 추가 • 간접 교육 효과 및 확인 시간 단축
기술자료지원시스템	• 업무 관련 자료 검색 용이 • 전동차 부품도면, 회로도, 정비지침서 연계 • BOM과 자재시스템 연계로 재고파악 용이 • 서적 및 문서 자료의 보관 용이
차량운행정보자동수집시스템	• 전동차 운행정보의 자동 수집 및 전달(입출고차량 대상) • 전동차 고장정보의 실시간 전달 • 전동차 고장원인분석 신속 대응
유지보수공통시스템	• 전자 결재 기능 활용 • 검사표(정비, 검수) 연간 인쇄비 절감 • 검사표 자료 실시간 조회 가능

⑧ 관리적측면

경제적측면 못지않게 중요한 것이 관리적측면인데 본 절에서는 RIMS 도입으로 인한 유지보수시스템의 관리측면에서의 이점을 정리하였다.

- 작업일지와 일보를 따로 보관해야 하는 번거로움 해소, 고장 데이터 및 작업 현황 확인용이, 필요시 언제 어디서든 운행 및 작업내용 확인이 가능하여 본질적으로 효과적이고 효율적인 관리가 가능하다.
- 작업내용 및 편성별 고장조치 내역, 전동차 이력관리, 차륜삭정내역, 차륜측정내역, 차륜삭정 업무지시 등이 신속하게 확인 및 처리가 가능하므로 실시간 관리가 가능하다.
- 유지보수지원시스템을 통해 장비나 공기구 운영관리의 효율성이 증대하고 이를 통해 장비나 공기구의 활용도를 늘릴 수 있다.
- 유지보수작업시스템을 통해 정비업무관리나 고장차량의 이력관리 부하가 급격히 줄어든다.
- 기술자료지원시스템을 통해 문서관리나 서적관리의 효율성이 증대한다.
- 유지보수공통시스템을 통해 기업정보관리의 효율성이 증대되고 이는 부품업체 관리를 통한 자재의 질 향상으로 이어진다.

⑨ 신뢰성 및 안정성측면

도시철도교통은 통합적인 시스템으로 안전성과 신뢰성 확보에 최우선을 두고 있다. 1998~2001년 사이에 발생한 안전사고 157건 중 약 30%가 차량에 기인한 것으로 전동차들이 안전하게 운행되기 위해서는 핵심장치의 사전 예방정비 등 전동차의 유지 보수가 중요한 요소임을 보여주고 있다. RIMS 도입 이전에 운용되고 있는 전동차 유지보수작업은 모든 기록이 수작업으로 이루어져 많은 시간이 소요되고, 기록 자료들을 누구나 공유하기가 쉽지 않아 활용도가 떨어지고, BOM의 효율적인 관리와 RIMS의 신뢰성이나 안전성관리를 수행할 수 없었다.

RIMS 도입으로 인해 철도차량의 안전성 및 신뢰성이 얼마나 증가했는지를 보이기 위해서는 RIMS 도입 전과 후의 안전사고 수를 정량적으로 비교하는 것이다. 그런데 이제 RIMS 도입의 초기단계로 RIMS가 차량분야 전체에 완전히 정착했다고 보기 어렵기 때문에 RIMS 도입 후의 안전사고 수에 의미를 부여하기는 어렵다. 따라서 RIMS 도입이 차량의 안전성과 신뢰성에 미치는 영향을 정량적으로 평가하기위해서는 RIMS가 차량분야 전체에 완전히 정착한 몇 년 후나 가능할 것이다. 따라서 본 연구에서는 RIMS 도입으로 인한 신뢰성 및 안전성의 증대 요인을 정성적 측면에서 살펴보았다.

- 보다 투명한 자재관리시스템 구축이 가능하여 좋은 품질의 자재 및 부품의 납품을 유도하고 관리할 수 있어 궁극적으로 전동차 신뢰성 및 안전성 향상에 도움을 준다.
- 편성별, 차종별 고장유형 및 특성 관리로 검수와 정비의 문제점 및 개선사항을 도출하여 향후 사고방지를 위한 예방정비(preventive maintenance)가 가능하다.
- 본선 운행중 발생한 각종 이상 및 고장정보 등 모든 운행정보를 자동으로 정보화 시스템에 제공함으로서 신속하고 정확한 전동차 점검을 수행할 수 있다. 이는 결국 차량의 안전성 및 신뢰성 증대로 이어진다.

⑨ **RIMS 사용자들의 평가**

본 절에서는 RIMS 사용자들의 평가를 설문조사를 통해 조사하였다. 본 설문 조사는 전동차를 경수선하는 검수원, 중정비를 하는 정비원, 부품을 관리하는 자재관리 직원을 대상으로 2007년 4월 2일부터 4월 18일까지 실시하였다.

㉠ RIMS 도입의 필요성

먼저 RIMS 도입의 필요성에 대해 사용자들의 평가를 알기 위하여 다음 두 가지 질문을 하였다. 두 번째 질문은 RIM에 대한 평가가 RIMS 자체에 대한 평가이외의 것에 의해 영향을 받을 수 있다는 생각에서 설문에 포함하였다.

- RIMS 도입이 검수, 정비업무에 도움이 된다고 생각하십니까?
- RIMS 시스템을 사용하면서 가장 불안하다고 생각되는 것은 무엇이라고 생각하십니까?

두 질문에 대한 결과를 그림 4.44와 그림 4.45에 각각 정리 하였다. 그림 4.44에서 볼 수 있듯이 응답자 중 79%가 RIMS 도입의 필요성에 긍정적 답변을 하였고 21%만이 부정적 입장을 나타냈다.

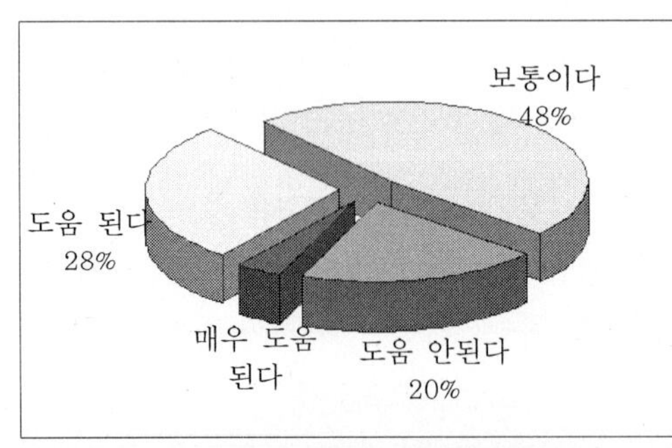

그림 4.44 RIMS 도입의 필요성

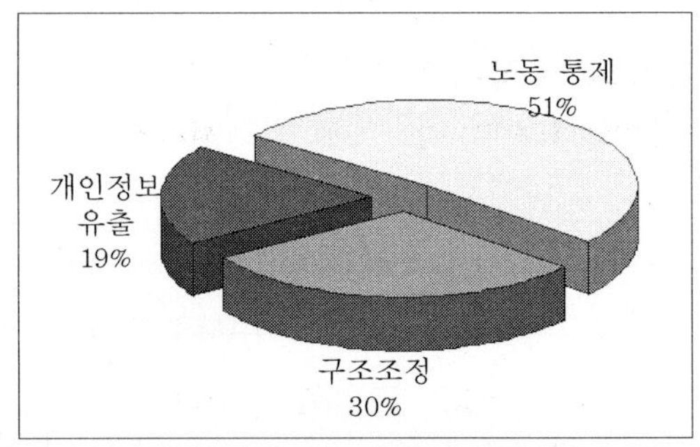

그림 4.45 RIMS 도입시 불안요인

그런데 두 번째 설문결과를 보면 RIMS 도입으로 인해 노동 통제나 구조조정 등의 불안을 느끼는 응답자가 81%에 달한다. 이와 같은 응답자들은 RIMS 도입의 필요성에 부정적 입장을 취한다고 보면 도입 필요성에 대한 79%의 긍정적 답변은 매우 높은 값이다.

ⓛ RIMS 사용 평가

RIMS에 대한 보다 상세한 평가를 위해 다음 두 가지 설문을 수행하였다.

- RIMS를 사용하시면서 편리하다고 생각하시는 문항을 모두 선택하십시오.
- RIMS를 사용하시면서 불편하다고 생각하시는 문항을 모두 선택하십시오.

위 설문의 결과를 다음 표 4.6에 요약, 정리하였다. 기술자료 검색, 일보 등록 그리고 각종 조회 기능들은 비교적 편리한 분야로 나타난 반면 일지 등록, 물품 청구 반납 등은 불편한 분야로 나타났다.

표 4.6 RIMS 사용자들의 평가

편리한 분야		불편한 분야	
기술자료 검색	19%	일지 등록	25%
일보 등록	18%	물품청구 반납	19%
전자 결재	14%	전자 결재	12%
각종 조회 기능	14%	일보 등록	10%
전동차 이력 조회	12%	순환 예비품 관리	9%
일지 등록	7%	유치선 확인	9%
유치선 확인	7%	기술 자료 검색	8%
물품청구 반납	6%	각종 조회 기능	6%
순환 예비품 관리	3%	전동차 이력 조회	2%

ⓒ RIMS 보완분야

향후 RIMS의 보완 및 개선분야를 도출하기 위하여 다음의 질문을 하였다.

- RIMS 기능을 강화한다면 중점을 두어야 할 사항은 무엇입니까?

결과를 그림 4.46에 정리하였다. 개선분야로는 전동차 고장관리, 기술자료 기능 강화, 검사표 등록 편리성, 부품 수명관리 그리고 부품 이력관리 순으로 나타났다.

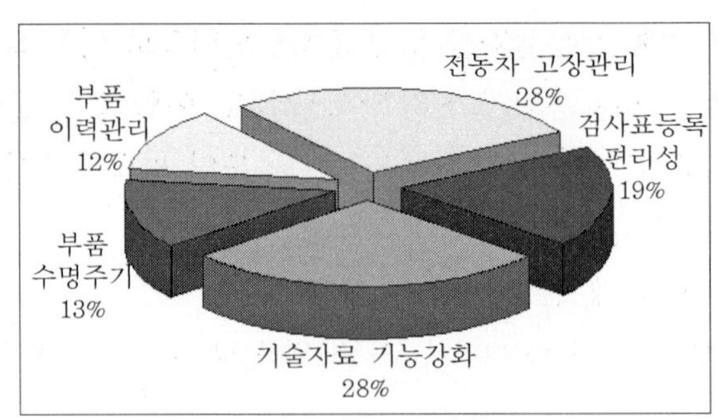

그림 4.46 RIMS 기능강화분야

8) RIMS의 성공적 정착조건 및 추후 보완분야

본 RIMS의 성공적 정착을 위한 조건의 사용결과를 토대로 살펴보고 추후 보완분야를 조사하였다.

9) RIMS의 성공적 정착조건

RIMS가 성공적으로 모든 차량분야에 성공적으로 정착하기 위한 조건을 시범운영 및 실제 사용결과를 토대로 살펴보았다.

① 무엇보다도 전 직원의 지속적인 관심과 적극적인 동참이 필요하고 이와 아울러 RIMS에 대한 교육이 지속직으로 병행되어야 한다.

② 각 차량사무소별 조직, 업무 프로세스, 운용차량 등의 상이로 인해 효율적인 RIMS 활용에 어려움이 있다. 따라서 이들에 대한 표준화 작업에 지속적인 노력이 필요하고 차량시스템 전체를 RIMS와 연계하여 관리할 전문요원 양성이 필요하다.

③ RIMS 사용중 에러 발생시 신속한 조치, 업무 정리시 컴퓨터 부족으로 인한 사용자들의 불편을 초래가 일어나지 않게 하고 정기적인 컴퓨터 유지보수 등 RIMS를 100% 활용할 수 있는 환경적 여건을 조성해야한다.

④ RIMS 전담반을 상설 유지해야하며 표준화된 업무 프로세스 및 검사표 양식을 적극 수용해야하며, 유지보수 및 확대적용 인력을 조기에 확보해야한다.

그리고 확대 적용대상 전동차 종류에 대한 기술자료를 구축하고 확대 운영에 필요한 개발 장비를 조기에 추가 도입해야한다.

10) RIMS 향후 기대효과

RIMS 프로젝트 도입으로 전동차 유지보수분야에 미치는 영향은 각종 정비 기록의 수작업에서 전산화 하고, 전동차 유지보수 개인 기술 노하우를 누구나 쉽게 공유할 수 있고, 실질적인 사전 예방정비 실현으로 2005년부터 실질적인 전동차 고장률 감소에 따른 전동차 안전운행이 확보되기 시작한 것처럼 실증적 결과가 나타났다.

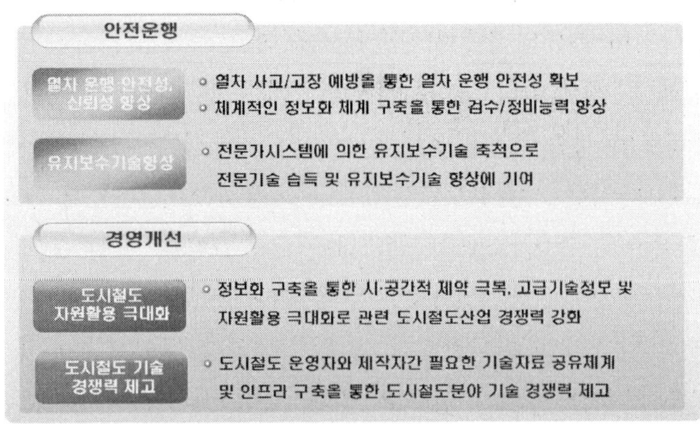

그림 4.47 RIMS효과

RIMS의 7개 시스템별 네트워크로 유기적인 정보화구축은 전문가 집단을 대상으로 시험을 한 후 시범운영을 위하여 창동 차량사무소에서는 경정비를, 지축 차량사무소에서는 중정비를 각각 시행하여 문제점들을 도출 분석 보완하여 5개 차량사무소에 확산 적용하여 전동차유지보수체계 정보화가 훌륭하게 성공 할 수 있었다고 판단한다. 또한 RIMS에서 중요한 BOM 구축은 Maser BOM과 유지보수 BOM인데 일반적으로 사용하는 BOM 구축과는 달리 RS BOM과 유지보수 BOM에 있어서 지능형 BOM을 구축하여 본선 운행중인 전동차의 고장상태를 현 시각으로 무선을 이용하여 입고 차량사무소 작업자 등 관련 직원에게 공유하여 신속 조치할 수 있도록 전동차 제작사별 종류로 15종에 해당하는 많은 분량의 BOM을 개발하였다.

RIMS 프로젝트는 정보화시스템 구축 시점부터 전동차 운용 및 유지보수의 효율적 예방정비체계 확립과 전동차 안전운행에 기여할 수 있도록 경정비와 중정비부분에 시범운영하며, 그 과정에서 예상치 못한 여러 가지 문제점들을 도출·개선하도록 하였다. 또한 RIMS의 운영결과를 경제적 측면, 관리적 측면, 신뢰성 및 안정성 측면에서 분석하였다. 그리고 RIMS 이용의 효율성을 파악하고자 사용자 평가를 실시하였다. 이는 실사용자를 대상으로 설문조사로 실시하였다.

설문조사는 1, 2차로 실시하였으며 RIMS 도입의 필요성, RIMS 도입 시 불안요인, RIMS 이용에 따른 편리한 분야와 불편한 분야를 중점 조사하였다. 이러한 일련의 조사 및 분석과정을 통해 RIMS의 개선사항을 제시하고 RIMS의 성공적 정착조건 및 추후 보완사항을 제시하였다.

본 연구자는 30년 동안 전동차유지보수분야 현장에서 근무한 경험을 바탕으로 RIMS 정보화 추진 업무를 주관하는 차량처장의 업무를 하게 되어 본 연구의 마지막 기틀을 잡는데 주요했다고 생각한다.

RIMS 프로젝트를 완성하는데 따른 현장 적용기술 및 각종자료를 분석하고, 실제적으로 표준화하는 과정은 다양한 종류의 전동차기술을 습득하고 축척된 기술자만이 가능한 것으로 전동차 전문가 집단과 함께 경험과 노하우를 상호 의논·협의·접근하는 방법으로 구축하였다.

본 RIMS 프로젝트의 실증적 성공요인을 분석하는 과정에서 정보화 시행 전에 비하여 전동차 유지보수 관련 다양한 기준정보자료를 표준화하였으며, 전동차 유지보수 업무 시 각종 자료의 제공과 활용으로 정비 소요시간을 단축 수송효율을 높일 수가 있게 하였다.

향후 계속 추진할 필요가 있는 것으로는 전동차 예방정비를 위한 수명주기 관리시스템을 개발하여야 하고, 수명주기 관리시스템과 연계하여 고장 개연성을 미리 차단할 수 있는 치명도 관리시스템을 개발할 필요가 있다고 본다. 그리고 전동차 유지보수의 합리적인 부품 발주 소요량 산정을 위한 발주 준비시스템을 개발하여야 함은 물론 전동차 기술자료 제공을 할 수 있는 도면관리시스템도 계속 개발해 나가는 것이 좀 더 완벽한 시스템이 될 것이라고 생각하며, 현재 그 계획을 추진하고 있다.

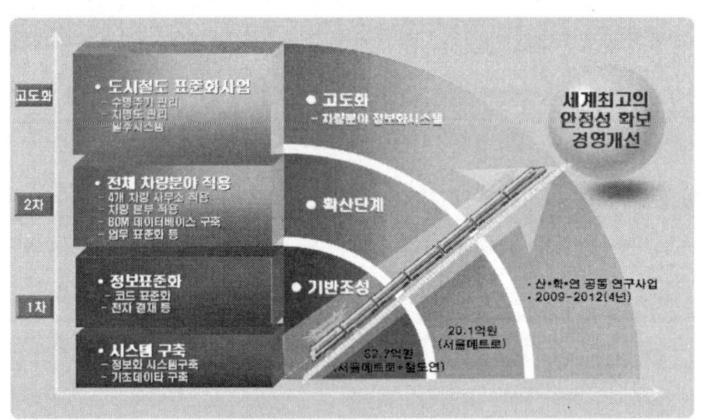

그림 4.48 향후 추진방안

본 RIMS가 도시철도차량 전체 분야에 성공적으로 정착하기 위한 조건을 시범운영 및 사용결과를 토대로 완벽한 시스템구축으로 현재 도시철도현장 경영합리화에 부응하고 있다.

(4) 전동차 O&M에서 SE 적용

도시철도가 우리나라에 처음 도입된 후 도시철도 차량은 진화와 발전을 거듭해왔다. 전동차 제1세대 저항제어차(1974년)를 시작으로, 제2세대 쵸퍼제어차(1984년), 제3세대 VVVF

인버터 제어차(2000년)에 이어 4세대 Full Auto Control 차량에 이르기까지 현재 전국에 운행중인 도시철도차량의 종류만 하더라도 약 20여종에 이른다.

철도현장은 분야별로 여러 가지 경험에서 체득한 실질적인 기술이기도하지만 철도기술은 수송분야에 있어 특수한 고급시스템 기술이 틀림없다. 항공기, 선박, 자동차 등 세계 인류사회가 운영 중인 교통수단은 하나같이 안전벨트가 주행속도에 상관없이 다 장착되어 있지만 무려 시속 350km의 KTX-2에 안전벨트가 없을 뿐만 아니라 전세계 모든 철도차량에는 안전벨트가 없는 놀라운 사실도 중요하지만 최고의 이용 승객의 안전을 보장하고 있다. 이것은 철도차량의 동력학적 안전성도 있지만 분명히 철도기술자를 시스템기술로서 General Engineer라고 부르지 않고 Special Engineer 라고 부르는 이유이며, 1차원 교통수단의 안전성 확보가 그만큼 중요하다는 의미로서 철도에는 절대적인 안전을 기반으로 시작하는 중요한 RAMS(Reliability, Availability, Maintainability, Safety) 즉 신뢰성과 가용성과 유지보수성을 철저하게 지켜야하는 당위성이 있는 것이라 생각한다.

그러나 우리나라에는 확실한 RAMS가 확립되지 않은 상태로 철도 110년을 지나치고 있으며 아직은 기초수준에 머물러 있어, 현장에서 일어났던 각종 데이터베이스를 철저하게 운영 관리하여 우리나라 철도에 부합하는 RAMS를 만들어야하는 현실에 직면해 있다. 그러한 현실 속에 학교와 연구원 그리고 철도 운영기관이 합심하여 계속 발전시켜 나가야 할 과제가 많이 남아있기도 하다.

20세기에 들어와서도 우리나라에는 철도는 물론 도시철도 대표주자인 서울메트로에도 내놓을 만한 관련 운영부서 직영연구소가 없었으며 당시 지하철 관련 특허는 물론이고 내놓을 만한 지적소유권 하나 없고, SE 및 RAMS체계 구축을 위한 핵심자료인 도시철도 개통 31년 역사의 건설부터 운영에 이르기까지 일목요연하게 정리된 데이터베이스가 변변하지 못하였다고 지적을 해도 현실적이었다.

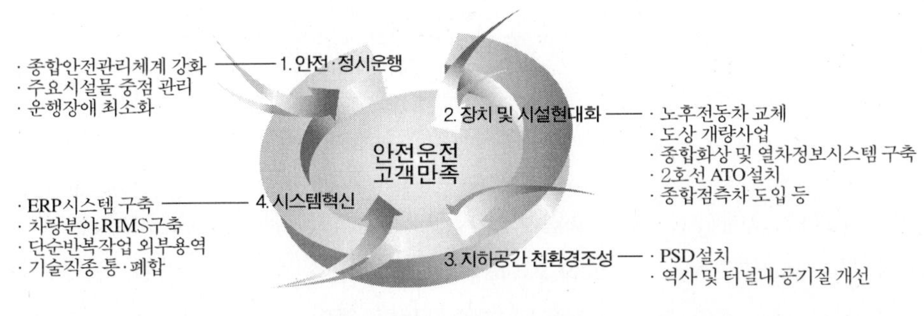

그림 4.49 안전운행시스템

그런 상황에서 서류창고에서 폐기 대기상태에 있던 건설지들을 재정리하고 전기, 신호, 통신, 전자, 토목, 건축, 궤도, 차량 등의 데이터베이스를 정리하고 다듬어서 미래에 다가올 신교통시스템 건설, 운영 컨설팅 및 SE 도전에 대한 준비를 미미하지만 착실히 시작하였다.

도시철도 운영기관에서는 최초로 기술연구소를 설립한 서울메트로는 31년만에 처음으로 고안 발명한 ATS 모드에서의 열차 정위치 정차 및 연동시스템(출원번호 10-2004-0014353, 2004.3.3.) 특허 취득을 시작으로 오늘에 이르러서는 지적소유권 특허의 범위가 200여 가지에 다다르고 있으며, 우리나라에서 건설중인 부산－김해 경전철 및 의정부 경전철 컨설팅을 수행하였고, 25년이 다된 중고전동차 6량을 베트남에 수출하여 하노이－하롱베이간 운행하는 관광열차로 철도기술 수출까지 이루는 쾌거를 거두었다. 이러한 도시철도차량의 O&M (Operation & Maintenance)에서 SE(System Engineering)까지 정리하는 어려움 속에 처음으로 Set up하는 과정을 무리 없이 시작하는 방법에 관하여 논고한 것이 우리나라 도시철도 정보화의 결실이다.

1) 철도시스템 O&M 기술이전 시작

1984년 3월부터 2006년 7월까지 서울메트로 차량분야에서 도시철도의 전동차량유지보수 정보화시스템체계(RIMS, Rolling Stocks Maintenance System)를 구축하였다.

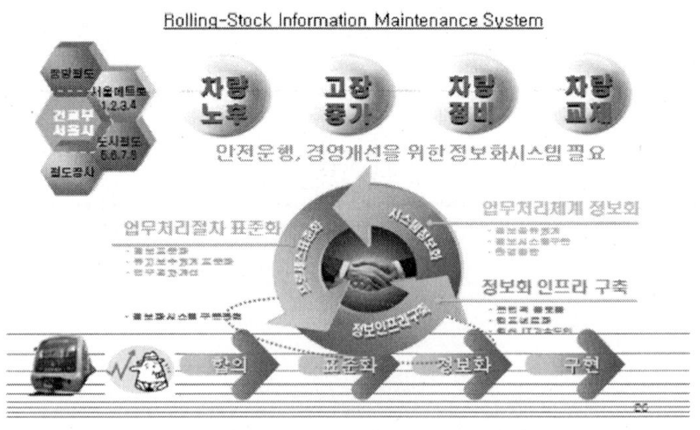

그림 4.50 전동차 유지보수 정보화 체계(RIMS)

노후 전동차량 교체사업 등 주요업무를 차질 없이 추진하며 차량분야의 운영 및 유지관리(O&M, Operation & Maintenance)를 체계화하였으며 신성장동력 마련, 신규수익원 발굴, 창의혁신 추진, 나눔경영 등 도시철도의 지속가능한 경영전략 수립은 우리나라에서는 처음으로 시작되었다.

2) 서울메트로의 신성장동력 창출 토대 구축

서울메트로 (구)서울지하철 1~4호선 운영이라는 사업한계를 극복하고 새로운 성장동력 창출을 위해 기술본부 산하에 철도사업단, 신사업개발단, 기술연구소 조직을 신설하여 국내·외 경전철 등 신교통시스템 구축 및 운영사업 진출, 신규 부대사업 개발, 도시철도 기술 지적소유권 발굴 등 신성장동력의 토대를 구축하였다.

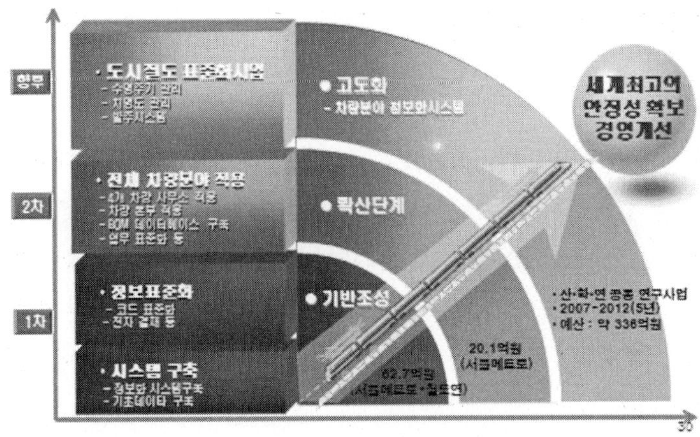

그림 4.51 O&M 추진방향

3) 신교통시스템 건설 및 국내외 산학 협동 네트워크 구축

미래 신성장동력 조직구축과 더불어 미래 녹색성장시대의 주역이 될 철도기반의 신교통시스템에 대한 전문인력 필요성을 예견하고 경전철 전문가, 프로젝트관리(PM, Project Management), 시스템엔지니어링(SE, System Engineering) 분야의 전문 기술인력을 집중 육성·등용하였으며, 정보교류 및 기술협력을 국내외 유관기관 및 산학 협력 네트워크 체계를 구축 운영하여 신성장동력의 이미 시작되었다.

4) 도시철도 사업다각화를 통한 수익창출 모델개발

서울메트로의 최대 장점인 30년 이상의 도시철도 운영경험과 기술력을 활용하여 도시철도 건설 진행 중 설계변경에 따른 비용절감 효과, 서울메트로의 새로운 수익창출을 통한 경영개선 효과의 Win-Win 마케팅 전략을 펴 국내외 도시철도 건설업체에 운영 및 유지보수 컨설팅 사업을 추진, 새로운 수익창출을 통한 경영개선에 기여하였다. 또한 컨설팅 사업을 토대로 향후 해당 신교통시스템의 운영권수주 사업경쟁에서 타 경쟁업체에 차별적 우위를 선점하는 등 장기적인 관점에서 사업영역 확대의 기반을 마련할 수 있었다.

5) 공격적 해외 마케팅을 통한 해외사업 진출

현장경험에 비춰 계속 사용할 수 있다는 신념은 있었으나 국내 내구연한 규정에 의해 25년 후 폐차 처리하던 중고전동차의 재활용 아이디어를 통해 중고전동차의 베트남수출이란 쾌거를 이루어내었으며 이에 그치지 않고 공격적 마케팅을 통하여 현재 베트남에서 계획중인 5호선(하노이－후아락 : 33.5km)건설 참여와 그 이외도 남미 도미니카공화국 2호선 지하철 건설, 나이지리아 라고스 Red Line 사업, 아제르바이잔 경전철, 인도네시아 PC침목 수출 등 해외 사업수주를 위해 관련기관과 긴밀한 협의, 추진중에 있다.

6) 과학적 유지보수 시스템(RIMS) 구축

오랜 차량분야 현장실무 경력과 유지보수 및 운영에 관한 자료의 데이터베이스화를 통하여 전동차 유지보수 정보화시스템을 구축(RIMS)이 되면서 경전철 운영 및 유지보수 컨설팅의 근간을 이루는 기초 기술영역을 마련하기 까지 수기작업에 익숙한 현장 기술자들의 인원을 감축할지도 모른다는 불안한 마음을 느낀 노조에서 부추긴 여론설득과 여론조사를 시행하여 반대여론을 잠재우는데 3년동안 103번의 마라톤회의를 감수한 결과 실질적 기술의 경영합리화에 부응하게 되었다.

7) RIMS로 인한 SE(System Engineering) 활동시작

① ‘ATS 수동운전모드에서 정위치 정차’ 관련기술 특허 및 자동운전구간(ATO) 구간에서만 가능한 PSD 즉 승강장스크린도어(PSD : Platform Screen Door)시스템을 수동운전구간인 서울메트로 1·2·3·4호선 전 구간 120개역에 세계 최초 실용화

② 전동차 사용수명 25년된 폐차차량 60량을 국내 고철 매각시 350만원/량 상당액을 1억5천만원/량에 베트남 수출계약 2008.7.20. 6량 1차분 선적을 시작으로 2009.4.6. 하노이~하롱(163km) 운행개시, 베트남에 철도기술 수출, 5호선 건설 제의 수주 MOU 체결

그림 4.52 하노이-하롱베이 열차

③ 의정부경전철 O&M 준비컨설팅(책임단장) 계약 수주(2007.6.)
④ 부산-김해경전철 O&M 준비컨설팅(책임단장) 계약 수주(2008.3.) 및 운영권 현재 입찰 수주 계약체결
⑤ 삼척시 레일바이크 설치 컨설팅 계약 수주(2009.3.) 및 폐 레일과 침목을 활용 직접 건설 시공을 위한 업무 추진
⑥ 신대방-난곡 GRT 운영권 수주(2008.2.) 신대방역사 리모델링 및 환승 설비 시공중
⑦ 수도권 고속직행철도 민간투자사업 기술자문 용역 체결(2009.1.)
⑧ 우이~신설 경전철 SE 컨설팅 사업 등을 추진키 위해 프랑스 시스트라, RATP-D, 베올리아, 홍콩 MTR사와 파트너 협약 체결 추진
⑨ 나이지리아 라고스 Red Line 건설 및 운영(37km, 13역, 25년간)에 중고 전동차를 수출하고 E&M 및 O&M 분야에 참여 삼성물산(주)과 컨소시엄 입찰 선정되어 추진 경험
⑩ 아르젠바이잔 바쿠-숨가이드 경전철 건설(23.7km) 참여 추진
⑪ 1, 4호선 공급전원 AC 및 DC 전차선 전원을 코레일과 직통운행 경제성을 감안 AC전원으로 통일하여 유지보수의 결점(10년간 3000억원 유지보수 비용 절감)인 DC용 변전소 14개를 철거 향후 5년에 걸쳐 베트남에 수출된 전동차 운행 전철화 사업에 초기투자비용 최소화로 서울메트로의 성장동력 발전 기술제안 추진
⑫ 역무자동화(AFC)에 따른 9호선 개통 시기에 맞추어 RF 시스템 도입에 즈음하여 기존의 MS 장비 철거에 대비 재활용수출국으로 중국 등 세계 도시철도에 홍보 추진중 사업화
⑬ 스위스 융푸라우 산악열차를 벤치마킹한 북한산 산악열차를 구체적 실행방안 마련을 위한 예비타당성 조사 완료

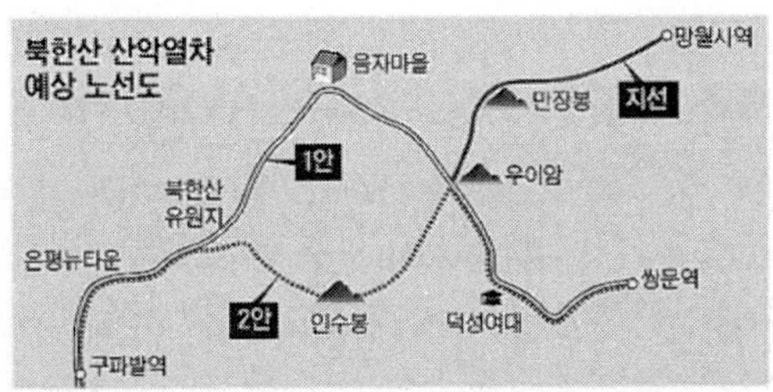

그림 4.53 북한산 산악열차 예상 노선도

8) 도시철도의 SE과제

철도운영기술 O&M은 무려 20여 종류의 전동차 유지보수 운영 경험에 비춰보았을 때 정말 중요하다는 것을 알게 되었고, 그것을 알기까지 철도현장에서 많은 시행착오와 회피성 징계와 불필요한 경제적 비용 손실이 많았다고 볼 수 있으며, 그에 따라 정확한 융합기술의 총아 SE에 대한 필요성을 많이 느끼고 있다.

표 4.7 차종별 고장시 주행킬로

구분	편성당 MKBF (km)	편성당 MTBF (day)	편성당 MKBSF (km)	편성당 MTBSF (day)	량당 MKBF (km)
전체(평균)	22,832	63(2M)	605,732	1,668	228,320
현대 DV	51,872	152(5M)	1,867,415	5,486	518,720
현대 ADV	25,819	61(2M)	1,153,292	2,721	258,190
대우 DV	19,454	62(2M)	1,057,017	3,355	194,540
복합차 ADV	17,024	42(1.5M)	172,681	430	170,240
대우 ADV	12,831	36(1M)	196,748	430	128,310

오늘날 우리가 직면하고 있는 시스템 개발환경을 살펴보면, 일반적으로 시스템의 기능 및 성능에 대한 복잡도가 증가하면서 대부분의 시스템은 성능, 효과 및 총수명주기비용면에서 고객의 요구를 분명히 충족시키지 못하고 표에서 보는 것처럼 제고요인이 이제는 있다.

철도건설과 건설 후 시설물 유지관리에 있어 SE가 가져다주는 효과를 그림에서처럼 경험에 비춰 분석해 보면, 관계 법령등과 전문 기술사항, 고객들의 요구사항을 빠짐없이 도출하고 각각의 최적 대안을 선정, 설계에 반영함으로써 설계품질을 높일 수 있으며, 설계변경 또한 최소화할 수 있어 추가 소요비용을 대폭 감소시킬 수 있다는 것을 철도 110년에 걸친 경험으로 우리 모두가 조금은 알게 되었다. 아울러 시스템의 전체수명주기를 고려하여 설계하기 때문에 향후 시설물 유지관리에 소요되는 시간과 비용 등 자원투입이 최소화되어 효율적이고 경제적인 철도시설물 관리가 가능해질 것으로 예상된다.

언제 우리가 SE를 해 보았느냐는 반문속에 시작하고 있는 것이다. 조금 안다는 기술분야 종사자도 때로는 SE가 정확히 무엇인지를 모르는 경우가 아직도 많다는 것을 숨길 수 없다.

● 운영현황('08년)

[illegible]	[illegible]	[illegible]	[illegible]	[illegible]	[illegible]	[illegible]	[illegible]	[illegible]	[illegible]
[illegible]	794.6km	134.9	152	95.8	53.9	22.9	20.5	20.5	294.1
[illegible]	592[illegible]	117	148	90	56	22	14	22	144
06[illegible]	16,267[illegible]	8,278	4,533	2,086	704	509	71	86	[illegible]
06[illegible]	8,557[illegible]	1,721	2,722	1,436	1,685	284	495	214	[illegible]
[illegible]	24,375[illegible]	10,128	6,573	3,424	2,064	959	558	669	3,643

● 수송인원('08년)

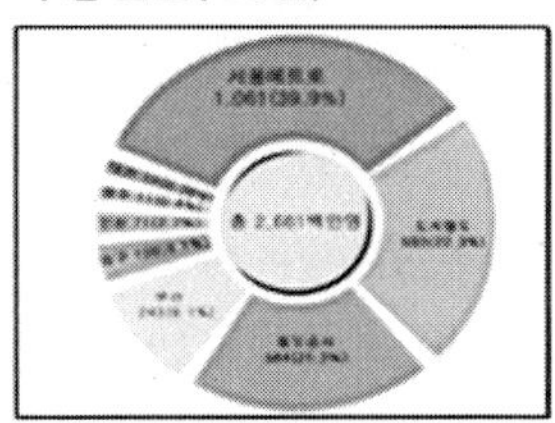

● 서울시 교통수단별 수송분담률('08년)

■ 지하철 34.7% ■ 승용차 26.3%

■ 시내버스 27.6% ■ 택시 등 11.4%

● 세계 105개 도시 7,020역 8,110km 운영

: 서울 세계 4위

- 런던 275역 408km - 뉴욕 385역 885km
- 동경 185역 804km - 서울 285역 258.8km
- 모스크바 182역 275.8km

그림 4.54 전국 도시철도 현황

9) SE의 필요성 대두

안전하고, 정확하며, 쾌적하여 국민에게 사랑받는 철도를 건설하기 위해서는 종합적이고 체계적인 SE를 구현하는 것이 첩경이라고 여겨지고, 이를 위해서는 이제부터 가치공학(Value Engineering), 설계검토, 인터페이스관리(Interface Management) 등 현재 시행중인 전문엔지니어링들을 보다 면밀하게 재검토, 정립하고, RAMS 등을 비롯한 고도의 특수엔지니어링들을 개발하여 전체수명주기 관점에서 총체적 설계가 이루어지도록 하여 설계품질의 획기적 향상을 꾀할 필요가 있다. 또한 SE의 가장 핵심이라고 할 수 있는 설계과업지시서상의 요구사항 재정립에 있어서는 철도의 최대 고객이며 이해당사자인 승객과, 철도를 직접 운영하는 철도운영 기관의 요구사항을 빠짐없이 수집하고 면밀히 분석하는 노력을 하여야 한다. 아울러 그 동안 관행적으로 사용되어 왔던 각종 기준 등에 대해서는 보다 명확하고 실현가능한 제대로 된 요구사항이 정립되도록 한다면 시공 중에 발생하는 40% 정도 과도한 설계 변경을 최대한 억제할 수 있을 것이라고 판단된다.

10) SE엔지니어 양성

산학협력으로 집중적으로 약 150여명의 SE전문가를 양성하는 과정에서 어려움도 있었지만 철도의 어두운 현실을 뒤로 접어놓고서라도 이제는 철도 관련학교에서도 학문간에 높은 장벽을 허물고 통합하는 동시에 시스템 엔지니어를 집중적으로 양성하여야 할 것이다.

철도건설 프로젝트 수행에 있어 요구사항을 분명히 정의하고, 필요한 파라미터 분석과 절충 분석을 수행하며, 인터페이스가 발생하는 시기를 사전에 인식하여 대안을 도출하는 등의 업무를 수행할 수 있는 시스템엔지니어는 쉽게 양성되는 것은 결코 아니다. 지속적이고 집중적이며 체계적인 계획 하에 교육되어야만 가능한 일이다. 아울러, SE의 중요한 수행 주체인 철도건설관련 설계, 시공, 감리 등의 SE에 대한 깊은 이해와 노력이 우리 모두에게 한결같이 요구되고 있다.

철도건설에 있어서 글로벌 경쟁력은 고객의 요구사항을 명확하고 올바르게 정립한 기반 위에 사업수행 주체들인 철도운영 기관과 민간부분 협력업체들이 협업화되고 완성된 SE에 의해서 확보할 수 있다.

부산–김해 경전철 O&M 준비 컨설팅 입찰 수주에서 외국사와의 경쟁에서 우리나라 도시철도가 당당히 수주 수행했었던 것처럼, 최고의 기술 자부심을 가지고 O&M에서 SE로 가는 긴 여정에 한국시스템엔지니어링 협회의 정확한 방향성에 도시철도분야 SE 입문이 가능하게 되었다.

지금까지 전 세계에서 표준궤간(1,435mm)에 10량 편성 중(重)전철로 하루 450만명 수송하기로는 지하철 도시철도분야에서 세계 유일하게 서울메트로 밖에 없으며, 우리나라 도시철도의 기술은 세계에서도 인정받고 있다.

지난 과거 힘들고 어려운 일이 많은 가운데 좋은 경험과 도시철도 개통운영하는 앞으로 100년 200년동안 갈고 닦은 기술과 자료를 총동원하여 미래의 철도시작을 여는 꿈이 단순한 철도시스템공학을 주입식으로 주장하는 기술이 아니라 철도분야 실무를 겸비한 철도스토리텔링(Story Telling)을 완성하도록 미래의 꿈을 키우는 많은 철도 기술자들을 위해 철도안전 운행에 손색이 없는 SE 기반 구축에 혼신을 다하여 외국사에 의존하지 않고도 시행착오가 없는 발전된 미래 철도가 우리 손으로 순수 설계 시공하는 단독 비행 그날이 RIMS와 함께 올 것으로 굳게 믿으며 긴긴 노력의 시작을 우리는 예감하고 있다.

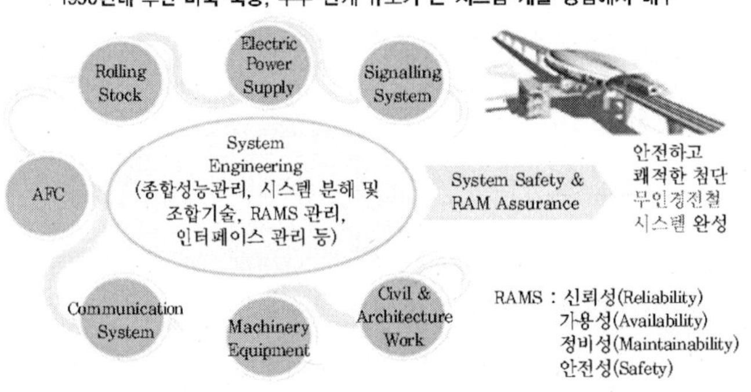

그림 4.55 철도 SE 기술 융합

제 5 장

토목궤도

5.1 도시철도의 공법
5.2 선로(線路)
5.3 궤도(軌道)

제5장 토목궤도

5.1 도시철도의 공법

(1) 도시철도 구조물의 공법

1) 개요

도시철도 시공법은 개착식공법, 터널공법과 고가공법 및 지상공법으로 분류되나 대부분 개착식공법과 터널공법으로 시행되고 있다. 이들 공법들은 지반의 지질상태, 지하수 상태, 지형조건, 지하철 BOX의 구측심도, 노선 주변의 여건 등 다각적 요소가 종합적으로 검토 분석되어 그 지반 상태와 조건에 적합하며, 경제적이고 시공 등이 용이한 최적 공법이 선정되어야 한다.

2) 개착공법

개착공법(Open cut)이란 굴착면의 안정을 유지하여 지표로부터 수직으로 필요한 깊이만큼 파 내려가 목적하는 구조물을 축조하고 다시 되 메우는 공법이다.

도심지에서의 굴착공사의 대부분은 흙막이에 의한 토류벽식 개착공법이다.

① 개착공법의 종류

㉠ 전단면 개착공법

- 비탈면 개착공법
- 토류벽식 개착공법
- 역타 공법

ㄴ 부분 개착공법

- 아일랜드 컷 공법
- 트랜치 컷 공법

② **개착공법 시공순서(표준적인 개착법의 시공순서)**

- 공사하고자 하는 대지의 경계지점에 줄파기를 실시하고
- 토압 지지용 H-pile을 삽입하고자 천공을 하고
- 파일을 삽입하여 항타를 한 후에
- 도로노면을 복공판으로 복공을 실시하여 교통처리에 지장이 없도록 하고
- 복공바닥의 지반 밑 속에 있는 각종 지장물을 이설 또는 안전한 조치를 한 후
- 지반굴착을 해 가면서 가설재료를 설치하여 토압으로부터 지반이 밀려나거나 벌어지지 않도록 H-pile 등으로 설치해 가면서 터파기 작업을 병행하여 굴착을 완료한다.
- 터파기가 완료되면 지하공간에서 구조물을 시공을 하면서 구조물의 외부에 방수공사를 하여 지하수 등이 내부로 침투하지 못하도록 하면서 구조물을 완료한다.
- 구조물이 완료되면 되메우기 작업을 시작하면서 가설재를 하단부터 철거를 하고 상부에 이는 각종 지장물을 안전하게 교체 등 방법으로 원상복구 작업을 병행하여 되메우기 공사를 한다.
- 되메우기 공사가 완료되면 자동차 등이 원활히 운행할 수 있도록 노면 포장 등을 시공하여 완료되면 개착 박스 공사가 완공되는 것이다.

3) 터널공법

터널공법은 대상구간의 지질과 종단선형 그리고 터널의 사용목적, 공사주변 환경 등에 따라 적당한 공법을 선정하게 된다. 터널공법은 굴착시의 지보 방법에 따라 재래식 산악터널공법(ASSM)과 NATM공법으로 나눌 수 있으며, 기계를 사용하여 굴진하는 방법으로는 연약 지반에는 쉴드(Shield)공법이 사용되고, 암질지반에서는 TBM공법으로 사용되고 있다.

① **산악터널공법**(ASSM:American Steel Support Method)

산악터널공법은 굴착 시 터널 주변의 이완을 허용하여 이완된 지반에서 작용하는 막대한 하중을 강 지보공 및 두꺼운 콘크리트로 라이닝을 형성시켜 지지하는 것으로, 적용하고자 하는 지역의 지질 조건 특히, 원 지반의 연·경에 따라 적용의 가부를 결정하는 것이다.

종전에 산악터널은 원 지반이 연암 이상 되는 암층에서만 계획되었으나, 최근 굴착 장비의 발달과 개선된 화약 및 전이뇌관 등으로 풍화 암층까지도 본 공법이 적용 가능하게 되었다.

② **NATM공법**(New Austrian Tunneling Method)

NATM 터널공법은 굴착 후 바른 시간 내에 굴착면에 콘크리트를 타설하여 굴착면을 밀봉시킴으로써 원 지반의 강도, 열화를 방지하여 원 지반의 지지력을 적극적으로 활용함과 동시에 시공중 터널 주변 지반의 거동 및 지보재에 작용하는 응력은 계측을 통하여 확인하고, 제어하여 터널의 안정성을 확보하는 공법이다. 즉 NATM터널에서 본질적으로 지지하는 요소는 터널 주변의 지반이며, 지보공 및 복공은 지반 등에 내화링을 구성하여 지반과 일체화 된 구조물로서의 터널을 형성하는 것이다.

③ **TBM공법**(Tunel Boring Machine)

TBM공법은 터널굴착을 대형의 천공기(Boring Machine)를 사용하여 시공하는 터널공법으로 굴착 시 원형의 전단면을 굴진하고 이를 뒤 따라 가면서 뿜어붙임콘크리트를 굴착 면에 밀착되도록 타설 함으로서 원 지반의 이완을 최소로 줄일 수 있는 공법이다. 특히 본 공법은 천공과 발파가 전무하여 소음과 진동이 없으며 폭염에 의한 공해도 없어 안전하고 청결한 작업 환경에서 공사를 할 수 있는 최선의 공법이며, 뿜어 붙임 콘크리트가 원 지반과 밀착, 지반의 변형을 방지하면서 원지반과 함께 형성하게 되는 Arch Ring은 NATM의 이론과 상통하는 극히 효과적인 공법이라고 할 수 있다.

④ **쉴드공법**(Shield)

쉴드라고 부르는 원통 굴삭기를 지반 내로 추진하여 터널을 구축하는 공법으로 연약한 토질, 용수가 있는 지반에 많이 이용되고 있다.

쉴드공법은 지하공간에 건설하는 지하철, 상하수도, 전력구, 통신구 등을 시공할 수 있는 시공법으로 일본 등에서 널리 사용되고 있으며, 우리나라에서도 도심지의 연약한 지반구간 등에 주요한 시공법으로 사용되고 있다.

5.2 선로(線路)

(1) 개 론

1) 철도선로의 정의

철도선로라 하면 열차 또는 차량을 운행키 위한 전용통로의 총칭이며 궤도노반 및 선로구조물 등으로 구성된다. 궤도는 도상, 침목, 레일과 그 부속품으로 이루어지며 선로의 중심부분으로서, 기반과 도상을 직접 지지하는 노반(roadbed)과 이에 부속된 선로구조물(structure)로 구성된다. 노반은 천연 그대로, 성토, 절토 등의 흙 구조물, 교량, 고가교 등의 고가 구조물, 터널 등의 지하구조물이 있다. 철도선로를 건설할 때에는 시공기면을 천연지면과 일치케 할 수는 없으므로 지형에 따라 깎기와 돋기를 하여야 한다. 특히 선로가 산악, 하천, 도로 및 시가지를 횡단하거나 입체교차를 하는 곳에는 터널, 교량, 구교(溝橋), 하천, 고가교 등의 각종 구조물을 설치한다. 철도선로는 지형의 고저로 구배(句配)가 생기게 되며 방향을 전환시키기 위하여 곡선이 생기게 되나 열차운전의 안전을 위하여 일정한도가 건설규칙에 규정되어 있다.

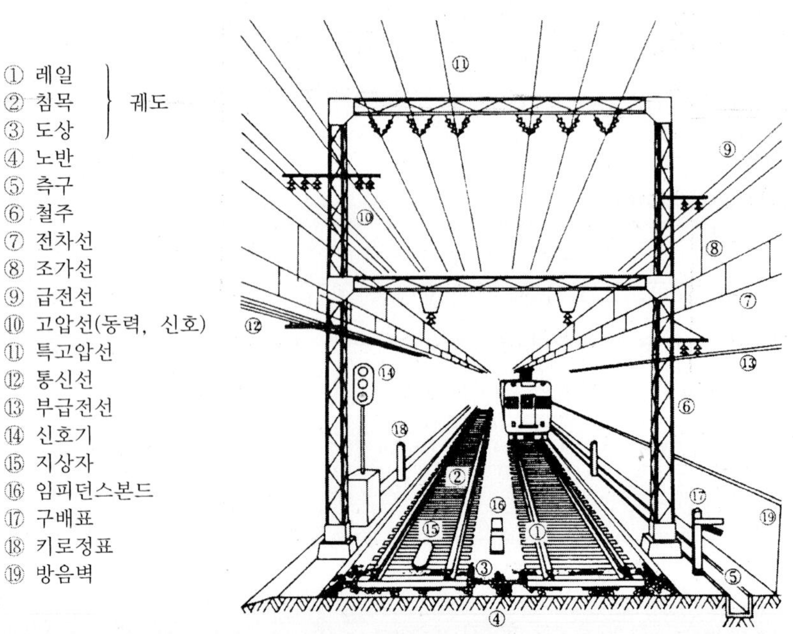

그림 5.1 선로의 구조

2) 철도선로의 구조

철도선로는 운전속도 및 수송량 등의 하중조건에 의하여 몇 개의 등급으로 나누고, 등급에 따라 선로의 선형이나, 부담력(負擔力)에 소정의 규격을 마련하는 것이 열차 운전 안전상 필요로 하며, 경제적으로도 유리하다. 선로를 건설하고, 궤도를 부설하기 위해서는 서로의 성능이나 강도 등이 전 구간 균등하여 열차가 안전하고 원활하게 하는 것이 필수 조건이다. 따라서, 선로 시설물 등이 어떠한 조건을 구비하도록 명확히 하기 위하여 도시철도 건설규칙을 제정해 놓았다.

표 5.1 궤도구조기준

<table>
<tr><th colspan="3">항 목</th><th colspan="4">기 준</th><th>비 고</th></tr>
<tr><td colspan="3">레일</td><td colspan="4">레일의 중량은 m당 50kg 이상</td><td></td></tr>
<tr><td colspan="3" rowspan="3">침목(20m당 침목수)</td><td colspan="2">지하본선</td><td colspan="2">고가본선</td><td rowspan="3">• 교량 : 50
• 차량기지 : 30</td></tr>
<tr><td>W.T</td><td>P.C.T</td><td>W.T</td><td>P.C.T</td></tr>
<tr><td>34</td><td>34</td><td>35</td><td>34</td></tr>
<tr><td colspan="3">구분</td><td colspan="2">도상 두께</td><td colspan="2">너비</td><td rowspan="6">• 건설 시 : (RL에서 FL)
• 자갈도상 두께
지상, 고가 : 600
지하 : 700
콘크리트 : 500</td></tr>
<tr><td colspan="3">콘크리트 도상</td><td colspan="2">120</td><td colspan="2">3,150</td></tr>
<tr><td rowspan="4">자갈도상</td><td colspan="2">지하 및 고가부</td><td colspan="2">250</td><td colspan="2">3,200</td></tr>
<tr><td rowspan="2">지상부</td><td>단선</td><td colspan="2">250</td><td>도상 위</td><td>3,200</td></tr>
<tr><td>복선</td><td colspan="2">250</td><td>도상 위</td><td>7,200</td></tr>
<tr><td colspan="2">차량기지</td><td colspan="2">170</td><td colspan="2">3,200</td></tr>
</table>

표 5.2 선로구조기준

<table>
<tr><th colspan="2">항 목</th><th colspan="3">기 준</th><th>비 고</th></tr>
<tr><td colspan="2">차량한계(폭×고)</td><td colspan="3">3,200×4,750mm</td><td></td></tr>
<tr><td colspan="2">건축한계(폭×고)</td><td colspan="3">3,600×5,150(5,500)mm 지하(지상)</td><td></td></tr>
<tr><td rowspan="5">최소
곡선
반경</td><td>구 분</td><td>1호선</td><td>2호선</td><td>1, 2호선 외</td><td></td></tr>
<tr><td>정거장외 본선</td><td>160(135)</td><td>180(140)</td><td>250(180)</td><td>( ) 부득이한 경우</td></tr>
<tr><td>정거장내 본선</td><td>400</td><td>400</td><td>400</td><td></td></tr>
<tr><td>측선</td><td>120(-)</td><td>120(-)</td><td>120(90)</td><td>( ) 부득이한 경우</td></tr>
<tr><td>분기부대</td><td>145</td><td>145</td><td>150</td><td></td></tr>
<tr><td rowspan="5">기울기
한도</td><td>정거장밖 본선</td><td colspan="3">35/1000 곡선인 경우 곡선보정기울기</td><td></td></tr>
<tr><td rowspan="2">정거장안</td><td colspan="3">3/1000 차량분리. 연결 유치하는 경우</td><td></td></tr>
<tr><td colspan="3">8/1000(10/1000) 이외의 경우</td><td>( ) 부득이한 경우</td></tr>
<tr><td rowspan="2">측선</td><td colspan="3">3/1000</td><td></td></tr>
<tr><td colspan="3">45/1000 차량을 유치하지 않는 측선</td><td></td></tr>
<tr><td colspan="2">종곡선</td><td colspan="3">기울기변화5/1000초과의 경우 R3000m</td><td></td></tr>
<tr><td colspan="2">열차하중</td><td colspan="3">차량의 축중 16톤 이하</td><td></td></tr>
</table>

3) 궤간(軌間 : Gauge)

① 궤간의 정의

차륜은 2개의 레일에 의해서 그 직각 방향으로 벗어날 수 없도록 유도되어 주행한다. 차륜이 레일에 접하는 단면과 윤연면에는 좌우로 상대하고 있는 차량이 상시 궤도의 중심에 따라 주행토록 기울기(踏面句配)가 붙여져 있다. 이와 같은 상태로 차량이 주행하면 차륜과 레일의 접촉부에는 상호에 마찰이 발생하여 변형되고, 또한 양차와 공차(公差) 영향도 있어서 접촉 위치는 상시 변화한다. 그러나 차륜이 안전하고 쾌적하게 주행토록 하기 위해서는 이 접촉 위치를 어느 범위 내로 한정시켜야 한다. 이 접촉 위치의 양측 레일간의 최단거리를 궤간이라고 한다.

도시철도 건설규칙에서는 다음과 같이 규정하고 있다.

> "궤간이라 함은 레일의 맨 위쪽 부분으로부터 14mm 아래지점에 위치한 양쪽 레일의 안쪽간의 최단거리를 말하고, 궤간의 치수는 1,435mm로 한다." 라고 정의한다. 여기서 최단거리라 함은 레일 플로우(flow)와 마모를 고려한 것이며, 하방 높이 14mm는 레일 두부형상과 차륜 플랜지의 상관관계에서 상시 접촉하는 범위가 통상적으로 10~11mm 범위 내에 있고 50kg/N과 60kg 레일의 두부 반경이 13mm인 관계로 여기에 약간의 여유를 두어 14mm로 한 것이다.

② 궤간의 종류와 특징

궤간의 종류에는 광궤간(Broad gage), 표준궤간(Standard gage), 협궤간(Narrow gage)이 있으며, 표준궤간은 영국에서 1825년 개통된 철도가 1,435mm(4' 8½")를 채용하여 1845년 영국의회에서 철도의 궤간을 1,435mm(4' 8½")로 정하였고, 이 궤간이 그 후 구미 각국에서 채용, 보급되고 1886년 스위스 베른 철도회의에서 1,435mm를 표준 궤간으로 제정하였다.

표준궤간인 1,435mm를 채택한 것은 물론 기존 국유철도와의 직통 운전도 감안된 것이지만, 이 표준궤간보다 적은 협궤에 비하여 차륜의 주행안정성이 높고 고속도라고 하는 점에서 직선의 경우나 곡선의 경우를 불구하고 다같이 유리하고 궤도의 강도면이나 대량 수송면에서도 우수하기 때문이다. 궤간은 크기에 따라서 운전속도, 수송량, 주행 안전성, 건설비 등에 영향을 준다.

(2) 곡선(曲線)

1) 곡선의 종류

평면곡선에는 단곡선(Simple curve), 복심곡선(Compound curve), 반향곡선(Reverse curve), 완화곡선(Transition curve) 등이 있으며 철도에서는 단곡선과 완화곡선이 많이 이용되고 구배의 변화점에는 종곡선을 삽입한다.

2) 곡선의 표시(indication of curve)

철도선로는 가능하다면 직선이라야 하나 지형과 구조물 등으로 방향을 전환하는 지점에는 곡선을 삽입하여야 한다. 곡선은 보통 원곡선을 사용하며 일반적으로 곡선반경을 R로 표시한다.

3) 최소곡선반경(minimum radius of curve)

곡선반경은 운전 및 선로 보수상 가능한 한 큰 것이 좋으나 불가피하게 반경이 작은 곡선을 두어야 할 때가 많다.

최소곡선반경은 궤간, 열차속도, 차량의 고정거리(Rigid Wheel Base) 등에 따라 결정된다.

선로등급	일반 본선	부득이한 경우	전동차전용선
1급선	2000m	600m	250m (최소 160m)
2급선	1200m	400m	
3급선	800m	300m	
4급선	400m	250m	

4) 완화곡선(transition curve)

열차가 직선에서 원곡선으로 바로 진입하거나 원곡선에서 바로 직선으로 진입할 경우에는 열차의 주행방향이 급변함으로써 차량의 동요가 심해서 원활한 운전을 할 수 없으므로 직선과 원곡선 사이에 완화곡선(transition curve)을 삽입한다.

① 완화곡선의 종류

- 크로소이드(clothoid) : 곡률반경이 곡선길이에 반비례하는 나선(spiral)의 반대로 자동차의 핸들을 등각속도로 돌렸을 때 자동차의 주행궤적에 일치하는 곡선으로 도로와 지하철에서 사용한다.
- 3차포물선(cubic Parabola) : 곡률반경이 완화곡선의 시점에서의 횡거에 반비례한다. 계산식이 간단하며 곡선설치가 쉬우므로 철도와 지하철에 사용한다.

② **완화곡선 길이의 고려사항**

- 차량의 고정축거로 3점 지지에 의한 차량의 부상경향이 있으므로 캔트의 체감을 완만하게 하여 부상으로 인한 탈선의 위험이 없도록 한다.
- 주행차량이 받는 단위시간당의 캔트량의 변화와 캔트 부족량의 변화는 승차기분이 나쁘지 않은 범위내에서 일정한 값 이상이여야 한다. 따라서 완화곡선의 길이는 열차 운전속도에 비례하여 길이를 정하게 된다.

5) 슬랙(Slack)

① **슬랙의 정의**

철도차량(鐵道車輛)은 자동차와 달리 2~3개의 차축을 대차(臺車)에 강고(强固)하게 결합(結合)시켜 고정된 축거로 구성되어 있다.

고정축거가 곡선을 통과할 때 전, 후 차축의 위치 이동이 불가능할 뿐 아니라 차륜에는 플랜지(Flange)가 있어 곡선을 원활하게 통과하지 못하게 하므로 레일과 알력(軋轢)이 생기게 된다. 그러므로 곡선부에는 직선보다 궤간을 확대시켜야 한다. 이와 같이 곡선의 내측레일에 궤간을 확대하는 것을 슬랙(Slack)이라 한다.

② **슬랙 공식산출**

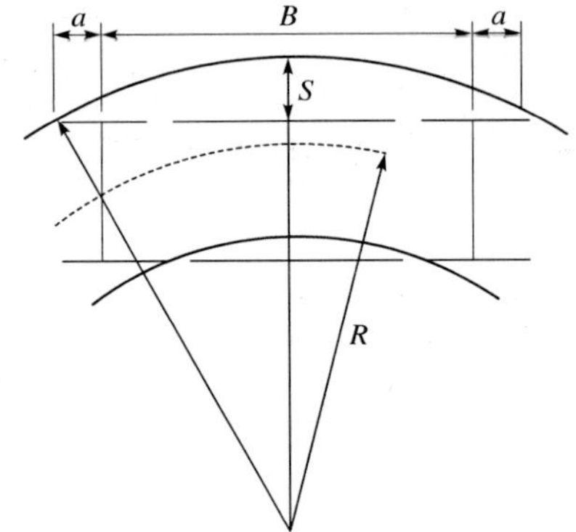

$$S = \frac{1,250}{R} - S_1(0 \sim 4) \text{ (단위 : mm)}$$

여기서, S : 슬랙
R : 곡선반경
S_1 : 조정치

그림 5.2 슬랙

6) 캔트(Cant)

① **캔트이론**

열차가 곡선부를 통과할 때 차량에 작용하는 원심력으로 외측레일에는 과도한 부하가 생기는 반면, 내측레일에는 하중이 감소되어 불안정하게 된다.

열차속도가 커지면 차량은 곡선 외방으로 탈출할 우려가 있으므로 이를 방지하기 위하여 외궤를 내궤보다 높게 하여 원심력(F)과 중력(W)과의 합력(P)이 궤간 중앙부에 작용하도록 하여 주행차량의 안전을 도모한다. 이와 같이 곡선에서 내측레일을 기준하여 외측레일을 높게 하는 것을 캔트(Cant)라 한다.

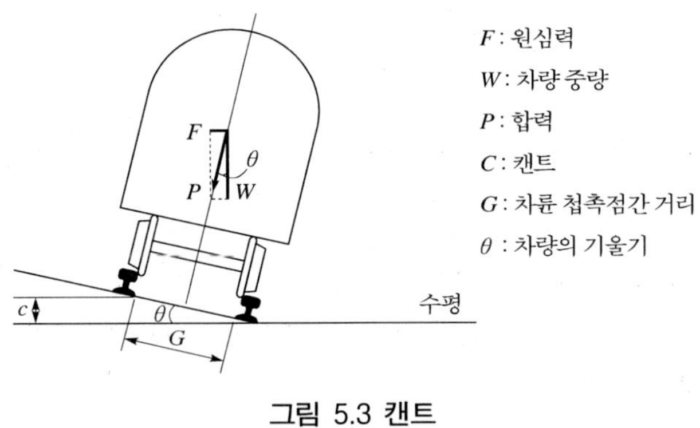

그림 5.3 캔트

② **캔트공식**

$$C = 11.8 \times \frac{V^2}{R} - C' (0\sim100\text{mm})$$

(3) 기울기(句配)

1) 기울기의 표시

선로의 기울기는 최소곡선반경보다도 수송력에 직접적인 영향을 줌으로 가능하다면 수평에 가깝도록 하는 것이 좋으나 수평으로 하면 큰 토공과 장대터널을 필요로 하게 되어 건설비가 많이 소요되므로 한국과 같은 산악지대에서는 실행하기 곤란하다.

그러나 10%정도 보다 완화한 기울기는 동력차의 견인력에 큰 영향도 주지 않으며 배수상으로도 필요한 것이다. 기울기의 표시는 각국에 따라 다르나 우리나라 철도에서는 천분율을 사용하고 있다.

2) 최급기울기

열차운전구간 중 가장 비탈이 심한 기울기를 말한다. 우리나라의 경우 최급기울기는 선로등급별 또는 운전조건 등으로 상당한 제한을 두고 있으며 그 제한은 다음 표 5.3과 같다.

표 5.3 선로등급별 최급기울기 (단위 : ‰)

선로 등급	정거장 외			정거장 내		
	일반의 경우	부득이한 경우	전동차 전용선	일반의 경우	차량 해결 않는 전기차 전용선	기 타
1급선	10	15	35	2	10	8
2급선	12.5	15				
3급선	15	20				
4급선	25	30				

① **천분율(‰)**

수평거리 1000에 대한 고저차를 천분율로 표시하고, 한국, 프랑스, 독일, 일본 등 세계 각국 철도에서 사용한다(예 : 수평거리 1,000m에 대한 고저차가 35m일 때 35‰로 표시).

② **백분율(%)**

수평거리 100에 대한 고저차를 백분율로 표시하고, 미국철도와 도로에서 사용하고 있다(예 : 100에 대한 20을 2%로 표시한다).

③ **고저차**

"1"에 대한 수평거리를 표시하며 영국에서 사용되고 있으며, 일반적으로 고저차는 분자로 하고 수평거리를 분모로 하여 고저차와 수평거리의 비율로 표기한다(예 : 20‰를 $\frac{1}{50}$ 로 표시한다).

3) 구배의 분류

① 최급구배(最急句配) : 열차운전 구간 중 가장 물매가 심한 구배를 말하며, 전차전용선로(電車専用線路)의 경우 한도를 35‰로 정하였다.

② 제한구배(制限句配) : 기관차의 견인정수(牽引定數)를 제한하는 구배를 말하며, 반드시 최급구배(最急句配)와 일치하는 것은 아니다.

③ 타력구배(惰力句配) : 제한구배보다 심한 구배라도 그 연장이 짧을 경우 열차의 타력에 의하여 통과할 수 있는 구배를 말한다.

④ 표준구배(標準句配) : 열차운전 계획상 정거장 사이마다 조정된 구배로서 역간의 임의 지점간의 거리 1km의 연장중 가장 급한 구배로 조정된다.

⑤ 가상구배(假想句配) : 구배선을 운전하는 열차의 속도의 변화를 구배로 환산하여 실제의 구배에 대수적으로 가산한 것을 가상구배라 하고, 열차운전 시(時) 분(分)에 적용된다.

4) 종곡선(終曲線)

선로(線路) 구배의 변화점을 통과하는 열차는 충동을 주어 승차감이 불쾌하며, 열차가 탈선할 우려가 있으므로, 구배 변환점에 종곡선을 삽입한다.

지하철에서는 인접구배 5‰이상 차이가 날 때 R=3,000m의 종곡선을 삽입한다.

5) 곡선보정(曲線補正)

① 구배중에 평면곡선(平面曲線)이 있을 때에는 열차의 저항은 구배 저항이 가산되므로 곡선저항과 동등한 구배량(句配量) 만큼 최급 구배를 완화(緩和)시켜야 한다.

② 곡선저항을 선로구배로 환산한 것을 "환산구배(換算句配)"라 한다.

③ 환산구배(換算句配) 값만큼 실제의 구배에서 차인 한 것을 "보정구배(補正句配)라 한다.

④ 곡선을 구배로 환산하여 구배보정(補正) 하는 것을"곡선보정(曲線補正)"이라고 한다.

(4) 분기기

1) 분기장치의 의의

열차 또는 차량을 한 궤도에서 타 궤도로 전이시키기 위하여 설치한 궤도상의 설비를 분기장치 또는 분기기라 한다. 분기기는 다음 그림 5.4와 같이 포인트부, 크로싱부, 리드부의 3부분으로 구성한다.

2) 분기기의 대향(對向)과 배향(背向)

열차가 분기기를 통과할 때 포인트에서 크로싱방향으로 진입할 경우를 대향이라 하고 이와 반대로 크로싱에서 포인트방향으로 진입할 때를 배향이라 하며 운전상의 안전도로서 대향 분기기는 배향 분기보다 불안전하고 위험하다.

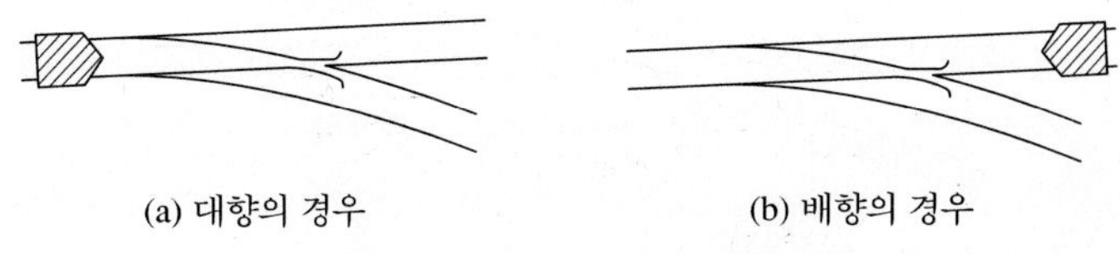

(a) 대향의 경우 (b) 배향의 경우

그림 5.4 분기기의 대향과 배향

3) 포인트의 정위(定位)와 반위(反位)

포인트는 전환기에 의하여 임의 방향으로 진로를 개통시킬 수 있으나 이것을 임의 상태로 방치하는 것은 운전보안상 대단히 위험하다. 그러므로 평상시는 일정방향으로 개통시키고 사용이 끝나는 직후 원래의 방향으로 복귀시킨다. 이 경우 상시 개통되어 있는 방향을 포인트의 정위라 하고 반대로 개통되어 있는 것을 반위라 한다.

실제에 있어서는 포인트가 어떤 방향이 정위인가는 대략 운전횟수가 많은 중요한 방향이 정위가 되며 표준은 다음과 같다.

① 본선 상호간에는 중요한 방향 그러나 단선의 상하본선에서는 열차의 진입 방향
② 본선과 측선에서는 본선의 방향
③ 본선, 안전측선, 상호간에서는 안전측선(安全側線)의 방향
④ 측선 상호간에서는 중요한 방향 탈선 포인트가 있는 선은 차량을 탈선시키는 방향

4) 분기기의 종류

① 구조에 의한 포인트의 분류

- 둔단포인트
- 첨단포인트
- 스프링포인트
- 승월포인트
- 이동상판포인트

② 구조에 의한 크로싱의 분류

- 고정크로싱 : 크로싱의 각부가 고정되어 윤연로가 고정되어 있는 것으로 차량이 어떤 방향으로 진행하든지 결선부를 통과하여야 하므로 차륜의 진동과 소음이 크고 승차기분이 불쾌하다. 크로싱의 거의 전부가 이 형식이다.

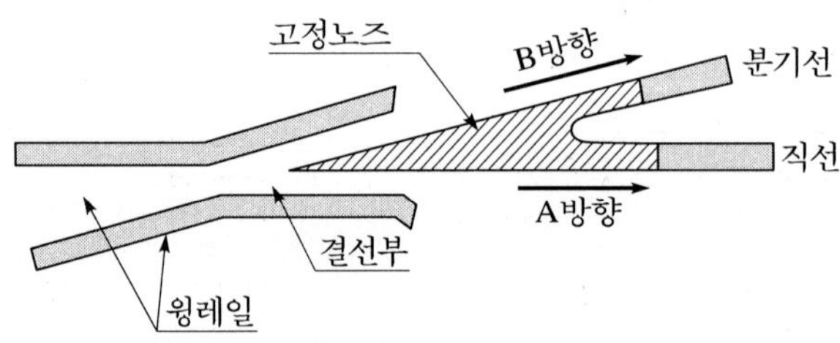

그림 5.5 고정크로싱

고정크로싱은 제작방법에 따라 다음과 같이 분류한다.

- 조립크로싱
- 망간크로싱
- 용접크로싱
- 단조크로싱
- 합성크로싱

• 가동크로싱 : 가동크로싱은 고정크로싱의 최대 약점인 결선부를 없게하여 레일을 연결시켜 격심한 차량의 충격 동요, 소음 등을 해소하고 승차기분을 개선하여 고속열차운행의 안전도 향상을 도모하는데 그 목적이 있다.

- 가동노즈크로싱
- 가동둔단크로싱(천이포인트)
- 가동K자크로싱

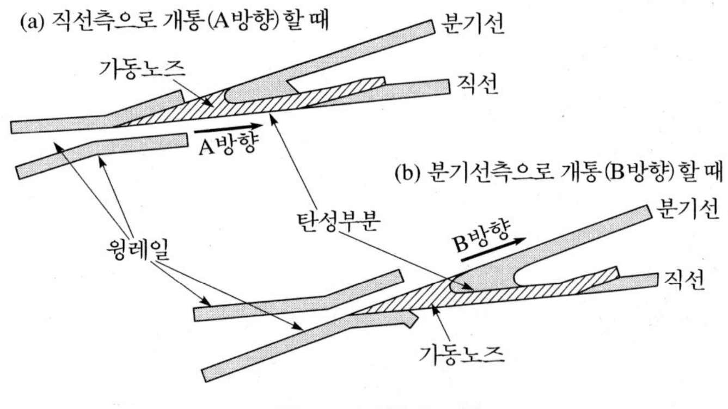

그림 5.6 가동크로싱

③ 배선에 의한 분기기의 분류

㉠ 단분기기(보통분기기)

- 편개분기기(좌개, 우개)
- 양개분기기
- 곡선분기기(내방, 외방)

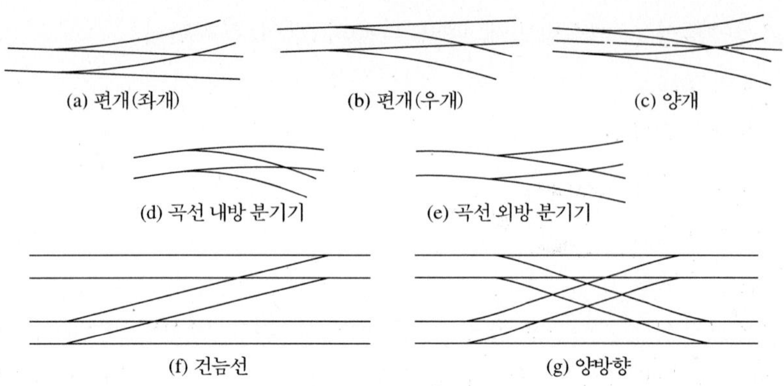

그림 5.7 단분기기의 분류

㉡ 특수 분기기

- 건늠선
- 씨사스 크로싱
- 다이어먼드 크로싱
- 싱글스립스위치
- 더블스립스위치
- 탈선 포인트
- 복분기
- 삼지분기
- 간트렛트 궤도

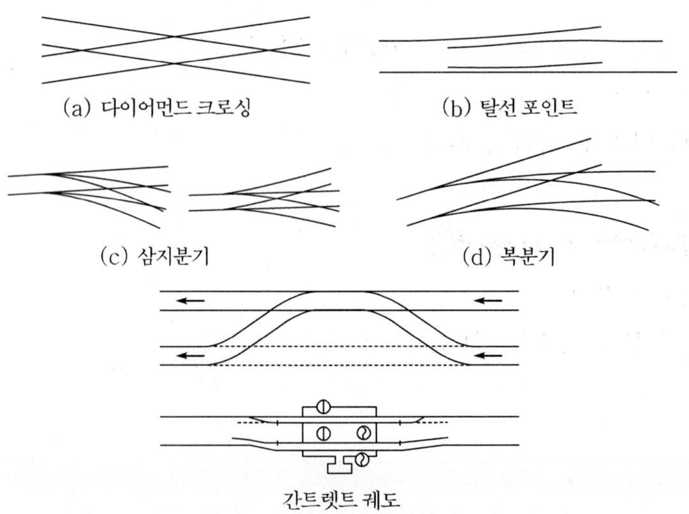

그림 5.8 특수분기기의 분류

5) 분기기 명칭

① 포인트의 각부 명칭

S : 기본레일

ℓ : 리이드

R : 리이드 반경

A, C : 포인트 전단

B, D : 포인트 후단

D, F : 주선 리이드 레일(직선)

B, E : 분기 리이드 레일(곡선)

AB, CD : 텅레일(첨단레일)

H : 연결간

P : 이론교점

β : 입사각

T : 첨단간격

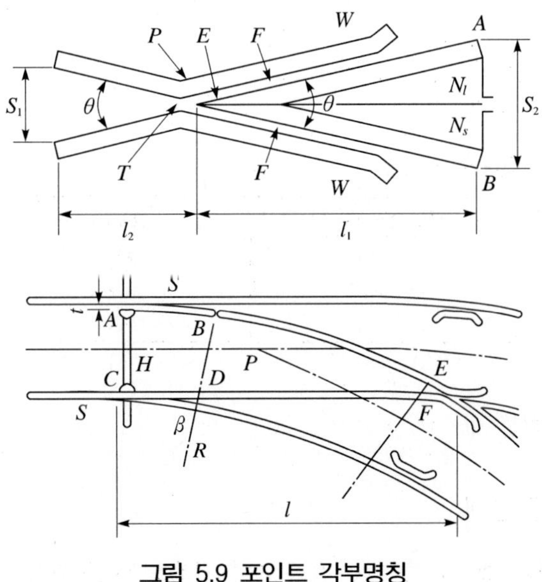

그림 5.9 포인트 각부명칭

② 크로싱의 각부 명칭

W : 윙레일

F : 윤연로

l_1 : 후단길이

l_2: 전단길이

P : 이론교점

E : 실제교점 또는 크로싱노즈

C, D : 크로싱 전단

A, B : 크로싱 후단

T : 크로싱 목

N_s : 짧은 노즈레일

N_l : 긴 노즈레일

θ : 크로싱 각

TE : 결선부

③ **크로싱 번호**

분기기는 보통 크로싱 각의 대소에 따라 다르며 크로싱 번호 N으로 표시된다. 이것은 크로싱의 노즈레일의 교각 즉 크로싱 각의 θ 크기로 표시되며 그림 5.9에서

$$\cot\frac{\theta}{2}=l_1\div\ S_2/2$$

$$N=\frac{l_1}{S_2}=\frac{1}{2}\cot\frac{\theta}{2}$$

표 5.4 크로싱의 번호와 크로싱 각

번호	크로싱 각(θ)	번호	크로싱 각(θ)
#8	7° 09′	#15	3° 49′
#10	5° 43′	#18	3° 11′
#12	4° 46′	#20	2° 52′

(5) 건축한계와 차량한계

1) 건축한계와 차량한계

철도는 주행하는 차량과 그 통로에 접근하여 건축되는 구조물과 상당한 여유를 두어 주행차량에 위험이 없도록 해야 한다. 따라서 엄격한 구조물의 최소 공간제한(건축한계)과 차량의 최대 공간제한(차량한계)은 열차의 안전운행확보에 절대적인 조건이다.

2) 차량한계(車輛限界)

차량을 제작(製作) 할 때 일정한 크기 안에서 제작토록 규정한 공간으로, 건축한계 보다 좁게 하여 차량과 철도시설물의 접촉을 방지하는 것이다

3) 건축한계(建築限界)

차량한계 내의 차량이 안전하게 운행될 수 있도록 선로 상에 설정한 일정한 공간을 말한다. 곡선에서는 직육면체의 차량 운행으로 인한, 편기에 대한 확폭 치수와 캔트에 의한 차량의 기울기 및 슬랙을 감안하여 직선구간 건축한계 보다 넓게 확대하여야 한다.

표 5.5 건축한계와 차량한계 (단위 : mm)

구 분	폭	상부 높이	굴곡선 높이	상부 폭	승강장 높이	직선 승강장		곡선부 확폭
						궤도중심폭	간격	
건축한계	3,600	5,150	4,250	2,000	1,100	1,650	50	$\frac{24,000}{R}$
차량한계	3,200	4,750	3,750	1,808	–	1,600		

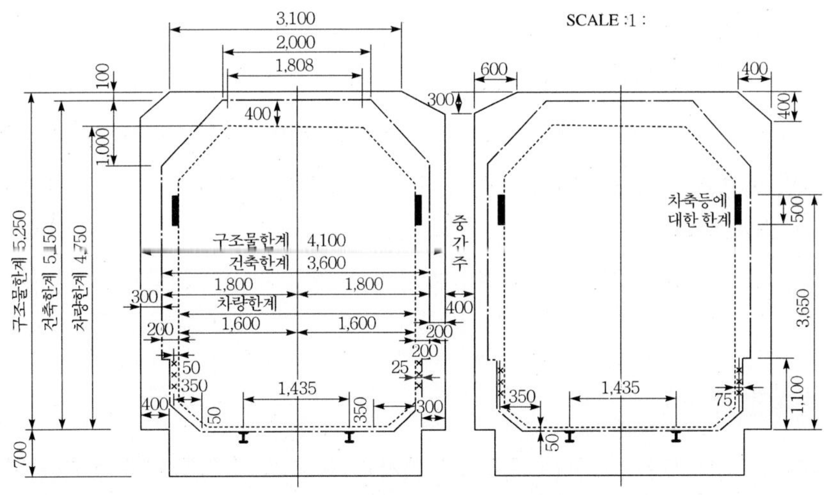

그림 5.10 지하부분 건축한계도

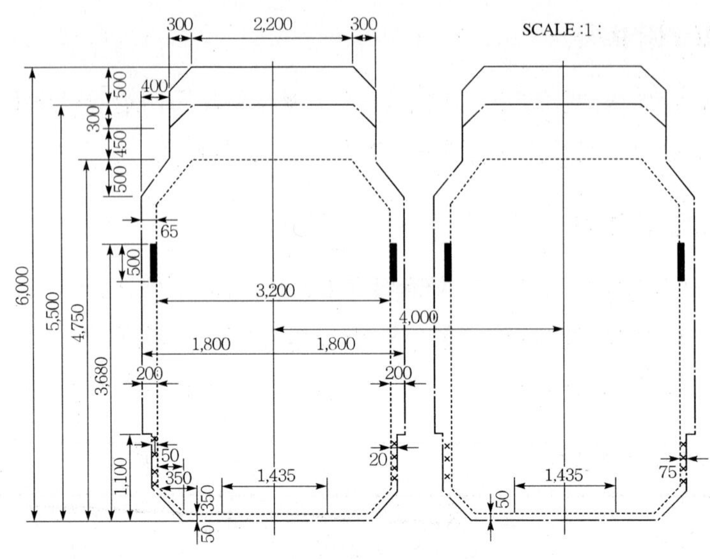

그림 5.11 지상부분 건축한계도

(6) 궤도중심간격(軌道中心間隔)

1) 궤도중심간격의 의의

궤도(軌道)가 2선(線)이상으로 나란히 부설(敷設)되었을 때에는 궤도중심간격을 충분히 확보하여 열차의 교행(郊行)에 지장이 없고, 열차내 승객이나 승무원이 위험이 없도록 하며, 정차장내 병렬 유치되어 있는 사이에서 종사원이 차량 입환작업이나 정비작업을 할 수 있는 여유가 있어야 한다.

그러나 궤도중심간격이 너무 넓게 되면 용지비와 건설비가 증대되므로 일정한 한계를 정하게 된다.

2) 궤도중심간격

궤도중심간격은 정차장외에서는 복복선, 분기기 등으로 정차장내에서는 발착선, 대피선 유치선, 입환선 등으로 2선 이상을 병설(竝設)할 경우에 소정의 거리를 두어야 한다. 따라서 정차장 내외로 구분하여 궤도중심간격을 고려하여야 하며 선로가 곡선일 경우에는 건축한계와 같이 차량의 편기량 만큼 중심간격을 확대시켜야한다.

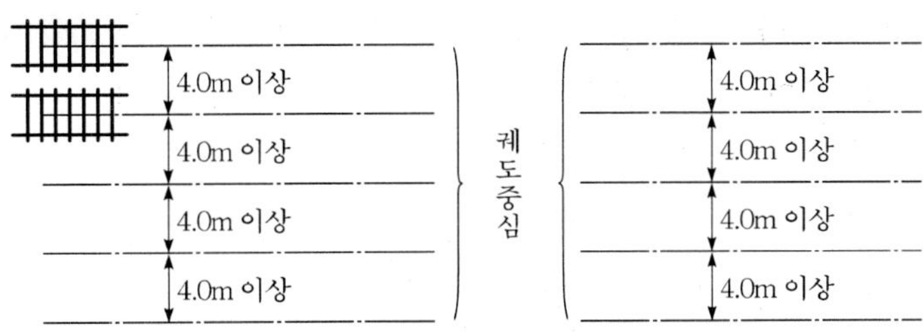

그림 5.12 궤도중심간격

(7) 선로제표

열차운전의 보안과 선로보수의 편의를 위하여 노반의 비탈머리에 선로제표를 설치한다. 선로제표는 각국 또는 각 철도에 따라 여러 가지가 있으나 한국철도에 사용되는 제표는 다음과 같이 건식표와 기록표로 구분된다.

1) 건식표

거리표, 구배표, 선로작업표, 용지경계표, 차량접촉한계표, 담당구역표, 수준표, 낙석표, 제동주의표, 제동경고표, 취약지구경고표, 서행예고신호기, 차단기 있는 건널목표, 차단기 없는 건널목표, 열차정지목표, 기적표, 속도제한표, 속도제한해제표, 서행신호기, 정차장구역표

2) 기록표

교량, 구교, 터널, 정차장중심, 분기기번호, 양수표, 레일번호, 곡선종거 및 캔트량

5.3 궤도(軌道)

(1) 궤도구조(軌道構造)

1) 궤도의 의의

궤도(軌道, rail road)가 다른 교통기관과 다른 특징은 일정한 선로 위를 차량이 주행하는 점이다. 궤도는 레일과 그 부속품, 침목 및 도상으로 구성되며 철도 선로의 일반적인 구조는 견고한 노반 위에 도상을 정해진 두께로 포설하고 그 위에 침목을 일정간격으로 부설하여

침목 위에 두 줄의 레일을 소정 간격으로 평행하게 체결한 것으로 시공기면 이하의 노반과 함께 열차하중을 직접 지지하는 중요한 역할을 하는 도상과 그 윗부분을 총칭하여 궤도라고 한다.

궤도의 주요 구성 3요소 및 기능은 다음과 같다.

① **레일** : 차량하중을 직접 지지하며, 차량에 대해 주행 면과 주행선을 제공 하여 주행을 유도한다.

② **침목** : 레일로부터 받은 하중을 도상에 전달시키는 역할을 하며 레일을 일정한 궤간 확보하면서 그 위치를 유지한다.

③ **도상** : 침목으로부터 받는 하중을 분포시켜 노반에 전달하며, 침목 위치를 유지하고 탄성에 의한 충격력을 완화시킨다.

2) 궤도의 구비조건

① 열차의 충격하중을 견딜 수 있는 재료로 구성되어야 한다.
② 열차하중을 시공기면 이하의 노반에 광범위하고 균등하게 전달시켜야 한다.
③ 열차의 동요와 진동이 적고 승차감이 좋게 주행할 수 있어야한다.
④ 유지 보수가 용이하고 구성재료의 교환이 간편해야 한다.
⑤ 궤도틀림이 적고 틀림 진행이 완만해야 한다.
⑥ 차량의 원활한 주행과 안전이 확보되고 경제적이어야 한다.

(2) 레일

1) 레일의 역할과 구비조건

레일은 궤도시설 중 가장 중요한 재료로서 차량의 원활한 주행면을 제공하며, 차륜이 탈선하지 않도록 안내하며, 또한 신호전류의 궤도회로 동력전류의 귀선회로를 형성하는 역할을 한다. 즉, 레일은 철도에서 가장 기본적으로 중요한 부재(部材)이다.

① 레일의 역할

- 차량의 하중을 직접 지지
- 평면, 종단의 선형을 유지하여 차량의 운행방향을 리드
- 평탄한 주행면을 제공
- 전기 및 신호의 전류 흐름이 원활하게 하여 상호기능 유지

② **레일의 구비요건**

- 적은 단면적으로 연직 및 수평방향의 작용력에 대하여 충분한 강도와 강성을 가질 것
- 두부의 마모가 적고, 마모에 대하여 충분한 여유가 있으며, 내구년수가 길 것
- 침목에 설치가 용이하며, 외력에 대하여 안정된 형상일 것
- 진동 및 소음감소에 유리할 것

③ **레일의 변위**

- 차륜에 의해 레일의 두 정면에 연직 방향으로 작용하는 윤중
- 레일의 두 정면에서 길이 방향에 대하여 직각, 수평방향으로 작용하는 횡압
- 온도변화에 의해 레일 길이 방향으로 작용하는 축력
- 차륜과의 마찰력에 의한 접선력

2) 레일의 종류

우리나라에서 사용하고 있는 레일은 평저 레일로서 단면2차모멘트가 커서 안정성이 있으며, 체결장치 및 경제적인 측면에서 유리한 단면이다.

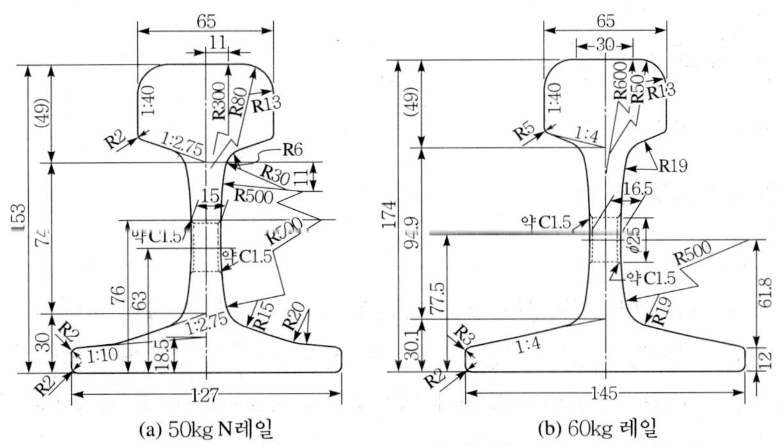

(a) 50kg N레일 (b) 60kg 레일

그림 5.13 레일의 표준단면

중량별로 분류할 때 레일의 무게는 일반적으로 단위 m당 중량 kg/m로 표시하나, 미국에서는 1야드(yard)당의 중량 Lbs/yd로 표시하고 있다.

표 5.6 레일의 제원

종 별	두부 (mm)	저부 (mm)	높이 (mm)	단면적 (cm^2)	중립축의 위치(mm)	단면2차 모멘트		중량 (kg/m)
						I_x(cm^4)	I_y(cm^4)	
50kgN	65.00	127.00	153.00	64.05	71.56	1,960	322	50.4
60kg	65.00	145.00	174.00	77.50	77.80	3,090	512	60.8

3) 레일의 선정

궤도 부설시 레일종류를 결정하기 위하여 다음과 같은 궤도특성을 고려하여야 한다.

① **지하철 특성**

- 빈번한 열차 운행횟수 및 열차 통과톤수
- 터널 내 협소공간과 제한된 보수시간
- 도심을 통과하는 급곡선
- 지하 터널의 누수로 인한 부식과 전식

② **레일 중량화의 이점**

- 안전도가 높아 열차 안전운행 도모
- 내구년한 연장
- 궤도변위 감소 및 유지 보수비 절감
- 진동, 소음 감소

4) 레일의 수명(壽命)

① **통과톤수**

레일의 수명이란 단지, 물리적 기능만으로 정의되지는 않으며 궤도의 보수방법이나 재료운용 등에 의해서도 영향을 받게 된다. 레일의 갱환요인으로서는 레일기능의 시간적 변화를 파악하여 운용의 기본자료로 삼아야 한다. 레일갱환목표로 하고 있는 누적통과톤수는 다음과 같으며 이는 어디까지나 재료운용에 관한 목표이다.

표 5.7 레일의 비교

구 분	60kg	50kg · N	대 비
누적통과톤수	6억톤	5억톤	1.2 : 1
중량(kg/m)	60.8	50.4	1.2 : 1
단면계수(cm^3)	397	274	1.2 : 1

② **레일의 교환기준**

표 5.8 레일의 교환기준

종 류	마 모 량(mm)		단면적 감소량(%)	
	수직	편	본선	측선
60kg	13	15	24	–
50kg	12	13	18	22

5) 레일의 길이

레일의 이음매는 궤도구조상 가장 취약개소로 보수노력이 증가하고 차량의 동요와 진동을 일으켜 승차감이 좋지 않다. 가능하면 이음매의 수를 줄이기 위하여 레일의 길이를 길게 하는 것이 좋으나 다음과 같은 이유에서 제한한다.

① 온도 신축에 따른 이음매 유간의 제한

② 레일 구조상의 제한

③ 운반 및 보수작업상의 제한

④ 레일의 길이와 차량의 고유 진동주기와의 관계

국철에서는 25m를 정척으로 하고 있으나, 지하철에서는 레일의 도로운송에 대한 제약과 레일 투입(고가 및 지하) 관계를 고려하여 1개의 레일 길이를 20m로 정하였다.

표 5.9 레일의 종류

레일 종류	길이(m)
장대레일(Long Rail, C W R : Construction Welded of long Rail) 장척레일(Longer Rail) 정척레일(Standard Rail) 단척레일(Shorter Rail)	200m이상 20m보다 길고~200m미만 20m(철도공사 : 25m) 5~20m 미만

6) 특수레일

① **고탄소강 레일** : 탄소강 레일의 탄소함유량을 증가시켜, 내마모성을 증가시킨 것으로, 탄소함유량을 0.85% 정도까지 쓰여진다.

② **솔바이트 레일(Sorbite Rail 또는 경두레일)** : 레일의 두부면 약 20mm를 열처리시켜 솔 바이트 조직으로 한 것이며, 일명 경두(硬頭)레일이라고도 한다. 강하고 내마모성이 크며, 1910년경 영국에서 레일을 압연할 때 적열(赤熱)상태에서 레일에 냉수를 분사시켜 급냉(急冷)하여 제작하였다.

7) 레일의 재질

① 레일의 화학성분

표 5.10 레일의 화학성분

종 류	화 학 성 분				
	C(탄소)	Si(규소)	Mn(망간)	P(인)	S(유황)
50kgN, 60kg	0.60~0.75	0.13~0.30	0.70~1.10	0.035 이하	0.040 이하

② 레일의 기계적 성질

표 5.11 레일의 기계적 성질

구 분	인장강도(kg · f/mm^2)	신 율(%)
50kgN, 60kg	80	10

8) 레일의 훼손(毁損)

외력(外力)의 작용과 레일 자체가 보유하는 내부결함 또는 양자 결함으로 사용불능상태가 되는 것을 훼손(毁損)이라 한다.

① 레일 제작(製作)시 결함(缺陷)

- 레일제작 시 강괴(鋼塊) 내부의 결함
- 압연(壓延) 작업불량으로 품질(品質)적인 결함 발생
- 압연(壓延)시 가스에 의한 내부 공기공(空氣空)이 발생하거나, 냉각 수축에 의한 중앙부에 관상(管狀) 줄 발생

② 레일 부설 및 취급에 의한 결함

- 레일의 취급방법과 부설방법이 불량할 때
- 레일의 단면이 하중에 비하여 약(弱)할 때
- 부식, 이음매부, 레일 끝 처짐 등으로 레일상태가 악화(惡化) 될 때
- 궤도보수상태가 불량한 때
- 차량 불량과 탈선, 전복사고가 발생 한 때

9) 레일의 마모(磨耗)

레일과 차륜의 접촉면적이 적은 상태에서 차륜이 주행하므로 레일면은 강한 마찰로 마모하게 된다. 이 현상은 레일이 무르고 경량 레일 일수록, 직선보다 곡선 외궤가, 곡선반경이 적을수록, 평탄선 보다는 구배선이 심하며, 열차중량, 속도, 통과톤수가 많을수록 마모진행

이 빠르다.

이와는 달리 레일의 길이 방향으로 수cm씩 파형으로 마모되는 파상(波狀) 마모현상이 있으나 이것은 도상이 과도하게 견고한 장소와 콘크리트 도상 등 레일의 지승체(支承體)가 견고하여 탄력성이 부족하여 균열이 발생한다. 레일의 마모방지는 레일 경질(硬質)화, 중량(重量)화, 레일도유기 설치로 마모를 감소시킬 수 있다.

(3) 침목(枕木)

1) 침목의 역할(役割) 및 조건(條件)

① 침목의 역할

침목은 도상과 레일 사이에 있으며, 레일을 소정 위치에 견고히 정착시켜 궤간을 정확하게 유지하고, 레일 위를 통과하는 차륜하중을 넓게 도상에 분포시키는 역할을 한다.

② 침목의 구비조건

- 레일과의 견고한 체결에 적당하고 열차하중을 지지할 수 있는 강도를 가지고 있어야 한다.
- 탄성, 완충성, 내구성이 풍부하여야 한다.
- 도상 저항력이 크고 궤도 보수작업이 편리하여야 한다.
- 취급이 용이하고 내구년한이 길고 경제적이어야 한다.

2) 침목의 종류

① 사용개소에 의한 분류

- 보통침목(Common Tie)
- 분기침목(Switch Tie)
- 교량침목(Bridge Tie)

② 재질에 의한 분류

- 목침목(Wooden Tie)
- 콘크리트침목(Concrete Tie)
- 철침목(Metal Tie)
- 조합침목(Composite Tie)

③ **재질에 따른 특성**

현재 세계 각국에서는 궤도의 안정성과 보수비 면에서 유리한 침목형태를 채택하고 있으며, 사용개소의 제한으로 대부분 목침목과 콘크리트 침목을 사용하고 있다. 콘크리트 침목은 목침목에 비하여 중량이 크므로 궤도틀림에 대한 저항력이 증대되어 궤도의 안정성에 미치는 효과가 클 뿐만 아니라 수명도 길어(약 3배 이상) 훨씬 경제적이다. 그러나 분기부 및 레일 이음매부 등 열차 통과 시 충격이 심한개소나 급곡선부의 슬랙체감에 있어서는 그 구조상 취약성을 나타내므로 이런 구간에는 목침목이 유리하다.

3) 목침목

① **침목의 치수[길이×폭×두께(mm)]**

- 보통침목 2500×240×150
- 이음매침목 2500×300×150
- 분기침목 2800×240×150(분기침목은 폭과 두께는 일정하고, 길이가 300mm씩 길어진다) 3100, 3400, 3700, 4000, 4300, 4600 등 7종이 된다.
- 교량침목 3000×230×230

② **침목의 수종**

( )는 속명

수 종		
낙엽송	퀴일라	
참나무	비텍스	세랑강바투
단풍나무	케루잉(아피톤)	기암(야칼)
더글러스 전나무	켐파스	말라스
헴록	카폴	

③ **목침목 방부처리 방법**

방부제는 크레오소트(Creosote) 50%, 중유(重油) 50%를 사용한다.

4) P.C침목(Prestressed Concrete Tie)

P.C침목은 예응력(Pre-stress)을 주는 시기에 따라 프리텐션공법(Pre-tensioning method)에 의한 침목과 포스트텐션공법(Post-tensioning method)에 의한 침목으로 구분한다.

① **프리텐션공법(Pre-tensioning method)**

긴장 아밧트멘트(Aboutment)에 P.C강선을 병렬하고 소정의 인장력을 준 상태에서 콘크리트를 넣고 양생하여 경화된 후 거푸집(Mould) 외측의 강선을 절단함으로서 P.C 강선과 콘크리트와의 부착력에 의하여 침목에 압축응력을 도입시키는 방법이다.

② **포스트텐션공법**(Post-tensioning method)

P.C강봉이 콘크리트에 부착되지 않도록 한 후에 콘크리트가 경화한 후 P.C강봉에 인장력을 주어 콘크리트에 압축응력을 도입시키는 공법이다. 긴장 아밧트멘트(Aboutment)에 P.C강선을 병렬하고 소정의 인장력을 준 상태에서 콘크리트를 넣고 양생하여 경화된 후 거푸집(Mould) 외측의 강선을 절단함으로서 P.C강선과 콘크리트와의 부착력에 의하여 침목에 압축 응력을 도입시키는 방법이다.

5) 침목의 배치간격 및 부설수

표 5.12 침목의 배치간격 및 부설수

구 분	침 목 별	20m당 부설수	1km당 부설수	침목 간격(mm)			장대레일
				A	B	C	
지하 본선	WT, PCT	34	1,700	480	595	595	588
지하정거장	단 침목	68	3,400	480	595	595	588
고가	WT	35	1,750	463	578	578	–
본선	PCT	34	1,700	480	595	595	588
교량	교량침목	50	2,500	400	400	400	–
차량기지	WT, PCT	30	1,500	550	675	675	–

(4) 도상(道床)

1) 도상(Ballast)의 역할(役割)

도상은 침목을 소정 위치에 견고히 안정시키는 동시에 침목에서 받는 차량 하중을 노반에 전달하는 역할을 한다. 도상은 자갈도상과 콘크리트도상으로 구분되며 자갈도상은 자갈 사이의 마찰력에 의해 안정성을 유지하고 그 자체의 탄력성으로 충격 및 소음을 흡수하며, 콘크리트도상은 침목을 콘크리트로 지지하거나 레일 자체를 콘크리트에 직접 체결하여 안정성을 확보하고 별도의 탄성대책으로 충격과 진동을 흡수하는 구조이다.

도상의 역할은 다음과 같다.

① 레일 및 침목으로부터 전달되는 하중을 넓게 분산시켜 노반에 전달한다.

② 침목을 탄력적으로 지지하고, 충격력을 완화시켜 궤도의 파괴를 경감시키고, 승차감을 좋게 한다.

③ 침목을 종·횡 방향으로 움직이지 않도록 소정위치에 고정시킨다.

2) 자갈도상 궤도

① **도상자갈의 구비조건**

- 충격과 마찰에 강할 것.
- 단위중량이 크고, 능각(稜角)이 풍부하며, 입자간의 마찰력이 클 것
- 입도가 적정하고 도상작업이 쉬울 것
- 점토 및 불순물의 혼입률이 적고 배수가 양호할 것
- 동상과 풍화에 강하고, 잡초를 방지할 것
- 재료공급이 용이하고 경제적일 것

② **도상의 단면형상**

도상 횡단면의 표준은 시공기면 위에 사다리꼴로 형성된다. 도상의 기능은 침목 저면의 압력을 될 수 있으면 균등하게 노반에 분포시키는데 필요한 도상 두께와 침목 길이 방향의 도상 저항력을 확보하기 위한 침목 마구리로부터 도상 어깨까지의 견폭(肩幅), 또한 열차의 진동에 따른 도상붕괴가 일어나지 않을 물매가 요구된다. 도상두께는 침목의 형상치수, 침목간격, 도상재료의 하중 분산성, 열차하중의 크기 및 노반의 시지력에 의해 결정된다. 또한 도상 횡방향 도상 저항력을 위한 필요한 견폭의 유효폭은 사용된 도상재료의 석질 침목의 노출량에 따라 다르나 도시철도에서는 350mm에서 450mm로 정하였다. 도상의 두께는 열차 하중과 속도, 통과톤수, 선로 등급에 따라 다르나, 침목 하면에서 150mm~300mm정도로 정하였다.

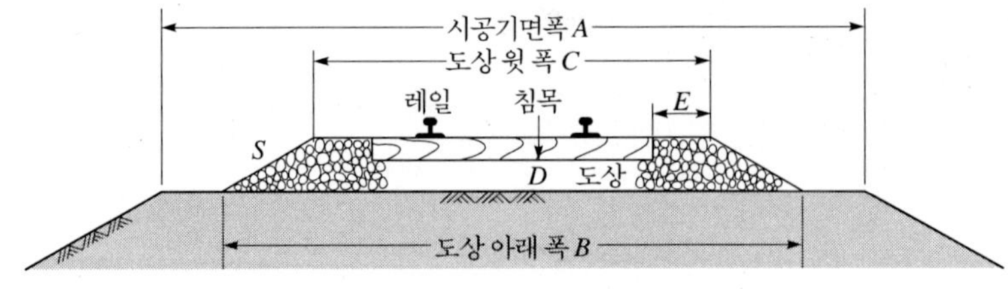

그림 5.14 도상의 단면

③ **도상의 강도**

도상의 양부(良否)는 궤도의 안전도를 지배하며, 궤도 틀림 발생량, 보수 노력비, 진동가속도, 승차 기분 등에서 평가하여야 한다. 도상 두께가 클수록 보수 노력이 적게 든다. 강도를 표시하는데 궤도 역학적인 계산에서는 도상계수(道床係數, Ballast coefficient)를 사용한다.

3) 콘크리트도상 궤도

① 콘크리트도상 개요

콘크리트도상 궤도는 자갈도상 궤도의 문제점을 보완하고 궤도기술 발전을 꾀하고자 유럽, 일본 등 철도 선진국에서 개발하여 왔으며 이는 대부분 레일을 지지하는 침목을 도상 콘크리트속에 매입하거나 레일 자체를 콘크리트슬래브에 직접 체결하는 구조로서 별도의 탄성대책과 함께 채택 부설되어왔다.

이 형식은 자갈도상 궤도에 비하여 건설비가 고가이고 시공에 정밀을 요하지만 궤도의 강성을 높여 건설 후 유지 보수비를 대폭 줄일 수 있을 뿐 아니라 잦은 보수작업 없이도 지속적으로 승객에게 쾌적한 승차감을 제공할 수 있는 장점이 있다.

② 콘크리트도상의 특징

㉠ 기술성

- 궤도의 선형유지가 좋아 선형유지용 보수작업이 거의 필요치 않다.
- 궤도의 횡방향 안전성이 개선되어 레일 좌굴에 대한 저항력이 커지므로 급곡선에도 레일의 장대화가 가능하다.
- 궤도강도가 향상되어 에너지비용, 차량수선비, 궤도보수비 등이 감소된다.
- 자갈도상에 비해 시공높이가 낮으므로 구조물의 규모를 줄일 수 있다.
- 궤도의 세척과 청소가 용이하다.
- 열차속도 향상에 유리하다.
- 궤도주변의 청결로 인해 각종 궤도재료의 부식이 적어 수명이 연장된다.

㉡ 경제성

자갈도상 궤도의 경우 부설 후 지속적인 유지보수가 필요하고 더욱이 열차운행 횟수의 증가는 궤도보수 주기를 더욱 단축시키기 때문에 보수작업 투입은 더욱 빈번해 진다. 이에 비해 콘크리트도상 궤도구조는 초기 투자비가 많은 대신 유지보수의 실질적인 감소와 보수작업을 위한 열차운행 제한의 감소를 들 수 있다. 콘크리트도상 궤도의 건설비는 자갈도상 궤도에 비하여 약 1.5~2.5배가 되므로 건설시 통상의 조건으로서는 경제성 효과가 있다고 말할 수 없으나 자갈도상의 경우 보수비가 계속 투입되어야 하기 때문에 콘크리트 도상 궤도가 경제적이다.

③ 콘크리트도상의 장/단점

㉠ 콘크리트도상 장점

- 도상다짐이 필요 없어 보수노력이 경감된다.
- 배수가 양호하여 동상과 잡초 발생이 없다.

• 도상의 진동과 차량의 동요가 적다.
• 궤도를 청소하기가 쉽다.

㉡ 콘크리트도상 단점

• 체결구 및 방진재에 따라 진동과 소음의 차이가 크다.
• 침목 교환이나, 도상 파손시 수선작업이 어렵다.
• 건설비가 많이 든다.

4) 슬래브궤도(Slab Track) B2S Track

슬래브궤도는 보수 경감화를 위한 구조로서 정밀하게 제작한 궤도슬래브와 하부구조의 사이에 조정 가능한 완충재를 채우는 구조이다.

특징으로는 도상개량시 안전도가 향상되고 공사기간이 줄어든다.

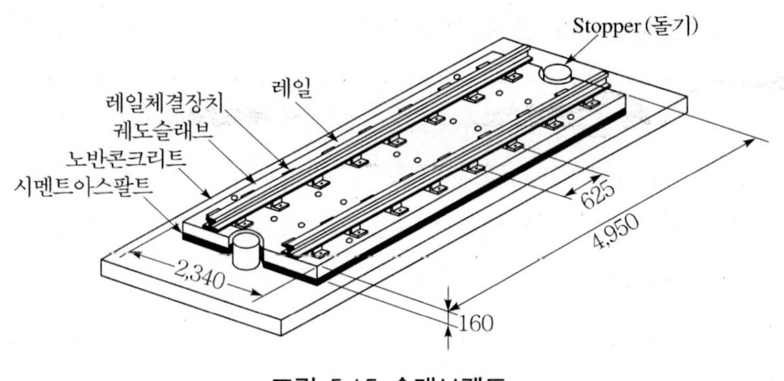

그림 5.15 슬래브궤도

(5) 레일체결장치

1) 체결장치

레일체결장치는 궤도구조 중 가장 중요한 부속품으로써 레일을 침목이나 도상에 직접 체결하여 궤간을 유지하며, 차량의 주행에 따라 궤도에 전달되는 하중이나 진동에 저항할 뿐만 아니라 이들을 침목, 도상 및 구조물과 노반에 전달하는 중요한 기능을 갖는다.

2) 체결장치의 역할

레일을 침목 소정위치에 고정시키거나 또는 다른 레일지지 구조물에 결속 시키는 장치를 레일체결장치라 한다. 레일체결장치는 레일에 가해지는 각종 부하요소, 즉 레일의 상하방향, 좌우방향, 종 방향의 하중 또는 작용력, 여기에 수반된 회전력, 충격력 및 진동에 저항할 수 있어야. 한다. 좌우 레일을 항상 바른 위치로 유지시켜야 하며, 이와 같은 부하요소를 침목, 도상 등 하부 구조에 전달 또는 차단하는 역할을 한다.

3) 체결장치의 기능

레일체결장치는 상기 역할을 효과적으로 달성하기 위해서는 다음과 같은 기능 및 조건을 구비해야 한다.

① **부재의 강도, 내구성**

각종 하중에 대해 충분한 강도를 가지고 내구성이 있을 것. 일반적으로 체결장치는 각각의 부재로 결합 구성되어 있으므로 강도가 균일해야한다.

② **궤간의 확보**

가장 기본적인 것으로 어떤 체결장치에 있어서도 불가결한 기능으로 이 경우, 단순한 수평 하중뿐만 아니라 레일 경사(레일경좌)에 대해서 억제 기능이 필요하다.

③ **레일체결력**

레일의 체결력 즉, 레일을 누르는 힘, 레일의 복진 방지, 레일신축 및 레일 축력의 규제, 레일 부상 등은 궤도의 안정성에 관계되는 것으로 항상 일정한 레일을 누르는 힘을 유지하여야한다.

④ **하중의 분산과 충격의 완화**

레일체결장치의 부재 자체 및 침목 등 지지 구조물의 부담력을 경감시켜 부재를 보호하기 위해서는 하중을 넓게 분산시키고 또는 충격력을 완화시키는 것이 필요하다.

⑤ **진동의 저감, 차단**

도상의 열화, 유동 등의 궤도파괴는 진동으로 인한 것이 대부분이다. 레일에 일어나는 진동은 가능한 한 침목, 도상 등 하부 구조에 전달되는 것을 저감 또는 차단시켜야 한다. 최근에는 구조물 진동으로 인한 환경공해 대책이 주요 기능의 하나로 요구되고 있다.

⑥ **전기적 절연성능의 확보**

레일은 일반적으로 각종 열차의 신호 또는 제어의 궤도회로 및 전차 전류의 귀성회로로 구성되어 있으므로 체결장치는 레일과 하부도상 구조물과 절연저항의 신뢰성을 유지하여야 한다.

⑦ 조절성

선로 틀림, 슬랙(Slack), 레일 마모 등에 대해 궤간은 조정되어야 한다. 특히 최근 콘크리트도상 궤도 등의 직결궤도 구조에서는 궤도 부설 시공시의 위치조정, 궤도 틀림의 보수를 주로 체결장치가 받게 되어 이 조절성도 주요한 기능의 하나다.

⑧ 구조의 단순화 및 보수 생력화

부설수량이 대단히 많으므로 시공, 보수 제작이 용이해야 한다. 따라서 부품형상의 단순화, 유지관리의 생력화, 사용조건 예를 들면 레일 침목종별의 변경에 대한 부재의 실용, 호환성을 고려할 필요가 있다.

4) 체결장치의 종류

레일 체결장치의 구조는 선로조건과 궤도구조의 조합에 의해 여러 종류의 모양으로 고안 발전되어 왔으며, 사용되는 레일과 침목의 형상과 치수 등의 물리적 제약 그리고 운행 열차 하중과 기능을 고려해서 적용되고 있다.

현재 각국에서 사용되고 있는 각종 체결장치는 레일 체결장치의 역할과 기능을 구비하고 있다고 볼 수 있으며, 체결장치를 형태적으로 분류하면 그 종류는 다음과 같다.

① 판스프링 크립+볼트

② 선스프링 크립+볼트

③ 선스프링 크립+숄더

④ 크립+스프링와셔+볼트

(6) 철도차량 소음과 진동

1) 소음

소리는 공기 중의 작은 압력변화에 의해 발생되는 현상이다. 즉, 대기압이 작용하는 평형 상태의 공기입자가 주위로부터 에너지를 받게 되면 진동하면서 압력이 변화된다. 이러한 압력변화로 말미암아 소리가 전파되고, 인체의 청각기관인 귀를 통해서 인식하게 된다. 즉, 공기에 진동이 전달되면 공기 중의 어떤 부분은 공기입자가 촘촘해지고, 다른 부분은 공기입자가 엉성해지는 영역이 발생하게 된다. 따라서 공기입자가 빽빽하게 압축된 부분에서는 주변 대기압보다 압력이 높아지며, 공기입자가 엉성한 부분은 대기압보다 압력이 낮아지게 된다. 이러한 압력 차이가 바로 음압(sound pressure)을 나타내며, 마치 잔잔한 호숫가에 돌멩이를 던져서 파문이 물결치면서 주위로 퍼져나가는 것과 통일하게 음파가 공기입자에 따른 압력차를 가지고서 주변으로 전파된다.

소리는 대화, 전화, 사이렌과 같은 인간의 의사전달에 있어서 매우 중요한 역할을 하며, 청진기를 이용한 환자의 맥박이나 호흡을 간접적으로 측정하는데 유용하게 사용된다. 또한 소리는 음악과 같이 편안한 분위기를 제공하는 반면에 인간을 성가시고 불쾌하게 만드는 소리 또한 존재하기 마련이다. 이러한 불쾌한 소리를 소음이라 하며, 학문적으로는 원하지 않는 소리라고 정의되므로 인간 개개인의 주관적인 판단과 인간의 심리적인 면이 내포되어 있다고 볼 수 있다.

2) 진동

진동이란, 흔들려 움직이는 것을 말하며, 물체의 위치, 전류의 세기, 전기장, 자기장, 기체의 밀도 등이 어떤 일정한 값 부근에서 주기적으로 변하는 것을 말한다. 일반적으로 기계, 기구의 사용으로 기인하여 발생하는 강한 흔들림, 건설 현장에서 기계의 움직임이나 폭파에 의하여 땅이 흔들리는 것도 진동의 일종이다.

주택과 공장이 혼재되어 진동 문제가 발생하고, 기계 시설의 대형화가 진동문제를 점점 심각하게 하고 있다. 또한, 많은 도로 건설, 시설물의 건축, 지하철 등의 건설로 인해 진동에 의한 피해가 증가하고 있다.

공장에서의 활동, 건설작업, 교통기관의 운행 등과 같은 인위적으로 발생하는 지반 진동이 건물을 진동시켜 우리들의 일상생활에 영향을 준다. 이러한 공해 진동의 전달 거리는 특별한 경우를 제외하고는 진동원에서 100m 이내이며, 많은 경우 대개 10~20m 정도로 그 진동의 크기를 지진과 비교하면 아주 미약하다.

지면 진동의 발생원으로는 공장, 건설현장, 도로, 철도 등이 있으며, 공장 진동의 발생 설비에는 프레스, 절단기, 압축기, 파쇄기, 직기 등이 있다. 진동공해의 종류로는 교통진동, 공장진동, 건설진동으로 나눌 수 있다. 진동은 지반을 통하여 건축물에 전파되며, 건물 내에 있는 사람에게 전달된다.

폭발이나 타격 등에 의한 충격 진동, 작업장 등의 기계에서 지속적으로 발생하는 진동이 있는데, 때로는 이것들이 복합적으로 발생하는 경우도 있다. 지반에서 진동을 받았을 때, 그 지반진동의 주파수, 가옥의 구조 등에 의하여 그 가옥의 진동이 증폭되거나 감쇄된다. 그 결과, 문짝이 쏠리거나 벽에 균열이 생기고, 기와가 떨어지는 등 물적 피해가 발생하는 경우가 있다.

3) 지하철의 소음 · 진동 관리기준

① 법적근거

㉠ 소음· 진동 규제법 시행규칙 제27조

표 5.13 교통소음 · 진동의 한도(철도소음의 한도)

구 분	주 간	야 간
주거지역	70데시벨 이하	65데시벨 이하
상업지역	75데시벨 이하	70데시벨 이하

㉡ 정거장에 대한 법적 근거는 없음

- 미국대중교통협회(APTA)에서는 승강장 전동차 도착 및 출발 시 소음치 기준을 85데시벨 이하로 권장하고 있음

㉢ 전동차 내 소음기준

- 법적 기준치는 없으나 도시 철도차량의 성능시험에 관한 기준은 80데시벨 이하로 규정

※ 선진외국의 경우에도 지하철역사 및 차량내 소음기준을 정하여 관리하고 있는 사례는 확인된 바 없다.

㉣ 소음측정사진

(a) 승강장

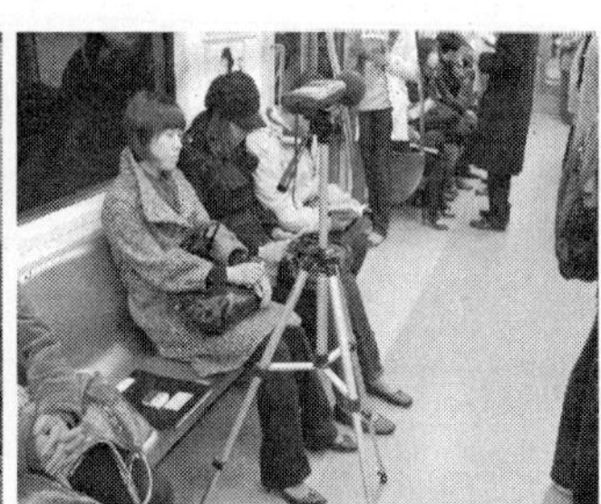

(b) 전동차 내

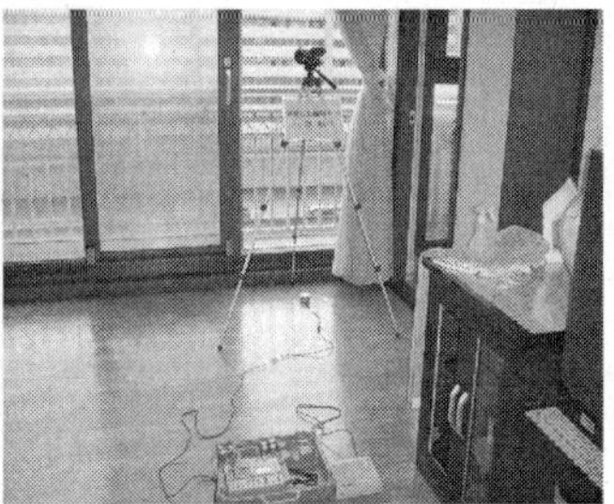

(c) 고가구간

그림 5.16 소음측정사진

② 측정방법

㉠ 소음· 진동측정

- 소음· 진동측정방법은 소음진동규제법 제7조 소음· 진동 공정시험방법에 의거 측정
  - 소음 : 그 지역의 철도소음을 대표할 수 있는 장소나 철도 소음으로 인하여 문제를 일으킬 우려가 있는 장소로서 소음측정은 지면위 1.2~1.5m 높이로 한다.

- 진동 : 옥외측정을 원칙으로 하며, 그 지역의 철도진동을 대표할 수 있는 지점이나 철도 진동으로 인하여 문제를 일으킬 우려가 있는 지점을 선택하여야 한다.

표 5.14 소음 측정위치

구 분	측정위치	측정시간	측정시간대
승강장	중앙	1시간 연속 측정	낮
전동차 내	4,7량 중앙	호선별 시점출발 종점 도착 시간 동안	07 : 00~09 : 00 17 : 00~19 : 00
고가구간	선로에서 30m 이격	1시간 연속 측정	〃

표 5.15 소음 측정장비

장비명	수량	형 식	용 도	설치장소
소음계	2대	NL-04 SVAN-943A	소음측정용	자체(보관)
진동계	1대	VM-52	진동측정용	자체(보관)

㉡ 측정조건(측정시간)

- 소음의 측정시간 : 기상조건, 열차운행횟수 및 속도 등을 고려하여 당해지역의 철도소음을 대표할 수 있는 시간대에 1시간 동안 연속 측정한다.
- 진동의 측정시간, 기상조건, 열차 운행횟수 및 속도 등을 고려하여 당해지역의 철도진동을 대표할 수 있는 주간시간대 1회(08 : 00~09 : 30), 오후시간대 1회(18 : 00~19 : 30) 및 야간시간대 1회(22 : 00~23 ; 50) 동안 연속 측정한다.

㉢ 측정자료 분석

- 소음측정자료 분석은 열차운행횟수 및 속도 등을 고려하여 당해 지역의 철도소음을 대표할 수 있는 주간시간대 1회(15 : 45~16 : 45) 1시간 동안 연속 측정한 등가 소음도를 측정자료로 사용한다.
- 진동측정자료 분석은 열차통과시마다 최고진동레벨이 배경진동레벨보다 최소 5dB 이상 큰 것에 한하여 연속 10개 열차(상행 포함) 이상을 대상으로 최고진동레벨을 측정 · 기록하고, 그중 중앙값 이상을 산술평균한 값을 철도 진동레벨로 한다. 다만, 열차의 운행횟수가 밤 · 낮 시간대별로 1일 10회 미만인 경우에는 측정열차수를 줄여 그 중 중앙값 이상을 산술 평균한 값을 철도 진동레벨로 할 수 있다. 측정자료는 소수점 첫째자리에서 반올림한다.

4) 지하철 소음저감 대책

① 고가부 방음벽 설치

방음벽 설치 전

방음벽 설치 후

효 과
전동차운행소음으로 인한 민원발생감소

② 레일 장대화 및 중량화

레일 교체 전

레일 교체 후(장대화)

효 과
이음매가 없는 레일 교체로 충격소음 · 진동저감 및 민원예방

③ 레일표면 연마작업

300m 레일삭정

600m 레일삭정

효 과
지하철 전구간에 걸친 레일 연마실시로 소음 · 진동 저감 및 민원예방

④ 역구내 방진체결장치 교체

교체 전

교체 후

효 과
레일체결장치를 방진체결장치로 교체하여 소음 및 진동 저감

5) 철도차량의 진동종별

※ 유간이 없다(×)

※ 운동을 허용하지 않는다(×)

철도차량은 차체, 대차, 윤축의 3부분으로 구성되어 있다.

스프링상중량은 상하운동을 하며 또한 차축과 축 상간에는 전후, 좌우방향의 유간이 있어 전후, 좌우방향의 운동을 허용하고 있다. 사행동의 결과로 철도차량은 6개의 자유도를 가진 진동계로 된다.

① 대지에 대한 스프링하중량의 상대운동에 의한 것

- 좌우진동
- 전후진동
- 사행동

② 스프링하중량에 대한 스피링상중량의 상대운동에 의한 것

- 상하진동
- 핏칭진동
- 로링진동
  - X-X축 방향의 운동 - 전후 진동
  - Y-Y축 방향의 운동 - 좌우 진동
  - Z-Z축 방향의 운동 - 상하 진동 - 사행동(회전운동이 아님)

철도차량의 진동은 10싸이클 이상의 고주파수를 가진 것은 진동이라 하고 5싸이클 이하의 주파수를 가진 것을 동요라고 하여 구분 사용하고 있다.

③ 철도차량에 진동을 일으키는 주요원인

- 선로구조에 의한 것(침목 전철기 레일 이음매 등)
- 레일 체결구의 탄성에 의한 것
- 곡선부 통과시 원심력에 의한 것
- 레일과 후란지 사이의 유간에 의한 것
- 차륜답면의 찰상에 의한 것
- 중련 운전시 전후차량간의 조종 불균형에 의한 것

6) 철도차량의 진동을 감소시키는 방법

① 궤도의 유간을 정확히 하고 특히 레일 연결부에 상하 좌우의 어긋남이 없어야 한다.

② 각 차륜간의 부담중량을 균등히 한다.

③ 차륜답면의 테이퍼를 최소화 한다.

④ 차륜의 후렌지와 레일간의 간격을 가급적 최소화 한다.

⑤ 대차의 상판 높이를 가급적 낮게 한다.

7) 사행동(Snake Motion)

① 비교적 낮은 속도에서 차체가 심하게 흔들리는 1차 사행동(차체 사행동)이 발생하다가 속도가 증가되면 이 사행동은 없어진다. 이후 속도가 더 증가하면 대차가 심하게 진동하는 2차 사행동(대차 사행동)이 발생. 테이퍼로 인해 복원력이 작용하여 차량이 똑바로 주행하게 한다.

- 1축사행동 - 파장은 궤간과 차륜경에 비례, 단면구배에 반비례. 파장 - 약 14m
- 대차 사행동 - 축거에 비례, 궤간에 반비례. 파장 - 약 30m
  대차에서 사행동이 발생시 플랜지 접촉까지 일어나서 승차감, 소음, 차륜/궤도의 마모, 궤도하중과 궤도변형, 탈선 위험성 등 많은 문제점이 제기된다.

8) 횡압에 의한 사행동

① 차륜이 레일에 직각으로 작용하는 힘

② 탈선계수($\frac{Q}{P}$) 횡압/윤중 - 탈선계수가 크면 클수록 탈선의 가능성이 커진다.

③ 사행동이 좌우 진동에 의한 옆방향의 힘 - 횡압이 증가하여 사행동이 발생한다.

④ 차륜의 플랜지 마모

9) 헌팅(사행동)현상

헌팅이란 특정한 주행속도 범위에서 철차의 횡진동이 심하게 나타나는 현상을 의미하며 이는 오래 전부터 철차 엔지니어들에 의해서 관측되어졌다

2차 헌팅은 시계가 불안정해진 상태를 의미하며 레일이 완벽한 직선일지라도 발생된다.
※ 발생 안 된다(×)

- 방지 : 차륜직경을 크게, 차륜답면 구배를 작게, 궤간 넓게

• 현상 : 승차감 떨어짐, 차륜과 레일 마모, 소음

10) 크리프(Creep) 현상

크리프 속도를 차륜 주행속도로 나누어 준 것을 크리퍼지(Creepage)라 한다. 이 힘이 크리프를 발생시킨다고 간주할 수 있으며 이를 크리프 힘이라 한다.

철도의 소음, 진동 문제는 신설 궤도와 차량을 설계할 경우, 안전성과 쾌적성을 위하여 반드시 고려해야할 설계 인자(因子)이다. 시속 300km 이상의 고속전철의 궤도에서부터 차량에 이르는 종합적인 진동문제는 안전적으로 운행하기 위한 결정적인 설계 인자이다.

승객의 안락한 여행뿐만 아니라 지하철 주변에서 발생할 수 있는 다양한 소음, 진동 문제를 사전에 예방한다는 차원에서 중요하다. 특히, 진동 문제는 직접적인 건물의 피해뿐만 아니라 2차적인 소음 문제를 발생시키는 고체음(groundborne noise)의 원인이 되고 있기 때문에 초기 설계단계에서부터 이러한 현상에 대한 파악과 예측 및 방지 기술을 사전에 확보함으로써 인접 건물에 대한 민원을 최소화하고 경제적인 효과를 극대화할 수 있다.

제 6 장

전기설비

6.1 전기철도 일반
6.2 전기철도의 분류
6.3 전철설비의 급전계통
6.4 변전설비

제6장 전기설비

6.1 전기철도 일반

(1) 개요

철도를 전철화함으로서 얻을 수 있는 경제성은 전기철도의 우월성과 차량의 성능향상에 따라 수송량 증대와 속도 향상, 에너지의 유효 이용 등을 들 수 있다.

1) 철도전기의 구성

철도전기는 전철·전력, 정보통신, 신호제어부분으로 구성되어 상호지원과 보완을 통해 철도라는 운송시스템을 운영하는데 기반이 될 뿐 아니라 응용되고 발전되어 철도운영에 적용되고 있다.

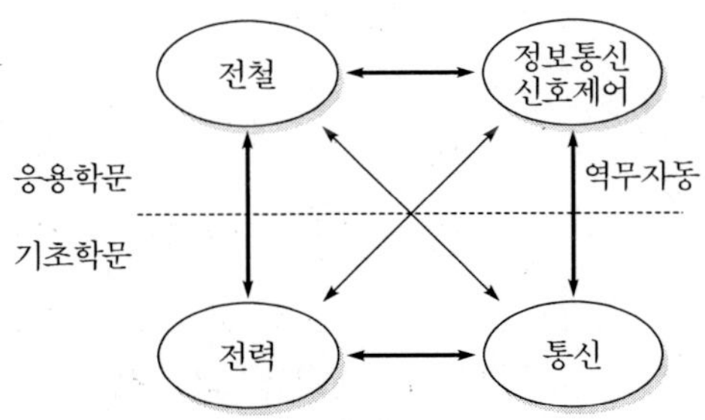

그림 6.1 철도전기의 구성

학문적인 의미에서 살펴보면 그림 6.1에서와 같이 기본이 되는 기초학문분야인 전력과 통신공학을 이용하여 전기철도(전철), 신호제어, 역무자동화 등의 기술에 응용함을 알 수 있다.

2) 전기철도의 정의

철도(鐵道, Railway, Railroad)의 정의를 살펴보면 다음과 같다.

① 철도란『철로된 궤도를 부설하고 그 위에 차량을 운전하여 여객과 화물을 운송하는 설비를 말한다.』(철도법 제2조).

② 철도란 레일 또는 일정한 Guideway에 유도되어 여객, 화물 운송용의 차량을 운전하는 제반설비를 말한다.(철도공학 이종득)

철도를 기술상의 동력방식에 의하여 분류하면 증기철도(steam railway), 전기철도(Electric Railway), 내연기철도(internal combustion railway)로 분류되며, 전기철도(Electric Railway)는『전기를 주동력으로 하는 전기차를 운행하여 여객 및 화물수송을 하는 철도를 말한다.』라고 정의할 수 있다.

3) 전기철도의 구성

공학적인 의미에서의 전기철도는 그림 6.2와 같이 전기차에 적정한 전력으로 변성(變成)하고 분배해주는 전철변전소와 전력을 전기차까지 공급하는 급전선로(전차선로) 및 전기차로 구성되어있다. 이것을 다시 전기적인 등가회로로 구성하면 전기차는 전동기 즉 부하설비로 되며 레일은 귀선으로 취급되어지므로 전철변전설비, 급전설비, 부하설비로 구성되어 있다.

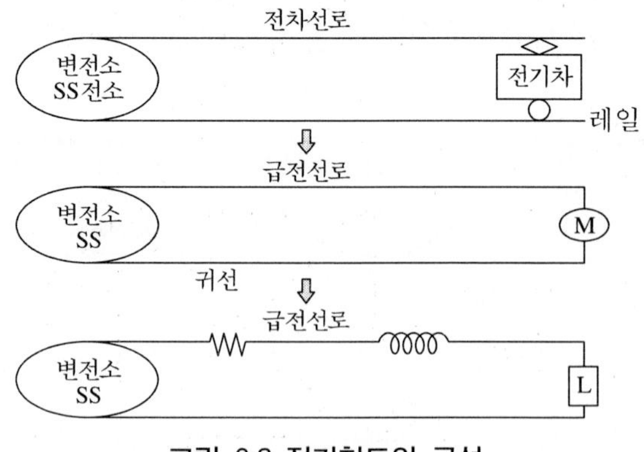

그림 6.2 전기철도의 구성

4) 전기철도의 발전

전기철도의 시작은 1879년 5월 31일 독일의 Siemens Halsice사가 베를린에서 열리는 세계산업박람회에 제3궤조 방식으로 직류 150V, 3HP 2극 직권전동기를 사용하여 시속 1km, 20인승 전기기관차를 출품한 것이 효시라고 할 수 있으며, 1881년에 베를린 남부근교에서 영업을 개시한 것이 전기철도를 최초로 실용화한 것이다.

우리나라는 1899년 5월 4일 미국인 콜브렌(H. Collblen)과 보스트위크(H.D Bostwick) 양인이 조선왕실의 특허를 얻어 서대문–동대문간에 직류 600V방식인 노면전차를 처음 운행한 것이 전기철도의 시작이라 할 수 있다. 이어서 1927년 경원선(철원–내금강) 116.6km 구간을 직류 1,500V방식으로 전철화 하여 1930년 5월 15일에 개통하였고 1937년에는 경원선 복계–고산간 53.9km를 직류 3,000V로 전철화 하였으며, 1944년에도 중앙선 단양–풍기간 23km구간을 직류 3,000V로 전철화공사를 착수하였으나 1950년 6·25로 중단되고 말았다.

전후 우리나라는 경제개발 5개년의 성과로 인하여 급증되는 시멘트 및 무연탄 기타 광석 등의 주요 산업물자를 수송하기 위하여 산업선(중앙선, 태백선, 영동선) 전철화를 1969년 착공하여 1972년 6월 9일 태백선(증산–고한간) 10.7km 시험구간을 교류 25kV방식으로 완성한 후 1973년 6월 20일 중앙선 청량리–제천간 155.2km를 개통하였고, 1974년 6월 20일에는 태백선(제천–동백산간) 103.8km를 개통하였고 1975년 12월 5일에 영동선(철암–북평간) 61.5km를 개통하였다.

한편 수도권의 인구 집중으로 도심지 교통난 해소와 도시기능의 광역화, 도심지 인구의 교외 분산 및 대량수송수단의 확보방안으로 1970년 6월에 우선 경인선 서울–인천, 경부선 서울–수원, 경원선 용산–성북간 98.6km의 기존선 전철화와, 지하전철 1호선 서울역–청량리역간 7.8km를 신설하여 상호 직통 운전할 수 있도록 대단위 교통망을 형성하는 계획을 수립하여 1971년 4월 7일 착공식을 거행한 후 1974년 8월 15일 드디어 수도권 대단위 교통망의 완성을 보게 되었다. 이때부터가 우리나라의 도시전철의 본격적인 시작인 것이며 현재에는 주요대도시(서울, 인천, 대구, 광주, 대전, 부산)에서 도시전철이 운영되고 있거나 건설중에 있다. 최근에는 경부선의 병점–천안간 전철이 개통되었으며, 금년 상반기 중 천안–조치원, 조치원–봉양, 조치원–대전간의 전철도 개통 예정으로 있어 전철화 추세가 가속되고 있다.

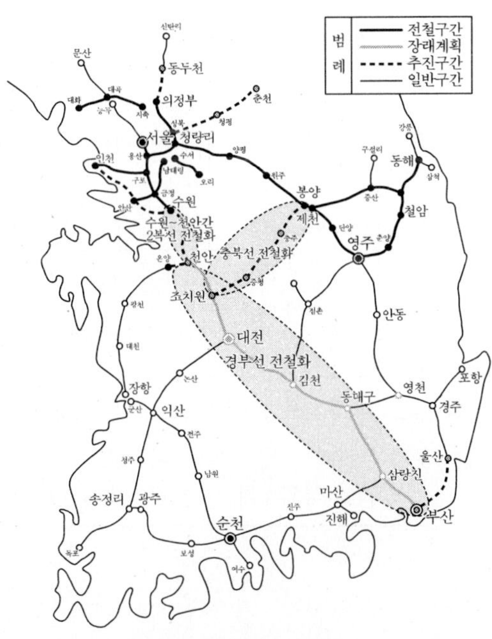

그림 6.3 전철망 현황

고속전철의 경우 2004년 4월 1일 경부선 서울–부산간(동대구~부산간은 기존선전철)을 비롯하여 호남선 서대전–목포간을 전철화하여

KTX 고속전철이 개통되었다. 2010년 동대구－부산간(경주경유) 고속철도 신설노선이 개통되어 서울~부산간은 1시간 58분이 소요돼 타 교통수단과의 경쟁에서도 우위를 가질 수 있는 계기가 마련될 것으로 기대된다.

① **전철설비 현황**

• 한국철도공사(코레일) 구간

2004. 6.30 현재

선 별		구 간	영 업 (km)	가선연장(km)			변전설비	
				본선	측선	계	변전소	구분소
합 계			667.5	1,243.1	483.5	1,726.6	23	58
산업선	계		486.1	649.3	276.6	925.9	13	40
	중앙선	청량리－영주	218.8	298.9	171.2	470.1	6	18
	영동선	영주－동해	148.5	200.8	50.5	251.3	4	12
	태백선	제천－백산	103.5	129.3	54.7	184.0	3	10
	망우선	망우－성북	4.9	7.1	0.2	7.3		
	함백선	예미－조동	9.6	9.9		9.9		
	태백삼각선		0.8	0.9		0.9		
	제천조차장선	제천－조차장		2.4		2.4		
수도권	계		181.4	593.8	206.9	800.7	10	18
	경부선	서울－수원	41.5	236.1	31.1	267.2	2	5
	경인선	구로－인천	27.0	88.6	33.4	122.0	1	3
	경원선	용산－의정부	31.2	82.5	55.7	138.2	1	2
	안산선	금정－안산	26.0	65.3	29.4	94.7		3
	과천선	금정－남태령	14.4	28.3	0.2	28.5		2
	분당선	수서－오리	18.5	42.6	22.4	65.0	1	2
	일산선	지축－대화	19.2	46.5	5.4	51.9	5	1
	용산선	용산－효창	3.6	2.3	0.3	2.6		
	서창선			1.2	0.9	2.1		
	구로기지				28.0	28.0		
	용산삼각선			0.4	0.1	0.5		

철도 총 영업거리	3,388.2 km	전철화 거리	1338.8 km	전철화율	39.5 %

• 지하철 구간

지하철 선별	구 간	영업거리	개통년도	비 고
서울지하철 1호선 서울지하철 2호선 서울지하철 3호선 서울지하철 4호선	서울역-청량리 시청앞-시청앞(순환) 구파발-수서 사당-당고개	7.8km 54.2km 26.2km 28.3km	1974. 8.15 1984. 5.22 1985.10.18 1985.10.18	DC1,500V (116.5km)
서울도시철도 5호선 서울도시철도 6호선 서울도시철도 7호선 서울도시철도 8호선	방화-상일동 응암-봉화산 장암-온수 암사-모란	52.3km 35.1km 46.9km 17.7km	1996.12.30 2001. 3. 9 2000. 8. 1 1999. 7. 2	DC1,500V (152km)
부산지하철 대구지하철 인천지하철 광주지하철	노포동-대신동 진천-중앙로 동막-귤현 녹동-상무	30.1km 10.3km 24.6km 12.1km	1990. 2.28 1997. 11.26 1999.10.20 2004. 4.14	DC1,500V (77.1km)
합 계		345.6km		

(2) 전기철도의 효과

1) 수송능력 증강

철도의 수송능력은 열차당의 편성량수와 운전속도 등에 의해 정해지는데 일반적으로 전기기관차는 견인전동기의 출력이 커서 급한 구배에서도 높은 속도로 운전이 가능하며 정차장 간격이 짧은 도시철도 구간의 전동차는 가속도와 감속도가 크므로 고빈도 운전으로 열차횟수를 높일 수 있어 대량수송이 가능하다.

열차의 견인력은 동륜 점착계수(U)에 비례한다.

$$U \propto \frac{F}{W} \text{ (여기서, } F \text{ : 견인력, } W \text{ : 동력차의 중량(kg))}$$

일반적으로 디젤기관차의 점착계수는 약 0.25~0.28이며 전기기관차의 점착계수는 약 0.32~0.34이므로 전기동력차가 약 30%의 견인력이 증가하는 것을 알 수 있다.

2) 에너지(Energy) 이용효율 증대

철도의 운전 수단별 에너지 이용효율을 비교하여 보면 디젤기관차(DL : Diesel Locomotive)와 전기기관차(EL : Electric Locomotive) 간의 에너지 소비율 차이는 약 25%정도로 전기기관차가 에너지 절약효과를 얻을 수 있다는 것을 알 수 있다.

표 6.1 철도 운전 수단별 에너지 이용효율 비교 ( )는 수력발전의 경우(단위 : %)

EL 운전			DL 운전		증기 운전	
	직류	교류				
화력발전소(송전단)	37(87)	37(87)	기관열효율	30	보일러열효율	60
송전선	90	90	기관차	85	증기효율	11
전철용 변전소	95	98				
전차선	90	95	전달효율	80	기관효율	80
기관차	85	80				
견인에 유효하게 이용되는 에너지	24(57)	25(58)		20		5

3) 수송원가 절감

디젤기관차(DL)에 비해 전기기관차(EL)는 내연기관 등 설비가 적어 유지보수 비용이 40%정도 감소되고 차량의 내구연한도 2배가 길며 차량중량도 줄어 궤도 보수비용도 절감된다. 또한 장거리 운전이 가능하고 회차율이 높아 적은 차량으로 운용이 가능하며, 열차운행시간 단축으로 승무원 운용효율을 증대시킬 수 있다. 이러한 수송원가의 절감으로 결과적으로는 경영의 합리화와 수입을 증대시키는 것이기 때문에 철도의 경영개선이 된다.

※ 일 열차 km 및 일 승무 km도 EL이 DL의 약 1.7~1.8배

4) 환경개선

전철은 무엇보다도 매연이 없고 소음이 적어서 공해문제가 심각한 현시점에서 볼 때 그 장점이 돋보이는 환경 친화적(親和的)인 설비이다. 또한 도시철도의 지하구간의 전철화는 그 특성상 필수적인 것이다.

표 6.2 수송수단별 대기오염 비교 (단위: 배)

전기철도	승용차	화물차	해운	기타
1	8.3	30	3.3	단위수송량당

5) 지역균형 발전

도시전철은 인구 및 경제활동의 분산, 도심 도로혼잡도 완화, 지역주민의 교통편의 제공 등 도심에 집중된 도시기능을 외곽 지역으로 적절히 분산 배치하여 도시전체의 균형적 발

전에 기여하고 있으며 간선전철은 인접도시 및 지역간 대용량 수송체계를 구축하게 되어 원활한 인적, 물적 교류로 균형 있는 경제발전에 기여한다. 또한 짧은 시간 간격의 고빈도 운전으로 대량 고속수송이 가능하며 높은 품질의 교통서비스를 제공해 준다.

6.2 전기철도의 분류

전기철도(Electric railway)의 형태는 크게 나누어 전기방식, 급전방식, 가선방식, 조가방식, 전기차, 수송목적 등에 따라 다음과 같이 분류하고 있다.

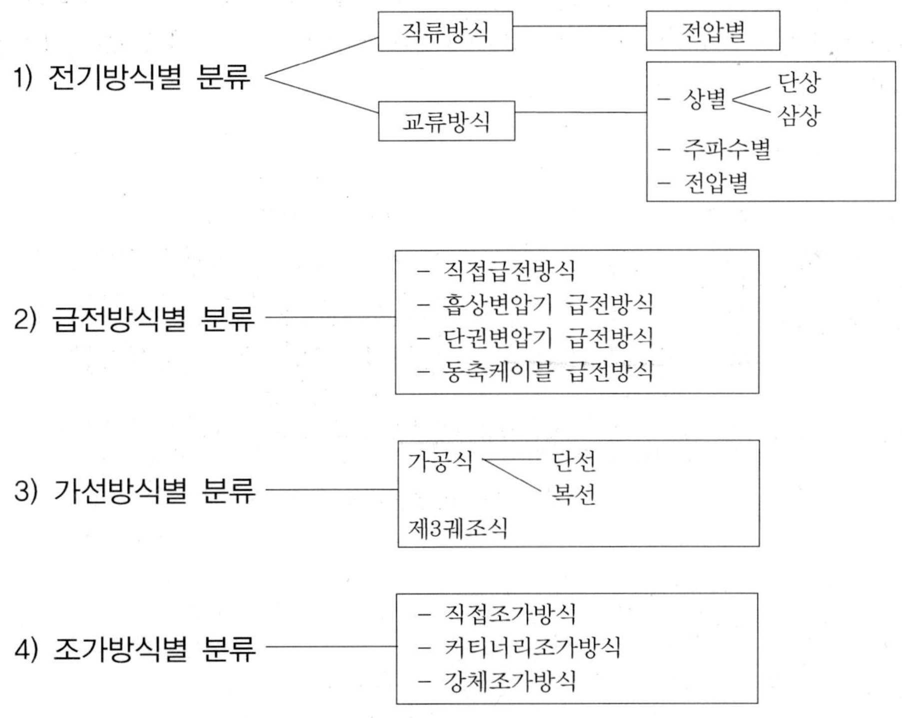

(1) 전기방식에 의한 분류

전기방식을 크게 나누면 직류전기철도와 교류전기철도로 나눌 수 있으며 교류방식은 상별, 주파수별, 전압별로 분류된다.

표 6.3 전기방식의 분류

전기방식	전압종별
직류식	600V, 750V, 1500V, 3000V
단상 교류식	16 2/3Hz : 11kV, 15kV 25Hz : 6.6kV, 11kV 50Hz : 6.6kV, 16kV, 20kV, 25kV 60Hz : 25kV
3상 교류식	16 2/3Hz : 3.7kV, 6kV 25Hz : 6kV

1) 직류 전기철도

일반전력 계통으로부터 수전하는 특별고압(22.9kV, 154kV 등)의 교류전기를 철도용 변전소 변압기에서 적절한 전압으로 강압(1,200V 등)하여 정류기에 의한 장치에서 직류(1,500V 등)로 변환 전차선로에 직류전력을 공급하여 운전을 하는 방식으로 세계 전기철도의 43%를 점유하고 있다.

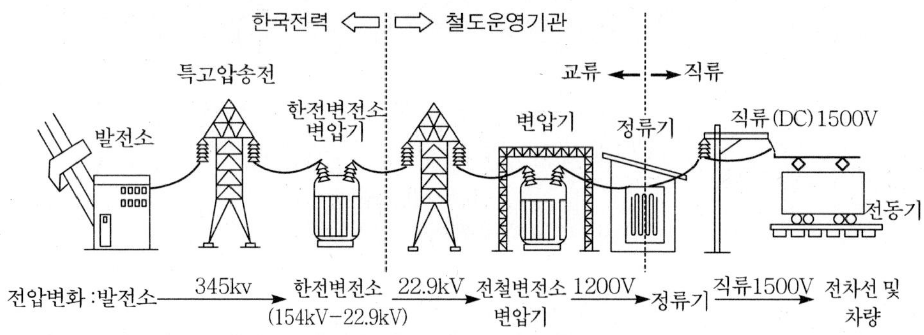

그림 6.4 직류방식의 송전계통

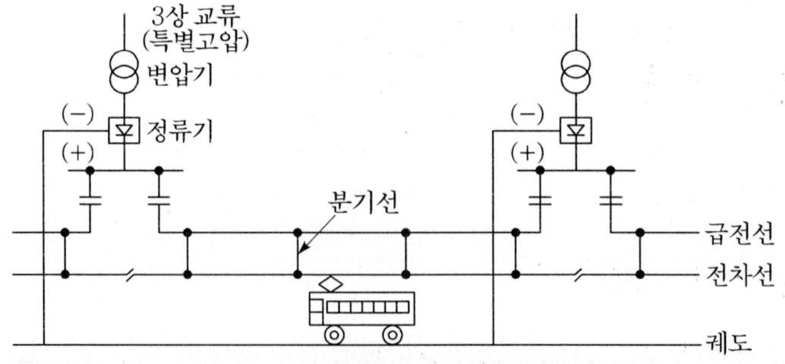

그림 6.5 직류급전방식(병렬급전)

직류전기철도의 특징은 전압이 낮기 때문에 전차선로나 기기의 절연이 쉽고, 터널이나 교량 등에서 절연거리도 짧게 할 수 있으며 활선 작업을 하기가 용이하고 통신선로에 대한 유도장해가 작고 경량 단거리 수송에 유리하나 교류방식과 비교하여 전압강하가 크게 되어 변전소 간격이 짧아지고, 누설전류에 의한 전식대책이 필요하며 전류가 크기 때문에 전류용량이 큰 전선을 사용 할 필요가 있다.

2) 교류 전기철도

교류식은 1889년 스위스에서 처음으로 3상 2선식 42Hz 750V의 교류전철이 시작되었다. 최근에는 상용 주파수 50Hz, 60Hz 25kV 교류전철이 소련, 프랑스, 영국, 인도, 일본, 중국에서 널리 보급되었으며 일본에서는 20kV방식이 공급되다가 신간선부터 25kV방식이 도입되었다.

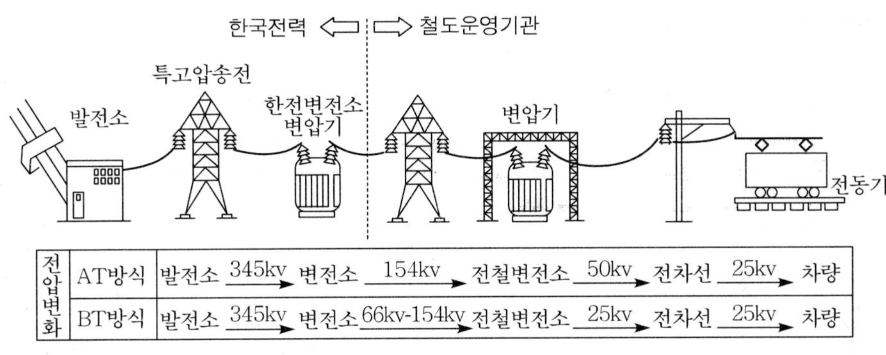

그림 6.6 교류방식의 송전계통

3) 직류방식과 교류방식의 비교

표 6.4 직류방식과 교류방식의 비교

구 분			교류(25kV)	직류(1,500V)
지상설비	전철설비	변 전 소	변전소간격이 30~50km정도 변압기만 설치하면 되므로 지상설비비 저가	변전소간격이 5~20km, 변압기와 정류기가 필요하여 지상설비비 고가
		전차선로	고전압 저전류로 전선을 가늘게 할 수 있고 전선 지지구조물 경량	저전압 고전류로 전선이 굵어지고 전선 지지 구조물 중량
		전압강하	저전류로 전압강하가 적어서 직렬콘덴서로 간단히 보상	대전류로 전압강하가 커서 변전소, 급전소의 증설이 필요
		보호설비	운전전류가 작아 사고전류 판별 용이	운전전류커서 사고전류 선택차단 어려움
	부대설비	통신유도장애	유도장애가 커서 BT 또는 AT방식 등 장애방지 유도대책이 필요(케이블화)	특별한 대책 필요없음
		터널과 구름다리의 높이	고압으로 절연이격거리가 커야하므로 터널 단면 커짐	저전압으로 교류에 비해 터널단면, 구름다리 높이 축소가능

구 분		교류(25kV)	직류(1,500V)
차 량	차량가격	전력변환장치 복잡 차량가격 고가	교류에 비해 싸다.
	급전전압	차량내의 변압기로 고전압 사용 가능	고전압사용 불가
	집전장치	집전전류가 작아 소형경량으로 제작가능하며 전차선과의 접촉양호	집전전류가 커서 대형으로 전차선과의 접촉이 좋지 않다.
	기기보호	교류 소전류차단과 사고전류의 선택차단이 용이	사고전류 선택차단이 어렵다.
	속도제어	변압기 tap절환으로 속도제어가 쉽다.	속도제어가 어렵다.
	점착특성	점착성능 우수 소형으로 큰 하중 견인가능	점착성능 좋지 않아 대출력 필요
	부속기기	변압기를 통해 여러 전원 확보가 쉽다.	전원설비가 복잡해진다.
공 해		유도작용에 의한 잡음으로 TV, 라디오 등 무선통신설비 장애유발	땅속의 관로 및 선로 등 전식유발

(2) 급전방식에 의한 분류

1) 직접 급전방식(Simple Feeding System)

가장 간단한 급전회로로 전차선로 구성은 전차선과 레일만으로 된 것과 레일과 병렬로 별도의 귀선(歸線)을 설치한 2가지 방식이 있다.

이 방식은 회로구성이 간단하기 때문에 보수가 용이하며 경제적이지만 전기차 귀선 전류가 레일에 흐르므로 레일에서 대지누설전류에 의한 통신 유도장해가 크고 레일전위가 다른 방식에 비해 큰 단점이 있다.

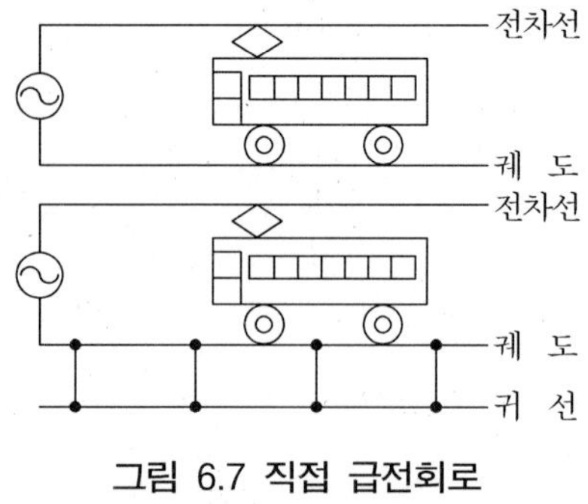

그림 6.7 직접 급전회로

2) 흡상변압기 급전방식(BT급전방식)

BT(Booster-Transformer)급전방식은 권선비 1 : 1의 특수변압기를 약 4km마다 설치하여 전차선에 부스터 섹션(Booster Section)을 설치하고 BT의 1, 2차측을 전차선과 부급전선(NF : Negative Feeder)에 각각 직렬로 접속하여 대지에 누설되는 전기차 귀전류를 BT작용에 의해 강제적으로 부급전선에 흡상시켜 통신선로의 유도장해를 경감하는 방식이다. 이 방식은 국내에서 유일하게 중앙선 청량리~봉양간에서 운용하고 있으나, 최근 중앙선 복선전철 공사를 건설하면서 단권변압기방식으로 바꾸고 있는 추세이다.

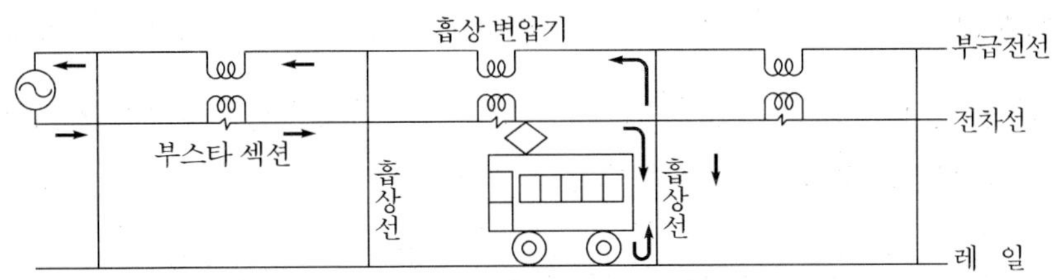

그림 6.8 흡상변압기 급전방식

3) 단권변압기 급전방식(AT급전방식)

AT(Auto-Transformer)급전방식은 급전선과 전차선 사이에 약 10km간격으로 AT를 병렬로 설치하여 변압기 권선의 중성점을 레일에 접속하는 방식으로 대용량 열차 부하에서도 전압 변동, 전압 불평형이 적어 안정된 전력공급이 가능하여 고속전철에도 이 방식을 채택하고 있으며, 레일에 흐르는 전류는 차량을 중심으로 크기는 같지만 각각 반대 방향의 AT쪽으로 흐르기 때문에 근접 통신선에 대한 유도장해가 적게되는 장점이 있다.

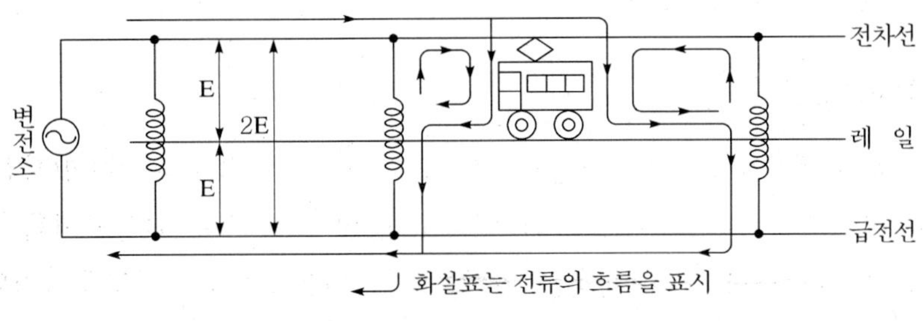

그림 6.9 단권변압기 급전방식

(3) 가선방식에 의한 분류

1) 가공 단선식

전차선을 궤도 상부에 가선하고 운전용 궤도를 귀선(歸線)으로 하는 급전방식으로 가선 구조가 간단하여 설비비 및 보수비가 저렴하다. 결점으로는 누설전류에 의한 전식의 피해가 크다.

2) 가공 복선식

정, 부 2본의 전차선을 궤도 상부에 가선(架線)하는 방식으로 노면전차의 일부에 사용되는 급전방식으로 가공 단선식보다 전식이 적다는 이점이 있으나 전차선의 설비가 복잡해지는 단점이 있다.

3) 제3궤조식

제3궤조식은 전차선 대신 운전용 궤도와 병행으로 급전궤도를 부설하여 집전(集電)하는 방식으로 지하철이나 터널 등에 채용되는 방식이다.

그림 6.10 제3궤조식

(4) 전기차 형태에 의한 분류

1) 경전철(輕電鐵)

경전철은 수송능력이 BUS와 일반전철의 중간정도인 5,000~18,000명/시간이며 비교적 짧은 운행시격으로 기존도시 철도망과 대규모 개발지역 또는 위성도시를 자동주행으로 연계하는 교통시스템으로 국내에서는 「경량전철」 일본에서는 「신교통시스템」, 구미에서는 「PM(People Mover)」 또는 「APM(Automated People Mover)」 등으로 부르고 있다.

경전철의 특징은 차량의 크기가 작고 노선계획의 탄력성으로 기존 도시철도에 비하여 건설비가 저렴하고 차량운행의 완전자동화 및 역 업무의 무인자동화 등으로 운영비가 절감되며 구배가 큰 노선(100‰)이나 곡선반경이 작은 노선(R=30m)의 격자형 도시구조에 적합하다.

2) 중전철(重電鐵)

중전철은 일반전철의 전기차를 말하며 여객수송을 목적으로 하는 전동차와 여객과 화물수송 겸용인 전기기관차로 구분할 수 있다.

① **전동차(도시전철용)**

단거리 도시간 철도 및 도시철도에 사용되는 방식으로 빈번한 주행, 정지가 반복되는 도심구간과 근교의 고밀도 수송수요를 담당하고 있으며 높은 가감속 성능을 그 특징으로 하는 가장 큰 수송용량을 갖는 교통수단이다.

㉠ 대형전동차

승차정원 150명 규모 이상의 차량 6량~10량을 1개 편성으로 연결하여 시간당 방향당 40,000명 이상 규모의 수송능력을 담당할 수 있는 최대 규모의 도시전철로서 국내에서는 1974년에 국철의 경부선(서울－수원), 경인선(서울－인천), 경원선(청량리-성북)과 서울지하철공사의 1호선(서울역－청량리역)으로 수도권 대중교통수단의 중추적 역할을 담당하고 있다.

- 차체크기 : 19500(L) × 3120(W) × 3600(H)(mm)
- 승차정원 : 148(운전실차), 160(중간차)(명)

㉡ 중형전동차

승차정원 120명 규모의 차량 4량~8량을 1개 편성으로 연결하여 시간당 방향당 25,000~40,000명 규모의 수송능력을 담당할 수 있는 도시전철 형식으로 국내에서는 1988년에 부산지하철공단에서 총연장 약 32.5km의 노선에서 약 300량의 중형전동차가 1일 평균 약 60만명의 승객을 수송 하고 있으며 이 외에도 대구시, 인천시, 광주시, 대전시 등에서 운행하고 있다.

- 차체크기 : 17500(L) × 2750(W) × 3600(H) (mm)
- 승차정원 : 116(운전실차), 124(중간차) (명)

(5) 운전속도에 의한 분류

1) 완속전철

일반적으로 운전속도가 200km/h 미만인 경우를 말하며 대표적인 것은 시가지 철도나 도시철도, 도시간철도 등을 운행하는 전철이다.

2) 고속전철

고속전철은 속도가 200km/h 이상을 말한다. 고속전철은 1964년에 일본의 동해도 신간선의 영업운전의 최고속도가 200km/h를 넘은 것이 실질적인 고속전철의 시발이라고 할 수 있다. 1955년에 프랑스의 전기기관차가 331km/h로 주행한 기록이 있지만 실제로 실용화되지는 못했었다.

1983년에 파리－리용간 남동신선 398km의 일부구간을 양단동력차방식의 전기열차로 최고속도 260km/h로 운전을 시작하여 1983년 전구간 개통 시에는 270km/h로 향상하였다. 이어 1989년 개통한 서남선은 TGV-A, 1993년 개통한 북유럽선은 TGV-R, 1994년 영불해협

통과 유로스타(Eurostar)에 의해 최고속도 300km/h로 운행하고 있다.

우리나라는 1983년에 경부고속철도 건설 타당성조사를 시작으로 1992년 6월 30일 천안-대전간 43.64km 시험선 구간의 착공으로 본격적인 고속철도 건설이 시작되어 2004년 4월 동대구까지 1차 개통된 후 2010년 부산까지(최고속도 330km/h) 전면 개통되었다.

3) 초고속전철

초고속전철은 고속철도의 속도한계를 넘는 운전속도로 주행할 수 있는 자기부상방식으로 자기력에 의해 궤도 위를 떠서 달리며 일반 전기차와 같이 회전형 전동기를 사용하지 않고 무한대의 반경을 갖는 선형전동기(Linear Motor)를 사용하여 비접촉식으로 운행되기 때문에 소음 및 진동이 없다.

(6) 수송목적에 의한 분류

1) 시가지 전철(Street Electric Railway)

시가지 도로상에 건설하여 버스처럼 운행되는 경량철도로 노면전차라고도 하며 저속으로 운전시간 간격을 짧게 운행하는 철도로서 스위스 등 유럽에서는 아직도 많이 운행되고 있다.

2) 도시 전철(Rapid Transit Electric Railway)

도시 내의 짧은 역간 거리에서도 높은 속도를 유지할 수 있어 대량 교통운송수단으로 적합한 철도로서 고가전기철도 및 지하전기철도 등을 총칭하는 중형철도이며 대도시 교통수단으로 각광을 받고 있다.

3) 교외 전철(Suburban Electric Railway)

도시를 중심으로 시가지 외곽을 운행하거나 시가지에서 교외로 운행되는 전기철도로 도시전철과 규모가 비슷하다.

4) 도시간 전철(Interurban Electric Railway)

도시와 도시간을 연결하는 중대형 철도로 일반적으로 정차간격이 길어서 표정속도가 크기 때문에 전기차의 출력이 높고 고속운행에 유리하다.

5) 간선 전철(Trunk Line Electric Railway)

국내의 간선을 이루는 철도로서 정차장 간격이 길고 열차단위가 커서 전기기관차 또는 전기차로 고속 운행을 필요로 하는 전기철도이다.

6) 산업선 전철(Industrial Line Electric Railway)

산업용 원자재(석탄, 시멘트 등)의 수송을 목적으로 운용되는 것으로 주로 산악지역이 많은 지역과 대량의 화물 수송이 요구되는 곳에 시설하는 전기철도이다.

6.3 전철설비의 급전계통

(1) 급전계통의 구성 및 특성

1) 급전계통의 구성

전철급전계통이란 변전소로부터 급전거리, 전압강하, 사고시의 구분, 보수 등을 고려하여 전차선로를 적당한 구간으로 나누어 급전, 정전이 가능하도록 한 전기적인 계통구성을 말한다. 급전계통은 전압강하, 사고시의 구분, 보호계전기의 보호범위 및 가선 범위 등과 관련하여 전철화 계획시 고려 되어야할 중요한 요소 중의 하나이다.

2) 급전계통의 특성

전철급전계통은 동력원인 전기가 정전되면 열차운행이 정지되므로 고신뢰도, 고안정도의 전원설비가 요구된다. 전철부하는 차량의 특성상 기동, 정지가 빈번하게 반복되고 그 위치가 이동하기 때문에 부하의 크기 및 시간적 변동이 극히 심하다.

(2) 급전계통의 운전 및 분리

1) 급전계통의 운전조건

전철급전회로는 특수하지만 안전하고 신속하며 확실하게 열차를 운행하게 하기 위해서는 전차선 전압이 차량의 운전에 영향을 주지 않는 일정한 범위를 유지하여야 하고 전류용량이 차량부하에 충분히 견딜 수 있도록 하여야한다.

변전소, 전차선로, 차량간의 절연협조가 충분히 검토되어 요구되는 절연강도, 절연 이격거리가 확보되어야 하고 보수작업 및 사고 발생시 신속하게 사고개소를 구분하고 필요한 조치를 취할 수 있도록 하여야한다.

2) 급전계통의 분리

① 급전별 분리

급전별 분리는 인접 변전소와 상호 계통운전을 원칙으로 하고 각 변전소별로 전압 위상별, 방면별, 상하선별로 구분하여 급전할 필요가 있다.

② 본선간의 분리

본선간의 분리는 동일계통 급전구간에 사고발생시 해당구간을 분리하고 급전할 수 있도록 급전구분소(SP) 및 보조급전구분소(SSP)를 두어 구분한다.

③ 본선과 측선의 분리

주요역 구내에서는 사고시 사고구간의 단선운전 또는 타절 운전 등을 할 필요가 있기 때문에 주요역 구내의 전차선을 분리하여 상하선별 다른 급전계통으로부터 상호 급전 가능하도록 하거나 측선에서 사고발생시 본선과 분리하여 열차운행을 할 수 있도록 하는 것이다.

④ 차량기지와 본선과의 분리

전동차 및 전기기관차 기지는 수많은 열차가 대기 및 정비를 하고 있기 때문에 본선계통의 사고에 의한 구내의 검수 등에 영향을 받기 때문에 본선으로부터 분리하여 별도의 급전을 할 필요가 있다.

(3) 전기방식별 급전계통

1) 직류급전계통

직류급전구간에는 변전소(Sub Station) 및 급전구분소(Sectioning post)간을 1구간으로 하여 방면별, 상하선별로 급전하며, 상, 하 방면별 외에 큰 역구내 · 차량기지 등에 별도의 단독 급전회로를 구성한다. 직류급전계통에서는 전식(電食)대책을 세워야 하는데 전식은 직류전기가 ⊕에서 ⊖로 흐를 때 레일을 통해 땅속(⊖)으로 흘려 보내버린다면 땅속에 묻혀있는 수도관 등의 매설물에 전류가 통하여 전기분해가 일어나게 되고 매설물이 부식되게 되므로 이를 줄이기 위해 전차선을 ⊕, 레일을 귀(歸)선로(⊖)로 하여 레일과 변압기의 ⊖측을 연결하여 레일쪽은 차량이 통과하면서 급전회로를 구성할 때만 전기가 흐르게 되므로 전식위험이 크게 감소된다.

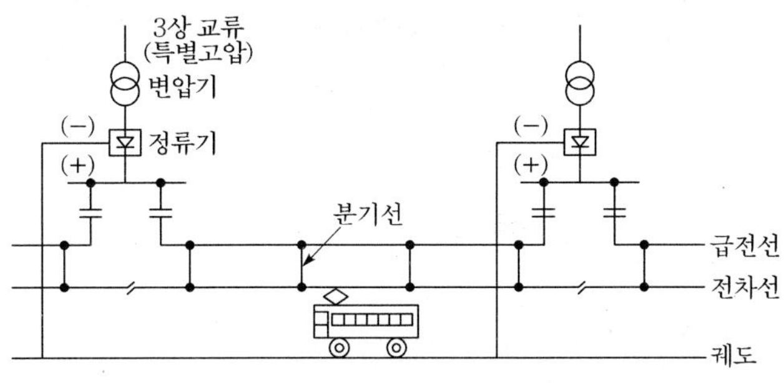

그림 6.11 직류급전계통

2) 교류급전계통

① **전철변전소(S/S : Sub-Station)**

한국전력 변전소로부터 수전받아 변압기에 의해 전기차에 필요한 전압으로 변성하여 전차선로에 공급하는 역할을 한다.

② **급전구분소(SP : Sectioning Post)**

급전구간의 구분과 연장을 위하여 개폐장치 설치

③ **보조급전구분소(SSP : Sub-Sectioning Post)**

작업시나 사고시의 정전구간을 줄이고, 연장급전을 위해 개폐장치 설치

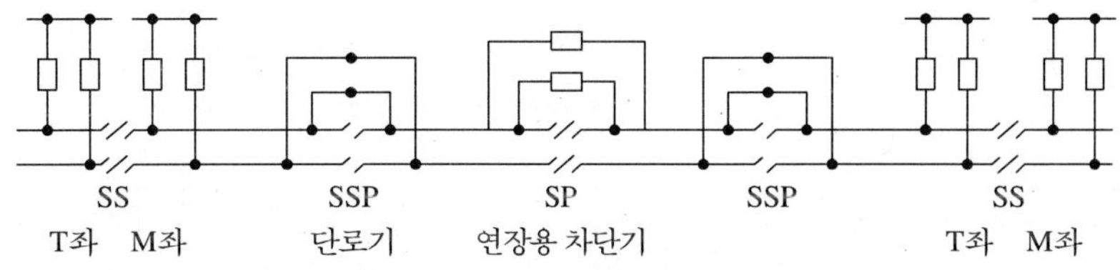

그림 6.12 교류급전계통

(4) 전차선로와 열차운전

1) 절연구간과 열차운전

① **절연구간(Neutral Section)의 필요성과 설치 기준**

㉠ 절연구간(絕緣區間, Neutral Section))이란?

- 전기차에 공급되는 이종(異種)의 전기방식인 교/ 직류방식간의 연결부분이나
- 교류방식에서 전기공급변전소가 다른 경우 또는 변전소와 변전소간 및 동일 변전소에서 공급되는 이상(異相)의 전기를 구분하기 위하여 전차선에 일정한

길이를 전기가 통하지 않는 물체(FRP)로 구분하는 장치

㉡ 절연구간의 필요성

- 交·직 절연구간 : 직류방식(DC 1,500V)을 사용하는 서울시지하철과 교류방식(AC 25,000V)을 사용하는 철도공사 구간을 전기적으로 구분하기 위하여 설치(이종<異種> 전기구분)
- 交·交 절연구간 : 변전소앞이나 변전소간에 이상(異相)의 전기를 구분하기 위하여 설치(이상 전기구분)

㉢ 절연구간의 설정기준

- 절연구간 통과 시에는 전기차가 동력이 없는 상태로 타행으로 운행하여야하기 때문에
- 타행 운전을 원활히 하기 위하여 가급적 평탄지 또는 하구배 및 직선구간에 설치
- 절연구간 적정위치 선정조건
- 곡선반경(R) = 800m 이상 - 평지 또는 하구배 - 상구배 5% 이내

㉣ 절연구분장치 설치현황(수도권)

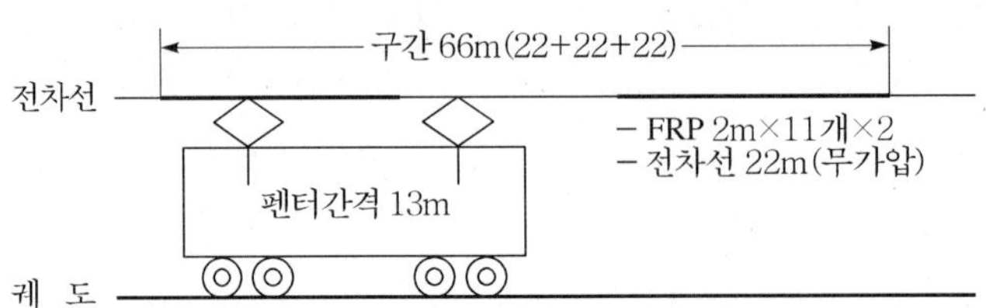

그림 6.13 교류/직류 절연구분장치 구조

노선		구간	구분	길이
기설	경부선 ~ 지하철 1호선 ~ 경원선	· 서울역 ~ 남영역간 · 지하청량리역~청량리역간	직류/교류	66m
	과천선 ~ 지하철 4호선	· 남태령역 ~ 선바위역간	〃	66m
	국철 경원전철	· 회룡역 ~ 의정부역간 · 용산역 ~ 이촌역간	교류/교류	22m 110m
	국철 망우전철	· 성북역 ~ 망우역간	〃	22m
	국철 중앙전철	· 청량리역 ~ 망우역간	〃	42m
	국철 경부전철	· 구로역 ~ 가리봉역간 · 군포역 ~ 부곡역간	〃	22m 22m
	국철 경인전철	· 구일역 ~ 개봉역간 · 주안역 ~ 동인천역간 · 송내역 ~ 부개역간	〃	22m 22m 22m
	국철 안산전철	· 금정역 ~ 산본역간	〃	22m
	국철 분당선	· 모란역 ~ 야탑역간	〃	22m

② 절연구간의 열차운전

㉠ 가선절연구분장치의 구조

• 교류/직류절연구간의 길이는 66m로써 2m(FRP)×11개+22(전차선)+2m(FRP)×11개로 되어 있으며 전차선부분은 평시는 가압되어 있지 않음

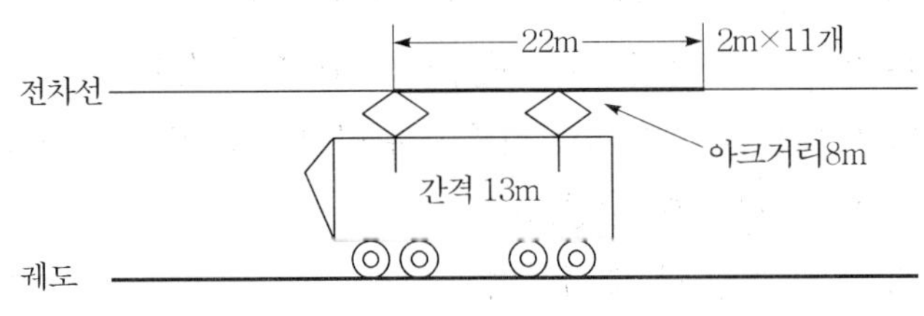

그림 6.14 절연(FRP) 구간

• 교류/교류절연구간의 길이는 22m이며 2m용 FRP(절연체)를 11개를 연결한 구조이다.

㉡ 운전관련 절연구간 각 표지류와 설치기준

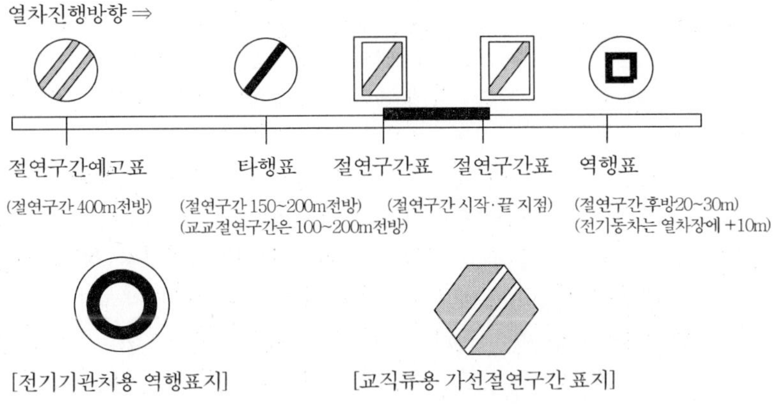

그림 6.15 각 표지류와 설치기준

• 위 표지류에서 절연구간표 교직용은 좌측
• 역행표의 전기기관차인 경우는 우측임
• 각 표지류는 승무원이 쉽게 알 수 있도록 설치한다.

㉢ 절연구간의 열차운전방법

• 교/교절연구간 : 절연구간 열차접근시 수동으로 Notch off하고 절연구간을 타행으로 통과한후 수동으로 Notch on
• 교/직절연구간 : 절연구간에 열차접근시 수동으로 Notch off한 후 교직절환 스위치를 조작하고 절연구간을 타행으로 통과한 후 수동으로 Notch on

㉣ 절연구간 운전 미취급(판오바)과 시설장애

- 모든 절연구간을 Notch off하지 않고 통과시 절연구간장치에는 아크가 발생하여 전차선로의 제설비를 수명을 단축시킬 뿐만 아니라 이상 전압 등으로 인해 변전소의 계전기를 동작시켜 트립 등이 발생되며,
- 특히 교/직절연구간에서 교/직절환스위치 미조작상태로 절연구간 통과 시 전기차는 무전압을 감시하여 전동차 주회로를 자동차단하는 보호회로 기기가 동작되나 보호회로 기기 동작전에 직류구간으로 진입시 전동차의 휴즈와 피뢰기를 소손하는 사고가 발생된다.

㉤ 절연구간 열차정지 시 조치방법

전기동차가 교교절연구간에 정차한 경우

① 퇴행일 경우 운전사령에 보고하여 퇴행 승인을 얻는다.
② 회생제동을 차단하고 차장과 협의하여 적당지점까지 타력으로 퇴행 또는 진출(25km/h 이하)한 후 MCB 차단시 투입 후 계속 운전한다.

전기동차가 교직절연구간에 정차한 경우

① 앞의 팬터 1개가 절연구간에 정차 또는 앞의 팬터가 절연구간에 인접하여 정차한 경우
- 가선전원과 ADS(교/직절환스위치)위치를 합치시켜 MCB를 투입한다.
- 퇴행일 경우 운전사령에 보고하여 퇴행 승인을 얻는다.
- 회생제동을 차단하고 차장과 협의하여 일정거리까지 퇴행(25km/h 이하)한 후 절연구간 전방에서 교직절환하여 계속 운전한다.

② 앞의 팬터 이후의 팬터가 절연구간에 정차한 경우
- 앞의 유니트의 MCB가 투입되어 있으므로 그대로 인출하여 전도운전한다.

(5) 열차운전관련 각종 표지류

1) 가선종단표

① 전차선로가 끝나는 지점에 설치하여 더 이상 전차선이 없음을 표지한다.

② 운전방법 : 전기기관차, 전기동차(이하 전기차)는 이 표지를 넘어서 운전하지 못한다.

백색바탕에 적색글씨

그림 6.16 가선종단표지

2) 구분표

① 전차선의 급전구분장치 시작지점에 설치한다.

② 전기의 구분(즉, 같은상의 전기를 분리할 때나 측선이나 본선 등 작업시 정전으로 분리될 경우)

③ 운전방법 : 전기차 운전중 팬터그래프가 전차선 구분장치에 걸리지 않도록 하여야 한다(머무르거나, 정지하면 장애가 발생).

흑색 둘레, 백색 바탕, 적색 1줄

그림 6.17 전차선 구분표지

3) 팬터그래프 내림 예고표와 팬터그래프 내림표

① 전차선 작업시에 작업장소를 알려 운전에 지장이 없도록 하기 위한 표시이다.

② 팬터그래프 내림 예고표는 작업전방 200m 이상(곡선은 400m 이상) 지점에 설치한다.

③ 팬터그래프 내림표는 작업전방 20m 이상 지점에 설치한다.

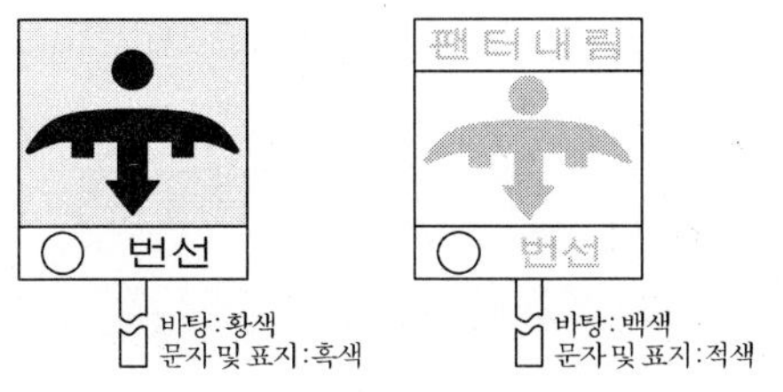

그림 6.18 팬터그래프 내림 예고표

④ 운전방법 : 예고표지를 확인하고 관계처(관제사, 역운전)에 무선교신으로 작업 확인 후 지시에 따르거나 작업장소접근시(내림표지점)먼저 주의기적을 울리고 팬터그래프를 하강시켜 타력으로 통과하여야 한다.

4) 전차선 작업표시

① 전기직원이 역구내외 본선에서 작업을 할 때, 그 작업지점을 표시하기 위하여 전차선 작업장소 200m(곡선구간 400m 이상) 전방에 설치한다.

② 운전방법 : 전차선 작업표지를 확인하였을 경우에는 주의 기적을 울려 열차 접근을 알려야 한다.

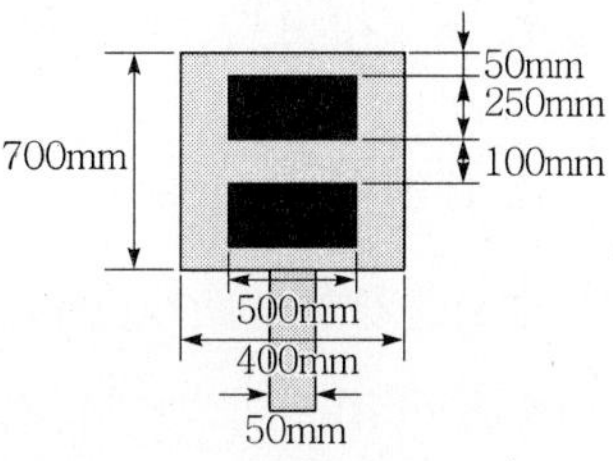

그림 6.19 전차선 작업표시

(6) 전차선로의 단로기 취급

전기차가 항상 운행하지 않는 화물측선이나 가선절연구간 안의 일정부분 전차선구간 조작용 단로기는 평시 개방(OFF)되어 있어야 한다.

① 단로기를 일시 투입(ON)할 수 있는 경우

- 화물측선에 전기차를 진입시킬 경우 : 역장 승인
- 전기차를 검수차고에 진입시키거나 유치선에 유치시킬 경우 : 검수담당 소장의 안전관계 확인 후 투입
- 구내 본선이나 측선의 전차선 작업시 : 역장 협의 급전사령의 승인후 개 방, 투입시에도 급전사령의 승인 후 역장에 통보 한다

② 전기소장은 전원 절체용 단로기를 개방, 투입하는 경우 전기차 소속장과 협의후 운전사령의 승인을 받아 취급한다.(특히 차량기지에 주의)

③ 단로기를 취급하기 위해 사용한 열쇄는 그때마다 쇄정하고 이를 제거 하여야 한다.

④ 단로기가 설치되어 있는 소속 또는 전기기관차(절연구간용 단로기)에는 단로기 열쇄를 항상 비치하여야 한다.

⑤ 단로기 보관 책임 및 개방투입 가능자

설치 위치	보관 책임	투개방 가능자	비 고
구내 측선단로기	역장	역장	각 소속장은 담당자를 지정하여 보관투입, 개방할 수 있다.
검수차고단로기	검수소속장	검수소속장	
절연구간 단로기	운전자(전기소장)	운전자, 전기소장	
변전소 및 기타	전기소장	전기소장	

(7) 전차선로 설비

집전장치를 통하여 전기차량에 전력을 공급하기 위해 선로연변에 설치한 전선로 및 전선로를 지지하기 위한 지지물을 전차선로라 한다.

1) 전차선의 구성

가공단선식은 전차선을 달아매는 방식으로 전차선의 중량으로 인한 처짐이 생긴다. 이 처짐은 전차선의 지지간격이 길면 길수록, 전차선이 무거우면 무거울수록 전차선의 장력이 낮으면 낮을수록 커진다.

전차선의 처짐이 약간 커도 전기차량의 속도가 낮을 때는 집전장치의 전차선에 대한 추수성(追隨性)은 지장이 없지만 고속도에서는 집전장치의 상하동(上下動)이 심해 전차선으로

부터 이선(離線)하여 장애가 일어난다.

① **전차선의 구비 조건**

- 기계적 강도가 커서 자중뿐 아니라 강풍에 의한 횡방향하중, 적설결빙 등의 수직 방향하중에 견딜 수 있을 것
- 도전율이 크고 내열성이 좋을 것
- 굴곡에 강할 것(전차선의 취급을 용이하게 하기 위해 어느 정도의 굴곡에 견뎌야 함)
- 건설 및 유지비용이 적을 것
- 마모에 강할 것

위의 조건을 만족시키는 것으로서 우리 철도에서는 홈경동선(硬銅線)이 널리 사용된다. 단면적은 110mm^{2}이다(대부하전류, 고(高)장력구간에는 단면적 170mm^{2}의 전차선을 사용한다).

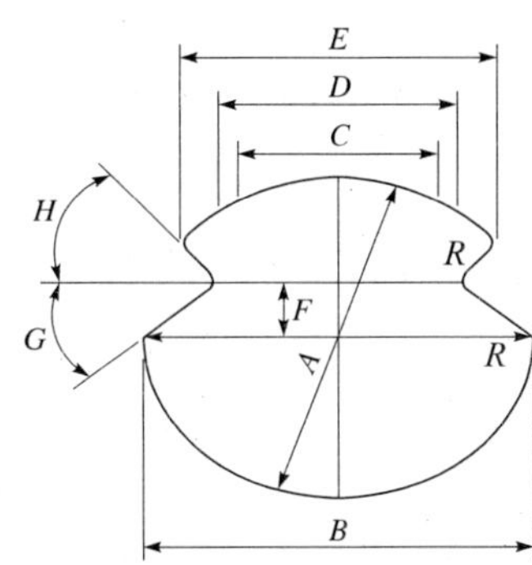

구분 (mm^2)	A (mm)	B (mm)	C (mm)	D (mm)	E (mm)
110	12.34	12.34	6.85	7.27	9.75
170	15.49	15.49	7.32	7.74	11.43

구분 (mm^2)	F (mm)	G (°)	H (°)	R (mm)	WT (kg/m)
110	1.7	27	51	0.38	0.9877
170	2.4	27	51	0.38	1.511

그림 6.20 전차선규격

② **전차선의 설치 높이와 편위**

- 전차선의 높이 표준 : 레일면상에서 5,200mm(최고 5,400mm, 최저5,000mm. 단, 터널, 구름다리, 육교, 교량 및 역사 등 부득이한 경우에는 그 높이를 산업선에 한하여 4,850mm까지)
- 또한 강체가선구간에서는 레일면상 4,750mm를 표준으로 한다. 전차선의 고저차는 원활한 집전을 위해 적을수록 좋겠으나 고저차를 지지점의 간격으로 나눈값, 즉 전차선 구배는 레일면에 대하여 본선로에서는 3/1000(터널, 구름다리 등과 건널목이 인접한 장소에서는 4/1000) 이하, 측선에서는 15/1000 이하로 한다.
- 전차선과 궤도중심선과의 거리를 편위라 한다. 전차선이 궤도중심선으로부터 너무 이탈하면 팬터그래프가 전차선에 끼어 사고를 일으키는 경우가 있으므로,

• 전차선 편위의 한계는 팬터그래프의 집전 유효 폭을 약 1m로 보고 차량의 동요(動搖)에 따른 팬터그래프 경사를 고려하여 최대를 좌우 250mm로, 표준편위를 200mm로 정하고 있다.

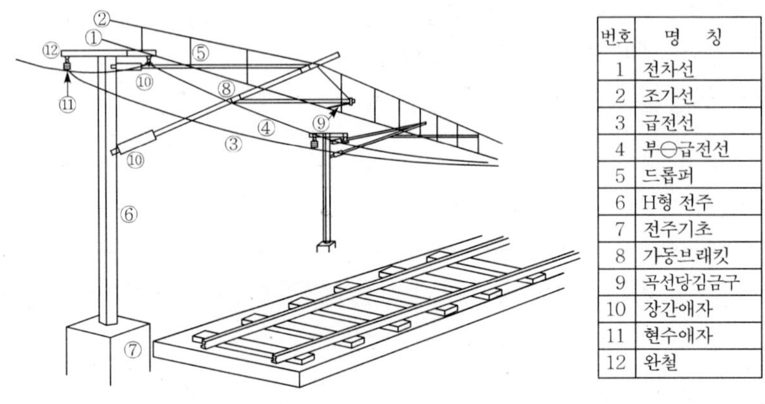

번호	명 칭
1	전차선
2	조가선
3	급전선
4	부⊖급전선
5	드롭퍼
6	H형 전주
7	전주기초
8	가동브래킷
9	곡선당김금구
10	장간애자
11	현수애자
12	완철

그림 6.21 전차선로의 구성

• 팬터그래프가 접촉판의 한부분만을 연속하여 전차선과 접촉하면 편마모(偏磨耗)의 원인이 되며 접촉판이 파손될 위험이 있으므로 이것을 방지하기 위하여 직선로 및 곡선반경 1,600m이상의 선로에서는 전주 2개 사이를 일주기(一週期)로 좌우 교대로 200mm의 편위를 두도록 하고 있다. 이것을 지그재그(Zigzag)가선이라 한다.

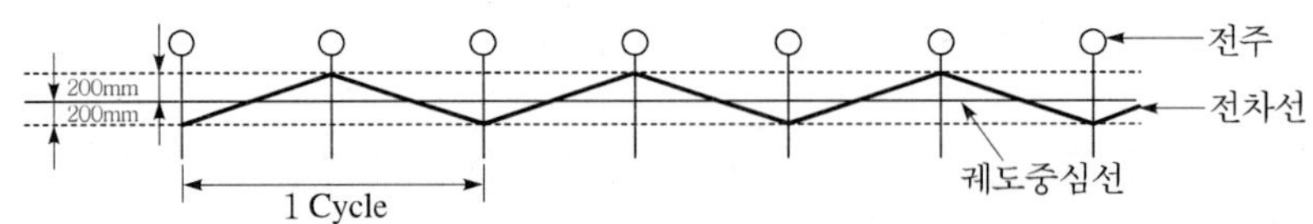

그림 6.22 전차의 지그재그가선

2) 전차선 조가방법

전차선(Contact wire)을 지지하는 방법에 따라 직접 조가(弔架)방식, 커티너리(현수)조가방식, 강체조가방식으로 나누는데 직접조가방식은 조가선을 설치하지 않고 직접 전차선을 늘어뜨리는 방식으로 비용이 싸다는 장점도 있으나 조가점이 경점이 되는 단점을 가지고 있어 저속 주행하는 역구내측선이나 노면 전차선 등으로 사용되는 정도이고 우리나라에서는 커티너리 조가방식을 주로 사용하고 있으며 터널구간 등에서는 강체조가방식을 사용하기도 한다.

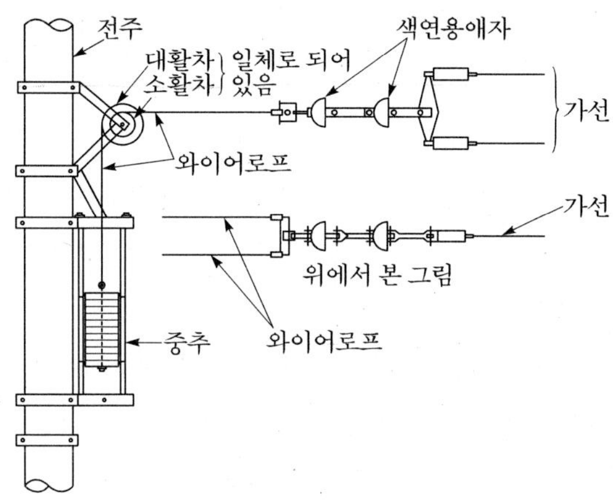

그림 6.23 중추식 조정장치의 구조

① 심플커티너리 조가방식

전차선의 윗쪽에 조가선을 설치하고 이 조가선에 행거(Hanger)나 드롭퍼(Dropper)로 전차선을 잡아매어 전차선의 처짐을 조가선이 흡수토록함으로써 전차선은 레일 상면으로부터 고저차 없이 일정한 높이로 되도록 하는 구조이다. 또 기온의 변화 등에 대응하여 신축가능토록하고 항상 일정한 장력이 유지되도록 전차선의 끝에 활차를 매개로하여 무거운 추를 매다는 중추식 자동장력조절장치가 일반적으로 사용된다.

우리나라에서는 강체조가식을 설치한 지하구간 등을 제외하고, 본선 및 부본선은 헤비심플커티너리방식을 측선과 건널선은 심플커티너리방식을 사용하고 있다.

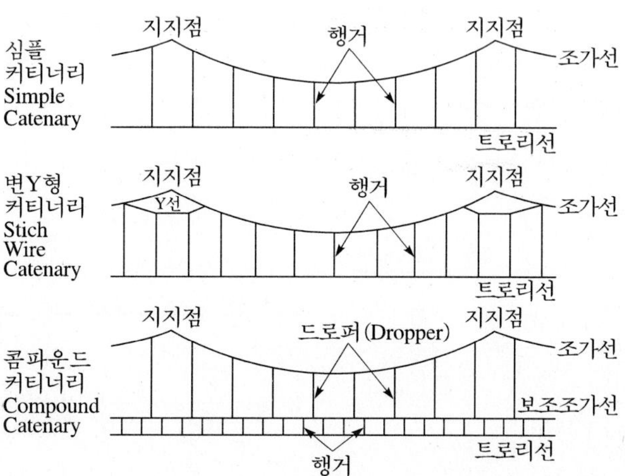

그림 6.24 커티너리방식의 종류와 구조

② **강체조가방식**

커티너리 방식으로는 터널의 단면적이 커질 수밖에 없기 때문에 가선식 지하철 등에서는 강체조가방식이 사용된다. 터널 천장에 알미늄합금제의 T형재를 애자에 의해 지지시켜 놓고 이 아랫부분에 알미늄제 이어(Ear)에 의해 전차선을 연결 고정한다. 알미늄합금제인 T형재(T-Bar)가 급전선을 겸하면서 단선의 위험이 없고 터널의 높이를 낮게 할 수 있는 것이 최대의 장점이다.

최근 건설된 과천선과 분당선에는 지하구간에 교류 25,000V 방식으로 건설하면서 강체조가방식 중에서도 R-bar방식을 채택하였다. 이 방식은 지하구간을 기존의 교류 25,000V방식으로 시공할 경우 지지물과 이격거리 확보가 곤란한 것을 해결할 수 있을 뿐만 아니라, 전차선 지지점 간격이 T-bar에 비해 1/2이며 자동 가선 도르레를 이용하여 가선할 수 있어 시공상 예산을 절약할 수 있는 장점이 있다.

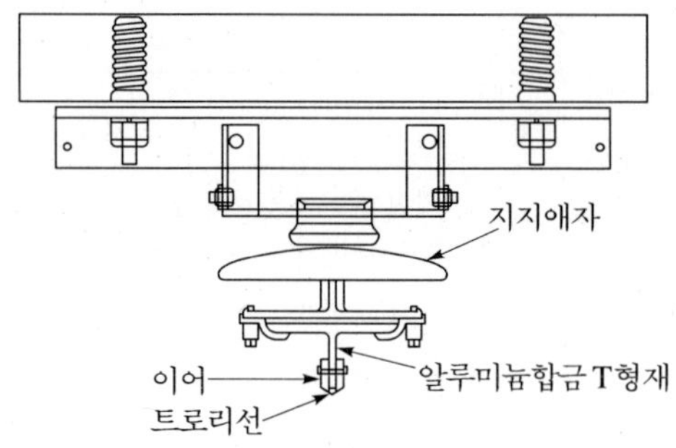

그림 6.25 강체조가방식

㉠ 지지장치

강체 전차선의 지지장치는 구축물 천장에 콘크리트 타설 시 매입한 앵커 볼트 및 지지금물과 절연애자로 되어 있으며, 절연애자는 지지금물에 거치되어 있는 상태로서 전차선로의 신축에 유연하게 대처한다.

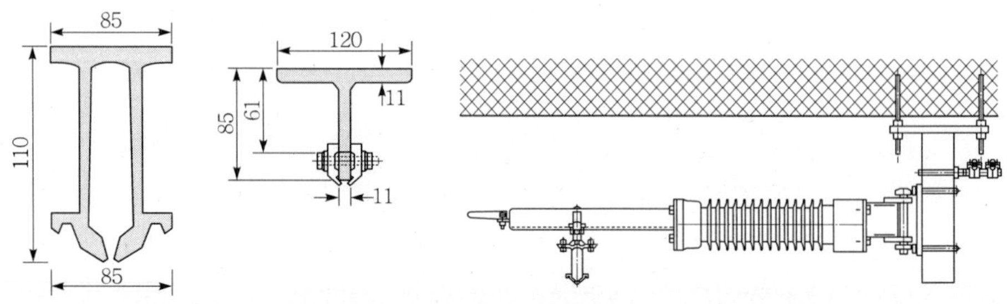

그림 6.26 R-Bar 브라겟트구조도

㉡ 익스펜션 조인트(Expansion Joint)

강체가선의 온도변화에 따른 신축물을 분산시키고 흡수하기 위하여 200~250m 구간마다 선로를 기계적으로 구분하며 두 전차선은 점퍼와이어로 연결되어 있다.

㉢ 앵커링 설비(Anchoring)

온도변화에 따른 신축, 선로구배, 팬터그래프(Pantograph)의 압상력 및 기타에 의하여 강체가선이 이동하는 것을 방지하기 위하여 익스펜션 조인트 중간지점에 설치하게 되며 이 지점에서 편위가 최대로 된다.

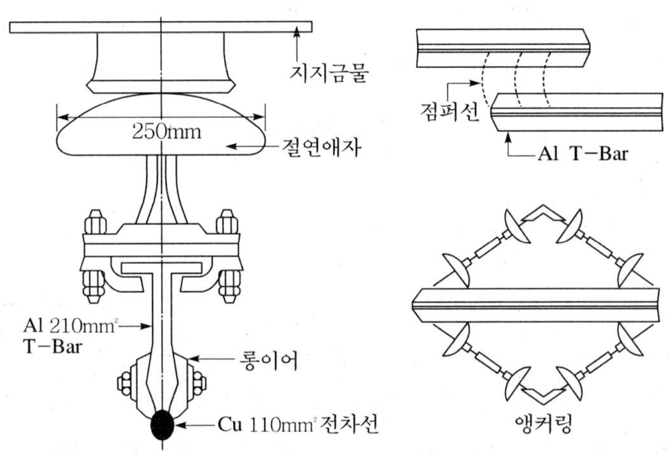

그림 6.27 강체 가선방식의 구조도

③ 제3궤조방식

외국에서 많이 사용되고 있는 방식으로서 지상구간과 상호 직통운전하지 않는 지하철 전용의 궤도뿐인 경우에 이 방식이 많이 쓰인다. 이 방식은 전차선을 지상의 레일과 같은 높이로 2개의 주행궤조 외측에 별도 전령 구획시설(제3궤조)하여 집전화(Collector Shoe)에서 습동 집전하는 방식으로서 보통 직류 750V 이하의 전압이 채용되며 프랑스 파리의 지하철인 RATP는 모두 이 방식을 채용하고 있으며 근래에는 여러 곳에 시설되고 있다.

제3궤조방식의 특징으로는 전동차의 옥상부에는 부착물이 없기 때문에 미려한 모양이 되며 터널의 단면(높이)을 축소할 수 있어 터널 건설비가 매우 적어지며 지상부에서는 충전부분이 그대로 포설 노출되는 상태임으로 영업 중 일체의 인축이 접근하여서는 아니 되며 다른 전차선 방식과는 궤도를 공유할 수 없음으로 우리나라에서는 채택하고 있지 않는 방식이다. 어린이 대공원 등에 시설된 관광용 궤도차에 주로 사용되며 지하 전기철도의 가장 초창기 방식이라고 할 수 있다.

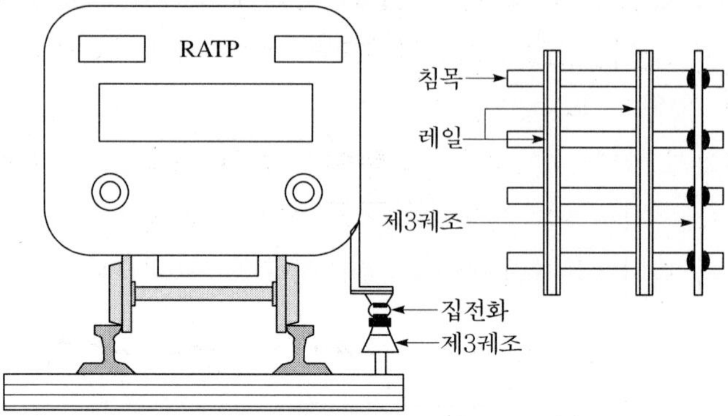

그림 6.28 제3궤조방식의 구조도

(8) 구분장치(Section)

전차선로가 전(全)선에 걸쳐 전기적으로 접속되어 있다면 전차선로의 일부에 단선 및 장애등의 사고가 발생한 경우 또는 정전작업의 필요가 생길 경우 전체 전차선로를 정전시켜야만 한다. 따라서 사고 혹은 작업상의 이유로 정전시켜야 할 경우 그 영향을 사고구간 또는 작업구간에 한정시키고 기타 구간은 급전상태를 유지하기 위하여 전차선에 절연체를 삽입하여 팬터그래프가 전차선과 접촉할 때 열차운행에 지장이 없도록 한 장치를 섹션(Section) 혹은 구분장치라 한다. 이들 섹션은 구간별 급전 또는 정전은 변전소의 차단기나 현장에 설치되어 있는 개폐기에 의한다.

구분장치는 같은 상의 본선을 구분하거나 흡상변압기 및 직렬 콘덴서설치 개소에 설치하는 에어섹션과 같은 상의 상하선구분과 측선구분 등에는 애자나 절연 수지제를 삽입하여 구분하는 애자형섹션이 있는데 최근에는 수지제 CF제를 많이 사용하고 있다. 외에도 이상구분을 하는 절연구간장치(절연구간)와 사고시 긴급 구분용비상용 섹션이 있으며, 전기적으로는 접속되어 있으며 전차선의 연결부위에 사용하는 에어조인트, R-Bar조인트가 있다.

1) 에어섹션(Air section)

그림 6.29에서 A, B전원이 같은 종류, 같은 상으로 팬터그래프가 양쪽전차선을 같이 접촉하여도 무방한 경우에 설치하며 열차가 이 구간을 통과할 때 열차내에 정전 현상은 없다. 따라서 열차는 항상 역행운전이 가능하며 특별한 추가부담이 없이 설치가 간단하고 경제적이다. 평행부분 전차선의 이격거리는 300mm를 원칙으로 한다.

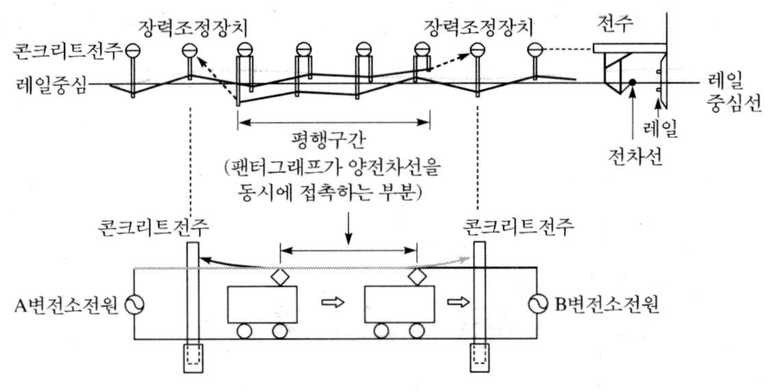

그림 6.29 에어섹션 구성평면도

2) 에어조인트

① 다른 구분장치들이 전기적 구분을 목적으로 하고 있음에 반해 전기적으로는 접촉하고 있으면서 전차선을 기계적으로 구분하여 주는 장치이다.

② 전차선을 한없이 길게 가설한다면 이도(弛度) 즉 처짐을 조정할 수 없으며 취급하기도 곤란할 뿐 아니라 자동장력 조정장치의 중추(重錘)의 동작범위가 지지점의 지상높이에 의해 한정되어 있으므로 전선의 선팽창계수와 온도변화의 범위에 의해 인류(引留) 간격이 한정될 수밖에 없다

③ 따라서 중간중간에 전차선을 약 1,600m 이하로 구분 절단하여 자동으로 장력을 조정하는 것이 에어조인트의 설치 이유이다.

④ 이때 인류와 다음인류구간의 전선이 서로 교차되는 평행개소가 이때 반드시 생기게 되며 이 평행개소를 균압선을 이용하여 전기적으로 접촉시킨 것이 에어조인트이다.

⑤ 즉 기계적으로 완전히 구분된 별개의 설비를 전기적으로 균압선을 사용하여 접속한 것을 말한다.

(9) 송 · 배전 설비

1) 개 요

① 정 의

- 송배전선로 : 송전선로 및 배전선로의 총칭임
- 송전선로 : 발전소 상호간, 변전소 상호간 또는 발전소와 변전소간의 전선로(電線路) 또는 이에 속하는 개폐소 기타의 전기공작물(電氣工作物)

- 배전선로 : 발전소, 변전소 또는 송전선로와 수용설비(需用設備)간 또는 수용설비간의 전선로 또는 여기에 속하는 개폐장치 기타의 전기 공작물
- 전기사업법상 용어의 정의를 풀이하여 본다면 제품의 생산, 유통과정에 비교할 때 생산에서부터 도매단계까지가 송전선로이고 소매에서 소비자까지가 배전선로다 라고 생각하면 된다.

② 지하철의 송배전 계통

도시철도 전력계통은 한국전력공사(KEPCO) 변전소에서 교류 특고압 22.9kV를 지중선로로 통하여 단독으로 공급받아 지하철 변전소에서 직류 1,500V 및 교류 6,600V로 변성하여 전차선로 및 역사 전기실에 각각 급, 배전하고 있다. 이러한 지하철 전선로는 다음과 같은 4개 계통이 있다.

- 수전선로 : 한전 변전소에서 지하철 변전소에 이르는 교류 22,900V의 3상 4선식 전선로로서 한전으로부터 전력을 공급받는 역할을 한다.
- 연락 송전선로 : 지하철 변전소 상호간에 연결되는 교류 22,900V의 3상 4선식 전선로로서 한전으로부터 직접 전력을 공급받지 못하는 수전변전소에 전력을 보내기 위한 목적을 가지고 있으며 비 전선로가 설치된 관계로 한전 측의 갑작스런 정전 사고 시에도 우리 지하철은 다른 수전선로를 통하여 연락 송전이 되기 때문에 정전으로 인한 피해는 거의 방지 된다.
- 급전선로 : 법령상으로는 궤전선로(軌電線路)라고도하며 지하철 변전소에서 전차선에 이르는 직류 1,500V의 전선로로서 전차선에 연결되는 정급전선과 레일에 연결되는 부급전선으로 구분되며 전차선로에 전원을 공급하는 역할을 한다.
- 고압배전선로 : 지하철 변전소에서 역사 전기실 또는 역사 전기실 상호간에 포설된 교류 6,600V의 전선로로서 각 역사의 조명, 동력, 신호, 통신 등 부대전원을 공급하기 위한 목적을 가지고 있으며 공급된 고압은 전기 실내에 설치된 변압기를 통하여 220V, 380V 등 필요한 저압으로 변성되어 각 기능에 맞게 보내지는 것이다.

2) 수전 및 연락 송전선로

① 수전선로(受電線路)

거시적으로 전기사업자인 한전을 기준으로 볼 때에는 배전선로에 해당되나 우리 지하철을 중심으로 미시적으로 보면 전력을 받아들이는 전선로임으로 수전선로라 한다.

한국전력 변전소의 154kV/22.9kV 변압기 2차측 단로기 출구단자를 책임 분계점으로하여 CV케이블 또는 CN-CV케이블을 지중에 매설한 강관 또는 콘크리트 흄관에 보호하여 지하변전소까지 포설된 1~4Km 정도의 연장을 갖는 지중선로로서 최종년도 운행조건(10량 편성, 2분 시격운행, 승객하중 250%)에 적합하도록 케이블 단면적 150~400mm^{2}를 1상당 1본 내지 2본씩 사용하여 케이블 허용전류를 515~924A까지 하여 492~882A인 부하전류에 충분히 견딜수 있도록 하였다.

수전전압은 변전소 설비용량 및 수전선로의 길이 등을 고려할 때 22~66kV가 적합하게 되는데 66kV를 채용하게 되면 전력손실은 다소 저하되지만 전력케이블의 절연강도가 높아지고 외경이 굵어지면서 곡선반경이 커지게 되고 변전소의 지하공간 등 시설문제가 있어 현재 우리나라에서 가장 널리 사용되는 전기방식인 22.9kV 3상 4선식을 채택하게 되었다.

② **연락 송전선로(連絡送電線路)**

연락용 변전소는 평상시에도 수전용 변전소에서 이 전선로를 통하여 전력을 공급받게 되고 수전용 변전소는 해당 수전선로 계통이 정전 시에도 인접 수전용 변전소에서 이 선로를 통하여 전력을 공급 받을 수 있게 된다. 즉 지하철 변전소 상호간의 전선로로서 전력의 송·수전부는 일정하지 않으며 선로전압은 수전선로와 같다.

전선로는 지하철 터널내의 궤도를 따라 트라후 내에 부설되어 있으며 수전선로보다는 취급 전력량이 작으므로 보통 단면적 100~325mm^{2}의 CV케이블을 상당 1본씩 3가닥이 포설되어 케이블 허용전류 293~565A로서 205~558A에 충분히 견디도록 되어 있다.

연락 송전선로는 각 호선별로 수전선로가 1개씩만 건재하다면 모든 변전소 및 역사의 기능은 정상적으로 수행 될 것이다. 그러나 전선로의 수용전력량(케이블 단면적에 따른 허용전류 관계)에 한계가 있음으로 전동차의 운행시격은 별도로 고려되어야 할 것이다. 수전선로의 전기방식은 3상 4선식이지만 다중 접지방식임으로 연락 송전선로는 같은 전압에 3상 3선식이다.

3) 급전 및 고압 배전선로

① **급전선로(給電線路)**

정급전선은 변전소가 설치되어 있는 부근의 급전 구분점(Air Section)에서 상, 하선 또는 내, 외선의 양방향으로 4점에 연결된다. 이렇게 하여 급전구분점과 다음 급전구분점과의 1급전구간에는 2개소의 변전소에서 동시에 급전하는 방식인 병렬급전을 하게 된다.

지하구간에서는 정급전선의 종단은 T-Type의 Free Branch를 통하여 Al T-Bar에 직접 연결되며 지상구간에서는 단말기(Terminal)를 통하여 공급기(Feeder, HAL 510mm^2×2)에 연결된다.

부급전선은 500mm^{2}인 IV전선을 사용하며 변전소 Negative 단로기에서 인출되어 주행궤조의 임피던스 본드에 연결하여 귀선로를 구성한다.

정급전선은 대지전압(對地電壓)이 고전압이기 때문에 3.3kV용 CV케이블이 사용되고 부급전선은 대지전압(對地電壓)이 거의 0전위이기 때문에 일반 저압용 IV선이 사용되는 것이다.

② **고압배전선로(高壓配電線路)**

고압배전선로의 배전되는 계통은 [지하철변전소(A) → 변전소가 설치된 역의 전기실 ↔ 인접역의 전기실 ↔ 인접역의 전기실 ↔ 다음의 변전소가 설치된 역의 전기실 ← 지하철 변전소(B)]식으로 되어 있어 어느 역의 전기실이라도 2개소의 변전소에서 인출된 고압배전선로와 연결되어 단로기 및 차단기를 통하여 개폐선택이 된다.

4) 배전선로의 특성

① **배전선로의 구성과 전기방식**

- 전압의 종별
  - 저압 : 직류에서는 750V, 교류에서는 600V 이하의 전압
  - 고압 : 직류에서는 750V를, 교류에서는 600V 넘고 7000V 이하의 전압
  - 특별고압 : 7000V 넘는 전압
- 배전선로의 구성
  - 급전선 : 배전변전소 또는 발전소로부터 배전 간선에 이르기까지의 도중에 부하가 접속되어있지 않은 선로
  - 간선(Main Line) : 급전선에 접속된 수용지역에서의 배전선로 가운데에서 부하의 분포상태에 따라서 배전 하거나 또는 분기선을 내어서 배전하는 주간 부분
  - 분기선(Branch Line) : 간선으로부터 분기한 배전선로의 가지 모양으로 된 부분

② **배전선의 형태**

- 수지식(나무가지식 : Tree System)
- 환산식(Loop System)
- 망상식(Network System)

- Banking 방식

③ **배전선로의 전기방식**

우리나라 고압계통은 3.3kV, 6.6kV, 22kV의 3상 3선식이었으나 전력 수요의 증가에 따라 전압강하 및 전력손실의 경감을 도모하기 위하여 모두 22.9kV로 통일, 승압하고 있으므로 도시철도의 전기방식도 이에 따라 전력을 공급받고 있다.

- 3상 4선식(다중접지)

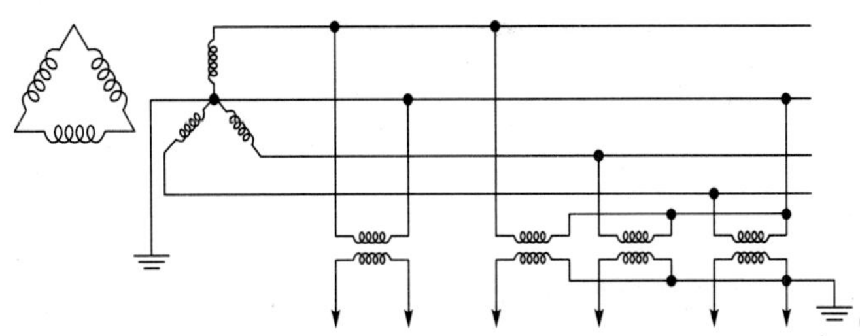

그림 6.30 3상 4선식(다중접지)

- 3상 3선식(비접지)

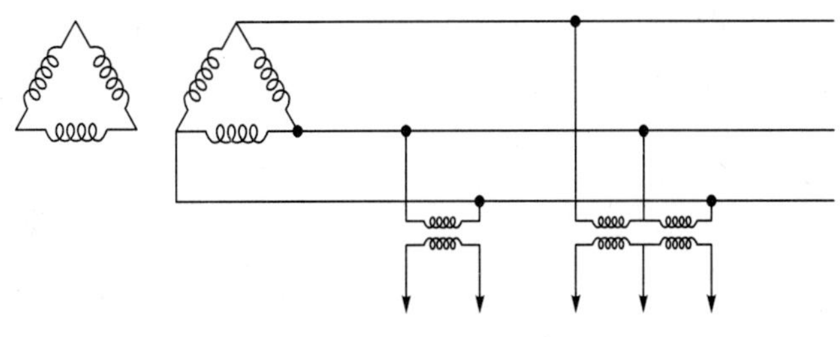

그림 6.31 3상 3선식(비접지)

(10) 역사 전기설비

역사 내부의 쾌적한 환경을 조성하고, 원활한 기능적 활동을 도모하려면 역사 건물의 훌륭한 배치, 구조, 적당한 출입구나 또는 아름다운 실내마감 등의 건축 디자인 외에 각종 설비가 필요하며, 여기에 전기설비의 첨가로 편리성, 쾌적성, 기능성이 배가된다.

역사의 설비는 기계설비와 전기설비로 크게 나누며, 기계설비에서는 온도, 습도, 공기의 청정도 등을 조절하는 항온. 항습 설비나 공기조화설비, 클린룸설비 등과 급수, 배수 및 위생설비로 구성되며, 전기설비는 모든 기계설비의 전원공급은 물론 역사 내, 터널, 옥외의 전기설비와 이의 전원설비로 구분되고 기능적으로 분류하여 보면 다음과 같다.

- 전원설비 : 전기에너지 공급원
- 전력공급설비 : 전력을 부하에 공급하는 설비

- 전력부하설비 : 전기에너지를 소비하는 설비
- 감시제어설비 : 전력공급 상태와 가동상태 등을 감시 제어하는 설비
- 반송설비 : 사람이나 물품을 전달하는 설비
- 정보설비 : 정보전달 설비
- 방재설비 : 재해예방, 통보역할을 담당하는 설비

도시철도의 시공 단계에서의 분류는 전기실, 간선, 동력, 조명, 터널설비와 같이 분류된다. 최근에는 전기설비가 시스템화하여 구성에 따라 전원설비, 부하설비 및 정보설비 등이 상호 조합된 시스템 기술로 발전되어 운용되고 있다.

1) 전원공급방식

전력을 전원으로부터 부하에 공급하는 전력공급설비는 각 부하설비에 공급망을 통해 전력을 보내는 설비로서 바닥 내에 덕트(Duct)를 설치하여 배선하는 플로어 덕트설비를 포함해 다량의 배선을 시설하는 경우에 덕트를 사용하는 설비인 배선 덕트, 케이블 래크설비와 전등 및 동력 등의 부하에 각각 배선을 집약하여 공급하는 옥내배선인 일반 간선설비 등을 전력 공급설비에서 취급하고 있다.

① **간선**

역사 건물 내의 전력계통 중 인입점, 축전지 등의 전원에서 변압기 또는 배전반 사이를 접속하는 배전선로 또는 배전반에서 각 층의 전등 분전반, 동력 제어반에 이르는 배전선로를 전력간선 또는 간선이라 한다.

② **분전반(Panel Board)**

분전반은 배전반(Switch Board)으로부터 각 선에서 소요의 부하에 배선을 분기하는 개소에 설치하는 것으로 배전반의 일종이며 대단히 많은 형식이 있다.

③ **분기회로(Branch Circuit)**

저압 간선으로부터 분기하여, 분기 과전류 보호기를 거쳐 전등 또는 콘센트와 같은 전기 기기에 이르는 배선을 분기회로라 한다. 분기회로의 종류는 회로를 보호하는 분기 과전류 차단기의 정격 전류에 따라 분류된다.

2) 전력부하설비

전력부하설비로는 역사 조명용 전등설비, 터널설비, 외등설비 등의 전등설비와 비상조명설비, 공기조화, 급·배수, 위생, 엘리베이터 등의 시설에 전력을 공급하는 동력설비와 배기팬, 소화펌프 등의 비상전원을 공급하는 비상동력, 일반 콘센트 및 비상 콘센트 등으로 되어 있다.

① 조명설비

최근 생활수준의 향상, 건축물의 고급화로 건축의 전기설비 중에서 조명에 소요하는 소비전력이 총 소비전력의 약 20~35%로 증가하고 있다. 더욱이 건물의 인텔리전트화 및 현대화는 종래 조명의 패턴을 변화시키고 있다. 이러한 조명설비는 명시조건을 만족시켜야 함은 물론, 건물내 각 작업장의 환경과 조화를 이루고, 한편으로는 경제적이며 취급하기 쉽고 안전해야 한다.

• 조명 용어

측정량	기호	단 위	단위의 읽기
광속	F	lm	루멘
광도	I	(lm/sr)=cd	캔들
조도	E	$(lm/m^2) = lx$	룩스
휘도	L	$(cd/m^2) = nit$ $(cd/cm^2) = stib$	니트, 스틸브
광속발산도	M	$(lm/m^2) = rlx$	래드룩스

• 광원의 종류 : 광원은 다음과 같이 분류할 수 있다.

- 주광
- 열방사 광원
- 연소 발광 광원(화학 및 열방사) - 섬광 전구
- 방전발광
- 전계발광(EL 램프) - 발광다이오드
- 레이저 발광(유도방사) - 레이저

② 콘센트설비

콘센트는 일반용과 비상용으로 나눌 수 있으며 여기서는 일반형 콘센트만 설명한다. 역사내의 콘센트의 역할은 크며, 콘센트의 소요 수는 그 사무실의 용도, 규모 등에 따라서 달라진다.

일반사무실의 보조 조명용 스탠드를 사용하기 위하여 콘센트가 설치되었으나 근래에는 천장 조명으로 충분한 조도를 얻기가 쉬운 관계로 제도실 등에서 스탠드를 사용하는 정도이고 OA사무용으로 공급하는데 많이 사용되고 있다.

③ 동력설비

배수펌프, 소화전, 스프링클러, 오수, 배연팬, 터널조명 및 콘센트, 비상콘센트, 축전지전원, 통신기계실 및 AFC 전원, 화재수신반 전원, 엘리베이터, 리프트 등

6.4 변전설비

(1) 변전소 주요기기

1) 배전반(Switch Board)

부착된 계기류에 의해 전력계통 및 기기 상태를 감시하고, 표시상태로 차단기, 개폐기의 개폐 상태, 배전반 또한 제어반에 설치된 스위치로 기기를 원격조작하고, 보호 계전기로 기기 또는 전선로의 이상을 검출하여 선택차단, 경보 등을 하는 전기 계통의 중추적인 설비이다.

① **구성요소**

- 감시제어용기기 : 계기, 표시등, 조작 계폐기, 보호 계전기, 경보장치
- 주회로용 기기: 차단기, 단로기

② **재료**

배전반의 재료는 대리석, 강판, 철판 등이 있으나 가볍고 튼튼하여 조립하기 쉬운 강판을 많이 사용하며 강판의 두께는 3.3mm, 2.4mm, 1.6mm 등을 용도에 따라 적용한다.

③ **배전반의 규격**

- 고압반의 규격 : W800 × D2,000 × H2,350
- 변압기반의 규격 선정
- 저압 배전반의 규격

2) 변압기

변압기는 수전전압 또는 배전전압은 부하에 적당한 전압(전동차용 AC590V, 배전용 AC6, 600V, 동력 및 조명용 AC380, 220V)으로 변환하는 것이며 변전설비중에서 가장 중요한 기기로서 그 신뢰도가 전기설비 전체의 신뢰도를 좌우한다.

① **정류기용 변압기**

정류기용변압기는 MOLD식 변압기이며 1차전압 AC22.9KV 2차전압 AC590V, 용량 3,390KVA, 12펄스 정류방식용 3권선 변압기이다.

② **고압배전용 변압기**

변전소에 설치된 고압배전용 변압기는 3상 AC22.9kV/6.6kV이며 그 용량은 부하 즉 각 역사 전기실 및 본선 환기실, 냉방부하 등에 따라 다르며 약 4000kVA-5500k

VA 정도이다.

③ 변압기의 온도상승과 과부하 운전

• 변압기의 냉각 방식

일반적으로 변압기는 유입식이든 건식이든 자냉식 냉각 방식을 채택한다. 특히 2중 정격용량으로 하려고 할 때는 송풍기를 설치하여 강제송풍식 냉각 방식을 채택한다. 이때는 자냉식 정격 용량의 약 30% 정도 용량을 증가하여 사용할 수 있다.

• 변압기의 온도 상승

표준상태(주위온도 최고 40℃, 표고 해발 1000m 이하)에서 변압기의 온도 상승은 다음에 의한다.

- 건식 몰드 변압기
- 유입변압기

3) 정류기

정류기는 정류기용 변압기로부터 고류 입력전압(AC590×2)을 받아 전동차에 공급하는 동력인 직류전압(DC1500V)으로 변성시키는 기기로서 변압기와 마찬가지로 전기설비 중에서 대단히 중요한 기기이다. 이 정류기는 실리콘 정류기로서 신뢰도가 높고 운전시 취급이 간단하며 보수가 용이하다. 냉각방식은 자냉식이며 정격은 1500V 3000kw이다.

4) 차단기(Circuit Breaker)

차단기는 회로의 사고시 고장전류에 차단하는 능력을 주목적으로 하여 회로를 선택하여 개폐하는 것이므로 동작횟수 등이 한정된다. 즉 차단기는 보통의 부하전류를 개폐함과 동시에 이상상태 발생시에 신속히 회로를 차단하고 회로에 접속된 전기기기, 전선 등을 보호하고 안전하게 유지하는 것이다. 지하철 전용 교류회로 차단기는 화재의 위험이 없고 차단시 소음이 적으며 수명이 길고 소형 경량구조로 유지보수가 간단하고 편리한 진공 또는 가스차단기를 채택하였고 22.9kV 계통에는 SF6가스의 소호 능력을 이용한 가스차단기(GCB) 520MVA를, 6.6kV 계통에는 진공차단기(VCB) 160MVA를 사용하였다.

① 교류차단기의 종류

• 유입차단기(Oil Circuit Breaker : OCB)

• 진공차단기(Vacuum Circuit Breaker : VCB)

• 공기차단기(Air Blast Circuit Breaker : ABCB)

- 기중차단기(Air Circuit Breaker : ACB)
- 자기차단기(Magnetic Circuit Breaker: MCB)
- 가스차단기(Gas Circuit Breaker : GCB)

② 직류 고속도차단기

직류회로에서는 교류회로와는 달리 고장전류의 극성이 일정하며 교류와 같이 1/2 싸이클마다 0(Zero)점을 통과하지 않는다. 때문에 낮은 전압의 아아크 단락이라도 고장전류가 지속되고 자연 소멸할 가능성은 적다. 따라서 고장점의 확대를 방지하고 신속히 고장회로를 분리하기 위해서는 직류 고속도차단기를 사용한다. 영업운전 종료시에는 전차선을 단전하고 영업개시 때에는 급전해야 하므로 직류고속도차단기는 전기설비 중에서 가장 사용빈도가 많은 주요기기이다.

5) 고압퓨즈

퓨즈는 주로 변압기와 전동기 보호용으로 널리 쓰이고 있다. 따라서 여기서도 주로 변압기와 전동기 보호에 대해서만 생각해 보기로 한다.

① 변압기의 보호

변압기 보호에 대하여는 다음의 세 가지 점에 대해서 주의하여야 한다.

- 변압기의 허용 과부하에 대하여 퓨즈가 손상되지 않을 것
- 변압기의 돌입전류에 퓨즈가 손상되지 않을 것
- 2차측 단락에 변압기를 보호 할 것

② 전동기 보호

- 전동기 허용 과부하에 대하여 퓨즈가 손상되지 않을 것
- 전동기 기동전류에 퓨즈가 소손되지 않을 것
- 빈번한 개폐 또는 역전에 따른 반복개폐에 소손되지 않을 것

6) 고압 단로기(DS)

단로기는 고압 또는 특별 고압회로를 무부하시 개폐하는 개폐기의 일종으로 부하전류의 개폐는 되지 않는다. 모든 정격은 차단기와 동일하거나 정격 단시간 전류치는 2초를 기준으로 한다.

7) 피뢰기

전차선로에 낙뢰 또는 차단기 개폐로 인해 발생하는 개폐 파동(Surge)에 의한 이상전압

발생으로 정류기 및 변압기 등에 손상을 입힐 우려가 있으므로 변전소 공급기(Feeder)용 직류 단로기반 출력측 및 지상부 전차선로에 각각 설치한다.

(2) 전력감시 제어설비

1) 전력계통 제어

도시철도 변전소 및 전기실은 운전자가 상주하지 않으며 각 전기설비의 원격감시 및 제어는 군자동에 위치한 종합사령실의 전력제어실에서 집중 감시 제어한다.

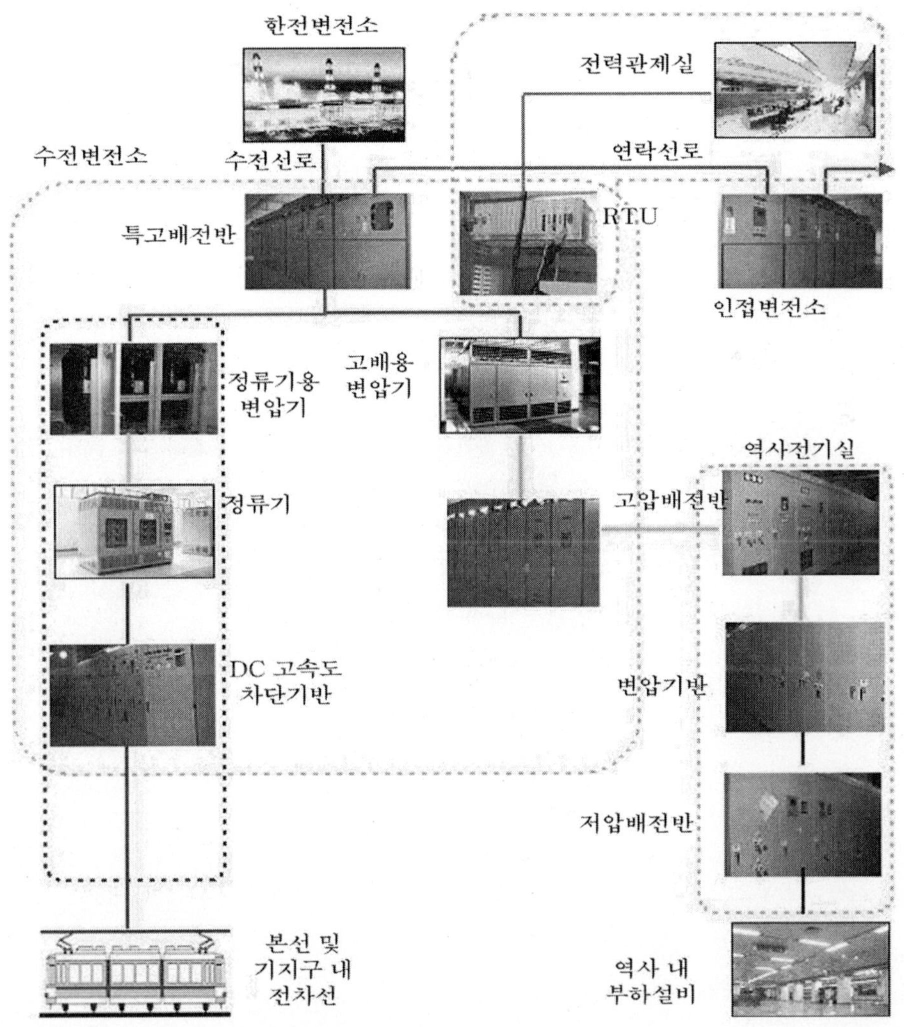

그림 6.32 도시철도 전력공급계통도

전기실 및 변전소에는 단말장치(RTU : Remote Terminal Unit)가 설치되어 있으며 이 단말장치는 감시 및 제어대상 전기기기의 각종 정보를 수집하여 광통신 선로를 통해 메인 컴퓨터로 전송하고 전송된 정보를 토대로 계통의 운전상태, 이상 유무파악 및 이상시 대응조치를 취한다.

2) 전력감시 제어설비 구성

① **메인컴퓨터**

- 하드웨어 : VAX 4000/100, 80MB(미국 DIGITAL사)
- 소프트웨어 : CIMPLICITY Version 6.0(미국 GE-FANUC사)

② **대형표지판**

전력계통을 한눈에 볼 수 있고 기기표시램프로 되어있다.

③ **FEP(Front End Process)**

단말장치로부터 수신된 정보를 메인 컴퓨터로 송신하는 장치이다.

④ **RTU(Remote Terminal Unit)**

제어 및 감시대상 전기기기의 상태 변화에 관한 정보를 수집하여 FEP로 송신하는 장치이다.

(a) MOLD 변압기

(b) 유입변압기

(c) 건식변압기

그림 6.33 변압기의 종류

제 7 장

신호보안

7.1 신호시스템
7.2 신호시스템의 안전성
7.3 신호시스템의 구성 및 기능
7.4 연동장치
7.5 신호제어 설비의 분류
7.6 폐색장치(閉塞裝置)

제7장 신호보안

7.1 신호시스템

(1) 개 요

신호시스템은 열차의 진로를 안전하게 확보하여 주고 열차내의 차상제어시스템 또는 기관사에게 운전조건을 지시하여 주는 장치로서 열차의 출발 및 정지 또는 운전속도지시를 형(形)이나 색(色), 음(音) 또는 전파(주파수)로 명령하는 신호기 장치가 있다.

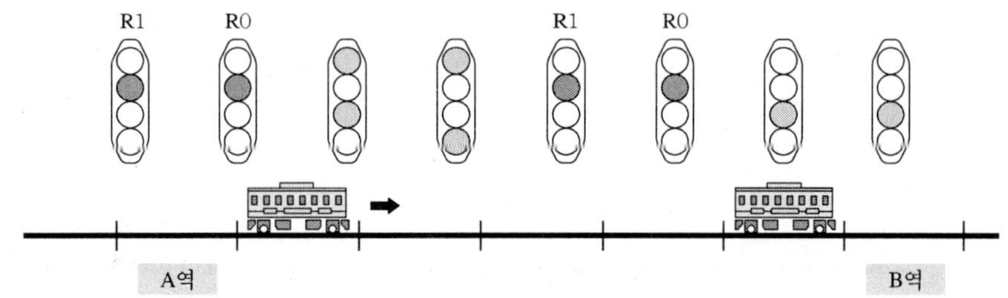

그림 7.1 4색신호기 현황

열차의 위치를 검지하는 궤도회로장치, 열차의 입환이나 회차시 선로를 변경할 수 있도록 분기부를 전환하여 주는 선로전환기장치, 진행하고자 하는 진로에 안전을 저해하는 요소가 없이 정당한 방향으로 선로전환기가 개통되었는가 여부를 확인하고 신호를 현시 할 수 있도록 신호기와 선로전환기 등을 상호 연쇄시켜 주는 연동장치, 일정한 방호구역 내에는 1개 열차만을 운행시키기 위한 폐색장치가 있다.

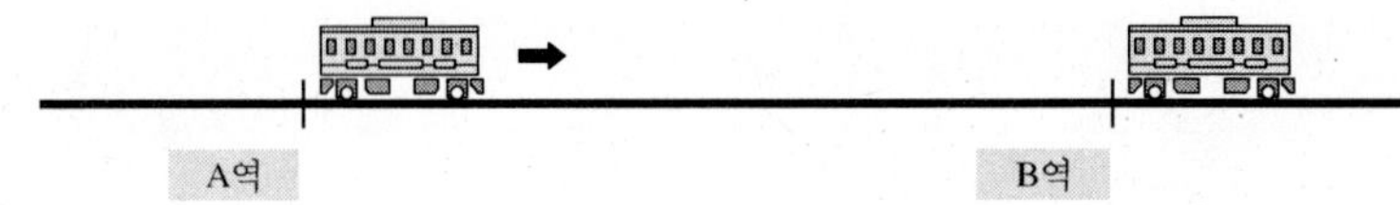

그림 7.2 폐색구간

신호를 위반하여 운행하는 열차의 안전 확보를 위해 설치하는 A.T.S(Automatic Train Stop)열차자동 정지장치가 있다.

선행열차의 열차위치를 파악하여 후속열차에 안전한 운행속도와 정지신호를 차상제어시스템에 전달하여 열차를 자동적으로 감속하거나 정지시켜 열차의 충돌 및 추돌을 방지하는 A.T.C(Automatic Train Control) 열차자동 제어장치가 있다.

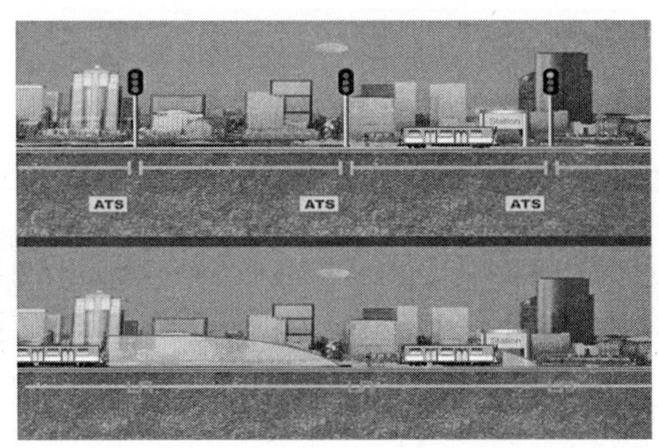

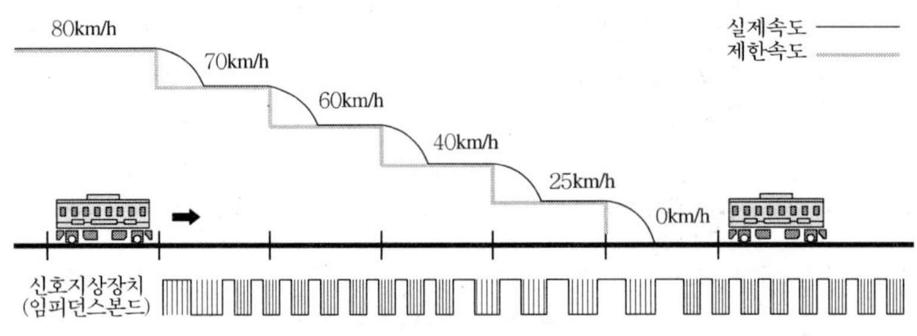

그림 7.3 ATC 제어 그래프

열차의 자동출발 및 정지, 자동주행, 자동 정위치 정차 열차 출입문의 자동 개폐를 담당하는 A.T.O(Automatic Train Operation) 자동열차 운행장치, 사령컴퓨터 또는 신호기계실의 컴퓨터와 열차간의 정보를 송수신 할 수 있는 T.W.C(Train To Wayside Communication) 장치가 있으며, 종합사령실의 T.T.C(Total Traffic Control) 열차종합제어장치 등을 총칭하여 신호시스템이라 말한다.

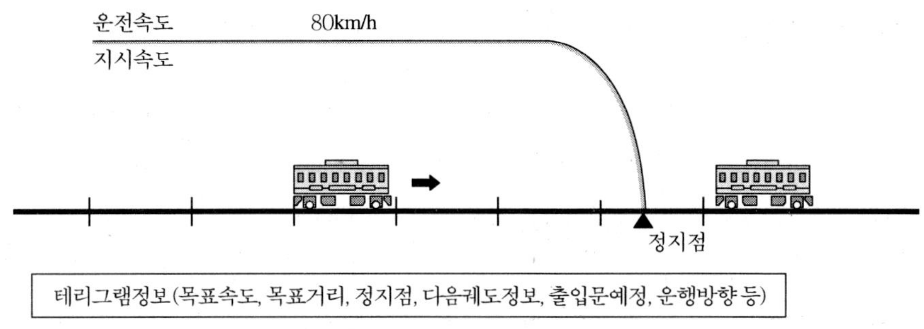

그림 7.4 ATO 제어 그래프

(2) 신호시스템의 설치목적

1) 열차의 안전운행

열차의 운행 중 발생할 수 있는 열차의 충돌 추돌 등의 위험요소를 방지하며 주어진 시간에 승객과 화물을 안전하고 신속하게 정확하게 수송하는데 목적이 있다.

2) 선로이용률 증대

열차의 운행 빈도가 적고 저속으로 운행하던 초기의 신호시스템은 주로 안전운행만을 목적으로 설치되어 왔으나 전기, 전자 컴퓨터의 기술이 철도 신호에 도입되면서 신호시스템은 고속, 고밀도로 운행되어 가는 열차의 안전운행을 위한 설비로서 뿐만 아니라 열차의 운용효율을 높이고 선로용량을 증대시켜 수송력을 향상시킨다.

3) 자동화로 인한 경영개선

시설이 자동화되어 감에 따라 취급인력을 줄일 수 있는 등 철도의 경영개선에도 일익을 담당하게 되었다. 특히 근래에 설치되는 T.T.C 열차종합제어장치는 컴퓨터를 이용하는 시스템으로 구성되어 자동진로설정이라던가 열차의 입환이나 회차 등을 가장 합리적으로 자동 분석하고 인력에 의해 작성되는 각종 열차운행통계 등을 자동으로 신속히 기록, 보관하는 기능을 갖게 됨으로 인간의 오인, 오판, 오조작에서 발생되는 사고를 방지할 수 있을 뿐 아니라 열차의 운용효율을 크게 향상시키고 있다.

전기, 전자 컴퓨터기술을 응용한 근대화된 신호시스템의 역할이 경영측면에서도 적극적인 위치를 차지하게 됨에 따라 근래의 세계적인 추세는 철도의 경영합리화를 위하여 열차의 자동 또는 무인운전으로 개량의 범위를 확대해 가고 있다.

(3) 신호시스템의 역사

철도신호는 1825년 영국에서 스티븐슨(Stevenson)이 스톡턴과 다링톤간에 열차를 운전하였을 때 기마수가 적색기를 가지고 열차보다 먼저 출발하여 선로의 이상 유,무를 기관사에 통보한 것이 시초가 되어 오늘날과 같은 신호로 발달하게 되었다

당시의 열차운전은 기관사가 육안으로 확인할 수 있는 범위를 관찰하여 운전하는 정도였다. 점차 열차운행 빈도가 증가하고 각종의 사고, 장애가 발생함에 따라 1841년 완목식 신호기가 등장하고 곧이어 전신이 발명되면서 역 구간의 열차 정보를 교환함에 따라 역간의 안전 확보에 사용되었다. 철도경영의 합리성을 추구하기 위한 미국의 기계화. 근대화 작업은 1872년 윌리암 로빈슨의 궤도회로 발명, 1893년 전동기 구동에 의한 완목신호기 개발 1907년 연동폐색의 사용, 1927년에는 당시 개발된 전송기술을 이용하여 열차집중제어장치를 실용 화 하게 되었다. 우리나라는 1899년 9월 18일 노량진-제물포간에 최초로 철도가 부설됨과 동시에 완목식 신호기가 설치되었다. 그 후 1942년 영등포-대전 사이에 자동폐색신호기가 설치되었으며 1955년에는 대구역 남부에 제1종 전기 연동장치가 신설되었다. 이를 계기로 하여 기계신호방식에서 점차 전기신호 방식으로 발전하게 되었다. 1968년 망우-봉양간에 열차집중제어장치(CTC)를 설치, 운용함으로서 신호보안장치에 전자기술을 응용하게 되었고, 1974년 서울지하철 1호선개통으로 CTC보다 기능이 강화된 TTC를 적용하였고 1977년에는 수도권 일원에 CTC를 설치하여 운용중이며, 1988년에는 태백선 CTC (제천~철암간)가 완공되었으며, 경부선(수원-부산간)에도 1992년에 CTC를 설치 완공하게 되어 열차 운용 효율과 열차 안전운행에 많은 기여를 하고 있다.

1995년 개통된 서울도시철도공사에 적용된 신호시스템은 컴퓨터화, 전자화로 이루어져있고 기관사가 출발버튼 만을 누름으로서 다음 역까지 자동으로 운행하고 다음 역 승강장에 정확한 정위치 정차와 출입문 개폐 등을 자동으로 수행하며 무인운전까지 가능한 획기적인 시스템이 적용되었다. 철도신호시스템은 열차운전의 안전과 원활한 운영과 수송력의 증대를 위해서 발전되어왔으나 최근에는 수송수요의 증가로 철도의 고속화, 지하철의 승객의 대량수송, 고속철도등, 고밀도, 고속운전과 선로의 효율적 이용은 물론 신호시스템을 이용한 운전정보, 여객정보 등 다양한 시스템과의 연계로 이용시민의 서비스를 위한 요구에 직면하고 있다. 선진국에서는 철도제어시스템에 컴퓨터를 이용한 새로운 열차제어시스템을 개발하고 이 분야에서의 전자화, 컴퓨터와 위성시스템을 접목시킨 시스템으로 광범위하게 응용산업을 적용시키고 있다.

1) ATS(Automatic Train Stop)장치

① **주요기능**

선행열차의 열차위치를 파악하여 후속열차에 안전한 운행속도를 지상신호기를 통하여 승무원에게 지시하고 승무원은 신호기의 제한속도 지시를 절대적으로 준수 운행한다. 연속적으로 뒤따라가는 각 열차들간의 안전거리(제동거리)와 속도제한을 하고 과속시 ATS가 작동한다. 열차의 배치간격과 운행시간을 단축하여 선로이 용률을 높일 수 있다.

② **동작원리**

지하철 및 수도권전철의 경우 궤도회로의 길이를 200m로 구분하여 열차의 위치를 검지하고 선행열차와의 거리가 멀고 가까움에 따라 지상신호기에 주의, 감속, 정지 등의 신호를 현시하며 신호기내방 2m 정도에 설치된 ATS지상자에 신호현시조건을 연계시켜 ATS지상자 위를 열차가 통과할 때 열차의 운행속도가 지시하는 속도보다 높을 경우 차상 ATS장치는 과속 경보를 하며 승무원이 이를 인지하여 3초 이내에 지시하는 속도 이하로 운행을 해야 하며 이를 무시할 경우 ATS 차상장치는 열차를 자동으로 비상정지시킨다.

〈ATS(Automatic Train Stop)장치는 지상장치와 차상장치로 구성〉

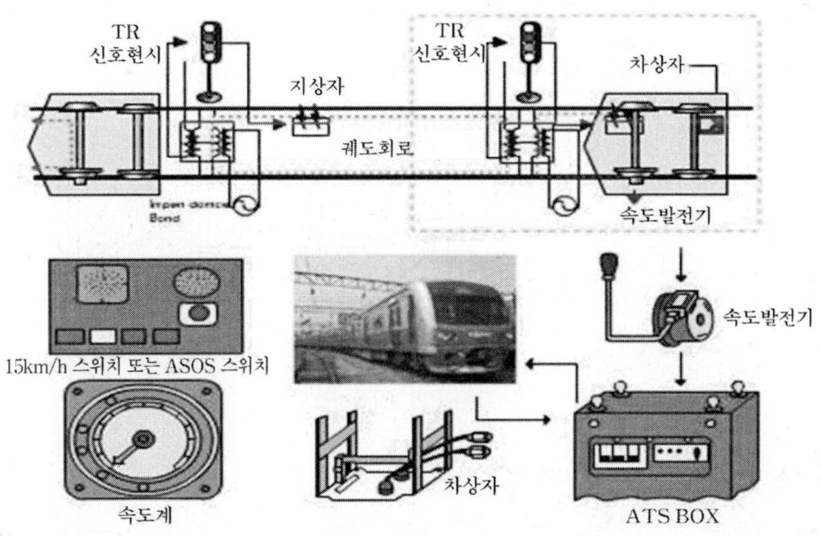

그림 7.5 ATS장치의 구성

2) ATC(Automatic Train Control)장치

① **주요기능**

차내 신호방식을 사용하며 선행열차의 위치를 파악하여 후속열차에 안전한 운행속도와 정지신호등을 지시하여 충돌과 추돌을 방지한다. 연속제어방식이기 때문에 선행열차의 거리에 따라 민감하게 반응하므로 ATS장치보다는 선로이용률을 더 높일 수 있다.

② **동작원리**

열차위치를 검지하기 위한 궤도회로의 길이는 ATS방식과 같으며 레일을 송신 안테나로 이용하여 신호기를 대용한다. 지상 ATC신호시스템은 선행 열차의 위치를 파악하여 후속열차에 적정한 운행속도를 지시한다. 운행중인 열차의 차상 ATC시스템은 레일로부터 속도명령을 수신하며 지시하는 속도보다 과속 운행할 경우 자동으로 지시하는 속도로 감속한다. ATC시스템은 절대 안전시스템의 한 종류로서 연속하여 속도를 확인 열차의 안전사고를 사전에 방지한다.

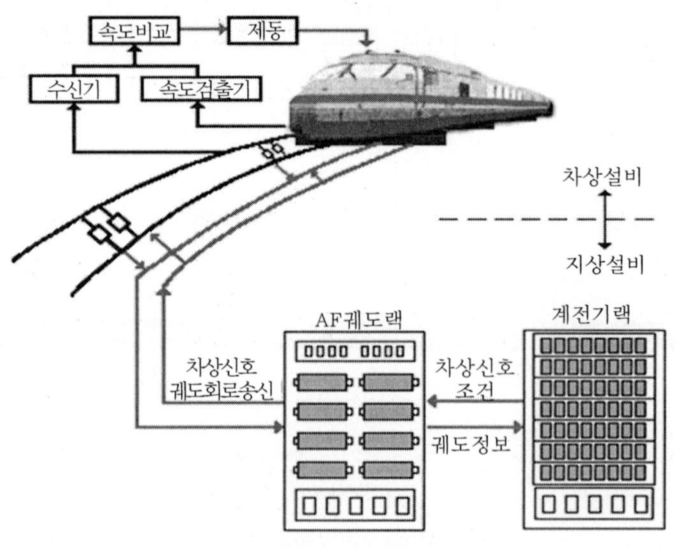

그림 7.6 ATS시스템

3) ATO(Automatic Train Operation)장치

① **개요**

현장 ATO시스템은 차상장치와 신호제어장치간에 상호 작용하여 ATO운전을 보조하기 위한 수단으로 자동속도 제어기능과 역간 자동주행기능, 출입문 제어기능, 자

동출발기능, 정위치 정차기능 등을 구비하고 있어 기존 승무원이 수동운전 제어하는 기능 등을 컴퓨터에 의하여 자동화하여 열차운행의 효율증대 및 에너지절감 승차감개선 등으로 서비스향상에 기여하고 있다. ATO 자동운전중에도 ATC 제한속도명령이 우선으로 되어있다.

차상 ATO장치는 ATC 제한속도명령에 종속된 열차운행을 하며, 열차 자동방호, 역 승강장의 정밀정차, 열차운행제어 등의 기능이 있다.

② **동작원리**

열차의 위치검지와 속도명령은 ATC 방식과 동일하다. 열차가 주행하고자 하는 역과 역사이의 역간정보(TRACK DB)를 열차내의 컴퓨터에 기억시키고 지상의 TWC 장치로부터 역정보를 수신하여 해당구간의 정보를 이용한다. 열차는 현재주행하고 있는 위치를 정확하게 파악하며 오차를 수정할 수 있도록 역과 역 사이에 설치된 4개의 PSM을 지나며 제동거리를 조정 정확하게 승강장에 정차한다. 정차후 차상, 지상 TWC장치는 열차가 정차했다는 정보와 다음구간에 이용할 역정보 등을 송수신한다. 열차정차 정보를 수신한 신호시스템은 속도명령을 제거하고 출입문 열림 명령을 지시한다. 승객하차 후 출입문 열림 명령을 소거하고 속도명령을 지시한다.

(4) 신호시스템 비교

1) 도시철도

표 7.1 신호시스템 비교

구 분	한국철도공사	시울메트로		서울도시철도공사
	과천, 분당, 일산선	1, 2호선	3, 4호선	5, 6, 7, 8호선
신 호 방 식	차상	지상	차상	차상
제 어 방 식	ATC	ATS	ATC	ATO
궤도회로방식	유, 무절연	절연	무절연	무절연
궤도회로종류	AF	PF	AF, PF	AF, PF
연 동 장 치	계전	계전	계전	전자
정위치 정차	수동	수동	수동	자동
출입문 개폐	수동	수동	수동	자동
차상속도제어	자동감속	수동	자동감속	자동감속, 가속
무 인 운 전	불가	불가	불가	가능

7.2 신호시스템의 안전성

(1) 신호시스템의 FAIL – SAFE

신호시스템은 철도수송의 안전, 정확, 신속의 목적을 달성하기 위한 것이다. 신호시스템이 고장나면 열차의 안전은 혼란을 초래하고 특히 지하터널 내에서 열차의 충돌, 차량의 탈선 등이 발생하면 대형사고로 이어지며 사고복구를 하는데도 많은 시간이 필요하게 된다. 따라서 신호시스템은 고장이 적은 즉 높은 신뢰성을 필요로 한다. 또 고장이 발생하거나 신호취급자가 잘못 조작하여도 사고가 발생되지 않도록 안전측으로 동작하는 것을 원칙으로 한다.

신호시스템은 열차운행의 안전성을 확보하는 설비로서 이 목적에 사용하는 설비는 높은 신뢰도가 요구되며, 이를 만족하지 못할 경우 대형사고의 원인이 될 수 있다. 신호시스템은 일반 범용기기 보다도 한 차원 높은 안전성을 확보하도록 하고 있다.

1) FAIL – SAFE(절대 안전성)

FAIL SAFE시스템, VITAL시스템이라고 하며, 고장이 발생하는 경우 안전측으로 작동하도록 기기를 설계. 제작, 시공, 운용하는 기술이다.

2) FOOL PROOF

신호 취급자가 오취급을 하는 경우 열차의 중대사고(충돌, 추돌)를 발생시키는 것을 방지하는 기술로서 사람의 취급실수를 사전에 예방하는 기술이다.

3) REDUNDANCY(여유도)

모든 기계는 언젠가는 고장이 발생한다. 신호시스템의 고장은 열차의 운행중지를 초래하므로 상시 사용할 수 있도록 설비를 2중 3중으로 설치하여 병렬로 가동시킨다. 1계 고장시 자동 또는 수동으로 2계로 절체 시키는 방식이다.

4) FAIL SOFT

설비의 일부가 고장이 발생하여도 전 기능이 마비되지 않도록 하고 국부적으로 제한, 안전을 유지하는 방법이다.

5) 정격여유

전기적, 기계적으로 정격치 보다 안전 측 또는 낮은 수치로 사용하는 것으로 안전하게 여유를 갖도록 하는 방법을 말한다.

(2) 안전도의 비교

1) ATS방식

ATS시스템은 지상신호기를 설치하고 기관사가 육안으로 신호의 현시를 확인하며 운전을 하는 방식에 사용되는 시스템으로 45km/h 이하의 속도지시 구간에서 과속할 경우 지시하는 속도로 주어진 시간(과속경보 후 3초) 내에 열차의 속도를 감속하지 않으면 열차를 비상정지 시키는 역할을 수행한다. 따라서 기관사의 졸음운전 신호 모진 시 사고를 예방할 수는 있으나 자칫 역 승강장을 통과하여 정차할 수 있다.

점제어 방식이므로 기관사는 운전중 지상신호기의 현시를 확인해야하며 한 폐색구간을 지시하는 신호에 의하여 운전을 해야 하므로 기관사의 숙련도가 중요하고 전방궤도의 변화에 민감하지 못하다.

2) ATC방식

ATC시스템은 차내 신호방식으로 45km/h 이상의 최고속도에서도 과속운전시 과속 경보 후 3초 이내에 반응하여 속도 이하로 감속되어 제동이 해제되며 과속이 지속될 경우 비상정지 되므로 ATS방식에 비하여 높은 안전도를 가지고 있다.

연속제어 방식으로 한 폐색구간 운전 중 어느 지점에서나 차상신호를 수신하므로 전방궤도의 변화에 민감하다.

3) ATO방식

ATO 자동운전시스템은 ATC시스템을 기본으로 안전확보와 부가된 자동화 기능으로 기관사의 운전부담을 경감시키고 운전 부분은 차상의 숙련된 기관사이상의 기능을 지닌 대행 프로그램에 의해 자동운전을 수행하도록 한다.

안전은 ATC에 의하여 확보되며 ATO기능은 수송 효율과 인력 및 에너지 절감에 기여한다.

표 7.2 열차자동운전장치

구분	현행(ATS장치)	개량(ATP, ATO장치)
운전방식	속도중심 제어(Speed Step) - 절대안전거리 확보 - 열차간 운행간격이 길다.	거리중심 제어(Distance to go) - 상호 안전거리 확보 - 고밀도 운전기능
열차제어	다단제어(수동감속) - Free, 65, 45, 25, 0km/h	일단제어(자동감속) - 80 → 0km/h로 한 번에 제동
개량효과	-	- 자동운전시스템 채택으로 1인 운전가능 - 일단제어로 속도향상에 따른 열차운행 효율 향상 - 무절연 궤도회로/레일장대화(승차감 향상)

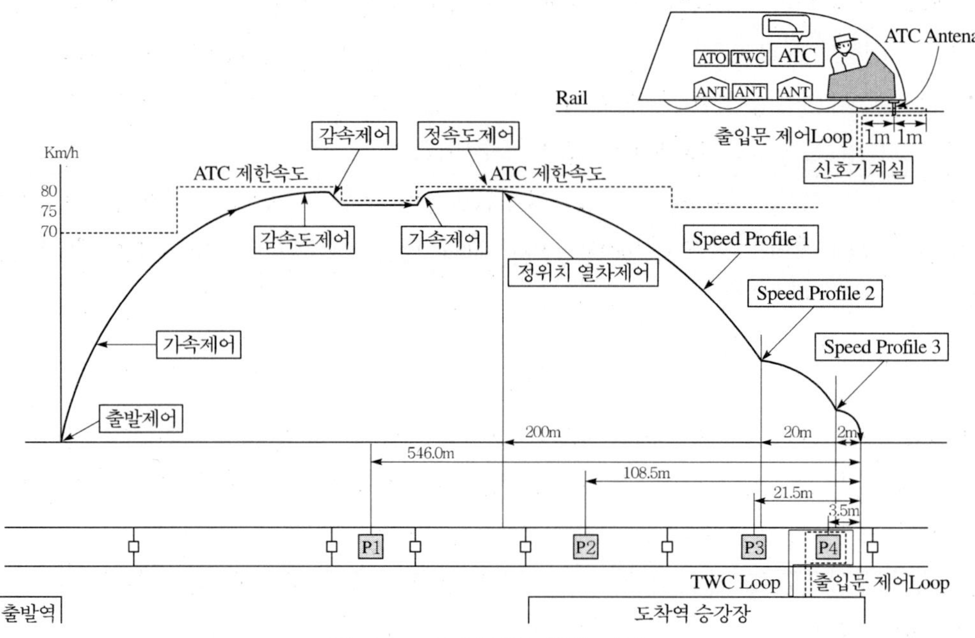

그림 7.7 ATO/정위치 정차 개념도

7.3 신호시스템의 구성 및 기능

(1) 신호설비

신호기계실은 역사 내에 위치하며 연동역, 비연동역 기계실로 구분된다. 한곳의 신호기계실에서 제어할 수 있는 구간은 역 3개구간 정도이다. 연동역이란 열차가 회차 또는 입환,

주박을 할 수 있는 선로전환기가 설치된 곳을 말하며 연동역에는 신호 취급실이 있고 신호원이 상주하며 사령장치의 고장 또는 이례 상황 발생시 신호원이 LOCAL취급을 하여 열차의 운행을 제어하며 열차운행 종료 후 야간에는 선로내의 작업 또는 모터카의 운행을 통제한다. 연동역 신호설비는 다음 그림 7.8과 같다.

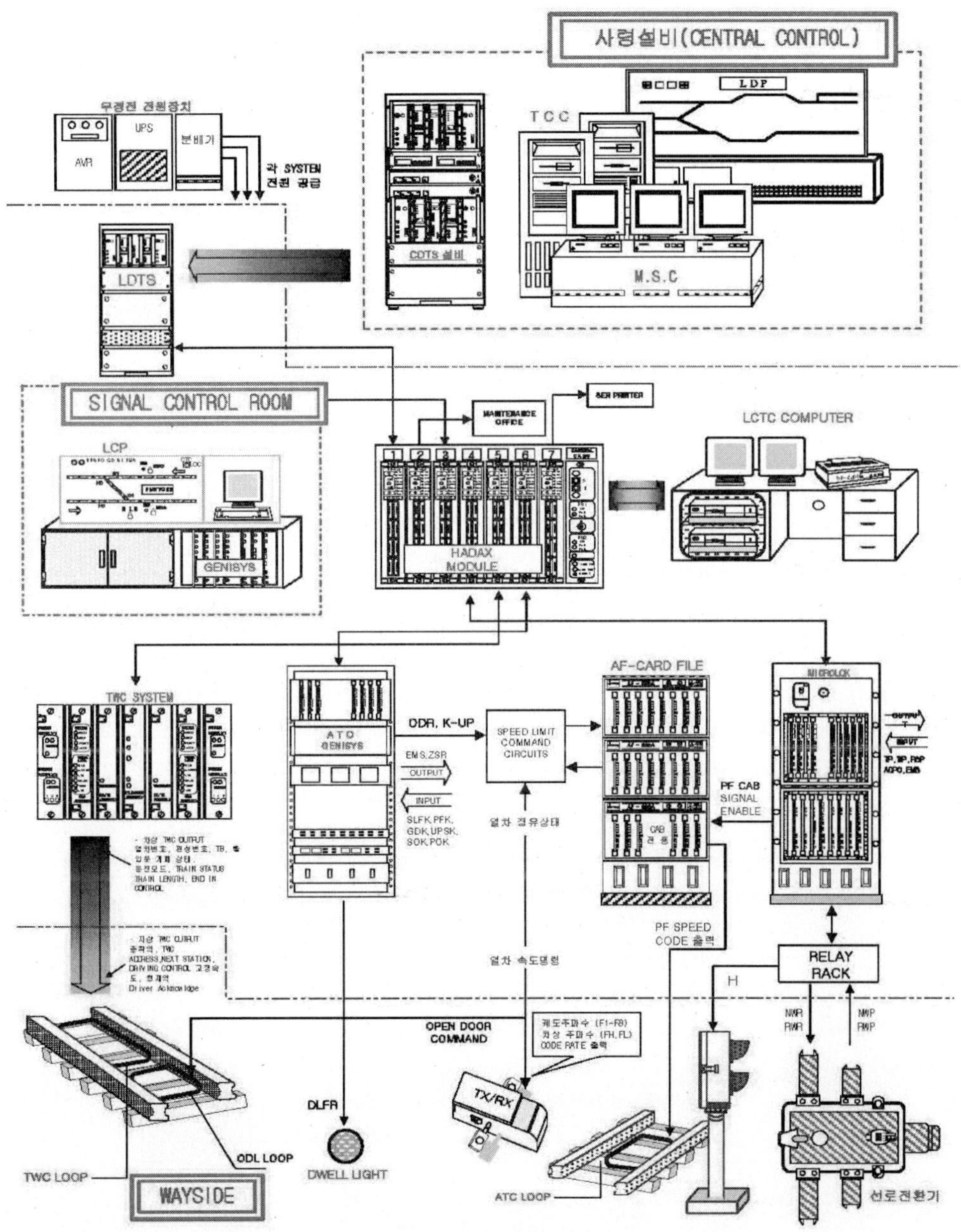

그림 7.8 신호설비계통도

1) 신호기계실 설비

LCTC컴퓨터, 전자연동장치, ATO GENISYS, AF카드화일, TWC장치, 무정전 전원장치, 프린터

2) 신호취급실 설비

OCS컴퓨터, 프린터, LCP GENISYS, 조작반, 표시반, 무전기(열차무선용), 사령전화, 현장방송장치, 폐색전화

3) 현장(WAY SIDE)설비

미니본드, 선로전환기, PSM. 정차표시등, 진로개통표시기,

(2) 궤도회로장치

1) 궤도회로의 원리

궤도회로란 레일을 전기회로의 일부로 이용하여 회로를 구성하여 이 회로를 차량의 차축에 의하여 레일간을 단락시키는데 따라 신호기, 선로전환기 등을 직접 또는 간접으로 제어할 목적으로 만들어진 열차검지용이며 신호장치의 기본이다. 열차검지를 위한 궤도회로의 길이는 열차의 수송량이 많은 지하철 또는 수도권전철의 경우 열차편성길이와 비슷하다. 서울지하철 1, 2, 3, 4호선은 약 200m, 5, 6, 7, 8호선은 약 160m이다.

1869년 미국에서 개전로식으로 발명된 이래 폐전로식으로 개량되었으며 현재는 무절연 궤도회로까지 개발되어 ATC, ATO 운행을 하게 되었다. 기본회로는 다음 그림 7.9와 같다.

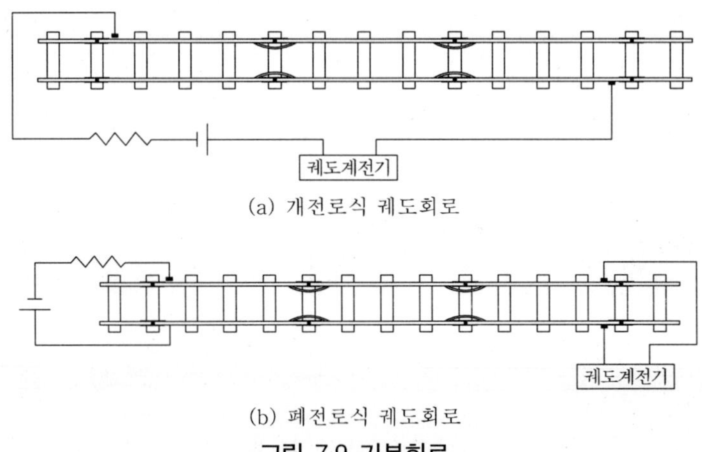

(a) 개전로식 궤도회로

(b) 폐전로식 궤도회로

그림 7.9 기본회로

2) 절연 유무에 따른 분류

① 유절연방식

유절연방식은 복궤조방식의 레일경계에 임피던스본드 및 절연물을 삽입하여 신호 전류는 다음궤도로 흐르지 못 하도록 하고 신호기계실로 유도하여 계전기를 동작시킨다. 전차선 전류는 임피던스본드를 통하여 인접궤도로 흐르게 한다.

② 무절연방식

무절연방식은 절연이 필요 없어 레일을 장대화 할 수 있는 이점이 있고 궤도회로에 가청주파수를 적용하여 임피던스부분에서 주파수적으로 신호전류를 트랜스포머에 의한 전자유도로 분류 송수신하여 궤도 계전기를 동작시킨다.

두 방식 모두 열차의 차축에 의한 레일간의 단락으로 수신측의 레벨저하 또는 차단으로 궤도계전기를 낙하시켜 열차의 유무를 검지한다.

3) 궤도회로의 종류

① 직류 궤도회로

궤도계전기의 구동전원을 직류를 사용하며 한국철도공사 중앙선에서 사용

② 교류 궤도회로

상용주파수 궤도회로와 분주 궤도회로(서울지하철 1호선)가 있다.

③ 임펄스 궤도회로

고압 임펄스 궤도회로는 한국철도공사 구간의 주요 궤도회로장치로서 비전철 구간뿐만이 아니라 교류전철 구간에서 사용 가능한 장치로서 3HZ의 임펄스 궤도회로 주파수를 사용하여 열차의 위치검지

④ AF(Audio Frequency) 궤도회로

(3) AF 궤도회로

최근 주로 사용되는 궤도회로로 상용주파수에서는 불가능한 무절연 궤도회로로 레일을 장대화 할 수 있으며 ATC방식 또는 ATO자동운전, 무인운전에 사용하는 궤도회로로 지상신호기를 사용하지 않는 차내 신호방식으로 레일을 속도코드의 안테나로 사용하여 연속적으로 속도명령을 지시하는 궤도회로이다.

AF 궤도회로는 열차검지, 차상신호전송(속도명령) 및 ATO운전의 보조기능을 갖는 복궤조 궤도회로이다. 이 회로는 본선의 분기부와 차량기지를 제외한 전구간에 사용되며 차량기

지내 시험선 및 PDT시험을 위한 구간의 유치선 및 검수선의 필요한 개소에는 송신부만 구성하여 차상신호 전송에만 이용한다.

1) AF 궤도회로의 기능

① 열차검지 : 궤도회로의 기본기능으로 열차의 위치검지
② 차상신호 속도코드 송신 : ATC 기능
③ 서행속도 명령기능
④ 출입문 개폐 : ATO 보조기능
⑤ 운전실 제어권 선택기능 : ATO 보조기능
⑥ ATS 기능 : 차량기지에서 기관사의 신호 모진시 정차기능

2) 궤도회로의 구성

① **Cardfile**

한 궤도회로의 표준 Cardfile은 10장의 PCB로 구성되어 있으며 다음 그림 7.10과 같다. 이중계로 구성되어 Main 측에 이상이 있을 시는 Backup으로 절체하여 고장으로 인한 피해를 최소한으로 줄일 수 있게 구축되어 있다.

② **미니본드**

Cardfile에서 생성된 열차검지용 주파수와 차상용 주파수를 레일로 송수신하는 장치로서 레일에 부착 되어있다.

그림 7.10 궤도회로

(4) 궤도회로에 사용되는 Bond 종류

Bond란 선로의 이음매부의 전기저항을 적게 하기 위하여 레일과 레일간을 이어주는 전기도체를 말한다.

1) Rail Bond

전차전류를 흐르게 할 목적으로 대용량의 전류가 흐를 수 있도록하는 단면적이 큰 Bond이다.

2) 신호 Bond

궤도회로에 신호전류만 흐르게 하는데 사용하는 Bond로서 적은 전류이기 때문에 단면적이 적고 전기저항은 비교적 크다.

3) Cross Bond

전차전류의 평형을 유지하기 위하여 좌우의 레일 또는 인접 레일과의 사이를 접속하는 전선이다.

4) Jumper Bond

궤도회로의 레일에서 떨어져 있는 같은 극성의 다른 레일 상호간을 접속하는 전선이다.

5) Impedance Bond

전철 구간에서는 같은 레일에 전차전류와 신호전류를 함께 흐르게 하므로 복궤조식 궤도회로의 경계에서 이를 구분하는 것이 Impedance Bond이다.

전차선 귀선전류는 인접레일로 잘 흐르도록 하고 신호전류는 이곳에서 저지되어 흐르지 않도록 전기적 작용을 하는 것이다.

(5) 선로전환기

1) 선로전환기의 개요

열차나 차량을 선로 A에서 B선로로 이동하거나 2개의 열차를 상호 입환할 필요가 있을 때 이를 위하여 각 선로의 요소에 분기기가 설치되어 목적하는 방향으로 진로를 개통시킬 수 있는 장치를 말한다.

그림 7.11 선로전환기

2) 분기부의 구성

분기부의 구성은 아래그림 7.12와 같이 Point부, Lead부, Crossing부로 되어 있으며 텅레일이 이동되어 기본레일에 밀착되면 정위 또는 반위로 표시가 현시 되면서 진로가 결정된다. 이것을 전환하고 쇄정하기 위하여 취부된 부속기를 포함하여 선로전환기라 칭한다, 분기부는 선로로서는 가장 취약한 곳이므로 선로 순회점검시나 보수시 세밀한 관찰이 필요하다.

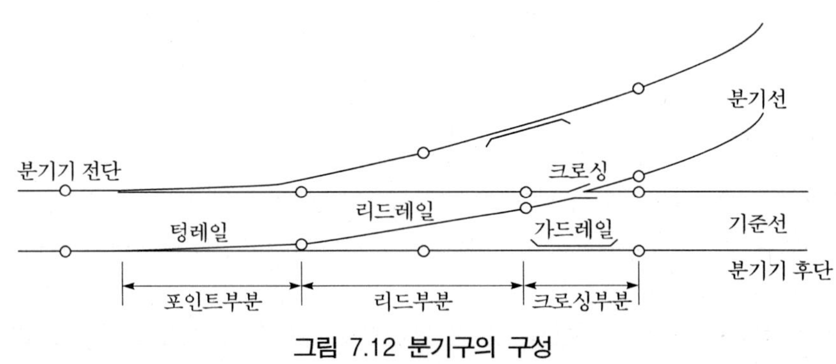

그림 7.12 분기구의 구성

> ※ 텅 레일(Tongue Rail) : POINT부에서 기본레일과 접촉 또는 이동하여 열차의 방향을 결정하는 레일이다

3) 선로전환기의 대향과 배향

① 대향

한 선로에서 두 개의 선로로 나누어지는 방향을 대향이라 한다. 텅레일의 밀착도 여하에 따라 탈선 또는 활입할 수 있으므로 철저한 점검이 필요하다.

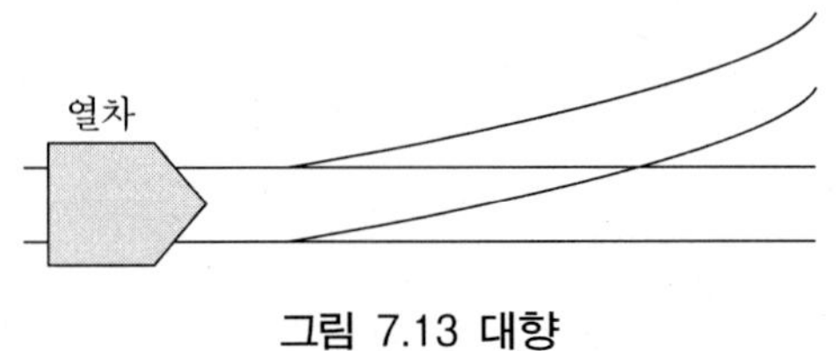

그림 7.13 대향

② 배향

두 개의 선로에서 한 개의 선로로 합쳐지는 방향을 말하며 밀착도에 따라서 활출할 수는 있으나 탈선우려는 없다. 활출시 퇴행운전 절대 금지한다.

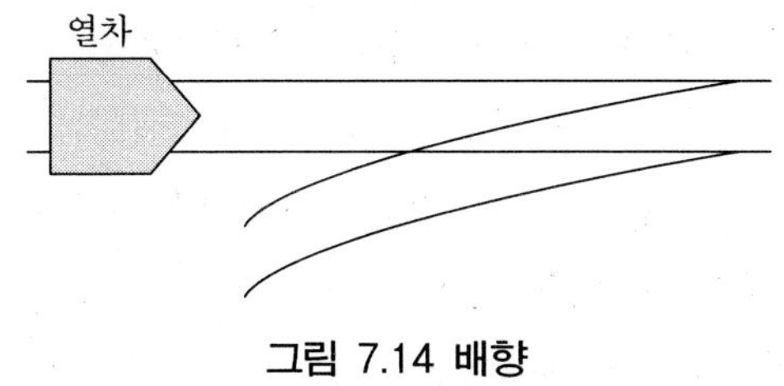

그림 7.14 배향

(6) ATO장치

1) ATO GENISYS

ATO GENISYS는 신호기계실에 설치되며 유니온 스위치 제작사의 장치명이다. 열차의 자동운전이 가능하게 보조하여주는 장치로 출입문개폐, 운전실선택(KEY-UP, KEY-DN)과 정차표시등 등을 제어하며 또한 AF궤도회로, 전원장치, 등의 이상유무를 LCTC컴퓨터로 정보를 전송한다.

2) PSM(Precision Stop Marker)

열차의 정위치 정차를 돕기 위하여 열차의 정차지점을 알려준다.

표 7.3 PSM 공진 주파수 및 설치위치

	거리[M] (정위치정차 기준점에서)	공진주파수[kHz]
PSM1	546.0	110
PSM2	108.5	100
PSM3	21.0	92
PSM4	3.5	170
PSM5	가변	140(5호선120)
PSM6	21.0	130

3) TWC장치(Train to Wayside Communication)

① **개 요**

ATO자동 운전을 하기 위하여 차량과 지상 신호설비간에 선로 등의 운행조건 역의 조건 차량조건 등 관련운행에 따른 각종정보 들의 정보교환이 필수적으로 선행되어야한다. 이에 따라 차량과 지상의 공간적 정보처리를 위하여 TWC장치 즉 일종의 모뎀 전송장치가 필요하게 되었으며 ATO목적의 달성도 이장치를 통하여 이루어지고 있다.

TWC장치는 차량의 TWC장치와 지상의 TWC장치로 상호 안테나를 통하여 통신을 하고 있다. 열차 내에 설치되어있는 컴퓨터와 종합사령실 컴퓨터와 상호 데이터통신을 하여 열차운행관련 정보를 자동 처리한다. 운행관련 정보는 다음과 같다.

② 사령에서 차량으로 전송되는 정보

열차번호, 다음역, 다음역 TWC번호, 현재역, 현재역 TWC번호, 종착역, 고정속도, 다음역 출입문 방향, 운전제어, 기관사인지, 출발예고, 회차열차, 무인운전허가 등의 정보를 전송한다.

③ 차량에서 사령으로 전송되는 정보

열차번호, 편성번호, 열차상태, 열차길이, TWC고장경보, Carrier검지, 무인운전모드 요구, End In Control, 열차정차, 출입문 닫힘, 운전모드 등을 전송한다.

(7) LCTC컴퓨터

1) LCTC컴퓨터

LCTC컴퓨터는 신호기계실에 설치되며 2중계로 되어있으며 여러 가지의 주변장치와 아래 그림 7.15와 같이 인터페이스하며 자동 또는 무인운전이 가능하게 한다.

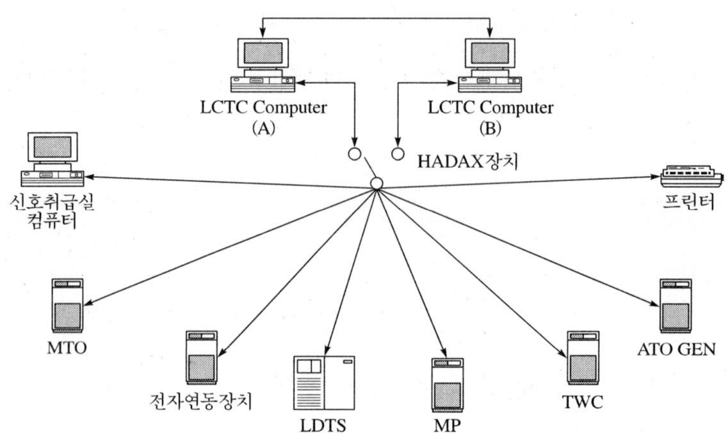

그림 7.15 LCTC컴퓨터와 주변장치

2) LCTC 컴퓨터의 주요기능

① TTC 및 LCP로부터 제어명령 처리

- 선로전환기 정위, 반위 전환요청

- 진로설정 및 취소 - 연속진로 - 비상정지
- Terminal Mode 1,2,3
- 출입문 열림, 닫힘 유지
- Local Control Mode
- CTC Control Mode
- 자동, 수동 모드선택

② 연동장치로부터 표시정보처리, 열차운행상황 및 경보

③ 열차운행 시간표에 의한 자동진로 설정 및 열차 스케줄 관리

④ 각종 주변 신호장치와 인터페이스 및 상호연결(TTC, MLK, ATO, TWC)

⑤ 각종 event 발생시 운용기록 저장 및 출력

7.4 연동장치

(1) 개요

연동장치(連動裝置)는 정차장 구내에 열차의 운행과 차량의 입환을 안전하고 신속하게 하기 위하여 신호기, 선로전환기, 궤도회로 등의 장치를 기계적, 전기적 또는 전자적으로 상호 연쇄하여 동작하도록 한 장치이다. 정차장 구내에는 많은 선로들이 집합 또는 분기되어 있고 여기에서 열차의 도착과 출발 및 입환 등을 하기 위하여 빈번히 선로전환기를 전환시키고 신호기를 조작하게 된다. 그러나 신호취급자의 주의력만으로는 사고가 발생할 우려가 있으며 운전정리 작업 능률도 떨어지게 된다. 따라서 선로전환기나 신호기의 조작을 잘못한다 하더라도 일정한 순서에 의해서만 동작하고 인위적으로나 잘못된 조작에는 쇄정을 하여 조작되지 않도록 연쇄를 한다. 이와 같이 연쇄 관계를 유지하면서 동작하게 하는 것을 연동이라 하며 조작하는 기구를 연동기 또는 조작판이라 하고 전기적 또는 기계적으로 연쇄관계를 한 장치의 총칭을 연동장치라 한다.

1) 연쇄의 의의

정차장의 신호기와 선로전환기 사이에는 열차운전 조건에 따라 일정한 순서로 조작할 수 있도록 구성되어 있다. 다른 조건의 운전조작을 하려 할 때에는 해당 취급버튼을 쇄정시켜 조작순서에 따른 연쇄 관계를 유지시켜 준다.

① 정위 쇄정

그림 7.16에서 장내신호기 A와 B의 진로는 상호 대향으로서 A와 B가 동시에 진행 신호가 현시되면 열차충돌과 같은 중대사고가 발생한다. 이와 같은 사고를 방지하기 위하여 A 또는 B중 한 개의 신호기를 반위(진행)로 했을 때 다른 신호기는 반위로 할 수 없도록 정위(정지)로 쇄정한다. 이러한 쇄정을 정위 쇄정이라 한다.

그림 7.16 정위 쇄정

② 반위 쇄정

그림 7.17에서 A신호기가 반위로 되면 51호 선로전환기가 정위로 되어 안전측선쪽으로 열차가 진입하여 사고가 일어난다. A신호기가 반위로 되기 전에 51호 선로전환기는 정당한 방향으로 전환하여야 하고 신호기가 반위로 되었을 때는 51호 선로전환기를 반위로 쇄정되어야 한다. 이러한 쇄정을 반위쇄정이라 한다.

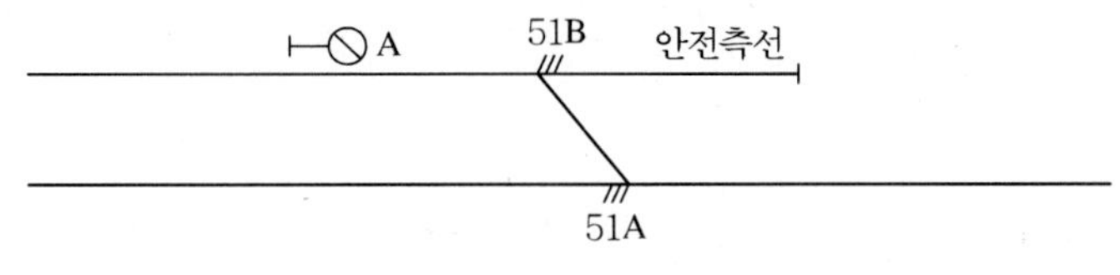

그림 7.17 반위 쇄정

③ 정반위 쇄정

그림 7.18에서 11호 입환표지는 A 또는 B방향으로 진로를 구성할 수 있다. A방향으로 입환표지를 반위로 할 때는 21호 선로전환기는 정위에서 쇄정되어야 하고 B방향으로 입환표지를 반위로 할 때는 21호 선로전환기는 반위에서 쇄정되어야 한다. 이러한 쇄정을 정반위 쇄정이라 한다.

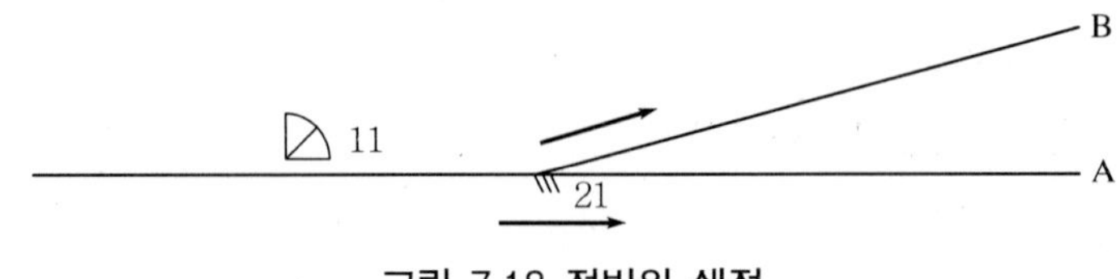

그림 7.18 정반위 쇄정

④ 조건부 쇄정

그림 7.19에서 신호기 1A 또는 1B가 1번선과 2번선으로 진로를 확보하기 위해서는

선로전환기 21호의 진로에 따라 정하여지며 21호 선로전환기가 정위일 때는 23호 선로전환기가 정위에 있어야 하며 21호가 반위일 때는 22호 선로전환기가 정위에 있어야 한다. 이러한 쇄정을 조건부 쇄정이라 한다.

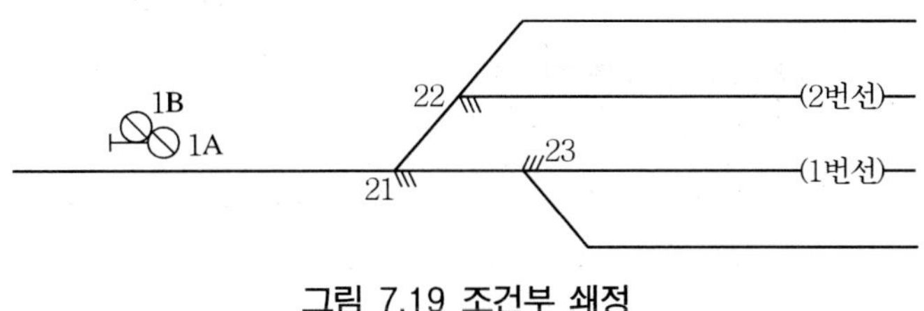

그림 7.19 조건부 쇄정

2) 연쇄의 기준

① **신호기 상호간의 연쇄**

신호기 상호간에 연쇄를 하지 않고 열차를 운전하게 되면 중대사고가 일어나기 때문에 상호연쇄를 하여야 한다. 신호기 상호간, 신호기와 입환표지간 또는 입환표지 상호간에 연쇄를 하여야 하며 그림 7.20에서 장내 신호기 상호간을 설명한다.

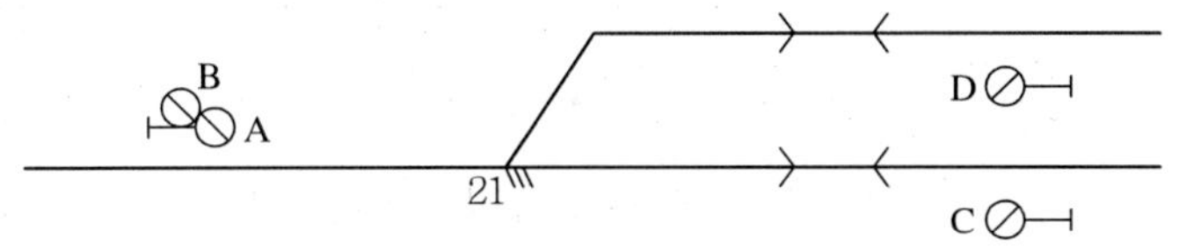

그림 7.20 신호기 상호간의 쇄정

② **신호기 A와 B의 연쇄**

신호기 A는 21호 선로전환기가 정위시에 진행신호가 현시되고 B신호기는 21호 선로전환기가 반위시에 진행신호가 현시되므로 신호기 A 또는 B는 21호 선로전환기에 의하여 간접 쇄정된다.

③ **신호기 A와 C 또는 B와 D간의 연쇄**

신호기 A와 C 또는 B와 D는 해당 진로가 대향이므로 한 개의 신호기가 진행을 현시하면 다른 신호기는 진행으로 할 수 없도록 쇄정하여야 한다.

④ **신호기 A와 D 또는 B와 C간 연쇄**

신호기 A의 진행신호로 열차가 21호 선로전환기를 통과 중 D신호기에 진행이 현시되어 진입되는 열차가 정지위치를 지나서 계속 진행할 때 운전사고가 일어난다. 그러므로 A와 D는 쇄정하여야 하며 신호기 B와 C도 같은 이유로 쇄정을 한다.

⑤ **신호기 C와 D간의 연쇄**

C와 D신호기의 진행현시에 의하여 2개 열차가 동시 진입중 정지 위치를 지나서 계속 진행할 경우 운전사고가 일어난다. 그러므로 양쪽 신호기간에는 쇄정을 하여야 한다. 다만, 과주여유거리 이상으로 위험이 없을 경우에는 쇄정을 생략할 수 있다.

3) 신호기와 선로전환기 상호간의 연쇄

열차가 정차장 구내에 진입 또는 진출할 경우 신호기의 취급버튼을 반위로 하면 그 진로의 관계 선로전환기가 정당한 방향으로 전환한 다음 진행신호를 현시하게 된다. 따라서 신호기와 선로전환기 사이에는 취급의 순서가 있고 또 신호기 취급버튼에 의해 선로전환기를 쇄정하기 때문에 연쇄관계가 성립된다. 신호기와 선로전환기 사이의 연쇄는 신호기의 진로에 대한 선로전환기를 정당한 방향으로 전환되고 쇄정할 뿐만 아니라 진로외의 선로전환기에 있어서도 다른 열차 또는 차량이 진입할 우려가 있는 선로전환기는 위험이 없는 방향으로 신호기와 연쇄관계를 구성하여야 한다.

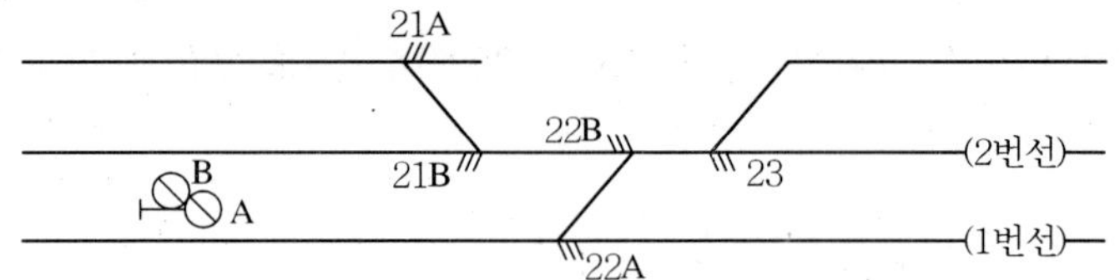

그림 7.21 신호기와 선로전환기의 연쇄

위 그림 7.21에서 신호기 A는 1번선, 신호기 B는 2번선으로 진입할 수 있는 신호기며 22호 선로전환기를 정위로 전환하면 진로가 1번선으로 개통되고 신호기 A의 취급버튼을 반위로 하면 22호 선로전환기는 정위로 쇄정된다.

신호기 B의 진로상에 있는 선로전환기 22호 반위, 23호 정위로 하고 진로외의 선로전환기 21호를 정위로 하여 신호기 B의 취급버튼을 반위로 하면 선로전환기 22, 23, 21호가 현상태에서 쇄정된다. 또한 선로전환기 22호가 반위로 쇄정되어 있을 때 신호기 A의 취급버튼을 반위로 하여도 다른 진로이므로 진로구성이 안되며 선로전환기 21호가 반위로 쇄정되어 있을 때 신호기 B의 취급버튼을 반위로 하여도 진로구성이 되지 않는다.

4) 선로전환기 상호간의 연쇄

신호기 및 입환표지 등을 사용하여 열차를 운전하는 경우는 관계 선로전환기를 정당한 방향으로 개통하고 쇄정하므로 열차가 안전하게 운전할 수 있는 진로가 확보될 수 있다.

그러나 신호기 또는 입환표지는 사용하지 않고 열차운전이나 차량입환을 하는 경우는 각

선로전환기를 단독으로 취급하는 경우가 되기 때문에 취급자가 잘못하면 위험한 사고를 일으킬 우려가 있다. 선로전환기를 취급한다는 것은 전환된 방향으로 열차를 운전시킨다는 것이므로 이 선로전환기와 근접하고 있는 다른 선로전환기가 정위 또는 반위로 있지 않으면 안되는 것도 있다. 이와 같은 경우 취급버튼을 집중하여 선로전환기에 연쇄를 붙여서 오취급의 위험을 방지한다.

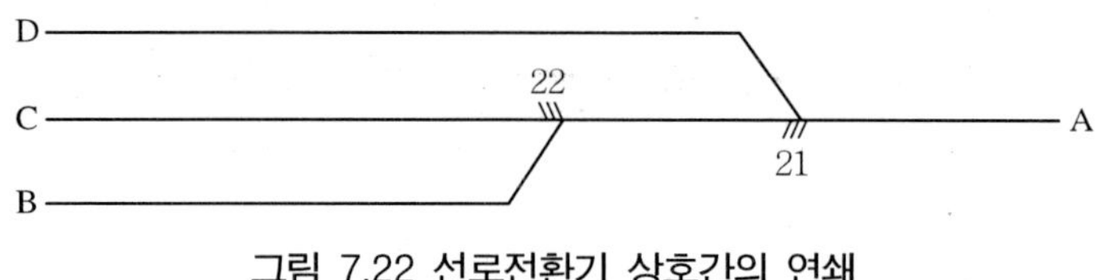

그림 7.22 선로전환기 상호간의 연쇄

위 그림 7.22와 같이 선로전환기 21, 22호가 근접하고 있을 때 선로전환기 22호를 반위로 하는 것은 A → B 또는 B → A간에 진로를 설정하기 위함이며 당연히 21호 선로전환기는 정위에 있지 않으면 안되므로 22호 선로전환기를 반위로 하였을 때에 21호 선로전환기를 정위로 쇄정한다.

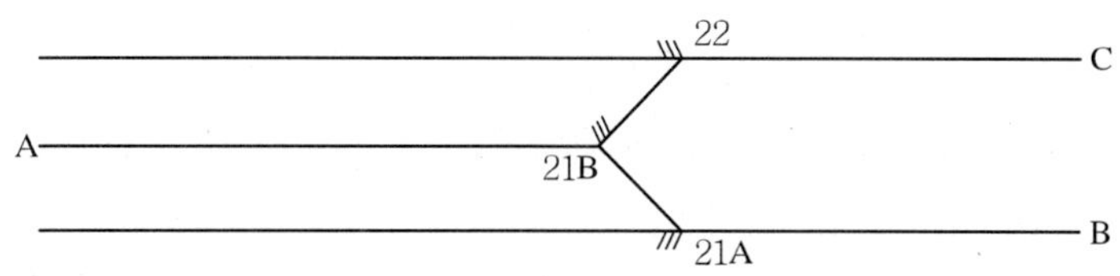

그림 7.23 선로전환기 상호간의 쇄정

위 그림 7.23과 같이 21호 선로전환기를 반위로 하는 것은 A → B 또는 B → A간에 진로를 설정하기 위한 것으로 22호 선로전환기를 정위 또는 반위 어느 쪽으로도 전환할 수가 있다면 반위에서는 위험이 따르므로 정위에 있지 않으면 안 된다. 또한 22호 선로전환기를 반위로 하는 것은 A → C 또는 C → A간에 진로를 설정하기 위한 것으로 21호 선로전환기는 정위에 있지 않으면 안된다. 따라서 이 두 선로전환기간에는 정위로 쇄정한다.

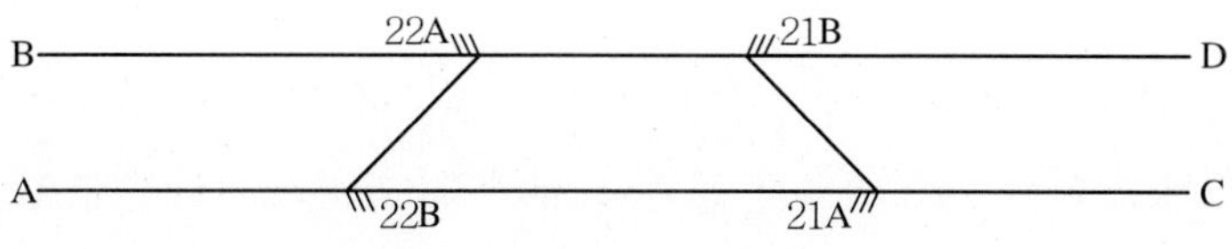

그림 7.24 선로전환기 상호간의 쇄정

위 그림 7.24에서 22호 선로전환기가 반위일 때 A → D 또는 D → A간에 진로설정하기 위한 것으로 21호 선로전환기는 정위로 쇄정한다. 또한 21호 선로전환기가 반위일 때 B →

C 또는 C → B간에 진로를 설정하기 위한 것으로 22호 선로전환기는 정위로 쇄정한다.

(2) 쇄정의 종류

1) 조사쇄정

장내 진로를 취급할 때 장내에 진입하는 열차가 그 전방에 있는 출발신호의 정지를 무시하고 과주할 경우를 감안하여 안전 확보를 위해 출발신호전방 일정거리(비상제동거리 약 200m)내에 있는 선로전환기를 안전 측으로 개통하고 쇄정하는 것을 말한다.

2) 표시쇄정

정지정위인 신호기가 정지로 복귀되어 그 표시가 확인될 때까지 관계진로가 쇄정되는 것을 말한다. 즉, 선로전환기의 취급정자를 정위에서 반위로 또는 반위에서 정위로 할 때 해당 진로의 신호기 정지(정위) 표시계전기가 낙하시는 선로전환기를 정위 또는 반위로 전환할 수 없는 쇄정이다.

3) 철사쇄정

선로전환기를 포함하는 궤도회로 내에 열차가 있을 때 이 열차의 점유 즉, 궤도회로의 단락으로 인하여 선로전환기가 전환되지 않도록 쇄정하는 것을 말한다(그림 7.25).

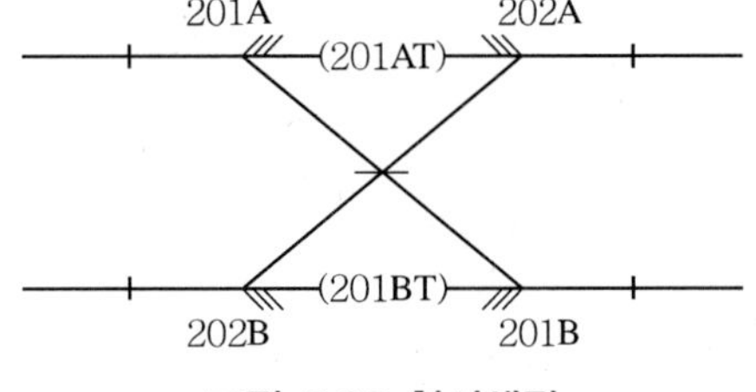

그림 7.25 철사쇄정

명칭		번호	신호제어 또는 철사쇄정
선로전환기	쌍동	201	201AT, 201BT

4) 진로쇄정

신호기 또는 입환표지 등의 진행현시에 의해 그 진로에 열차 또는 차량이 진입하였을 때 관계 선로전환기를 포함한 궤도회로를 통과할 때까지 그 선로전환기가 전환되지 않도록 쇄정하는 것을 말한다.

5) 진로구분쇄정

진로쇄정구간을 여러 개의 궤도회로로 구분하여 열차 또는 차량이 그 구분되어 있는 구간을 벗어날 때마다 그 구간 내에 있는 선로전환기 쇄정장치를 순차로 해정시켜 다른 열차의 운전 또는 차량의 입환 등에 사용할 수 있도록 한 것을 말한다.

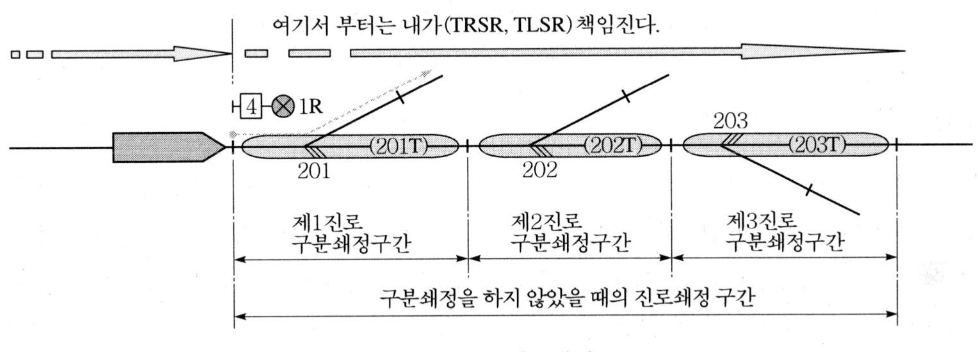

그림 7.26 진로쇄정

6) 접근쇄정

장내신호기가 진행신호를 현시하고 있을 때 그 신호기 외방 일정구간에 열차가 진입하고 있거나 정차하고 있을 경우에는 그 신호를 취소하여도 열차가 해당 신호기 내방으로 진입하거나 신호기를 정지현시한 후 상당 시분이 경과할 때까지는 열차에 의하여 그 진로상의 선로전환기가 전환되지 않도록 쇄정하는 것을 말한다.

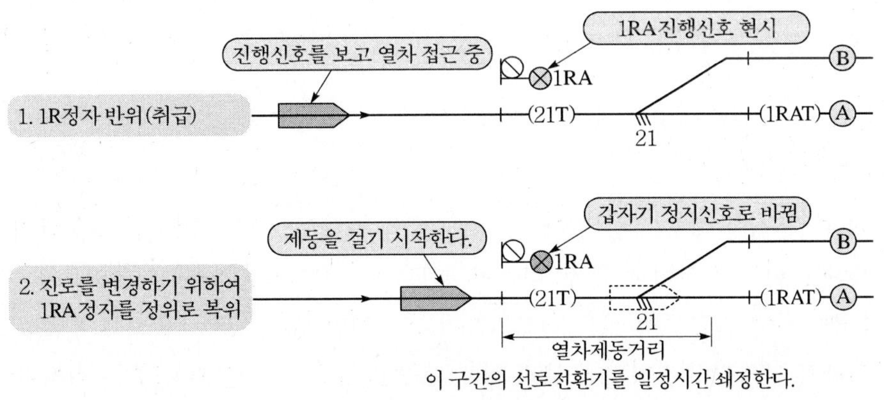

그림 7.27 접근쇄정

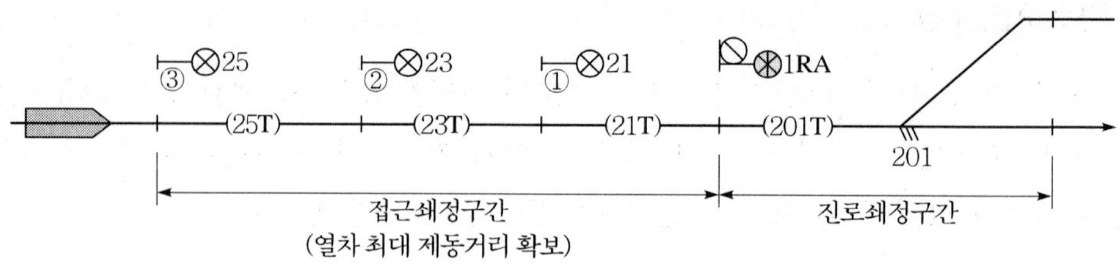

그림 7.28 접근쇄정구간과 진로쇄정구간

7) 보류쇄정

접근쇄정장치와 대동소이하나 장내신호기 외방에 접근궤도가 없고, 신호기에 일단 진행을 지시하는 신호를 현시하였다면 정자를 복위할 수 없도록 쇄정하고, 해정은 열차 또는 차량이 해당신호기 내방으로 진입하든지 아니면 한시해정기에 의한 시소가 경과하지 않으면 해정되지 않도록 한 쇄정장치를 말한다.

(3) 전기연동장치

전기 연동장치는 진로를 제어하는 방법으로 분류하면 다음과 같은 세 종류가 있다.

1) 진로 선별식

진로 선별식은 열차의 진로를 신호 취급버튼과 진로 선별 취급버튼의 취급에 의해 선별하고 진로상의 각 선로전환기를 동시에 전환하여 진로를 구성하는 방식으로 조작이 쉽고 잘못 취급한 경우 동작되지 않거나 안전측으로 동작된다. 현재 대부분의 연동장치는 진로선별식이 사용되고 있다.

2) 진로 취급버튼식

진로 취급버튼식은 신호 취급버튼의 조작에 의해 진로상의 각 선로전환기를 동시에 전환하여 진로를 구성하는 방식이다. 진로 취급버튼식은 각 진로마다 1개의 취급버튼을 두고 이 취급버튼을 취급하면 진로상의 모든 선로전환기는 정해진 방향으로 개통되며 진로를 지장하는 다른 진로와의 연쇄를 계전기의 동작에 의해 쇄정한 다음 그 진로의 신호를 현시하는 것이다.

3) 단독 취급버튼식

단독 취급버튼식은 선로전환기의 전환과 신호 취급버튼을 개별적으로 조작하여 진로를 구성하는 방식이다. 구내 배선이 간단하고 신호기의 진로가 적은 경우에는 단독 취급버튼식 또는 진로 취급버튼식으로 충분하다. 큰 구내에서와 같이 배선이 복잡하면 진로 취급버튼식으로는 취급버튼 수가 많게 되어 조작이 불편해 진다.

(4) 전자연동장치

1) 개요

전자연동장치는 기존 연동장치의 전기적이고 기계적인 부분을 전자화하여 현장의 신호기기를 감시하고 제어하는 장치이다. 1980년대부터 마이크로컴퓨터의 발달에 따라 계전기 논리방식에 의한 전기연동장치가 전자연동장치로 개발되어 실용화되게 되었다. 전기연동장치는 계전기의 안전측 동작 특성을 이용하여 설계되었으므로 어떤 고장이 특별한 위험 상황을 초래하지 않도록 되어 있다.

그러나 컴퓨터를 사용한 전자연동장치는 가상할 수 있는 상황이 많아 하나의 고장이 또 다른 장애를 유발시킬지를 예측할 수 없기 때문에 단순한 원리로 설계되어서는 안 된다. 따라서 이에 대한 대책으로 병렬로 운전되는 컴퓨터의 출력을 비교하여 결과를 도출하는 방법과 하나의 컴퓨터가 몇 개의 프로그램에 의해 연산하고 그 처리 결과를 비교한 후 결과를 출력하는 방법이 있다.

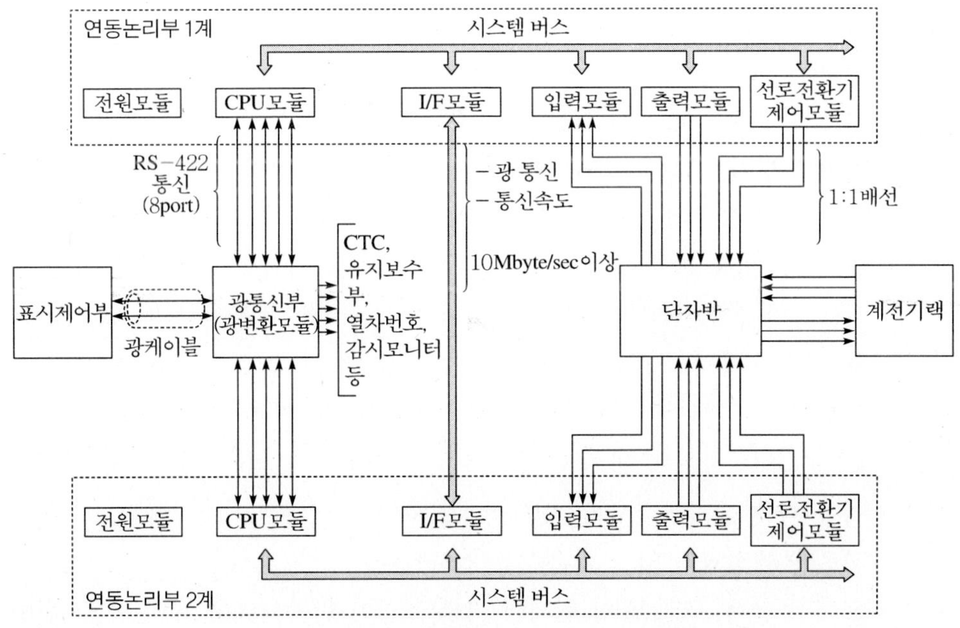

그림 7.29 전자연동장치 시스템 구성도

전자연동장치를 제어하는 방식으로 현재 국철에서 채택하고 있는 출력부분에 기존의 계전기를 사용하여 안전도를 높이는 시스템도 있다. 다시 말하면 기존의 전기연동장치와 같은 고도의 안전성을 유지하면서도 취급과 운용에 있어서 보다 효율적인 컴퓨터 시스템을 이용하는 것이다. 한국철도공사가 개발한 한국형 전자연동장치의 시스템 구성도는 그림 7.29와 같다.

2) 전자연동장치의 기본 조건

전자연동장치는 다음과 같은 기본 조건을 갖추어야 한다.

① 열차 충돌과 탈선방지를 위하여 열차안전운행에 대한 책임을 가져야 한다.
② 자동으로 열차에 대한 진로 구성이 가능해야 한다.
③ 각 장치의 조작이 간단해야 한다.
④ 시스템의 일부분이 고장시에도 전체 시스템에 이상이 없어야 하며 기기의 고장이나 사소한 오차 발생시에는 반드시 안전측으로 동작해야 한다.
⑤ 하나의 연동장치로 수 개 이상의 역을 제어할 경우에도 연동장치 고장 시 선로전환기 단독 전환과 진로쇄정 등 열차운행 조건을 수동으로 확보할 수 있어야 한다.

3) 전자연동장치의 기본기능

전자연동장치의 진로제어 및 안전을 위한 기본기능은 다음과 같다.

① **진로제어**

진로제어는 진로요청, 진로설정, 진로쇄정 및 진로입증의 단계를 거친다.

- 진로요청 단계 : 원격제어나 역자체 제어 조작판에 의해 진로제어를 요청하는 단계로 이 진로요청이 이루어지면 해당 진로에 대해 다음과 같은 기본 조건을 검사한 후 진로설정 단계로 넘어간다.
  - 진로상의 선로전환기가 적절한 위치에 있는지와 동작시킬 수 있는지를 검사한다.
  - 진로설정에 관련된 궤도회로가 단락되지 않았는지를 검사한다.
  - 취급하고자 하는 반대 방향의 진로설정 요청이 없었는지를 검사한다.
  - 이미 사용 중이거나 취급 상태에 있는지를 검사한다.
  - 진로가 쇄정되어 있지 않은지를 검사한다.
- 진로설정 단계 : 진로요청 단계의 기본 조건이 만족되었을 때 진로 구성에 필요한 모든 선로전환기를 정위 또는 반위로 전환하여 진로를 구성한다.

- 진로쇄정 단계 : 선로전환기의 전환이 완료되면 안전한 진로의 확보를 위하여 진로쇄정을 수행한다.
  - 열차의 통과나 취급자의 수동 취급에 의한 해정없이 외부의 부당한 입력에 의해 선로전환기가 전환되는 것을 방지하기 위해 선로 전환기를 제어된 위치에 쇄정시키는 것이다.
  - 선로전환기를 진로에 맞도록 제어한 후 해당 선로전환기의 정확한 위치를 확인한다.
  - 열차의 안전운행 확보를 위해 진로쇄정, 접근쇄정 등의 쇄정 논리가 처리되어야 하며 특히 양방향 운전이 가능하도록 대향 진로의 쇄정이 이루어져야 한다.
- 진로입증 단계
  진로와 관계된 모든 설비들이 정확하게 동작했는지를 확인한 후에 열차 자동제어장치나 신호기, 표지 등으로 진로정보를 제공하여 해당 진로를 현시할 수 있도록 한다.

② **진로의 해정**

열차가 당해 궤도회로를 점유한 후 전방 궤도회로를 점유하고 다시 당해 궤도회로를 벗어나서 순차적으로 점유와 비점유 상태가 되면 진로는 자동으로 해정되어야 한다.

③ **진로의 연속제어**

동일 진로를 연속하여 여러 열차가 통과해야 할 경우 반복적인 진로 설정 없이 한 번의 진로설정으로 여러 열차의 취급이 가능해야 한다.

④ **진로의 취소**

운영자가 일정한 제한 조건하에 설정된 진로의 취소를 할 수 있어야 한다.

4) 전자연동장치의 장점

전자연동장치는 전기연동장치의 기능을 모두 수행할 수 있을 뿐만 아니라 첨단기술의 컴퓨터를 응용하여 자동화 기능까지 수행할 수 있다.

전자연동장치의 장점은 다음과 같다.

① 적은 비용으로 시스템의 다중화를 이룰 수 있어 신뢰성을 향상시킬 수 있고 고장 발생시에도 열차운행에 지장을 주지 않는 상태에서의 보수가 가능하다.

② 자기진단기능을 갖고 있어 효율적으로 장치를 관리할 수 있으며 장애 발생 시에도 신속한 보수가 가능하다.

③ 소량의 통신케이블에 의해 설비를 제어할 수 있다.

④ 연동장치 본체 및 현장 신호설비의 동작을 상시 감시하고 그 내용을 상당 기간 동안 보관하는 등 제어 출력 및 동작 상태에 대한 기록 등이 자동 관리되고 있기 때문에 사고나 장애발생시의 원인 추적이 가능하다.

표 7.4 전기연동장치와 전자연동장치의 장·점 비교표

구 분	전기연동장치	전자연동장치
하드웨어	• 대형, 중량 • 다량의 계전기를 설치하여 상호 연동 또는 쇄정토록 결선	• 소형, 경량(신호계전기실 면적 축소) • 연동장치의 지역 데이터가 내장된 해당 모듈들을 표준 콘넥터로 연결
제어	• 현장설비 연결은 케이블로 계전기실과 연결	• 현장설비와의 연결은 데이터 통신 또는 케이블 결선
안전성 및 보수성	• 안전측동작 특성은 우수하나 계전기 고장시 전체 시스템의 고장으로 연결 • 고장발견에 장시간 소요	• 주요 부분 다중화 또는 2중화로 신뢰성 확보 • 이중 출력으로 시스템운용에 영향없이 모듈 교체 가능 • 고장 메시지에 의한 장애발생시간 및 위치 등을 정확히 알 수 있고 신속한 보수유지 가능
운용체계	• 운용중 기기 점검 불가능	• 시스템 동작상태 등을 자체 진단으로 운용자 장치에 자동기록 • 데이터분석으로 고장진단 및 예방 점검가능
기능	• 열차운전을 위한 최소한의 감시와 신호 설비의 제어	• 광범위한 시스템 자기진단 기능 • 승객에게 열차운행정보 제공
호환성	• 역 구내 선로모양 변경시 수급 및 설치에 많은 경비와 기간 소요	• 역 조건의 변동에 따른 데이터만 수정 • 연동장치 계속 사용 가능

7.5 신호제어 설비의 분류

신호제어설비에는 크게 신호기장치 · 선로전환장치 · 궤도회로장치 · 폐색장치 · 연동장치 · 건널목보안장치 · 열차자동정지장치 · 열차집중제어장치 등으로 나눌 수 있다.

(1) 신호기장치

신호기장치에는 승무원에게 열차운전 조건을 제시하여 주는 설비로서 열차의 진행 가부를 색(色)이나 형(形)으로 표시하는 것이며 기관사에게 열차의 운행 조건을 지시하는 신호와 종사원의 의지를 표시하는 전호 및 장소의 상태를 표시하는 표지로 표 7.5와 같이 분류한다.

표 7.5 신호기장치분류

구 분	형에 의한 것	색에 의한 것	형과 색에 의한 것	음에 의한 것
신호	진로표시기	색등식신호기	완목식신호기입환신호기	발뇌신호
전호	제동시험전호	이동금지전호 추진운전전호	입환전호	기적신호
표지	차막이표지	서행허용표지	선로전환기표지입환표지	

1) 신호

운전조건을 지시하는 것으로 상치신호기와 임시신호기, 특수신호기로 분류한다.

① **상치신호기**(Fixed signal)

지상의 고정된 장소에 항상 설치되어 신호를 현시하는 신호기이며, 주신호기, 종속신호기, 신호부속기로 분류한다.

• 기능별 분류

- 주신호기(Main signal) : 일정한 방호구역을 가진 신호기로서 다음과 같은 종류가 있다.
- 장내신호기(Home signal) : 정거장에 진입할 열차에 대하여 그 신호기 내방으로의 진입가부를 지시하는 신호기이다.
- 출발신호기(Starting signal) : 정거장에서 출발하는 열차에 대하여 그 신호기 안쪽으로의 진출 가부를 지시하는 신호기이다.
- 폐색신호기(Block signal) : 폐색구간에 진입할 열차에 대하여 폐색구간의 진입가부를 지시하는 신호기이다.
- 유도신호기(Caller signal) : 주체의 장내신호기가 정지신호를 현시함에도 불구하고 유도를 받을 열차에 대하여 신호기 내방으로 진입할 것을 지시하는 신호기이다.
- 엄호신호기(Protecting signal) : 특별히 방호를 요하는 지점을 통과할 열차에 대하여 신호기 안쪽으로의 진입가부를 지시하는 신호기이다.
- 입환신호기(Shunting signal) : 입환차량에 대하여 신호기 안쪽으로의 진입가부를 지시하는 신호기이다.

그림 7.30 유도신호기

도시철도에서의 신호방식은 차내 신호방식으로 본선에는 신호기가 설치되어있지 않다. 다만 차량기지에서는 입환신호기를 사용한다. 기지운전모드(Yard Mode) 시에는 차내 신호방식이라 신호기는 필요치 않으나 기관사의 수동운전을 돕기 위함이고 차내 신호기능이 없는 입환 기관차나 작업용 모터카의 운전자에게 신호를 현시하기 위하여 사용된다.

그림 7.31 입환신호기(색등식)

- 차내신호기 : 열차가 안전하게 목적지까지 도착하기 위하여, 진로를 확보하고 신호를 현시시키기 위하여 설치된 장치로서, 열차는 이 신호현시에 의하여 운전이 가능케 된다. 물론 열차의 속도까지 지시하므로 주야간 구별 없이 타 현시와 오인되지 말아야 하고 지상의 정확한 정보를 차상에 전달하는 장치이다.
  종래의 지상신호에 의존하던 것이 모두 컴퓨터화 됨에 따라 차상신호로 발전하여 보다 정확하고 안전하게 열차를 운영할 수가 있다.

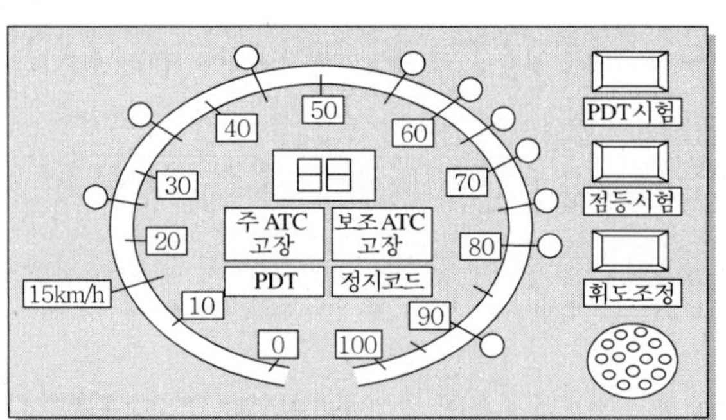

그림 7.32 차내신호기

- 종속신호기(Subsidiary signal) : 주신호기의 인식거리를 보충하기 위하여 외방에 설치하는 신호기이다.
- 원방신호기(Distance signal) : 주로 비자동구간의 장내에 종속하며 주체신호기의 현시를 예고하는 신호기이다.
- 통과신호기(Passing signal) : 출발신호기에 종속되어 있으며 주로 장내신호기의 하위에 설치하는 신호기로서 정거장의 통과여부를 예고하는 신호기이다.
- 중계신호기(Repeating signal) : 주로 자동구간의 장내·출발·폐색신호기에 종속하며 주체신호기의 신호를 중계하기 위하여 설치하는 신호기이다.

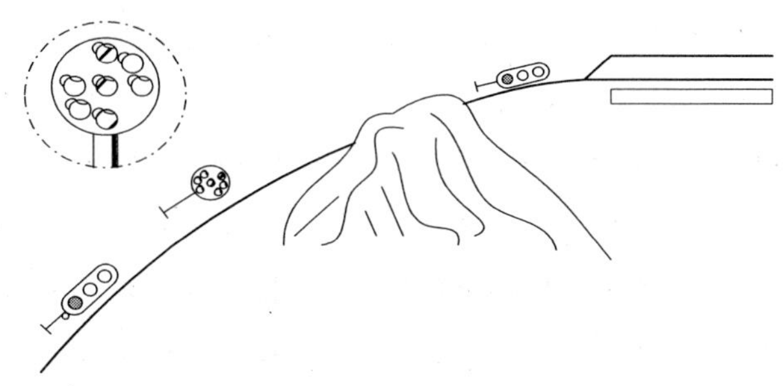

그림 7.33 중계신호기

- 신호부속기(Signal appendent)
  - 진로표시기(Route appendent) : 주신호기의 진로개통 방향을 표시하기 위하여 설치한 것으로서 주신호기를 2 이상의 선로에 사용할 때에는 주신호기의 하단에 설치하여 그 신호기의 진로개통 방향을 나타내는 것이다.
  - 진로개통 표시기 : 본선 분기부에 설치, 전철기의 쇄정, 분기부 개통 방향을 표시하여주는 것이다. 진로개통표시기는 진로만 개통되면 신호를 현시하므로 방호구역을 갖고 있지 않아 장내 및 출발신호로 분류하지 않는다. 즉 진로개통표시기 진로가 정상적으로 개통되고 폐색구간 확보조건에 따라 차내신호기에 속도코드가 현시되는 것이다.

조 건 / 구 분	진로가 개통되었을 경우		진로가 개통되지 않았을 경우	
개통표시	황색등	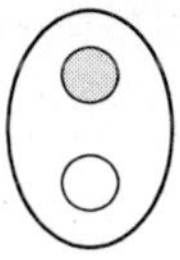	적색등	
진로표시	화살표로 방향표시(→, ↑, ←)		소등(현시하지 않음)	

그림 7.34 진로개통표시

② 구조상 분류

- 완목식 신호기(Semaphore signal)

이것은 직사각형의 완목(Arm)을 신호기주에 설치하여 주간에는 완목의 위치·형태·색깔에 따라 신호를 현시하고 야간에는 완목에 달려있는 신호기 등 유리의 색깔에 따라 정지 또는 진행신호를 나타내는 것으로서 주신호기와 종속신호기에 사용하고 있다.

- 1선 도선식 신호기 : 신호기와 신호리버(Lever)간을 1줄의 도선(Wire)으로 연결하여 리버의 기계적인 힘으로 완목을 동작시켜 신호를 현시하는 것이다.
- 2선 도선식 신호기 : 원방신호기나 원거리에 설치된 장내신호기에는 2줄의 도선을 안전장치에 연결하여 완목의 동작이 확실해 지도록 하는 2선도선식 신호기를 사용하고 있다. 2선 도선식의 특징은 기온변화에 따른 도선의 인장력이 간이조정기에 의해 자동조정되므로 당기는 힘이 고르게 작용해 완목의 동작이 확실하다.

• 색등식 신호기

신호기 등의 색깔 및 배치위치로서 신호를 현시하는 것으로 단등형 신호기와 다등형신호기가 있다.

- 단등형 신호기 : 단등형 신호기는 1개의 등 기구로 적색·반사경·색유리·제어계전기·렌즈 등이 1개의 신호기구에 있는데 전면에는 차양 및 배판이 부착되어 있다. 제어계전기는 10V, 20mA의 직류 유극계전기를 사용하며 반사경의 초점에 신호전구를 달아 광선이 집중되는 초점에 색유리를 설치하면 광력이 약 27배로 증가되므로 낮은 전압에서도 투시거리가 좋아진다.

그림 7.35 단등형 신호기

- 다등형 신호기 : 등황색·적색·녹색(Y.R.G)의 2~4개의 등을 수직으로 설치하여 2현시에서 5현시까지 사용하고 있으며 투시가 좋으므로 주간에도 800m의 거리에서도 신호현시를 확인할 수 있다. 등과 등의 거리는 220mm이고 배판은 290mm 반지름의 반원을 직선으로 연결한 구조로 되어 있다.

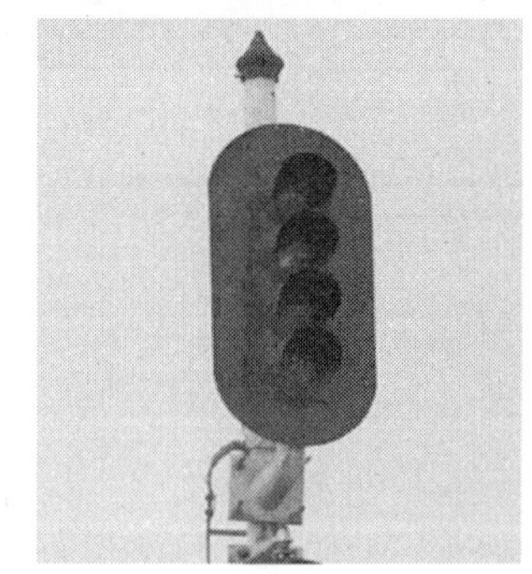

그림 7.36 다등형 신호기

• 등렬식 신호기 : 여러 개의 백색등은 조합하여 배열을 가로·세로 또는 경사지게 하여 신호를 현시하는 것으로서 입환·유도·중계신호기 등에 사용되고 있다.

- 유도신호기 : 평상시에는 소등되어 있다가 현시할 때에만 2개의 등을 45°로 점등하는데 확인거리는 100m 정도이다.
- 입환신호기 : 입환신호기는 다등형 색등식(적색·청색)과 등렬식으로 구분되는데 점차 다등형 색등식으로 개량되고 있다.

- 중계신호기 : 주신호기의 현시를 그대로 중계하기 위하여 주신호기의 제어계전기 여자접점과 같은 접점을 사용하여 제어회로를 구성하며 입환신호기와 같이 유백색 계단렌즈를 사용한다.

③ 조작상 분류

- 수동신호기

  사람이 리버를 조작하여 현시하는 신호기로서 도선(Wire)을 연결하여 기계적으로 조작하는 것이다.

- 자동신호기

  궤도회로를 이용하여 열차 또는 차량의 유무에 따라 자동적으로 신호를 현시하는 것으로서 신호취급자가 조작할 수 없는 신호기이며 자동폐색구간의 폐색신호기가 이에 해당한다.

- 반자동신호기

  궤도회로에 의해 자동적으로 신호를 현시할 수도 있으나 신호취급자도 조작할 수 있는 신호기이다. 자동구간의 장내·출발신호기가 이에 해당된다.

④ 신호현시별 분류

- 2위식 신호기
  - 2현시 : 진행, 정지 또는 진행, 주의
- 3위식 신호기
  - 3현시 : 진행, 주의, 정지
  - 4현시 : 진행, 감속, 주의, 정지 또는 진행, 주의, 경계, 정지
  - 5현시 : 진행, 감속, 주의, 경계, 정지

2위식 완목식에 있어서는 수평과 하향 45° 색등식에 있어서는 녹색과 적색 또는 녹색과 등황색을 사용하는데 2위식 신호기는 그 신호기의 안쪽 방호구간에 한해서만 진로의 상태를 표시한다. 3위식은 녹색, 등황색, 적색의 세 가지 색을 사용하는데 이것은 신호기의 안쪽과 전방구간의 상태를 표시한다.

⑤ 절대신호와 허용신호

- 절대신호

  진행신호가 현시된 경우 이외는 절대로 신호기 내방에 진입할 수 없는 신호기이다.

- 허용신호

  정지신호가 현시된 경우라도 일단 정지 후 제한속도로 신호기 내방에 진입할 수

있는 신호기이다.

⑥ 상치신호기의 건식

정거장 구내 또는 역과 역 사이에 많은 신호기를 설치할 경우에 열차의 기관사가 해당 운행선로에 대하여 식별을 용이하게 하기 위하여 다음과 같이 설치하고 있다.

- 신호기는 소속선의 바로위 또는 왼쪽에 세운다. 다만, 지형 또는 특별한 사유가 있을 때에는 예외로 한다.
- 2 이상의 진입선에 대해서는 같은 종류의 신호기를 같은 지점에 세우는 경우, 각 신호기의 배열 방법은 진입선로의 배열과 같게 한다.
- 신호기는 1진로마다 1신호기를 설치하는 것을 원칙으로 하며 특별한 경우에는 예외로 한다.
- 같은 선에서 분기되는 2 이상의 진로에 대하여 같은 종류의 신호기는 같은 지점 또는 같은 신호기주에 설치해야 한다.
- 신호기는 그 신호현시가 다음의 확인거리를 확보할 수 있도록 하여야 한다.
  - 장내·출발·폐색신호기 600m 이상
  - 입환신호기 200m 이상
  - 유도신호기 100m 이상
  - 원방신호기 200m 이상
  - 중계신호기 200m 이상
  - 진로표시기 200m 이상

  (단, 입환신호기부설 진로표시기는 100m 이상)

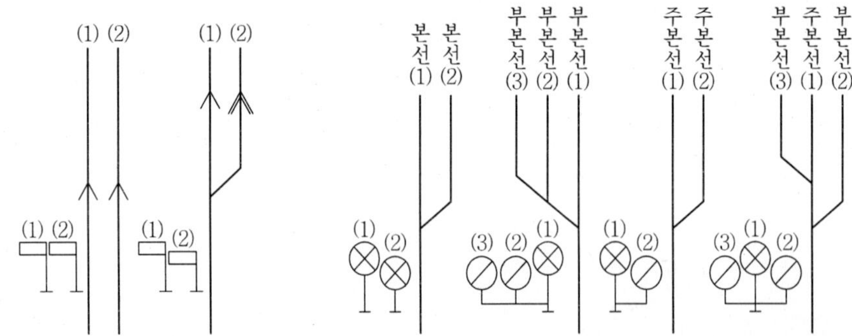

그림 7.37 2개의 신호기 건식　　　그림 7.38 장내신호기의 건식(자동구간)

⑦ **임시신호기**

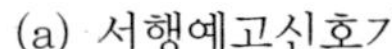
(a) 서행예고신호기

(b) 서행신호기

(c) 서행해제신호기

그림 7.39 임시신호기

⑧ **폭음신호**

기후불량으로 정지신호를 확인하기 곤란한 경우 또는 예고치 않은 지점에 열차를 정차시키는 경우 뇌관의 폭음으로 현시하는 정지신호를 말한다.

⑨ **화염신호**

예고치 않은 지점에 열차를 정차시키는 경우 신호염관의 적색화염으로 현시하는 정지신호를 말한다.

7.6 폐색장치(閉塞裝置)

(1) 개요

1) 폐색장치의 의의

열차를 안전하고 신속하게 운행하기 위해서는 대향열차, 선행열차, 후속열차가 서로 지장이 없도록 일정한 간격을 두고 운행해야 한다. 이와 같이 일정한 간격을 두고 운행하는 방법으로는 시간간격법(time interval system)과 공간간격법(space interval system)이 있다. 그리고 폐색구간을 정해서 폐색식 운행을 하기 위한 일체의 설비를 폐색장치(block device)라 하는데 이것은 폐색구간의 입구에 설치한다. 폐색구간의 길이는 폐색장치에 의해서 정해지며 열차의 운행 시격과 밀접한 관계가 있다. 폐색장치에는 취급방법에 따라 종사원 상호간의 협의에 의하는 수동폐색식과 궤도회로를 이용하여 열차 자체에 의하여 자동적으로 이루어지는 자동폐색식의 두 가지가 있다. 또한 일정한 거리를 두는 1 폐색구간에서는 반드시 1개 열차만 운행하도록 하고 있다. 따라서 폐색장치는 열차의 안전운행을 위하여 필수적으로 설치해야 한다.

2) 열차운행방식

① 고정폐색방식

고정폐색방식(fixed block system)은 국내 국철 및 지하철에서 널리 사용되고 있는 방식으로써 역간 궤도회로의 폐색구간을 최초 계획된 운전시격에 맞추어 분할하고 이 분할된 구간내에 궤도회로를 설치하여 해당 속도 명령을 궤도회로에 송신하는 방식(AF)과 전방폐색구간의 열차점유 또는 무점유상태에 따라 지정된 계열에 의한 신호 현시 Pattern으로 수동운전으로 진행하는 방식이 있다.

그림 7.40 고정폐색방식

㉠ 시간간격법

이 방법은 일정한 시간간격을 두고 연속적으로 열차를 출발시키는 방법으로써 선행 열차가 도중에서 정차한 경우라 하더라도 후속 열차는 일정한 시간이 지나면 출발하게 하는 것이다. 그러므로 운행하는 도중에 장애물(선행 열차)에 유의하여 감속을 하면서 운행해야 한다. 시간간격법은 보안도가 낮기 때문에 천재지변 등으로 인하여 통신이 두절되는 경우와 같은 특수한 상황일 때에만 사용하는 것이다.

㉡ 공간간격법

이 방법은 열차와 열차 사이에 항상 일정한 공간을 두고 운행하는 방법으로써 선행 열차가 위험구역에 있는지의 여부를 알 수 있고 고속운행을 하는데 적합하다. 다시 말하면 일정한 공간을 두고 일정 구역을 정하여 1개의 열차만을 운행할 수 있도록 한 것이다. 이러한 구간을 폐색구간이라고 하는데 이와 같은 폐색구간을 정해서 운행하는 방식을 폐색식 운행이라 한다. 폐색구간이 길면 길수록 보안도는 향상되지만 운행밀도상의 제한을 받는다.

② 이동폐색방식

이동폐색방식(moving block system)은 고정폐색구간의 개념을 깨뜨리고 궤도회로 없이 선·후행 열차상호간의 위치 및 속도를 무선신호 전송매체에 의하여 파악하고 차상에서 직접열차 운행간격을 조정함으로써 열차 스스로 이동하면서 자동운전이 이루어지는 첨단폐색방식이다.

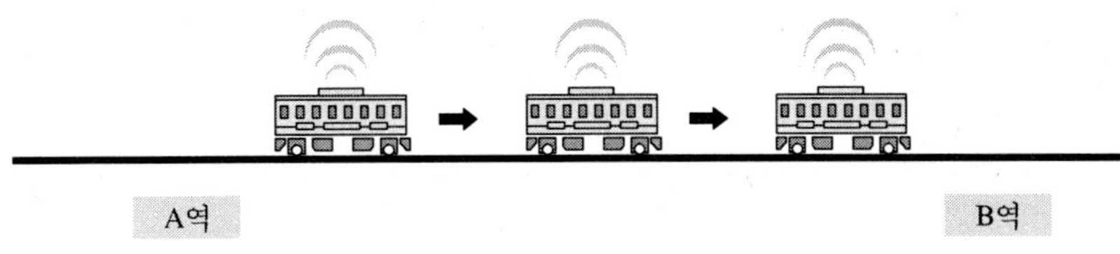

그림 7.41 이동폐색방식

㉠ 설비의 구성

궤도구간에 유도식 로프를 궤도에 따라 설치하고 차상에는 차상/지상 상호간의 데이터통신을 위한 송·수신안테나와 차상의 fail-safe 처리방식을 사용한 마이크로 프로세서로 구성된다.

㉡ 선행열차의 위치검출

신호기기실의 마이크로 프로세서는 궤도측의 유도로프를 통하여 차상에 전방 신호기 및 선로전환기의 상태와 열차의 위치정보를 차상에 송신한다.

㉢ 선구의 제한속도

신호기기실에서는 궤도측으로 선구의 구배, 곡선 등에 따른 제한속도 정보를 송신하고 차상에서는 전방제한속도를 수신한다.

㉣ 제한속도와 운행위치의 계산

각 열차의 차상에서는 자체의 위치와 속도를 결정하고 이들의 데이터를 궤도로부터 수신된 데이터와 비교하며 열차의 가·감속 실행을 계산하여 최대속도를 지시한다. 이의 속도는 전방의 각종 조건에 따른 제한속도와 관련하여 안전 제동거리를 확보한다.

㉤ 속도 pattern의 비교

고정폐색방식과 이동폐색방식에 대한 속도 pattern의 비교는 아래 그림 7.42와 같다.

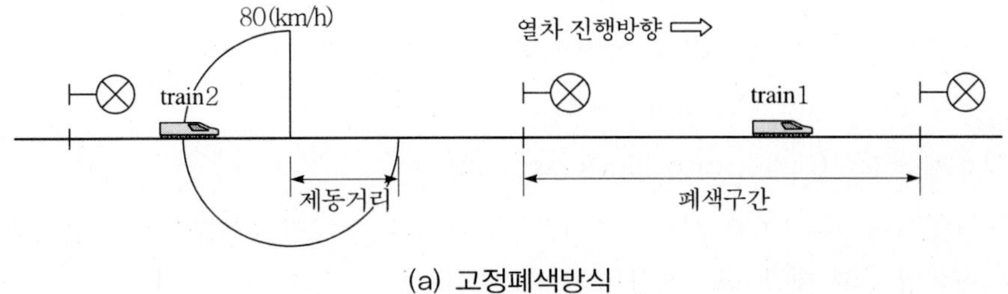

(a) 고정폐색방식

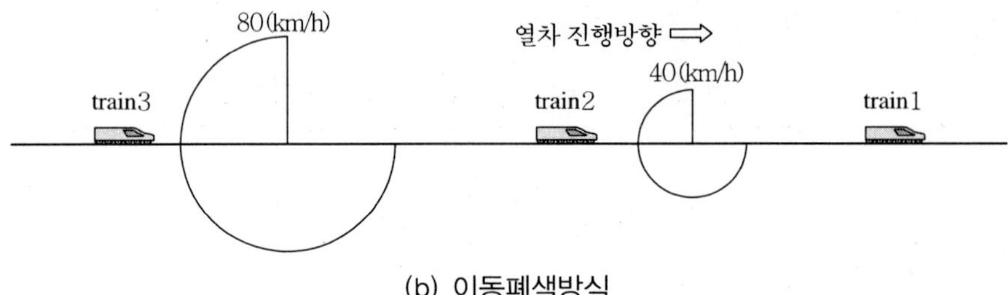

(b) 이동폐색방식

그림 7.42 고정과 이동폐색방식의 속도 pattern

(2) 폐색

1) 폐색방식의 종류

폐색방식이라 함은 1폐색구간에 1열차 이외에 다른 열차를 동시에 운전 시키지 않기 위하여 시행하는 방법으로 이를 상용폐색방식과 대용폐색방식으로 대별하여, 또한 폐색방식에는 취급방법에 따라 종사원 상호간의 협의에 의한 수동폐색식과 궤도회로를 이용하여 열차자체에 의하여 자동적으로 이루어지는 자동폐색식의 두 가지가 있으며 선로의 상태, 수송량이 많고 적음에 따라 폐색방식이 결정된다.

① **상용폐색방식**

폐색구간에 열차를 운전하는 경우에는 평상시 상용폐색방식에 의하여야 하며 선로의 상태에 따라 다음과 같이 분류한다.

㉠ 복선구간

- 자동폐색식(Automatic Block System)
- 연동폐색식(Controlled manual block system)
- 차내신호폐색식(Cab signalling block system)

㉡ 단선구간

- 자동폐색식(Automatic block system)
- 연동폐색식(Controlled manual block system)
- 통표폐색식(Tablet instrument block system)

② **대용폐색방식**(Substitute block system)

폐색장치의 고장 또는 기타의 사유로 인하여 상용폐색방식을 시행할 수 없을 때 상용폐색방식의 대용으로 사용하는 방식이다.

㉠ 복선운전을 할 때
- 통신식
- 지령식

㉡ 단선운전을 할 때
- 지도통신식
- 지도식

③ **폐색준용법**

폐색방식을 시행할 수 없을 경우에 최후의 수단으로 열차를 운행시키기 위하여 시행하는 방법이다.

- 전령법
- 무폐색운전

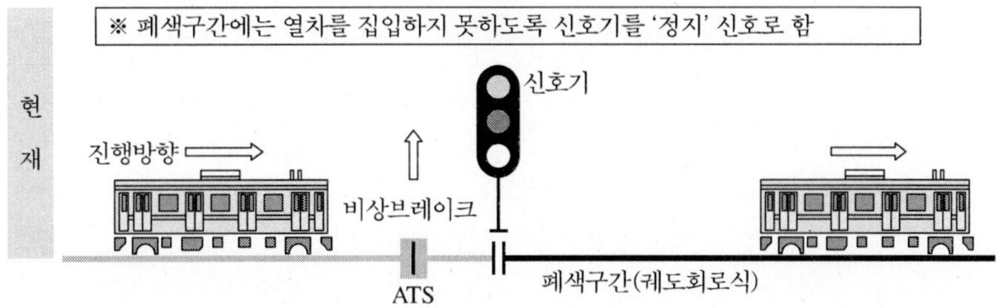

그림 7.43 폐색식의 작동원리

제 8 장

정보통신

8.1 정보통신 일반
8.2 열차무선 전화장치
8.3 화상전송 설비
8.4 행선안내게시기
8.5 복합통신장치
8.6 방송장치

제8장 정보통신

8.1 정보통신 일반

(1) 정보통신 개요

통신(通信, communication)이란 인간의 의사·지식·감정 또는 각종 자료를 포함한 정보를 격지(공간적) 사이에서 주고받는 작용·작위(作爲) 또는 현상으로 정의되며, 통신선로에 흐르는 전류를 매개로 하는 유선통신과 공간을 전파(傳播)하는 전파(電波)를 매체로 하는 무선통신으로 분류된다.

통신의 어원은 'communicare'라는 라틴어의 '나누다'라는 것으로 공유라는 의미를 갖고 있다.

- 과거 통신의 개념 : 송신지와 수신지가 정보를 주고받는 것
- 현재 통신의 개념 : 정보의 생산, 저장, 가공처리, 상용통신, 방송통신, 탐지통신, 인간-인간, 인간-기계, 기계-기계통신을 총칭

1) 정보와 정보통신

정보를 한마디로 정의하기란 쉬운 일이 아니다. 사전적 정의에 의하면 "데이터가 현실 세계로 부터 단순한 관찰이나 측정을 통해서 수집한 사실이나 값을 의미하는 반면, 정보란 어떤 상황에 관한 의사결정을 할 수 있게 하는 지식으로서 데이터의 유효한 해석이나 데이터 상호간의 관계를 말한다." 따라서 정보는 "데이터를 처리 가공한 결과"라 할 수 있고, 정보통신이란 "정보의 생산자와 소비자간의 이동현상"을 말하며, 이러한 데이터를 처리하고 이동하기 위하여 컴퓨터를 사용하기 때문에 컴퓨터는 정보통신에서 필수적이다.

결국 정보와 통신은 정보통신이라는 복합어로서 설명될 수 있을 것이다. 또한 전기통신과 컴퓨터의 융합체로서 컴퓨니케이션(compunication) 또는 텔레메틱스라고 표현하기로 하며, 정보통신 시스템은 정보시스템(information system)과 통신시스템(communication system)의 합성이라 볼 수 있다.

2) 통신의 역사와 변화

통신의 방법은 전기의 발견 전에는 파발, 봉화, 북소리 등으로 제한적이나마 의사를 소통할 수 있었고, 발견 이후에는 전화, 텔렉스 등의 유선통신으로부터 이제는 무선을 이용한 무선전화, 이동통신, 위성통신 등의 방법을 통해 정보를 상대방에게 전달하게 된다.

또한 통신의 초기에는 음성위주의 정보였지만, 이제는 데이터 정보(글, 소리, 화상 등)가 추가되어 대용량의 전송이 필요하게 되어 전송을 위한 매체나 교환장치, 단말장치 등이 획기적으로 개선되고 있으며, 인터넷 등 네트워크 통신망의 발전과 무선통신기술의 발전에 따라, '언제 어디에나 존재한다.'의 유비쿼터스(ubiquitous)라는 새로운 개념의 통신방식으로 발전되고 있다.

3) 정보통신의 5가지 형태

① 음성통신

음성통신은 일반적으로 전화망을 이용한 통신을 지칭하는 것으로, 다른 형태의 정보이용이 급증하고 있는 현재까지도 가장 널리 그리고 가장 많이 사용되고 있는 정보통신의 한 형태이다. 음성통신을 이용한 서비스로는 전화와 음성우편(voice mail) 또는 오디오텍스(700번 음성정보 서비스)로서 음성메시지의 전달 및 보관 응답기능을 제공한다.

향후에는 네트워크와 VoIP 기술에 의한 음성통신으로 변화할 것으로 보인다.

② 데이터통신

데이터통신이라 함은 흔히 음성을 제외한 다른 모든 형태의 정보 전송을 가리키는 것으로 이미지통신이나 영상통신을 여기에 포함시키기도 한다.

좁은 의미의 데이터라 함은 텍스트나 숫자를 나열하고 있는 서류 등을 디지털 신호로서 나타낸 것이라 할 수 있다.

우리가 컴퓨터통신을 통해 파일을 주고받거나 필요한 데이터를 액세스하거나 또는 전자우편서비스를 이용하는 것도 데이터통신의 한 형태이다.

③ **화상(이미지)통신**

그림이나 도표, 차트, 그래픽 등의 정보전송을 의미한다. 비록 그림이나 도표가 전혀 없는 서류라 할지라도 서류의 전체 도면을 이미지로서 다루게 되면 화상(이미지) 통신, 그 서류 내에 들어있는 문자나 숫자를 디지털 형태로 다루게 되면 데이터 통신이 된다.

화상통신의 대표적인 건은 팩시밀리로서, 최근 디지털 팩시밀리의 등장과 함께 고기능 고속화되고 있다.

④ **영상통신**

영상통신 또한 화상통신과 함께 그 중요성이 부각되고 있는 정보통신의 한 분류이다. 가장 대표적인 영상 통신은 TV방송을 들 수 있으며, 비디오텍스, 영상회의(video conferencing), 특정 전문분야에서 사용되는 영상응답시스템(VRS : Video Response System), 산업현장에서 많이 사용되고 있는 CCTV 등이 있다.

⑤ **멀티미디어통신**

초기의 컴퓨터에서는 문자만 처리할 수 있었으나 정보인식(입력) 및 표현(출력) 기술이 발전함으로써, 문자 이외에도 음성, 도형, 영상 등으로 이루어진 다양한 매체를 처리할 수 있게 되었는데 이를 멀티미디어(Multimedia)라 한다. 따라서 음성과 데이터 및 화상정보의 통합형태인 컴퓨터를 이용한 원격회의(teleconferencing)나 원격교육 등이 그 일례로 이들은 멀티미디어통신이라고 부를 수 있다. 즉, 멀티미디어란 음성, 문자, 그림, 동영상 등이 혼합된 다양한 매체를 의미하며, 이러한 것을 통신하게 되면 멀티미디어통신이 된다.

데이터통신 및 네트워크의 발달과 컴퓨터통신에 따라 정보통신은 더욱 발전된 형태의 멀티미디어통신으로 변화를 계속하고 있다.

4) 아날로그와 디지털신호

① **신호의 의미(전기, 전자공학적 의미)**

자연현상의 특성을 해석할 수 있는 정보나 사람들 사이에서 의사전달을 위한 정보의 표현, 수단 또는 방법으로서, 전기, 전자적 신호는 주로 전압 또는 전류의 크기 변화에 의한 파형(Waveform)으로 표시되며, 수학적으로는 하나 또는 여러 개의 독립변수를 갖는 함수로 표시된다.

② **아날로그신호**

사람의 목소리와 같은 음향정보는 소리의 고저와 음폭에 의해 서로 다른 소리를 구별하게 된다. 이 경우 소리의 고저는 음향정보의 진폭에 해당하며 음폭은 주파수에 해당한다. 이러한 음향정보는 다시 소리의 고저는 동일한 스펙트럼을 갖는 전자적 주파수로, 진폭은 전압으로 표현됨으로써 연속적인 진폭값을 갖는 아날로그 신호로서 전송매체를 통해 상대방에게 전달된다. 따라서 음성정보는 아날로그 신호로 표현된다.

아날로그란 어떤 양을 표시할 때 연속적인 값으로 나타내며, 아날로그 통신의 전달은 사람의 음성 ⇒ 마이크 ⇒ 전기적 신호 전송 ⇒ 상대방으로 전달이 대표적인 전달과정이다.

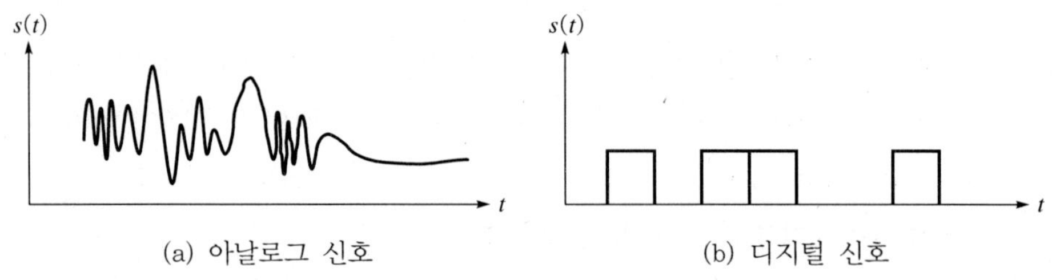

(a) 아날로그 신호 (b) 디지털 신호

그림 8.1 아날로그신호와 디지털신호

③ 디지털신호

디지털신호는 보통 전기적인 2가지 상태로만 표현되는 0과 1의 조합이지만 전류의 유무나 극성(極性), 정해진 두 전위(電位), 혹은 사인파진동(sine波 振動)의 위상의 동일·반대 등 물리적 현상을 사용하여 편의상 0과 1로 대응시키고 있다.

디지털이란 어떤 양을 표시할 때 이상적(비연속적)인 값으로 나타내며, 디지털통신의 전달은 아날로그신호 ⇒ 2진 부호 "0"과 "1"로 신호변환 ⇒ 디지털신호 전송 ⇒ 상대방으로 전달이 대표적인 전달과정이다.

2진수의 표현에서 각 자리를 'bit'라 하며, 예를 들어 101은 3자리의 2진수인 3bit로 구성된 정보이며, 8bit는 1Byte가 된다.

표 8.1 디지털신호의 장, 단점

장 점	단 점
아날로그보다 잡음에 강하다.	신호를 주고받을 때 동기가 맞아야한다.
아날로그보다 용량이 커서 경제적이다.	같은 양의 정보를 보내는 데 2배의 주파수대역이 필요하다.
통신 비밀을 보장할 수 있는 암호화가 가능하다.	

④ 아날로그와 디지털의 특징 비교

아날로그방식은 신호를 전기적인 신호로 변조하여 전파나 유선망을 통해 수신자에게 전달되면, 다시 전기신호를 변조하여 원래의 신호를 재생하는 것으로서 전기적인 강약 신호를 이용하기 때문에 원래 신호가 전기 신호로 변환되는 과정에서 잡음이 섞일 수 있고, 변환된 신호가 전파나 유선망과 같은 전송로를 이동하는 과정에서 여러 가지 잡음의 영향을 받게 된다.

그 결과 정보의 왜곡이나 변형이 심하다는 단점을 가지고 있다. 이와 비교할 때 디지털방식의 특징은 기존의 아날로그방식의 전송에 비해서 신호전송 과정에서의 손실과 왜곡을 줄일 수 있다는 점이다. 이것은 전기적인 신호의 강약에 따라서 전달되는 것이 아니고 0과 1로 표시된 숫자의 형태로 전송되기 때문에 잡음의 삽입이 거의 없기 때문이다. 따라서 디지털 신호는 아날로그 신호에 비해 신호의 전송과정에서 그 만큼 더 정확성을 가지고 있다.

5) 전송매체

전송매체란 통신상대방 사이에서 실제적인 정보를 전송하는 물리적인 통로를 의미한다. 전송매체에 따라 유선망과 무선망으로 구분된다.

유선에 의한 전송매체는 그 물리적인 특성에 따라, 그리고 무선에 의한 전송매체는 서로 다른 주파수 범위에 따라 다시 분류된다.

① 유선 전송매체

㉠ 꼬임선 케이블(Twisted Pair Wire)

- 두 줄의 전선이 서로 꼬아져 있는 형태로 여러 개의 쌍으로 된 전선이 하나의 다발로 묶여서 케이블을 형성한다. 이렇게 서로 꼬아줌으로서 인접한 도체들 간의 상호 간섭을 줄일 수 있고, 절연을 유지할 수 있다.

  꼬임선 케이블은 전송과정에서 에러율이 높아 저속도 데이터통신에 많이 사용되며, 저렴하고 설치가 간편하지만 전송거리와 속도에 제한을 받는다.

  LAN(근거리 통신망)의 10Base－T회선으로 많이 사용된다.

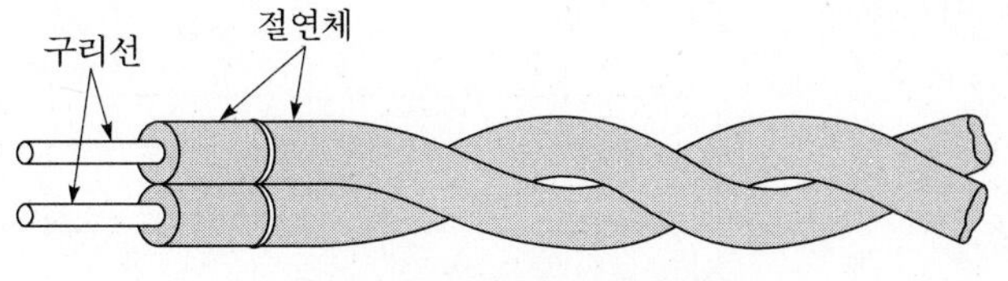

그림 8.2 꼬임선 케이블

• LAN에서 사용하는 케이블과 RJ-45

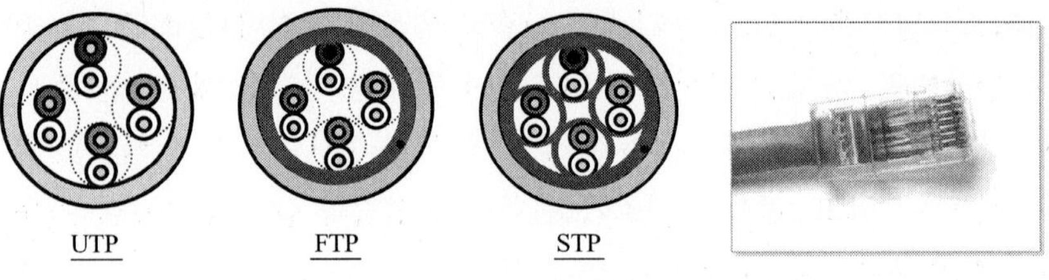

그림 8.3 케이블과 RJ-45

㉡ 동축 케이블(Coaxial Cable)

내부에 도체의 전선이 위치되고 이를 원통형의 외부 도체가 감싸고 있는 형태로서, 넓은 대역폭과 전기적 간섭이 적으며 빠른 데이터 전송 속도를 가지며, 유선 TV 방송이나 장거리 전화에도 사용된다. 일반적으로 무선장치의 급전선, 안테나 및 CCTV의 영상신호용 등과 LAN의 10Base－2와 10Base－5의 회선으로 많이 사용된다.

동축케이블은 컴퓨터통신 시스템간의 연결이나 근거리통신망, 장거리 전화망으로 많이 쓰이는 전송매체로서 대역폭이 넓어 고속 데이터 전송이 가능하다.

BNC는 Byinet－Neil－Concelamn의 준말로서 거의 모든 CCTV와 무선, 방송용 장비에서 무선(RF)신호와 영상신호를 전송하는 장비의 커넥터로 사용된다.

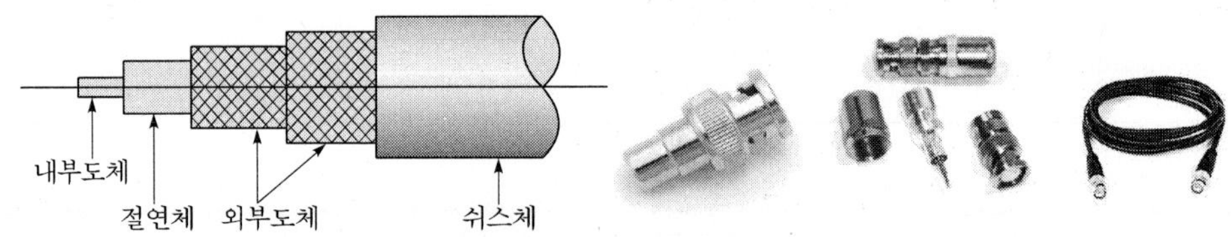

그림 8.4 동축케이블의 구조 및 각종 커넥터

㉢ 광섬유(Optical Fiber)

매우 가는 유리섬유와 플라스틱으로 이루어져있으며 빛의 펄스 형태로 데이터를 전송하는 케이블이다. 구조는 중심부의 코어(Core)와 클래드(Clad), 외부 코팅(피복)으로 되어있다.

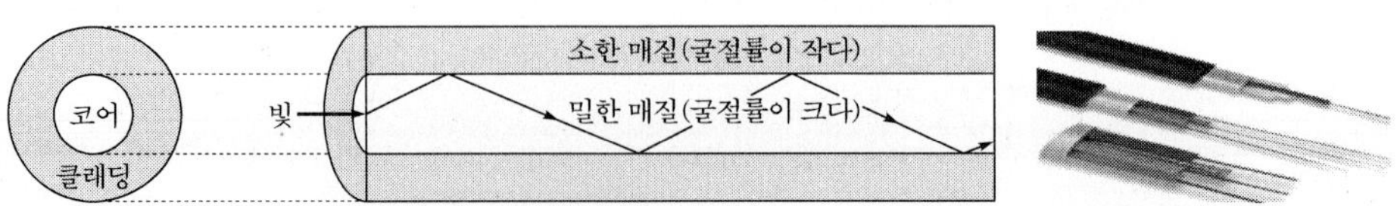

그림 8.5 광섬유 케이블의 구조

② 무선 전송매체

무선에 의한 전송매체에는 지상 마이크로파, 위성 마이크로파 및 방송무선 등을 들 수 있고, 주파수의 범위에 따라 분류되며 전파를 사용하므로 공기를 전송매체로 사용한다. 따라서 무선에서는 안테나를 사용하여 전파를 송수신하게 된다.

• 전파와 관련된 기초지식

- 주파수 : 전파가 움직이는 보이지 않는 길
  단위 : "Hz"를 사용하며, 1Hz는 1초 동안에 1번 진동하는 것이다.
  예) 사용주파수가 800MHz라면 1초에 8억 번 진동한다.
- 대역과 대역폭 : 대역은 사용하는 주파수의 범위이며, 대역폭이란 사용하는 주파수 범위의 크기를 말한다. 즉, 음성주파수 대역의 경우 300~3400Hz이므로, 대역폭은 3100Hz가 된다.

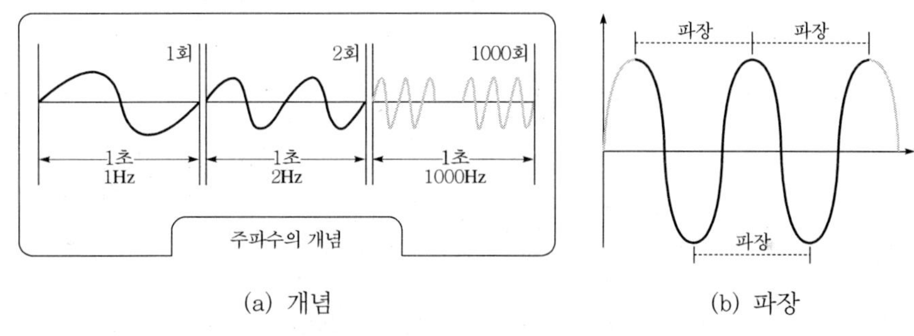

(a) 개념 (b) 파장

그림 8.6 주파수의 개념과 파장

(2) 정보통신망

1) 통신망 개요

네트워크란 하나 이상의 장치(단말기)가 서로 연결된 형태를 말한다. 따라서 각 장치들이 서로 연결되었다는 것은 전송매체를 통하여 링크로 연결된 장치(node)들의 집합이 되므로 결국은 통신망을 형성하게 된다.

통신망을 구성하는 장치란 네트워크상의 다른 노드로 데이터를 송수신할 수 있는 모든 장치(컴퓨터, 프린터 및 각 종 단말기 등)를 말하며, 이러한 장치를 연결 시켜주는 링크(Link)는 통신채널(Communication Channel)에 해당된다. 따라서 통신망이란 하나 이상의 장치들이 서로 연결되어진 형태들의 집합으로 네트워크(Network)와 같은 의미를 갖는다.

통신망은 이용하는 형태와 전송매체, 구성방식에 따라 여러 가지로 분류한다.

2) 통신망 구성에 필요한 요소

① 정보원 : 송신자와 수신자(대화 또는 정보를 주고받는 상대방)

② 매체 : 정보를 전달하기 위한 요소로서 유선과 무선

③ 프로토콜 : 통신을 할 수 있는 규약으로 대화를 나누기 위한 언어나 형식

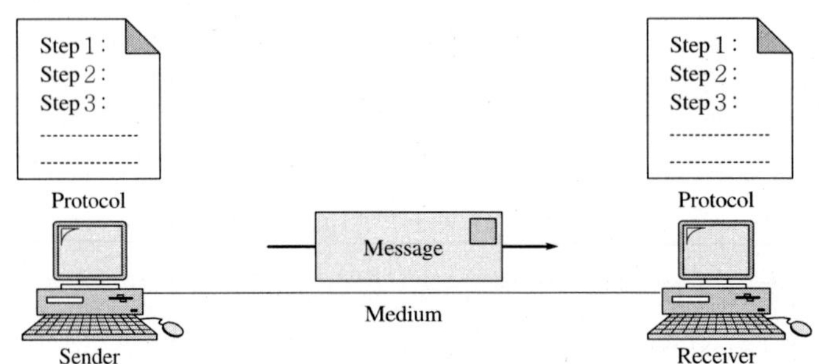

그림 8.7 통신망 구성 요소와 전달과정

3) 정보통신시스템의 이용형태

단말장치와 컴퓨터를 연결시킨 후, 데이터의 발생에서 처리결과를 얻게 될 때까지 사람의 개입이 필요 없는 방식을 온라인(On-Line) 방식이라 하며, 실시간 처리는 정보의 입력 또는 처리 결과를 실시간으로 처리하는 형태를 말한다.

오프라인(Off-Line)은 장치간 상호 연결되어 있지 않고, 데이터 등 자료를 사람이 개입되어 자료를 주고받는 형태를 말한다. 그 외 일정시간 동안 자료를 모아놓았다가 처리하는 일괄처리방식도 있다.

4) 통신방식

① **단방향 통신방식(Simplex)**

송수신측이 결정되어 있어 데이터를 한쪽 방향으로만 전송가능하며, 역향으로는 데이터 전송이 불가능하다. 예) 라디오, 텔레비전방송

② **반이중 통신방식(Half Duplex)**

양방향 전송이 가능하지만 동시에는 양방향 전송을 할 수 없고 송수신측은 서로 교대로 전송하며 PTT방식으로 부르기도 한다. 예) 무전기

③ **전이중 통신방식(Full Duplex)**

동시에 양방향 송수신이 모두 가능하며, 반이중 통신방식보다 전송효율이 높지만 회선비용이 많이 들며, 사용자는 별도의 조작 없이 송수신이 가능한 형태로서 전용

회선의 경우는 4회선(4W)이 필요하다. 예) 전화기

④ **트리형**

성형과 마찬가지로 집중제어 방식의 통신망으로, 단말장치로부터의 정보를 지역적으로 분산처리가 가능하며, 분기, 결합, 삭제가 용이하다.

(3) 무선통신기술

1) 개요

무선통신은 공간을 전송매체로 하는 통신으로 송신측에서 정보신호를 전파에 실어서 공간에 방사하고, 수신 측에서는 공간을 거쳐 전송되어 온 전파를 수신하여 원래의 신호를 검출하는 방식의 통신을 말한다. 또한 전파를 매체로 해서 통신하기 때문에 사용하는 주파수에 한도가 있고, 전파의 전파방법이 주파수의 파장에 따라서 다르며, 단파대에서는 전 세계적으로 전파되기 때문에 세계 각국간에 상호간섭으로 인해 장애가 생기지 않도록 주파수 사용에 관하여 배분된 업무별로 사용하고 있다. 이러한 무선통신을 시스템의 유동성이나 기술방식, 사용목적에 따라 고정통신기술, 이동통신기술, 위성통신기술로 일반적으로 구분하고 있다.

무선기술은 유선기술과 달리 사용할 수 있는 주파수 스펙트럼이 제한되어 있으므로, 이용자 상호간에 혼신을 막아주고, 적당한 전송품질을 유지하여야 하는 면에서, 스펙트럼의 효율적 이용이 중요한 사항이다. 무선통신 개발분야는 새로운 주파수대의 기술개발, 기존활용 주파수대에서는 협대역화, 공용화 등으로 그 이용효율을 향상, 그리고 새로운 서비스 기술개발 등의 세 가지 방향으로 추진되어 지고 있다. 이에 따라 유선통신망에서는 초고속통신망을 향한 광대역으로 나아가고 있으며, 무선망에서는 주어진 주파수내에서 더 많은 채널을 만들기 위하여 협대역사업이 추진되고 있다.

무선통신방식은 대용량이고 광범위한 수신지역을 가지며 경제적이라는 특성 때문에 활용범위가 넓은 반면에 공간이라는 공통 전송매체를 사용하고 있어 무선통신의 최대 결점인 다른 통신계로부터의 간섭이 발생된다. 또한 무선통신에서 사용하는 신호의 형태는 모두 아날로그신호이다.

2) 무선통신에서의 신호

무선통신에서는 전압 또는 전류의 형태로서 자유공간을 이동하는 저자기파(전파)를 신호로 사용하며 다음의 변수가 있다.

① **주파수(Frequency, 'f'로 표현)**

전자파가 공간을 진행할 때 1초 동안에 진동하는 횟수를 말하며, 단위는 [Hz]를 사용한다.

② **주기(Period, 'T'로 표현)**

한 사이클의 시간축 지속시간으로 1회 진동하는데 걸리는 시간을 말하며, 단위는 [sec]를 사용한다.

③ **파장(Wavelength, 'l'로 표현)**

한 사이클의 공간상 길이로 전파가 1회 진동할 때 진행하는 거리를 말하며, 단위는 [m]를 사용한다.

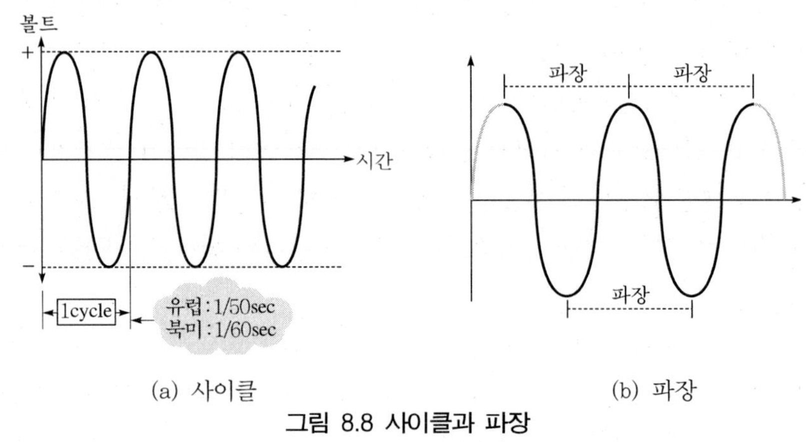

그림 8.8 사이클과 파장

3) 전파(주파수)의 구분

전파란 전파법 제2조에서 "3,000GHz 이하의 주파수의 전자파를 말한다."

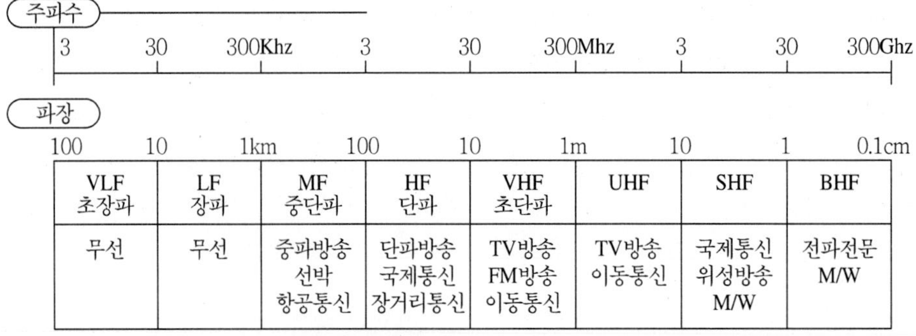

VLF 초장파	LF 장파	MF 중단파	HF 단파	VHF 초단파	UHF	SHF	BHF
무선	무선	중파방송 선박 항공통신	단파방송 국제통신 장거리통신	TV방송 FM방송 이동통신	TV방송 이동통신	국제통신 위성방송 M/W	전파전문 M/W

그림 8.9 전파의 구분 및 용도

→ 파장과 주파수의 관계에서 주파수가 높아질수록 파장의 길이는 짧아진다.

표 8.2 주파수의 범위 및 명칭, 약어

명칭 및 약어	주파수 범위
3~30kHz	초장파, VLF(Very Low Frequency)
30~300kHz	장파, LF(Low Frequency)
300~3000kHz	중파, MF(Medium Frequency)
3~30MHz	단파, HF(High Frequency)
30~300MHz	초단파, VHF(Very High Frequency)
300~3000MHz	극초단파, UHF(Ultra High Frequency)
3~30GHz	마이크로파, SHF(Super High Frequency)
30~300GHz	밀리미터파, EHF(Extra High Frequency)
300~3000GHz	데시밀리미터파
kHz : 1,000Hz, MHz : 1,000,000Hz, GHz : 1,000,000,000Hz	

① **고주파와 저주파**

고주파라는 말은 여러 가지 뜻으로 쓰이고 있어 명확한 구분이 없다. 보통 무선통신에서는 10kHz~300GHz까지의 높은 주파수를 말하며, 통신공학에서는 가청 주파수대인 20~2만Hz 이상을 가리키는 경우가 많으나, 신호파에 대하여 반송파(搬送波)를 가리킬 때도 있다. 이 밖에 전화 관계에서는 음성주파수 이상(수 kHz)을 가리킨다. 따라서 음성주파수 대역인 300kHz 이하는 저주파, 3400kHz 이상을 고주파라고 한다.

전력공학분야에서는 상용주파수인 50~60Hz를 저주파, 그 이상을 고주파라고 하며, 보통의 전기계기에서도 같다. 고주파에서는 전자파를 방사하기 쉬우므로 다른 것에 방해를 주기 쉽고, 또 다른 것으로부터 방사나 유도 등의 방해를 받기 쉽다.

② **가청주파수**

사람의 귀가 소리로 느낄 수 있는 주파수 영역을 말하며, 사람이 소리를 들을 때에 그 주파수에 따라 들리는 소리에도 한계가 있는데, 소리의 크기에 따른 한계도 있다. 작은 쪽의 한계 값에 해당하는 실효적인 음압(音壓)을 최소가청 값이라고 한다. 그 값은 주파수에 따라 다른데 500~5000Hz 범위 안에서는 거의 일정하며, 그보다 주파수가 적거나 또 많아도 최소가청 값은 커져서 20Hz 이하의 초저주파음이나 20kHz 이상의 소리는 들리지 않게 된다. 대체로 2만Hz 정도의 주파수를 말하며, 음파뿐만 아니라 전파 등 모든 진동에 대해서도 적용된다.

사람의 귀로 듣는 관점에서 볼 때, 감도가 제일 좋은 주파수의 범위는 역시 1000~5000Hz로서 이 부근에서 소리를 가장 예민하게 느낀다고 볼 수 있다.

4) 무선통신의 응용

고정통신	전파를 발사하는 송신기와 수신기의 위치가 고정되며, 마이크로파대역을 이용한다. 사용되는 주파수대는 3~12GHz이며, 주파수 대역이 크다. 이용 예 : 국가 기간통신망, 유선통신망의 예비용 등
이동통신	송신기와 수신기의 위치가 이동하며, 초단파, 극초단파대를 이용 이용 예 : 이동전화, 무선인터넷, 각 종 무전기 등
위성통신	송신기와 수신기의 위치가 고정 또는 이동하며, 반드시 위성체를 통하여(인공위성은 중계역할) 통신하며, 마이크로파대역을 이용 이용 예 : 위성중계, 국제위성전화, 위성DMB 등

5) 무선통신시스템의 구성

전자파를 이용하여 정보를 목적지까지 전달하기위한 설비의 구성은 송신기, 수신기, 송신기의 출력을 안테나 까지 공급하는 급전선, 전기적인 신호를 전파의 진동으로 변환하여 공간에 방사하는 공중선 안테나의 4가지로 구성된다.

(4) 디지털 전송설비

1) 개요

음성, 영상 및 데이터를 대용량으로 신속하고, 안정되게 전송하기 위하여 광통신을 이용한 자체 전송망을 이중으로 구성하고 있으며, 전송망의 관리를 위하여 전송망관리시스템(NMS : Network Management System)을 설치하여 운영하고 있다.

- 업무연락을 위한 자동전화 교환망
- 열차운행 및 승객보호를 위한 화상 감시망
- 각종설비의 제어를 위한 감시용 전송망
- 영업 운전시 효율적 관리를 위한 데이터 전송망
- 연선 및 열차운행과 관련한 이동 통신망

8.2 열차무선 전화장치

(1) 수도권 TRCP

1) 열차무선전화 장치의 개요

열차무선전화장치는 1960년대 후반 급증하는 수송수요에 대응하고 신속한 운전정보 교환으로 사고를 예방하며 열차보완도 향상으로 열차안전 운행에 기여할 목적으로 외국으로부터 도입 설치하면서 시작된다.

초창기에는 불과 수 십대에 불과하던 열차무선전화장치는 오늘날 수 천대에 이르기까지 양적으로 팽창하였음은 물론, 그동안 외국에서 도입하였던 설비를 70년대 초부터 국산화 개발에 심혈을 기울이면서 동시에 통화품질 향상에 많은 노력을 기울인바 현재는 외국제품과 동등 이상의 성능을 발휘할 수 있게 함으로써 질적으로 성장하였다. 이 외에도 열차무선전화장치는 누설동축케이블을 사용함으로써 터널 내에서 난청을 해소하고 지하철 무선통신 시스템을 구성하는 등 기관차용. 역용. 입환용 열차무선전화장치를 구조적으로 개선하였다.

열차무선전화장치의 사용주파수대는 153MHz 대역으로서 VHF 극초단파에 속하는 것으로서 지표파나 전리층파는 별로 이용되지 않고 주로 가시거리 선상의 직접파에 의한 통신을 함으로써 송·수신 지점간에 어떤 장애물이 있으면 통화가 불가능하게 됨으로 초창기에는 장애물로 인한 난청지역의 문제가 있었으나, 오늘날은 중계소의 대폭적인 증설로 인하여 통화 가능지역이 95%이상으로 향상되었다. 그러나 통화폭주의 현상을 해결하고자 주파수공동방식(TRS) 등 다양한 방안이 강구되고 있으며, 이미 고속철도 무선방식은 TRS방식으로 시운전되고 있다. 미래에는 인공위성 및 지상을 통한 데이터 무선통신을 이용하는 시대가 실현될 것으로 본다.

2) 무선국 종류 및 통신상대방

① 무선국의 종류

- 기지국 : 육상이동국과 통신을 하기 위하여 육상에 개설하여 이동하지 아니하는 무선국을 말한다(철도 예 : 사령실 및 역·소).
- 육상이동국 : 육상을 이동 중 또는 특정하지 아니하는 지점에서 정지중 운용하는 무선국으로 차량용과 휴대용으로 구분한다.
  - 차량용 : 차량용 무선전화기는 기관차, 동차, 전동차, 기중기 및 자동차 등에 부

착하여 차량의 전원을 사용하여 운용하는 무선국을 말한다.

- 휴대용 : 휴대용 무선전화기는 일정장소에 부착하지 아니하고 무전기 자체 전원(Battery)을 사용하여 운용하는 무선국으로서 차량 및 승무사무소 등에 배치하는 운전용과 시설, 차량, 전기본부산하 보수처에 배치하는 보수작업용 및 영업본부 산하 각 역에 배치하는 입환작업용으로 구분한다.

② 통신의 상대방

무선국 종별	기 지 국	육상이동국
기지국		○
육상이동국	○	○

③ 사용자 범위

- 사령자
- 기관사 및 차장
- 역장 또는 운전취급자
- 기타 소속장이 필요하다고 인정한 자

3) 열차무선전화장치 사용법

① 통화의 종류

㉠ 비상통화 : 천재지변 또는 열차운전사고 기타 위급한 사태가 발생하였거나 발생할 우려가 있을 때 사용하는 통화

㉡ 사령통화 : 운행에 관한 정보교환을 위하여 사령과 하는 통화

㉢ 일반통화 : 비상, 사령, 작업통화 이외의 통화로서 통화가능 구역 내에서 상호 정보교환을 위하여 하는 통화

㉣ 작업통화 : 설비의 보수 및 건설업무와 구내 입환업무를 수행함에 있어 상호간에 정보 교환을 위하여 하는 통화

통화의 순위는 위 각 호의 순서에 의한다.

② 무전기 사용법

㉠ 일반통화 요령

- 상대국 호출부호(철도 ○○역(소), 철도기관차 ○○○○호, 철도휴대 ○○○○호)를 연속 2회 호출 후
- 자국 호출번호(여기는 철도 ○○역(소), 철도기관차 ○○○○호, 철도휴대 ○

○○○호) 1회 송화하여 상대국의 응답을 받은 후 통화

- 통화중 상대국에 송화를 요구할 때에는 자국통화가 끝날 때마다 "이상"이라 하고
- 통화가 모두 끝냈을 때는 "통화 끝"이라 한다.
- 휴대용 무선전화기의 사용에 있어서는 지형 등의 영향으로 통화 상태가 불량할 때에는 위치를 이동 양호한 장소에서 사용해야 한다.
- 휴대용 무선전화기의 운전용은 일반통화(채널 1번)와 비상통화(채널 2번 비상용)를, 보수작업용은 일반통화(채널 1번)와 비상통화(채널 2번) 및 작업통화(채널 3번, 4번)를, 구내 입환작업용은 일반통화(채널 1번)와 입환작업통화(채널 2, 3, 4)가 가능하다. 다만 2채널 보수작업용 무전기의 작업통화는 채널 2번으로 한다.

㉡ 비상통화 요령

채널스위치를 "2"번에 놓고 "비상" "비상" "비상" 연속 3회 호출하여야 하며 수신한 해당 상대국은 즉시 채널스위치로 "2"번으로 하여 통화하고, 일산선에서는 EMERG 보턴을 누르고 상대방이 나오면 비상임을 알린 후 통화한다.

㉢ 사령통화 요령

- 관제에서 기관차 또는 역·소를 호출할 경우
  - 관제사는 채널스위치를 "2"번에 놓고 상대국을 호출
  - 수신한 상대국(기관차 또는 역·소)은 채널스위치를 "2"번에 놓고 응답
  - 관제사와 상대국은 해당 관제채널(채널 3, 4)로 바꾸어 통화
  - 통화가 끝나면 채널스위치를 각각의 사용 채널로 복귀
  - 지형 또는 거리 관계로 통화가 불가능하거나 곤란할 때에는 인접역의 역장으로 하여금 중계시킬 수 있다.
  - 기관차 또는 역·소에서 관제사를 호출하여 통화할 경우에는 채널스위치를 관제채널(채널 3, 4)에 놓고 직접 호출하여 통화
    - ·과천선. 분당선을 운행중인 전동차는 일반통화채널(채널 1번)으로 일산선은 채널(3번)으로 통화한다.
  - 수도권 전동차에 한하여 지하 구간에서의 관제통화는 지하철 1호선을 운행중인 전동차는 관제채널(4번)으로 직접 호출하여 통화한다.

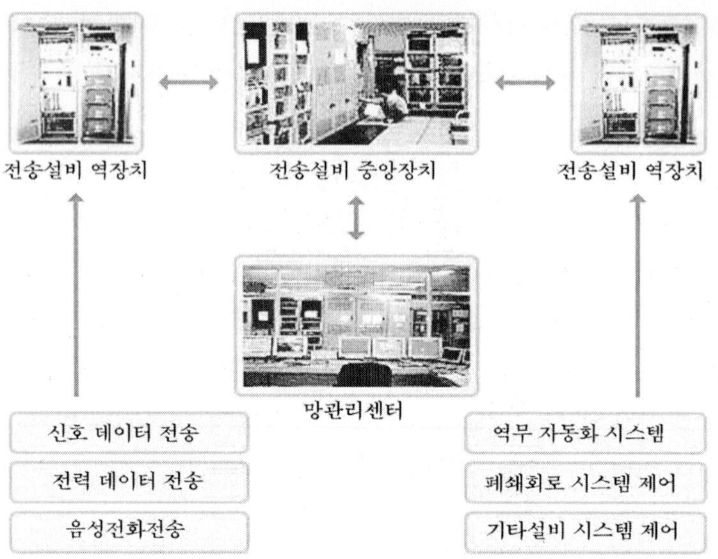

그림 8.10 열차 무선설비

㉣ 비상통화의 호출을 받았을 때의 조치

비상통화의 호출을 수신한 모든 무선국은 통화를 즉시 중지하고 비상호출자의 통화를 청취할 것이며 해당국은 지체 없이 응답하고 그 지시 또는 통보에 따르고 해당국이 아니더라도 통화내용을 계속 청취하여 상황을 판단한다.

㉤ 비상통화 채널 선정의 특례

비상통화를 하고자 할 때에는 채널 2번으로 상대국을 호출하여 응답이 없거나 교신이 불가능하여 사태가 위급할 때에는 어느 채널이라도 사용할 수 있다.

㉥ 통화의 기록

무선전화에 의하여 열차운전명령 사항을 통화할 때와 비상통화가 끝났을 때에는 [통화기록표](별지 제1호서식)에 의거 그 내용을 기록하여 1년간 보존하고 관계처에서 요구가 있을 때에는 제시한다.

③ VHF 감청수신기 사용방법

- 감청수신기는 비상통화를 전용 수신하도록 되어 있으며 1종(기관차 및 역용)과, 2종(수도권 전동차용)으로 나눌 수 있는데, 볼륨은 청취가능한 상태로 조정하여야 하며, 스켈치 볼륨은 잡음이 멈추는 점에 맞추어 놓는다.
- 감청수신기 2종은 스켄기능이 있어 채널 우선 선택이 가능하다.

④ 채널의 선정

㉠ 일반 채널선정

통화 종류	사용채널	사 용 구 간	통신 상대방
일반통화	채널 1번	전선(다만, 통신가능한 구역 내)	기지국 : 기지국과 육상이동국 상호간 육상이동국 : 육상이동국 상호간 및 육상이동국과 기지국간
비상통화	채널 2번	〃	모든 무선국 상호간(다만, 입환 및 2채널 보수작업용은 제외)
사령통화	채널 3번	서울(중앙선 제외) 부산, 순천지역(본부관내 통신가능지역)	사령과 열차
	채널 4번	서울(중앙선에 한함), 대전·영주지역본부와 지하철 관내	사령과 열차
작업통화	채널 3, 4번(다만, 2채널용은 2번)	보수작업장의 통신 가능한 구역 내	작업장 내 무선국 상호간
	채널 2,3,4번(다만, 채널2번 비상통화주파수와 상이)	입환작업장의 통신 가능한 구역 내	작업장 내 무선국 상호간

㉡ 과천선, 분당선 지하구간에서의 채널선정

통화 종류	사용채널	사 용 구 간	통신 상대방
일반통화	채널 1번	지하철구간 (다만, 통신 가능한 구역 내)	기지국 : 기지국과 육상이동국 상호간 육상이동국 : 육상이동국과 기지국 및 사령간 (육상이동국 상호간 통화불가)
비상통화	채널 2번	상동	상동
사령통화	채널 1번	상동	사령과 열차 간 (사령에서 그룹 또는 일제호출)

㉢ 일산선에서의 채널선정

통화 종류	사용채널	사용구간	통신 상대방
일반통화	채널 3번	지하철구간 (다만, 통신 가능한 구역 내)	기지국 : 기지국과 육상이동 국 상호간 육상이동국 : 육상이동국과 기지국 및 사령간(육상이동국 상호간 통화불가)
일반통화	YARD버턴 (차량기지통화)	차량기지 내의 통신 가능한 구역	기지국 : 차량기지와 육상이동국간 육상이동국 : 육상이동국과 차량기지간
비상통화	EMERG버턴	지하철구간 (다만, 통신 가능한 구역 내)	기지국(사령포함) : 기지국 및 사령과 육상이동국간 육상이동국 : 육상이동국과 기지국 및 사령간

통화 종류	사용채널	사용구간	통신 상대방
사령통화	채널3번	상동	• 기지국 : 기지국과 육상 이동국간(사령에서 개별, 그룹 또는 일제호출) • 육상이동국 : 육상이동국과 기지국간(사령 및 역)
작업통화	채널4번	상동	• 작업장무선국 : 작업장무선국 상호간 및 작업장무선국과 대곡 전화가입자간 • 대곡 전화가입자 : 대곡 전화 가입자와 작업장 무선국간

4) 무전기 조작 방법

① 조정대 있는 무전기

㉠ 리버팅스위치가 있는 조정대

- 음량조절(Volume) : 좌우로 돌려 수신음량을 청취에 적당한 위치로 조정하여 사용한다.
- 채널선택스위치(Channel SW) : 송수화기를 들고 통화하고자 하는 해당 채널에 채널선택스위치를 맞춘 뒤 채널전환 스위치(Push to Chance Channel)를 누른 후 해당 채널램프의 점등을 확인한 후 통화한다.
- 채널전환스위치(Push to Change Channel) : 채널선택스위치의 조작을 마친 후 채널전환스위치를 누른 후에 통화 하고자 하는 해당채널 램프에 점등이 확인되면 채널조정이 끝난다.
- 송신표시램프(Transmit Lamp) : 송수화기를 들고 통화하고자 하는 해당 채널램프가 점등된 후 송수화기의 누름스위치를 누르고 송신할 때 송신 표시램프가 점등된다(송신이 되고 있음으로 표시한다.)
- 리버팅스위치(Hang up SW) : 통화하고자 하는 해당 채널에서 통화가 끝나면 본래의 사용 채널로 복귀하여야 하는데 통화가 끝나고 송수화기를 컨트롤 헤드 좌측면에 걸어 놓으면 리버팅스위치가 동작하여 채널스위치를 조작하지 않아도 미리 선택하여 놓은 채널로 되돌아간다.

㉡ 리버팅스위치가 없는 조정대

- 음량조정(Volume) : 수신음량을 청취에 적당한 위치로 조정한다.
- 채널선택스위치(Channel SW) : 송수화기를 들고 통화하고자 하는 해당채널에 채널선택스위치를 돌려 맞춘 뒤 해당채널램프에 점등되면 통화가 가능하며. 통화가 끝나면 채널선택스위치를 본래의 채널로 복귀하여야 한다.
- 송신표시램프(Transmit Lamp) : 송수화기를 들고 통화하고자 해당 채널램프에

점등 후 송수화기 누름스위치를 누르고 송신할 때 표시 램프가 점등한다.

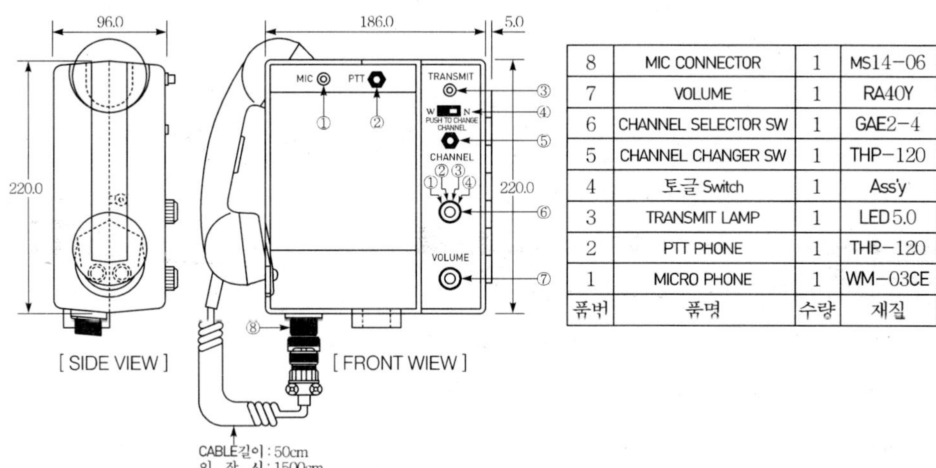

품번	품명	수량	재질
8	MIC CONNECTOR	1	MS14-06
7	VOLUME	1	RA40Y
6	CHANNEL SELECTOR SW	1	GAE2-4
5	CHANNEL CHANGER SW	1	THP-120
4	토글 Switch	1	Ass'y
3	TRANSMIT LAMP	1	LED 5.0
2	PTT PHONE	1	THP-120
1	MICRO PHONE	1	WM-03CE

그림 8.11 열차 송수화기

② 조정대 없는 무전기

- 채널선택스위치 : 채널선택스위치는 제3장 제3절 채널선정 및 조작에 의거 선택한다.
- 볼륨스위치 음량을 조정하는 스위치로 사용한다.
- 스켈치스위치 : 스켈치스위치는 잡음 제거용 스위치로서 좌우로 돌려 "샤"하는 잡음이 끊어지는 지점에 놓고 사용한다.
- 누름스위치 : 송수화기의 누름 스위치와 휴대용무선전화기의 누름스위치는 송신할 때만 가볍게 누르고 송신이 끝났을 때에는 즉시 스위치를 놓아야 한다. 스위치를 오래 누르고 있으면 타 무선전화기의 통화에 지장을 주며 자신의 무선전화기는 고장 원인이 된다.

③ 휴대용무전기와 감청수신기의 조작

- 휴대용무전기는 통화하고자 하는 채널로 맞춘 후 송수화기의 누름스위치(PTT)는 송신할 때만 가볍게 누르고 송신이 끝났을 때에는 즉시 스위치를 놓아야 수신을 할 수 있다. 휴대용무전기는 안테나가 손상되지 않도록 주의하여 취급하여야 하며, 사용 후에는 항상 충전을 시켜야 한다. 사용시에는 스켈치 볼륨은 샤-소리의 잡음이 멈추는 점에 맞추어 놓고 사용하여야 양질의 통신을 할 수 있다.
- 감청수신기는 비상통화를 전용 수신하도록 되어 있는 1종과 비상통화와 사령통

화를 수신할 수 있는 2종이 있다. 사용시 스켈치볼륨은 샤－소리의 잡음이 멈추는 점에 맞추어 놓고 사용하여야 양질의 수신을 할 수 있다.

④ **터널용 무선중계장치**

터널 내에서는 전파가 차단되어 송수신이 불가능하게 되는데 이를 난청지역이라 한다. 난청을 해소할 목적으로 터널을 통과하는 무선국과 통화할 수 있도록 터널에 무선터널중계장치를 설치하여 인근역과 터널 내에 있는 무선국과 통화할 수 있게 하였다.

인근 역에는 무선터널중계장치와 유선으로 연결된 원격 조정대를 운전취급자가 조작하면, 터널무선중계장치에 연결된 누설동축케이블로 전파가 발사되어 통신을 할 수 있도록 되어 있다.

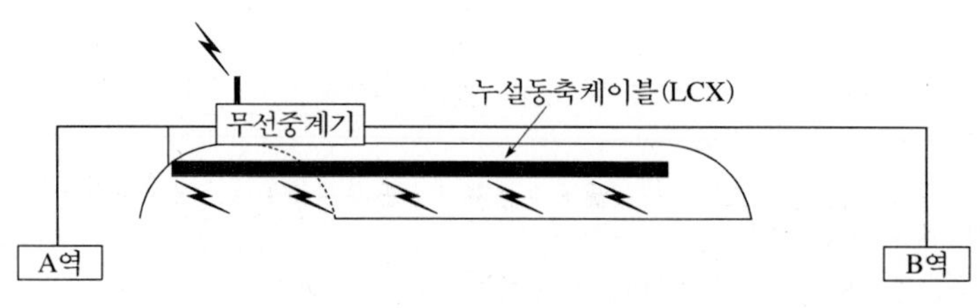

그림 8.12 터널용 무선중계장치

5) 사용자 준수사항

① **사용자 준수사항**

- 관계규정 엄수
- 통화는 간단명료하게 하고 불필요한 전파 발사를 하지 말 것
- 자국호출을 항시 청취하며 호출이 있을 때에는 즉시 응답
- 기관사는 시발역에서는 반드시 열차(기관차)가 출발 전에 무전기 상태의 이상유무를 확인

② **열차무선전화장치의 인수인계**

- 무선전화장치는 다음에 해당할 때에는 반드시 인수인계한다.
  - 교대근무, 출무 및 귀소 할 때
  - 기관차, 동차 및 전동차가 차고에 입고 또는 출고할 때
  - 기관차, 동차 및 전동차가 차량정비창에 입고 또는 출고할 때
  - 무선전화장치의 신설 및 철거 등 기타 필요하다고 인정한 때
- ②의 규정에 의한 기관차, 동차 및 전동차 무선전화장치의 인계인수는 다음 각

호에 의한다.

- ②의 "가"호와 "나"호의 규정에 의한 때에는 운전상황표, 차내설비인계서의 무선전화장치 및 감청수신기란에 기재된 내용과 현차대조 확인 후 인계인수자 상호간에 서명 날인한다(휴대용 무선전화기는 무전기 인계인수서).
- 인계인수 시 운전상황표와 차내설비 인계서의 기재내용이 현차대조 확인 결과 상이할 경우에는 정정할 수 있으나 이때는 인계자로부터 상당한 이유서를 징구하여 운전상황표 또는 차내설비 인계서에 첨부한다.
- 무선전화장치의 신설 및 철거 시와 차량정비창 입고 시 및 특히 필요하다고 인정할 때에는 "무전기 인계인수서"에 의거 인수인계한다.
- 입고 시에는 최종 입고 승무원과 인수담당 직원간에 인수인계한다.

③ 열차무선전화장치의 훼손 또는 망실시의 책임

• 무선전화장치는 선량한 관리자의 주의로서 관리하여야 하며 무선전화장치 훼손 시에는 즉시 관할 전기사무소장 또는 서울정보통신사무소장에게 반납하여야 한다.

• 무선전화장치의 훼손 또는 망실 시의 책임은 다음과 같다.

- 기지국 또는 고정국인 경우 사용자 또는 소속장
- 운행중인 동력차의 경우는 해당 승무원, 다만, 인계인수 소홀로 인하여 책임한계가 분명하지 아니한 때에는 최종 승무원
- 차고에 입고되어 승무원으로부터 인계가 완료된 동력차에 대하여는 인수담당자
- 입고중인 동력차에 대하여는 입고담당검사원. 다만, 입고 검사원이 해당 공장장에 인계하였을 때에는 해당 공장장

④ 장애처리

무선전화기의 사용자는 기기의 이상 및 장애발생시 다음과 같이 한다.

• 전동차용 무선전화기

- 운행중인 열차에 장애가 발생하였을 때에는 일시, 열차번호 및 편성번호(전동차), 신고자(기관사) 명, 장애상태 등을 연락 가능한 역에 통보하고 역장은 보수담당자와 종합관제실에 통보한다.
- 입고된 전동차의 상태권에 무전기 장애 상태가 기록되었을 경우에는 관할 차량사무소장은 보수담당자에게 통보한다.

(2) 서울메트로 TRCP(Train Radio Control Panel)

1) 열차무선 개요 및 통화과정

열차무선전화장치(TRCP)는 열차의 승무원과 사령 및 운전 취급실간 열차안전운행을 위한 업무연락을 주목적으로 사용하는 무선전화 장치로서, 관제실에 설치된 관제장치와 무선통화를 위한 무인 기지국 그리고 열차에 탑재된 이동국과 유지보수자를 위한 휴대국 설비로 구분된다.

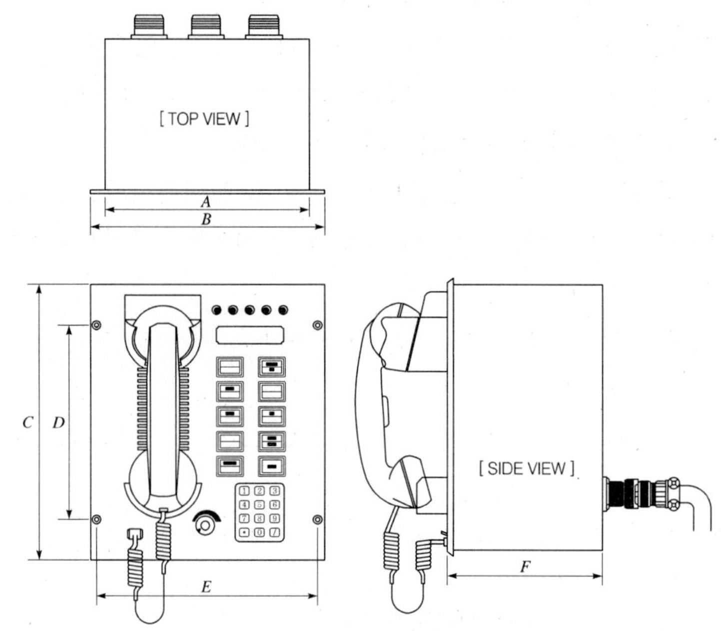

그림 8.13 열차무선시스템구성도

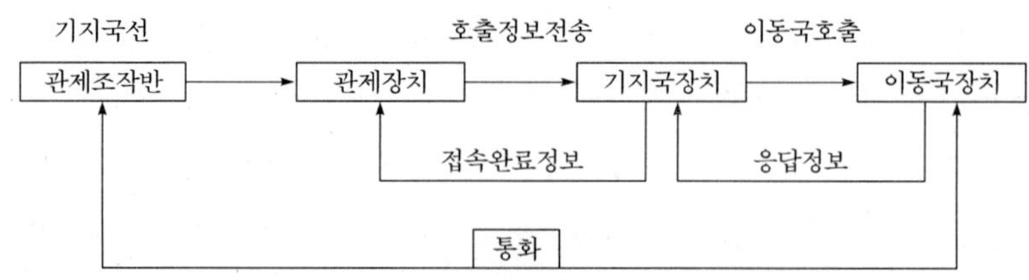

그림 8.14 열차무선 호출 및 통화 과정

서울지하철 1호선과 3, 4호선의 경우는 지하철 및 한국철도공사(코레일) 구간을 운행함으로 한국철도공사 구간에서도 통화할 수 있는 기능을 가지고 있다.

연선 기지국은 사령의 중앙제어장치와 열차의 이동국간에 원활한 무선통화를 가능하게 하는 무인중계국으로 해당 역 통신기계실에 설치되어 있다. 또한 지하철 열차무선에서 사용하는 안테나는 누설동축 케이블(LCX, RCX) ANT, 야기ANT, 브라운ANT(차량기지), GP ANT(차량기지)와 휴대용 무전기에서 사용하는 헤리컬 ANT 등을 사용한다.

이동국에서 사용하는 안테나는 열차의 앞과 뒤 차량의 지붕위에 각 각 부착되어 있으며, 호선별로 모양과 위치는 약간씩 다르다.

2) 서울지하철 1호선 열차무선장치

① 일반사항

서울지하철 1호선 열차무선 장치는 서울역~청량리역간 지하철 구간에서 사용하는 채널(Subway)과 한국철도공사 구간에서 사용하는 채널(KNR)로 나누어지며, 군자차량 기지간 입출고시 2호선 구간(신설동～신답)에서 2호선 사령과 통화할 수 있도록 원격제어용 장치가 2호선 운전사령실에 설치되어 통화할 수 있도록 되어 있다.

② 성능 및 특징

- 사용채널 및 용도
  - COM, EMER : 사령과 승무원간 사용
  - LOCAL : 차량기지 내에서 운전취급실(YCP)간 사용
- 제어 및 통신방식 : PTT Tone에 의한 제어 및 2주파 단신방식
- 기지국 및 이동국 수량 : 기지국 5국, 이동국 32국

③ 기지국 및 이동국장치

기지국은 사령과 이동국간의 통화를 위한 중계기능을 수행하며, 이동국장치는 1호선 열차의 전후부에 설치되어 승무원 무선통화를 위한 장치로 본선 구간에서는 사령과 C/E채널로, 입출고 시에는 기지구내 운전취급실 요원과 L채널로 사용하며, 채널간의 우선순위는 EMER > COM > LOCAL이다.

서울지하철 1호선 열차는 군자기지에 입출고됨에 따라 신설동역에서 군자기지의 북부유치선까지는 신답 터널입구에 있는 야기 안테나를 사용하여 2호선 신설동 기지국을 이용하여 C/E채널로 무선통신한다.

- 기지국 사용전원 및 출력 : 입력전압 DC 24V, 송신기 출력 10W
- 이동국 사용전원 및 출력 : 입력전압 DC 100V, 무전기 출력 35W

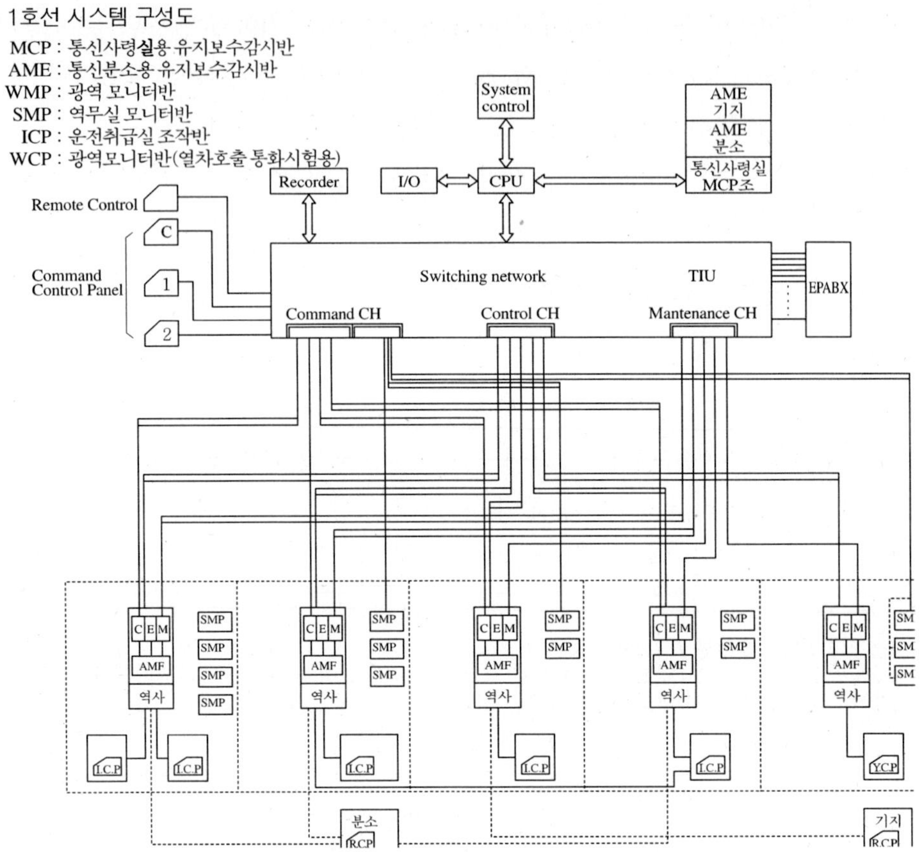

1호선 시스템 구성도
MCP : 통신사령실용 유지보수감시반
AME : 통신분소용 유지보수감시반
WMP : 광역 모니터반
SMP : 역무실 모니터반
ICP : 운전취급실 조작반
WCP : 광역모니터반(열차호출 통화시험용)

그림 8.15 서울지하철 1호선 시스템 구성도

④ 이동국장치 구성품

구 분	품 명	수량
무선 송수신기	전원부. 수신부(Com/ Emer/ Local ch). 송신부(C/E/L ch). 전력 증폭부.	1set
TRCP(조작반)	조작반(Control Panel) 및 송수화기(Hand Set)	1set
안테나	공중선 ANT(열차의 지붕에 설치)	1set
기 타	부속 케이블	1set

⑤ 호출 및 통화방법

서울지하철 1호선 열차무선 이동국장치는 한국철도공사 구간에서도 사용함으로 조작반(TRCP) 상부의 채널 Scanner Lamp는 사령에서 호출하였을 때(수신기가 반송파를 수신) 해당 채널로 자동 선택되며, 해당 채널 Lamp에서 정지된다. 또한 조작반의 TEST SW를 TEST측으로 하면 지하철 구간에서도 KNR 주파수로 절체되며, 지하철

구간에서는 Subway Lamp가 점등되고 KNR구간에서는 KNR Lamp가 점등된다.

※ 만약 조작반의 모든 표시 Lamp가 OFF된 경우에는 전원 SW를 OFF한 다음 최소한 1분 30초 이상 기다린 후 전원 SW를 다시 ON하도록 한다.

⑥ **사용방법**

- 송수화기를 들고 채널을 선택(평상시는 C채널)하고 PTT SW를 누르고 사령을 호출하면 된다.
- 수신시는 Scanner Lamp가 해당 채널 Lamp에 SET되고 호출 음성이 들린다. 이때 송수화기를 들고 응답하면 된다.

⑦ **이동국장치 원격 모니터링 기능**

이동국의 전원부 또는 송·수신부 장애로 사용할 수 없을 경우는 고장난 이동국 운전실의 열차무선용 전원 스위치(WTS)를 OFF하면 반대편의 이동국 수신기를 통해서 사령간 통화내용을 수신할 수 있다.

⑧ **TEST SW는 운행구간 변경시(KNR)에는 자동 절체 됨으로 평상시에는 'NORMAL' 위치에 있도록 한다.**

서울지하철 1호선은 열차무선 통화를 위하여 4개의 기지국을 두고 있으며, IRCP장치는 운전취급실에서 자신이 속해 있는 해당구간내의 이동국과의 통화를 위한 장치를 말한다.

3) 2호선 열차무선장치

① **일반사항**

서울지하철 2호선은 열차무선 전화장치는 2호선 본선 및 지선구간에 운행중인 열차와 신정, 군자 기지구내의 운전취급실과 통화를 위한 기능을 제공하며, 사령장치와 운전취급실간은 일반 유선전화처럼 사용할 수 있는 기능이 있으며, 특히 데이터에 의한 채널설정 방법을 사용하고 있다. 또한 2호선에 운행중인 차량은 3, 4호선에서 사용하던 차량이 있는 관계로 2종류의 이동국이 차량에 설치되어 있다(기능은 같고 모양만 다르다).

② **성능 및 특징**

- 사용채널 및 용도
  - COM, EMER : 사령과 승무원간 사용
  - YARD : 차량기지 내에서 운전취급실(YCP)간 사용.

- 신정 : 신정기지 운전취급실과 통화용 채널
- 군자 : 군자기지 운전취급실과 통화용 채널
- MAINT : 현업 유지보수자용(철도토목, 전기, 신호, 정보통신 등)

• 제어 및 통신방식 : 데이터에 의한 통화로 구성 및 복신 방식

③ 통화 기능

• 비상 통화(이동국에서 EMER ch 선택시)

통화하고 있는 동안에도 다른 열차의 승무원이 이동국의 조작반(TRCP)에서 “EMER” ch을 선택하게 되면 사령 조작반(CCP)에 경보음이 울리고 비상호출한 이동국의 열차번호, Zone, 사용채널(E ch)이 사령조작반에 표시된다. 또한 동시에 모든 운행중인 이동국으로 호출신호를 보내 통화로를 구성한다. 이때 모든 열차는 사령의 통화내용을 모니터 할 수 있으며, C채널로 통화중인 열차가 있다면 “EMER” 채널로 강제 절체되어 모니터링하게 된다.

• HAND-OVER 동작

통화도중 다른 기지국으로 구간이 변경될 때에도 끊어짐 없이 연속적으로 통화할 수 있도록 하는 기능으로 전체호출, 개별호출(IND) 모두 가능하다.

④ 열차무선 호출방식

• 전체호출방식 : 통화하고자하는 열차의 위치를 알 수 없을 때 주로 사용하는 방식으로 사령에서 사용하는 것으로 이 경우 이동국에서는 필히 이동국의 송수화기에 부착된 PTT스위치를 누르고 응답하고, 놓고서 수신하는 반복신 방식으로 통화하며, 이동국에는 벨이 한 번만 울리고 즉시 통화로가 구성된다.

• 개별호출방식 : 사령에서 해당 열차의 ID(열차번호)를 입력하여 호출하는 방식으로 1 : 1 통신방식을 말하며, 이 경우에는 이동국의 PTT 스위치를 사용하지 않아도 되는 복신방식으로 통화가 가능하며, 이동국에서 응답할 때까지 Ring이 계속 동작된다.

⑤ 이동국장치

열차의 승무원이 사용하는 무선전화 장치이며 열차의 앞뒤에 설치되어 있다.

• 전원 및 출력 : 입력전압 DC 100V, 무전기 출력 10W

• 구성품

구 분	품 명	수량
무선 송수신기	전원부. 수신부(C/E/Y ch). 송신부(C/E/Y ch). 전력 증폭부. 제어부. Duplexer Filter부	1set
TRCP(제어반)	조작반(Control Panel) 및 송수화기(Hand Set)	1set
안테나	공중선 ANT(열차의 지붕에 설치)	1set
기 타	부속 케이블	1set

• 호출 및 통화 방법

- 사령에서 이동국을 호출할 때 : 사용할 채널과 통화할 열차가 위치한 기지국(Zone)을 선택하고 열차번호를 입력(필요시)하고 이동국에서 응답하면 송, 수화기의 Mic SW를 누르고 통화한다.
- 이동국에서 사령을 호출할 때 : 사용할 채널(E)을 선택하고('C'채널은 평상시에 항상 선택되어 있다.) 송수화기를 들면 자동으로 사령으로 호출 신호가 전송된다(이때 채널과 열차번호 자동송출).
- 차량기지 호출은 '군자' 또는 '신정'을 선택하고 송수화기를 들면 자동으로 기지구내 운전취급실로 호출 신호가 전송된다.
- 비상시 호출 통화 : 비상시에는 승무원이 조작반의 'EMER' 채널을 선택하고, 송수화기를 들면 자동으로 사령에 비상 호출음이 울리게 되어 있으며, 우선순위가 가장 높다.
- 송수화기가 조작반 위에 올려져 있을 경우는 스피커를 통해서 출력되지만 송수화기를 들면 수화기로만 들을 수 있다.

그림 8.16

• 이동국 조작반(TRCP) 열차번호 수동 설정방법

운행 중 열차번호가 변경되었을 때에는 조작반의 Digital SW 또는 기능 SW와 10Key Pad를 사용하여 열차번호를 수동으로 설정해 주어야 한다. 특히 차장측 이동국의 열차번호 첫 번째 숫자는 '0'번으로 설정해야 한다(ex, .'2111' 열차이면 기관사측은 2111, 차장측은 '0111'로 설정해야 한다).

열차번호는 사령에서 개별호출 할 때 사용하는 ID이며, 이동국에서 사령을 호출하면 사령 조작반에는 해당 열차의 열차번호(ID)가 표시된다.

열차무선 사령장치(CCE)에서는 기지국과 사령장치 간의 각종 조작반을 상호 Interface하여 열차의 승무원과 사령원간의 무선통화로를 연결하며, 이동국에서 사령 호출시 사령용 조작반에 해당기지국, 열차번호, 호출상태를 호출 순서대로 표시한다.

그림 8.17 서울지하철 2호선 열차무선용 운전사령 조작반

4) 서울지하철 3. 4호선 열차무선장치

① 일반사항

서울지하철 3,4호선 열차무선장치 역시 운전사령등과 상호 통화를 하며 열차의 안전운행에 필요한 정보를 교환하는데 사용되고 있다.

이동국은 해당 호선 운전사령과 통화가 가능하며 다른 호선의 운전사령 또는 다른 이동국과는 통화 할 수 없다.

서울지하철 3호선의 경우 한국철도공사 구간인 일산선에서는 지하철 주파수를 사용하고 있으나, 4호선에서는 지하철과 한국철도공사가 각각 고유 주파수를 사용하고 있어서 해당 구간에서 사용 할 수 있도록 TRCP에 SUB/KNR 절체기능 및 채널이 추가되어 있고 송수신기도 2개가 설치되어 있다.

② 성능 및 특징

- 사용채널 및 용도
  - COM : 사령과 승무원간 사용
  - YARD : 차량기지 내에서 운전취급실(YCP)간 사용.
  - EMER : 사령에 비상 신호를 보낼 때 사용
  - RTT : 통화 요청 신호를 사령에 보낼 때 사용
  - CH1 : 3호선 통화용 채널
  - CH2 : 4호선 통화용 채널
  - CH4 : 4호선 철도 구간에서 상용하는 채널
- 통신방식 : 반복식 방식
- 서울지하철 3, 4호선 열차무선장치는 비상채널용으로 별도의 주파수가 설정되지

않고, 비상호출 신호에 의해서 비상신호음만 동작한다.

③ **이동국 장치**

- 사용전원 : 입력전원 DC 90~100V이며, 출력전원 13.8V를 사용한다.
- 구성품
  - 조작반(TRCP : Train Radio Control Panel) : 운전사령(운전취급실)과 음성 통화 기능 및 각종 정보 송출/수신 기능을 제어하며 송수신기 장애시 전방(후방) 송수신기 선택 기능도 있다.
  - 송수신기 : TRCP로부터 음성 및 정보를 송출하며 사령으로부터 음성 및 정보를 수신하며 현재 지하철에 사용하는 송수신기(Radio)는 25~45W로 출력을 송출한다.
  - 안테나 : 차량의 지붕에 설치되어 있으며, 서울지하철 4호선의 경우는 지하철, 한국철도공사, 감청기용으로 3개가 별도로 있다.
- 조작반의 표시기능 설명
  - PWR 표시기 : 전원 DC 100V 공급시 점등된다.
  - TX 표시기 : 송신기가 송신중인 경우 점등된다.

※ 송신상태라 함은 송수화기의 PTT 스위치, RTT 스위치, EMER 스위치 누를 경우를 말한다.

  - CALL 표시기 : 열차가 호출을 수신하였을 때 및 송수화기를 들었을 때 점등한다.
  - OFF SWITCH : 전원을 차단 할 때 사용('딸깍'하는 소리가 날 때까지 누른다.)
  - LOCAL SWITCH 표시기 : 채널를 선택하기 위하여 먼저 선택한다.
  - REMOTE SWITCH 표시기 : 송신기의 고장으로 원격지 송신기로 대체하기 위하여 선택한다.
  - EMER SWITCH 표시기

그림 8.18 비상신호를 사령에 보낼 때 사용

- RTT SWITCH 표시기 : 통화요청신호를 사령에 보낼 때 사용
  · RTT 스위치를 누르게 되면 해당열차의 열차번호와 열차가 위치한 기지국의 신호가 사령으로 전달된다.
  · 가장 많이 사용하는 기능으로 만약 이 버튼을 사용하지 않으면 사령에서 해당 열차의 위치를 알 수 없다
- YARD SWITCH 표시기 : 차량기지내 통화 시 채널 선택용
  · CH1 : 3호선
  · CH2 : 4호선
  · CH4 : 4호선 철도구간 통화용
- PTT SWITCH 표시기 : 송수화기의 누름 스위치를 누르면 음성신호 송신한다.
- TRIPLE THUMB WHEEL SWITCH : 열차번호(000-999)를 맞춘다.
- KNR/SUB절체 SWITCH : 지하철 및 철도공사구간을 구분하여 사용하는 스위치이며 자동 절체시에도 표시등은 점등된다.
- VOL/SQ 제어기 : 스피커 수신 음량 조절
- BUZZER : 열차를 호출하는 신호가 수신되었을 때 부저가 울려 기관사에게 알린다.
- SPEAKER : 음성신호를 수신한다.

④ 열차무선 이동국 운영방법

㉠ 운영 개시전 점검사항

- 분전함에서 무선장치용 Break 2개 모두 ON 상태 확인.
- TRCP내 각종 램프류 상태 점검 및 특히 전원 램프(녹색)가 점등되었는지를 확인한다.
- 송수화기의 커넥터 접속상태 및 스피커 볼륨 조정상태를 확인한다.

㉡ 호출 및 통화방법

- LOCAL SWITCH를 누른다
- 해당채널을 선택한다.
- 송수화기를 든다. 이때 CALL 램프(오렌지색) 점등 상태 확인
- 송수화기의 PTT스위치를 누른 상태에서 말하고, PTT스위치 놓고서 수신한다. PTT스위치를 누르는 동안은 TX램프(적색)가 점등된다.

㉢ Remote 기능에 의한 통화방법

이 기능은 기관사측 송신기 고장시 차장측 송신기 대체하여 통화할 수 있는 기능

으로 반대의 경우도 가능하며, 조작반(TRCP) 고장시는 사용할 수 없다.

• 기관사측 송신기(Radio) 고장시 Remote기능 사용순서

- 차장측 TRCP에 "OFF SW"를 눌러 전원을 차단시킨다.
- 기관사측 TRCP에 "REM SW"를 누른 후 해당채널을 선택한다.(이때 차장측 에도 "REM SW 표시기" 및 해당채널이 점등된다)
- 송수화기를 들고 일반적인 통화방법과 같이 통화한다.

㉣ RTT/EMER에 의한 정보 교환방법

음성신호가 아닌 정보신호에 의한 사령과 열차와의 교신방법이다 .

• RTT 교신방법

- LOCAL(Remote) 및 채널이 선택된 상태를 유지한다.
- RTT SW를 누른다. 이때 열차번호 스위치 숫자가 사령으로 송출되어 열차에서의 통화요청을 감지하여 상호간에 통화가 이루어진다.
- RTT SW를 누르는 동안 TX 램프(적색)가 점등된다.

• EMER 교신방법

- LOCAL(Remote) 및 체널 선택된 상태를 유지한다.
- EMER SW를 누른다. 이때 비상신호(열차번호와 비상신호)가 사령으로 전송되며, TX 램프(적색)가 '깜빡' '깜빡' 6회 점등한다.

• 사령에서 열차 호출시 이동국에서 응답방법 : 사령에서 음성 신호가 아닌 열차번호 정보로 호출시는 CALL램프(오렌지색)가 깜박거리며 부저가 3초 동안 울린다. 이때 기관사는 송수화기를 들고 통화를 하면 된다.

5) 응급조치 및 주의사항

① 송, 수신이 안 되는 경우 기본적 확인사항

• 분전함에 무전기용 Break 2개 "ON" 상태확인

• 전원 표시램프 점등 여부 확인

• 차장측 송수신기를 이용하는 Remote 기능을 이용한다(2호선 제외).

REMOTE 기능을 이용방법

먼저 차장측 TRCP의 "OFF SW"를 눌러 전원을 차단시킨 다음, 기관사측 TRCP에서 "REM SW"를 누른 후 해당 채널을 선택하고 통화하면 된다.

② **송신이 안 되는 경우**

- PTT SW를 눌렀을 때 TX램프(적색) 점등 여부(PTT SW의 일부분만 눌렀을 때 접점불량으로 송신이 안 될 수 있음)
- 송수화기의 커넥터 접속 불량 확인
- 위 사항이 이상 없을 때는 REMOTE 기능을 이용한다(2호선 제외).

③ **송신이 간헐적으로 안 되는 경우**

- 핸드셋 콘넥터 접속 불량 및 코드 불량 확인
- 송수화기의 PTT SW 접속불량 확인

④ **수신이 안 되는 경우**

- 송수화기로 수신이 안 되는 경우는 송수화기 자체 불량임
- 평상시 사령의 호출을 수신 못하는 경우는 스피커 볼륨을 낮춘 경우가 많음.(스피커에서 수신이 잘 되는 경우)
- 위 사항이 이상 없을 때는 REMOTE 기능을 이용한다.

⑤ **기타 기능**

- 철도/지하철 구간 자동 절체가 안 될 때 : 자동 절체가 안되면 KNR/SUB절체 SWITCH를 수동으로 취급한다.

⑥ **운용중 주의사항**

- 볼륨은 항상 가청위치에 놓고 운용할 것
- REMOTE 기능은 전 직원이 필히 숙지할 것
- 송, 수화걸이가 파손되지 않게 조심할 것
- 물기 등에 의한 고장이 발생하지 않도록 할 것

6) 관련법규 및 통신보안

① **철도안전법 시행규칙 제4조(비상대응계획의 내용 등)**

철도운영자등이 법 제8조제1항의 규정에 의하여 수립하여야 하는 비상대응계획의 체계와 각각의 비상대응계획에 포함되어야 하는 사항

② **기능별 비상대응계획**

- 긴급 상황의 전파, 비상연락체계 및 긴급대피 등에 관한 사항
- 여객보호를 위한 비상방송시스템의 가동 등 정보제공체계와 정보통제 등에 관한 사항
- 구조·지원기관간 정보통신체계 운영 등에 관한 사항

(3) 서울도시철도공사 열차무선설비

1) 운영현황

① 운용개요

- C채널 : 기관사와 운전사령간의 통화에 이용
- M채널 : 보수요원과 각 전화가입자간의 통화에 이용
- Y채널 : 각 차량기지에서 기관사와 신호취급자간의 통화에 이용
- 종합사령실과 기관사간 통화내용을 역무실 및 현업분소에서 청취 가능
- 서울지하철 5호선은 KT-POWER TEL과 협정에 의하여 TRS설치로 3자간 통화가 이루어지고 있음.(기관사 ⇔ 사령실 ⇔ 역무원)

② 중앙제어장치 구성현황

- 기능
  - 무선기지국 제어는 사령실 제어신호에 의하여 개별, 그룹, 전체를 원격제어할 수 있다.
  - 본선 기지국으로부터 전송되는 음성 및 데이터를 처리하여 종합사령실 사령장치 조작반에 열차번호, 통화구역, 통화종류, 통화 우선순위 등 표시
  - 종합사령실에 유지보수 조작반을 설치하여 중앙제어장치와 본선 기지국의 동작 및 장애상태를 기록, 표시한다.
  - 종합사령실과 열차 기관사간의 통화는 개별, 일제, 비상통화 할 수 있다.
  - 사령실에서 열차내 승객에게 필요시 열차무선 사령채널을 이용하여 비상방송을 할 수 있다.
  - 모니터 기능에 의하여 열차무선 통화내용이 감청 또는 녹음된다.
  - 비상방송 송, 수신 기능에 의하여 열차 내 승객과 직접 통화할 수 있다.
- 녹음기
  - 녹음채널 : 서울지하철 5호선(72CH), 서울지하철 6, 7, 8호선(60CH) ─ 녹음시간 : 24시간
- 보수용 조작반 기능
  - 중앙제어장치 및 기지국 고장 표시
  - 고장정보 프린터 기록
  - 기지국 및 이동국 동작시험
  - 기지국의 송, 수신부 절체

③ 열차무선 기지국장치

본선 및 차량기지에 일정한 간격으로 설치, VHF 주파수대를 사용하여 종합사령실과 이동국, ICP, 휴대국, 구내교환 가입자간 상호 통화기능 장치

- 기능
  - 열차로부터 수신되는 VHF 주파수를 수신하여 통화제어신호 및 음성을 중앙제어장치에 전송한다.
  - 종합관제실 또는 운전제어실 신호에 의하여 동작한다.
  - 기지국 고장시(송, 수신 출력 저하, 전원 ON/OFF 등) 종합사령실 또는 정보통신 유지보수 조작반에 고장신호를 송출한다.
  - MRTI 기능을 내장하여 휴대국과 전화 가입자와 통화할 수 있다.
  - 열차로부터 수신되는 통화제어신호 및 음성을 수신 해석하여 중앙제어장치에 전송한다.
  - 제어부는 유지보수 조작반에 의하여 동작할 수 있다.

④ ICP장치

신호취급실에 설치된 ICP장치는 기지국 장치를 원격 제어 조작하여 기지국 Zone내의 열차 기관사와 통화하기 위한 장치이다.

- 구성
  - 본체, 조작반, 수신기 : 각 1조
- 기능
  - 선택스위치에 의해서 Zone내 개별 또는 일제 호출할 수 있다.
  - 표시부에 통화구역, 열차번호, 통화순위, 통화상태 등이 나타난다.
  - 조작반 스위치는 시험기능에 의하여 이상유무를 확인할 수 있다.
  - 표시부는 영문, 숫자 표시가 되어 있다.

⑤ 휴대무전기

유지보수를 목적으로 사용하는 휴대무전기는 분야별 사무소 및 분소에 배치되어 구내 자동전화 가입자 및 휴대무전기와 유지보수 통화를 하기 위한 설비이다.

⑥ 누설동축 케이블

열차무선장치의 고주파 출력을 전송하여 지하, 지상구간에서 일정한 전계강도를 유지하기 위해 설치된 안테나로서 이동국의 안테나와 같은 Rail Level로부터 4~4.5m의 높이로 터널 벽면에 일정하게 포설되어 있는 설비이다.

8.3 화상전송 설비

(1) 개요

역사에 설치된 카메라 영상정보를 승객의 승, 하차상태 감시와 역무실에서 승객의 안전상태를 감시할 수 있으며, 이 영상정보를 다중화하여 광케이블을 사용하여 관리역 및 종합사령실에서 원하는 영상정보를 제공하는 설비이다.

(2) 전송망 구성

각 역에 설치된 카메라 영상을 승강장 및 역무실의 모니터에 현시되고, 이 영상이 관리역 및 종합사령실에 설치된 모니터에 현시되어 기기의 조작으로 원하는 영상을 원격감시 할 수 있도록 한 장치이다. 영상은 단방향 전송(광케이블)만 가능하며, 제어 데이터(디지털)는 양방향으로 전송을 할 수 있다.

1) 구성

구 분	전송방식	전송구간	비 고
일반역 영상감시	Base - band	카메라 → 모니터	동축케이블
대열차 화상전송	RF	승강장 → 차량운전석	
관리역 영상감시	디지털다중전송	일반역 → 관리역	광케이블
종합사령실 영상감시	디지털다중전송	관리역 → 종합사령실	광케이블

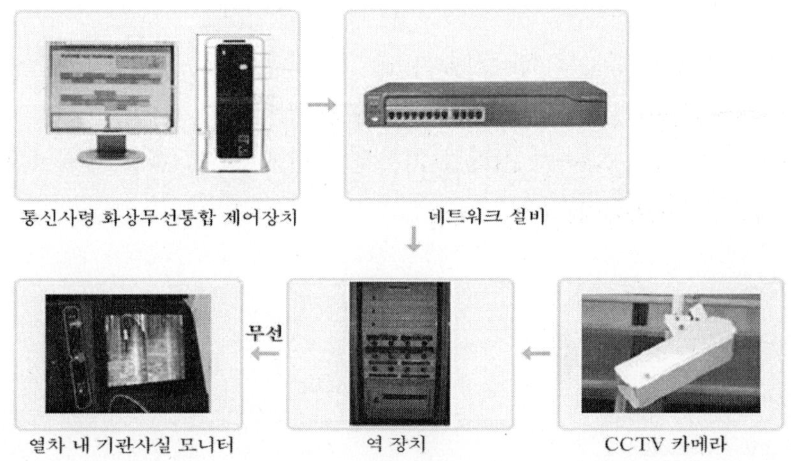

그림 8.19 전송망 구성

(3) LS(Local System)

승강장의 열차 진입 및 승객의 승하차 상태와 역사내 주요설비 및 취약지역을 역무실에서 영상으로 감시하고 승강장에는 모니터가 설치되어 기관사가 승객의 승하차 상태를 감시토록 구성되어 있다.

1) 카메라

고체 촬상소자인 CCD카메라를 사용하며 각 카메라는 승강장 및 대합실의 설치위치에 따라 네 가지 종류의 카메라를 사용하며, 100LUX 정도의 조명과 1Vp－p의 출력이 요구된다.

① 6mm : Angle : 대각선 68.4°, 수평 56.6°, 수직 43.4°

② 12mm : Angle : 대각선 36.8°, 수평 29.5°, 수직 22.2°

③ 25mm : Angle : 대각선 18.2°, 수평 14.6°, 수직 11°

④ PAN/TILT카메라

- Angle : PAN(좌우) 0～340°, TILT(상하) -60°～+20°
- SPEED : PAN(좌우) 6°/SEC, TILT(상하) 3.6°/SEC

2) 모니터

카메라에서 동축케이블을 통하여 전달된 영상 신호를 화면으로 표시하는 설비로 승강장, 역무실, 종합사령실에 설치되어 승객 및 역사상황 등을 감시한다.

(4) 공간 화상전송설비

승강장 카메라의 영상 정보를 화상전송설비와 공간화상설비로 영상을 분배하여 열차 내에 설치된 모니터를 통해 열차 내 기관사가 열차가 승강장에 진입 때부터 빠져 나갈 때까지 출입문 작동상태, 승객의 승, 하차 상태를 가까운 거리에서 모니터를 감시하여 열차안전운행을 확보하기 위한 설비이다.

1) 설비 구성

① 역장치의 구성

- Distribution Amplifier
- Status Module
- Picture Combiner

- Power Supply ±12V
- Transmitter
- Camera, Monitor
- Digital Quad System

② **차량장치의 구성**

- Receiver
- Monitor
- DC/DC Converter
- Active Ant

③ **안테나 장치** : opper Tube

8.4 행선안내게시기

(1) 목적

① 승객에 대한 서비스 향상

② 승객에게 열차운행에 대한 안내정보를 시각적으로 제공

(2) 설치 현황

열차행선 안내장치는 각 역에 설치되어 승객들에게 필요한 열차의 행선지, 접근 상태, 공지사항, 차량편성등 기타 필요한 그래픽정보 등을 자동 또는 수동조작에 의해 표시해주는 장치이며 TTC로부터 필요한 열차정보를 입수하는 중앙장치, 각 역에 설치되어 복수개의 안내게시기를 역별, 홈별로 제어하는 역장치 및 최종적으로 열차정보를 표시하는 표시반으로 구성된다.

(3) 시스템 구성 내역

1) 중앙장치(HSE)

열차 행선안내시스템의 중앙제어장치로서 TTC로부터 열차운행 기본정보 수신 및 이에

의해 행선 안내표시기 표출을 위한 열차운행 정보의 작성, 대민홍보와 공지를 위한 일반정보 및 이의 표출을 제어하는 스케줄 정보작성 그리고 이 정보를 각 역장치로 전송, 제어하는 기능을 수행하며 역장치의 작동상태를 감시한다.

① **열차운행정보** : TTC로부터 열차운행에 관한 기본정보를 받는다.

- 열차접근 : 역번호, 홈번호, 열차행선, 열차종별, 편성수량
- 열차도착 : 역번호, 홈번호
- 열차출발 : 역번호, 홈번호, 다음열차행선, 종별, 편성수량

② **일반정보**

긴급공지, 대민홍보 사항 등의 일반정보는 그 내용에 따라 문자만으로 이루어진 문자파일과 그림 혹은 문자와 그림이 동시에 입력된 그림파일로 구성된다. 또한 그 표출 우선순위에 따라 기본표출파일과 긴급표출파일로 구분된다.

③ **스케줄 정보**

표시반에는 열차접근에서 출발까지의 열차운행정보와 긴급상황 발생시의 공지사항 및 일정하게 주기적으로 표시되는 대민홍보 사항 등이 표출되게 되는데 여기서 열차운행정보의 표출은 최우선적인 용도로서 긴급공지, 홍보 등의 일반정보에 무조건 우선하게 되며 긴급공지사항은 대민홍보사항에 우선하여 표출된다.

2) 역장치(LSE)

역장치는 각 역에 설치되어 중앙장치로부터 디지털전송장치를 통하여 전송되어온 열차행선정보를 포함한 모든 표출정보를 수신하여 이에 접속된 다수개의 행선안내게시기를 홈별 전체적으로 제어하여 최종적인 열차정보를 표출하게 하는 기능을 수행하며, 역장치는 표시반 각 부분의 이상여부확인, 운용보고서의 작성(자동수록) 수동전환 작동처리 등 모든 운영제어를 담당한다.

① 중앙장치로부터 열차정보수신, 분석처리 및 수신정보의 표출기능
② 수동입력에 의한 표시반 표시기능
③ 자동안내방송장치의 정보전달기능
④ 접속장치의 이상여부확인 및 이상발생 리포트기능
⑤ 행선안내정보의 수록, 및 표출실적 작성기능

3) 안내게시기(TDI)

안내게시기(TDI)는 제어장치에서 전송되어온 표시정보(화상정보)를 받아 TDI에 설치된

앞, 뒤 양면의 LED표시면에 표출시켜 행선안내표시장치의 최종단계인 안내표시를 하게 된다.

① LED표시면 : LED모듈을 가로 14개, 세로 3줄로 배치하여 구성
② 정보수신 및 드라이버
③ 전원공급장치
④ 표시반 전원공급장치의 상태 및 통신회선 상태의 감시

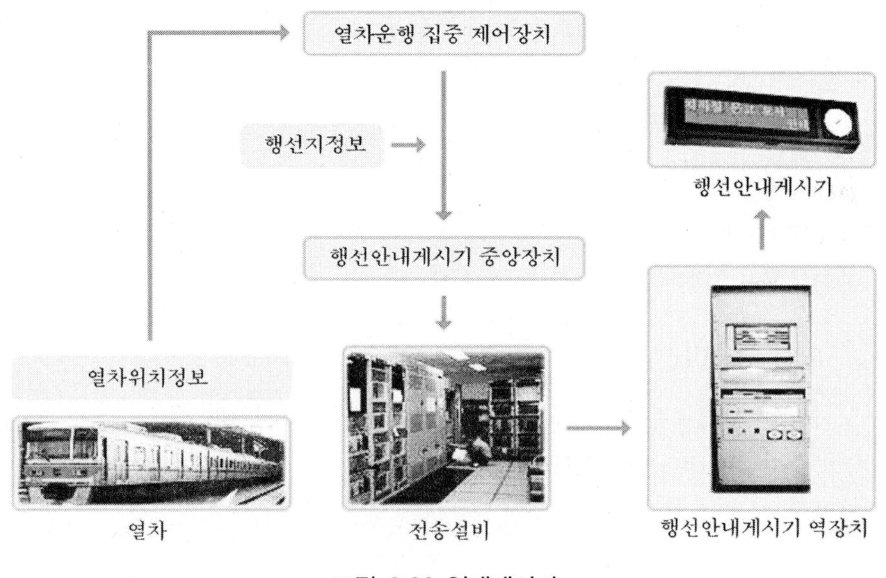

그림 8.20 안내게시기

8.5 복합통신장치

(1) 설치목적

FM라디오 방송 12채널(88～108MHz)을 수신하여 지하구간인 대합실과 승강장 및 터널에 재 송출함으로서 지하철을 이용하는 승객들에게 최상의 서비스를 제공함은 물론이며, 비상사태 및 민방공훈련 정보를 동시에 전달함으로서 도시철도를 이용하는 승객들에 대한 안전을 사전에 확보하여 긴급상황에 신속히 대처할 수 있도록 하는 설비이다.

(2) 운영현황

1) 재방송설비

① 이용승객의 생활정보 제공으로 편의향상과 비상시 및 민방위시설 활용
② 주파수대역 : 88～108MHz 12채널
③ 승객의 휴대 라디오로 생활정보, 교통정보, 교양방송 청취
④ 전송매체 : 누설동축케이블(LCX-42D)

2) 소방무선통신보조설비

① 화재시 시민의 생명 및 공공시설 보호용 소방활동 통신망 확보
② 주파수대역 : 450MHz
③ 소방본부 화재지령실과 화재진압 출동 소방관과 재해 구호통신
④ 전송매체 : 누설동축케이블(LCX-42D)

3) 경찰지휘통신설비

① 도시철도 운행구간의 범죄예방 및 방범활동용 민생치안 통신
② 주파수대역 : 806～870MHz
③ 경찰청 상황실 및 지하철 방범수사대와 순찰 경찰관간 치안통신

8.6 방송장치

(1) 설치목적

도시철도 역사에 설치하여 승객의 유도 및 안내에 사용되는 장비로서 각 역사에 사용되는 자동방송장치, 방송장치(Paging), 매표방송, 원격방송이 가능한 설비이다.

(2) 자동방송장치

1) 개요

역구내에서 여객의 유도 및 안내 방송, 승강장에 행선지 자동방송, 역무실 주 조정택에서

의 일반 안내방송, 화재시 화재 경보방송 등에 사용되는 장비이다.

2) 구성 현황

① **본체함(Rack)**

음성 자동 방송부, 주 증폭기 및 기타 기기를 내장하고 조정탁(Remote)과 연결하여 사용하는 방송장치의 본체를 말하며, 승강장의 열차 진입시 음성 자동방송과 화재 발생시 화재 신호를 받아서 역사 전체 지역에 경보음 방송과 음성 안내 방송시 자동으로 증폭기가 동작

② **조정탁(Remote)**

일반 안내방송, 라디오, CD, 카세트 및 화재 경보 방송을 위한 것으로서 본체함(Rack)과 연결하여 사용하는 방송장치의 전치 증폭기를 말하며, 상선, 하선, 대합실 별로 각각 또는 동시에 방송할 수 있고 방송중 표시램프로 구성되어 있다

(3) 관제방송장치

1) 개요

관제실에서 각 역사에 긴급상황 발생시 승객의 유도 및 안내 시정홍보방송 및 오존경보 방송을 위하여 설치 운영하는 장비로서 각 역사를 개별 및 그룹, 전체그룹으로 방송할 수 있는 장치이다.

2) 구성 및 기능

① **사령방송콘솔(주장치)**

PC모니터, 제어용 컴퓨터, 감청기, 원격제어장치, 마이크, 프린트기기를 연결, 각 역사의 사령방송 역장치(Interface)와 연결 사용

② **역장치(Interface)**

사령으로부터 시간데이터를 수신하여 LCD에 표시하며, 수신된 데이터를 분석한 후 응답신호를 전송한다.

3) 방송순서

① **방송**

- 방송에 우선순위를 두어 긴급 상황 발생 시 최우선으로 방송한다.

• 각 역사 화재방송을 최우선으로 취급하고 다음으로 E/M사령방송, 열차 진입방송, 일반사령방송, 일반방송으로 사용한다.

② **개별방송**

• 방송시 역사선택 → 행선지(상, 하, 대)선택 → 오디오(마이크, 테이프, CD)선택하면 방송시작으로 변한다.

• 모든 선택이 완료되어 방송시작을 클릭하면 선택된 역사는 방송중 스피커 형태로 표시되면서 차임벨이 출력되고 방송중 로고가 표시된다.

• 방송이 완료되면 방송정지를 클릭하면 선택된 역사는 원상태로 복귀된다.

• 각 역사를 그룹 및 전체그룹으로 분리하여 선택 할 수 있다.

• 그룹은 최대 10개(1～9, 전체)로 구분되며, 1그룹에는 최대 128개 역사를 수용할 수 있다.

③ **EM방송**

• EM방송은 사령방송에 최우선으로 방송된다.

• 긴급상황에 사용되며 방송중에는 진입방송이 되지 않는다(우선순위).

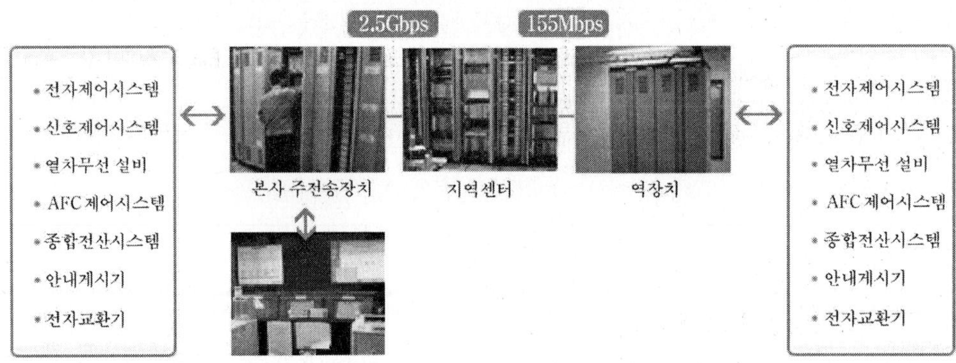

그림 8.21 EM방송 네트워크

제 9 장

사령관제

9.1 열차운행종합제어장치(TTC)
9.2 종합관제실 장치
9.3 열차다이아그램
9.4 열차 정시운행 확보
9.5 종합관제실의 업무
9.6 원격방송시스템
9.7 상황보고

제9장 사령관제

9.1 열차운행종합제어장치(TTC)

(1) 개요

도시철도 종합관제실에 설치된 열차운행종합제어장치(TTC : Total Traffic Control)는 운영관리컴퓨터(MSC : Management Support Computer), 열차운행제어컴퓨터(TCC : Traffic Control computer), 입·출력 제어컴퓨터(I/O Controller), 대형표시반(LDP), 정보전송장치(DTS), 운영자 제어용 콘솔(W/S) 및 주변장치 등으로 구성되어 있다.

열차운행제어컴퓨터는 CPU가 병렬로 연결되어 Fault Tolerant방식으로 시스템 안정화를 기여하였으며, 지하철 자동열차운행(Automatic Train Operation)은 운행계획에 의해 시스템에서 자동적으로 수행되며, 운행관리 컴퓨터에서는 열차운행 계획을 작성하여 열차운행 제어컴퓨터로 전달되면 계획에 의거 자동진로 설정(ARS)을 바탕으로 열차가 운행되고, 각 콘솔의 운영자는 그날의 운행계획을 변경 및 수동으로 제어할 수 있으며, 입, 출력장치 및 정보 전송장치를 통해 현장 신호설비, 차량과 통신하여 열차의 이동을 콘솔 및 대형표시반에 표시하여 운행열차를 감시, 통제할 수 있도록 된 시스템이다.

TTC계통현황도는 다음 그림 9.1과 같다.

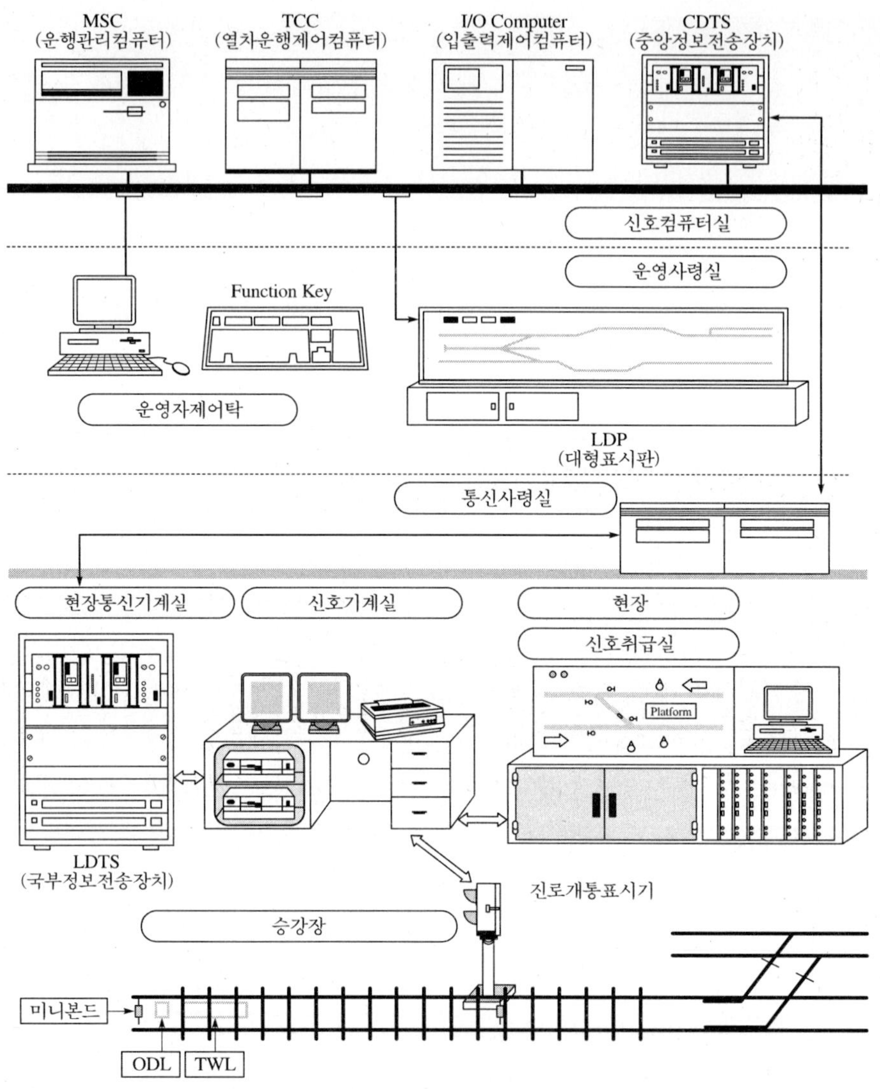

그림 9.1 TTC계통현황도

(2) 주요기능 및 계통도

1) 운행관리시스템(MSC)

열차운행을 위한 스케줄 작성 및 수정, 실적 등을 통계처리하며, 열차운행에 관련된 각종 정보를 저장하며, 열차 운행계획을 작성할 수 있다. 작성한 운행계획 ID는 열차운행이 종료 후 04시까지 열차운행 제어컴퓨터로 전송되어 당일의 열차운행에 사용한다.

운영관리를 위한 주 컴퓨터로서 TCC 시스템은 성능, 용량 등에 적합한 시스템으로 소프트웨어 및 하드웨어를 2개의 Zone으로 구성된 신뢰성, 안정성을 구현한 비상안전(Fault Tolerant) 시스템이다. 각 Zone들은 고속 케이블로 병렬 연결되어 있어 한 존이 고장이 발생하여도 시스템이 정지하지 않고 계속 동작할 수 있도록 하였다.

기본적으로 신호제어기능을 하며, 열차운행계획에 따라 자동열차운행(Automatic Train Operation)기능을 수행한다.

2) 입출력장치(I/O Controller)

DTS에서 수신 받은 정보 및 TCC를 제어하는 정보를 시스템간의 사용 가능한 정보로 변환하여 각 시스템으로 입출력하는 장치이다.

3) 대형표시반(LDP)

열차가 진행함에 따라 궤도가 점유되고 열차번호의 표시로 열차운행상황을 알 수 있으며, 회차역이나 입출고열차는 사전에 열차번호를 표시하여 열차운행을 위한 준비상태를 알 수 있다. 또한, 신호현장시스템 상태 및 전차선 가압상태를 한눈에 알 수 있다.

4) 정보전송장치(DTS)

현장전자연동장치로부터 수신되는 진로설정 및 궤도점유 등 정보를 열차운행 종합제어장치로 전송하며, TTC로부터 제어되는 정보를 현장신호시스템으로 전송을 한다.

DTS는 CDTS와 LDTS로 구분되며, 정보전달을 할 수 있는 범위는 각 zone으로 구분되어 있다.

5) 제어탁(WORKSTATION)

운영자 시스템을 운영할 수 있도록 여러 대의 제어탁이 있으며, 각 제어탁은 사용자 등록 및 암호(password)에 따라 제어범위를 설정하여 운영한다. 열차운행을 위한 신호제어는 마우스나 키보드로 수행하고, 실시간 운영 중에 선택함으로써 정보가 계속 변경된다.

6) CONSOLE

VDU System Down이나 입력장치(마우스, 키보드) 등의 고장으로 TCC를 거쳐 진로제어 및 기타 제어기능을 실행시킬 수 없을 때 제어탁 CTC 제어키와 역 선택키를 이용하여 TCC를 거치지 않고 사령 CDTS를 거쳐 현장 LDTS로 직접 지령하여 제어하는 장치이다.

7) 행선지안내게시기, 전차선가압정보 등의 기능이 있다.

(3) C.T.C장치

열차의 안전운전을 위하여 1869년 미국에서 철도에 궤도회로를 채용한 이후 계전연동장치(繼電聯動裝置)가 발달하였고 CTC의 출현으로 철도보안장치는 날로 발전하였다.

CTC는 1927년 미국의 뉴욕에 있는 Central 철도에서 60km 구간에 걸쳐 처음으로 실시되었다.

우리나라에서는 1968년 중앙선 망우－봉양간 142km 구간에 처음으로 채택하였으며 1974년 8월 15일 서울지하철 1호선 개통과 더불어 TTC장치가 첫선을 보였다.

① CTC(Centralized Traffic Control) : 열차집중제어장치

② TTC(Total Traffic Control) : 열차종합제어장치

(4) 궤도회로(軌道回路, Track Circuit)

궤도회로란 철도궤도를 전기회로의 일부로 이용하여 차량의 차축이 회로를 구성하여 신호기, 전철기 등을 직접 또는 간접으로 제어할 목적으로 만들어진 열차위치 검지회로를 말하며 사령장치의 기본이라 할 수 있다.

(5) 연동장치(連動裝置)

한번 설정된 진로는 열차가 그 구간을 완전히 통과 할 때까지 어떠한 오 취급에도 진로변화가 일어날 수 없도록 묶어두는 것을 쇄정(鎖錠, Locking)이라 하고, 한 진로를 확보하기 위해 신호기나 전철기를 조작하는 순서에 따라 다른 것을 쇄정하고 또한 그것에 의해 쇄정되는 상호 쇄정관계를 연쇄(連鎖, interlocking)라 한다. 그러한 쇄정과 연쇄를 행하는 모든 관계를 연동(連動)이라 한다.

신호설비의 연동내용은 신호기 상호간, 신호기와 전철기, 전철기 상호간, 열차와 신호기 등이 있고 이들을 연동하는 기계나 전기적 장치를 연동장치(連動裝置)라 한다.

1) 제1종 계전연동장치(繼電連動裝置)

신호기 및 전철기 등을 제어하는 장치가 계전 연동장치를 사용하여 상호 연쇄관계로 보안되고 신호기 및 전철기를 전기에 의하여 조작되는 연동장치를 말한다.

> ※ 선로전환기의 정위복귀 : 전철기를 열차 또는 차량을 통과시키기 위하여 반위로 개통시켰을 때에는 그 사용이 끝나면 지체 없이 정위로 복귀시켜야 한다. 다만, 제1종 계전연동장치일 때에는 그러하지 아니한다.

2) 철사쇄정(撤査鎖錠, Detector Locking)

전철기가 포함된 궤도회로 구간에 열차 또는 차량이 점유할 때, 그 궤도회로 조건에 의하여 전철기가 전환되지 않도록 쇄정하는 것을 말한다.

3) 진로쇄정(進路鎖錠, Route Rocking)

진행신호에 의하여 열차가 신호기 내방을 통과할 때, 그 진로에 있는 전철기는 진로구간을 완전히 통과할 때까지 전환되지 않도록 쇄정하는 것을 말하며, 열차가 진로쇄정구간을 통과할 때마다 구분하여 순서대로 해정되는 것을 진로구분쇄정(進路區分鎖錠, Section Route Locking)이라 한다.

4) 접근쇄정(接近鎖錠, Approach Locking)

진행신호에 의하여 열차가 신호기 외방 일정구간에 접근하였을 때 신호 취급을 취소하여도 일정시간 경과 후까지 쇄정되도록 하는 것을 접근쇄정이라 하며, 신호기 외방에 궤도회로가 없는 비자동구간에 열차접근 여부를 감지 못할 경우에는 신호취급을 취소하였을 때 일정시간까지 쇄정되는 것을 보류쇄정(保留鎖錠, Stick Locking)이라 한다. 이것은 진로를 설정한 후 신호취급을 취소하고 전철기를 전환 하였을 때 전철기 전환 중 열차가 진입하는 안전사고를 방지하기 위하여 일정시간은 열차가 신호정지를 감지하여 정지할 수 있는 제동시간을 고려한 것이다.

보류쇄정은 본선위주의 진입신호기는 60초로 설정하였으며 기타 측선 및 출발 등의 중요하지 않은 신호에는 20초로 설정되어 있다.

보류쇄정에 해당하는 신호는 무조건 20초로 설정되어 있다.

5) 자동입환

Terminal Mode에 의해 자동입환(무인회차)이 가능한 진로를 “Y”로 표기하였으며 Terminal Mode는 최대 3개까지 설비되어 있고 TTC에서는 제어가 불가능하다.

9.2 종합관제실 장치

(1) LDP(대형표시반, Large Display Panel)

종합관제실 전면에 열차의 운행상황을 모니터로 확인 및 운행상황을 연속된 궤도표시판으로 볼 수 있게 설치된 감시판으로 다음과 같이 구성되어 있다.

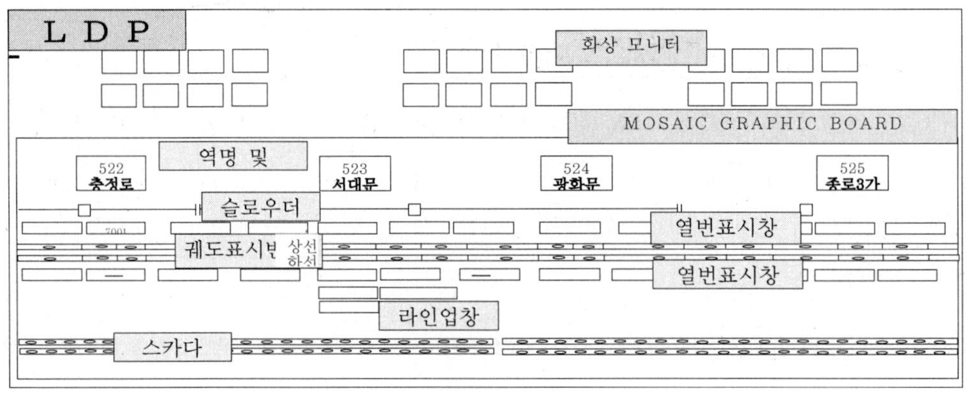

그림 9.2 관제실 전면의 표시반

1) 화상모니터

20″ 흑백모니터로서 전면 상단부에 장착이 되어 있으며, 열차의 정거장 진·출입사항 및 정거장 상태를 확인할 수 있도록 되어 있다.

각각의 모니터는 지정된 번호가 있으며 지정번호는 제어탁 화상모니터 제어장치에서 필요할 때에 선택하여 사용하게 되며 보통은 열차가 정거장에 진입시 현시되고 진출시에 자동으로 소거상태로 되어진다.

윗줄의 모니터는 상선열차, 아랫줄의 모니터는 하선열차에 대한 화면이 표출되며 화면현시는 맨 좌측으로부터 소거된 모니터에 대하여 순차적으로 현시 된다.

① **궤도표시판**

각 호선별 전구간의 궤도를 각 궤도별로 번호를 구분하여 나타내었으며, 궤도표시 모자이크 패널은 LED가 삽입이 되어 있어서 평상시에는 LED가 소등상태이나, 진로가 구성되었을 시는 관계되는 궤도는 황색으로, 궤도의 점유 및 고장 등으로 궤도낙하 시는 적색으로 현시 된다. 즉, 열차가 궤도를 점유 시에 점유된 T는 적색의 LED가 점등이 되도록 장치되어 있다.

② SCADA

LDP에 전차선 가압 상태를 각 변전소 섹션별로 구분하여 상·하선으로 나타내어 준다. 가압 구간은 녹색의 LED로 표시하여주며 무 가압 구간은 소등이 되어 있다. 실제 급, 단전 상태를 표시하는데 있어서는 약 10초 정도의 시간지연이 있음으로 급, 단전 시점에서 스카다를 보고 상태를 파악한다는 것은 불가능하다.

(2) 제어탁

제어탁의 구성 및 장치의 명칭은 그림 9.3과 같다.

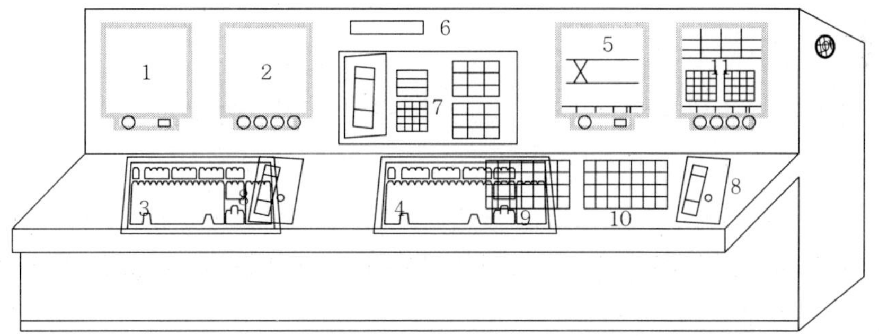

1. 화상모니터　　2. 화상제어기　　3.화상제어 키보드
4. VDU제어키보드　　5. VDU(6 · 7 · 8호선 : LS)　　6. VTR
7. 열차무선전화(CCP)　　8. 무선전화기　　9, 10. FUNCTION KEY
11. 집중 사령전화(TOUCH SCREEN)

그림 9.3 제어탁의 구성 및 장치의 명칭

1) 화상모니터

제어 및 감시탁에 한 개씩 부착되며 고유번호가 지정된 흑백모니터이다. 모니터에는 제어기에서 선택한 화면을 현시하게 된다.

> ※ 모니터를 끄고자 할 때에는 브라운관 밑의 붉은색 단추로서 전원의 on/off를 하여야 하며 화상제어기의 power 스위치를 off하면 안 된다.

2) 화상제어기

제어 및 감시탁에 한 개씩 부착되며 감시탁에서는 전체역 중에서 한 개 역을 선택하여 감시탁의 모니터에 선택한 화상을 현시 할 수 있고, 각 제어탁에서는 제어탁 별로 지정된 정거장 구역 중에서 한 개 역의 화상을 선택하여 해당 모니터에 현시 되게 할 수 있다. 또한 제어탁에서는 전면 LDP 모니터 중 해당 제어탁에 지정된 모니터를 선택하여 선택한 정거장의 화상을 현시 되게 할 수도 있다.

3) 화상제어기 제어 키보드

화상제어 컴퓨터에 입력을 담당하며 101 글쇠로 구성된 키보드이다.

4) VDU제어 키보드

TTC 장치에서 사용하는 키보드는 108 키로 구성된 자판이다.

PC에서와 마찬가지로 장치에 입력을 담당하며, 메뉴의 선택시 기능키를 사용하여 어떤 윈도우에서도 바로 실행이 가능하게 단축키가 지정이 되어있다. 여기서 단축키로 사용하는 글자쇠는 가장 윗부분의 기능키와 우측의 숫자 특수키로서 눌러 주었을 시 이에 대응하는 메뉴를 실행이 되게 한다.

5) VDU

열차의 운행과 관계되는 각종 프로그램을 윈도우 형식에서 실행이 되게 한 모니터이다. MSC VDU와 같은 종류이며, 제어 및 감시탁의 VDU는 TCC에서의 각종 작업을 수행하게 한다.

6) VTR

화상모니터로 현시 되는 화면을 비디오 테이프에 녹화 및 재생하기 위하여 설치한 일반 가정용과 같은 비디오이다.

7) 열차무선전화기(CCP)

이동국(열차) 또는 기지국(신호취급실)과 사령간 무선통신장치를 말한다.

8) 무선전화기

일반 가정용 무선전화기와 동일하다.

9) Function Key

열차운행제어에 있어서 VDU장치의 이상발생으로 화면의 윈도우에서 제어를 못하게 되었을 때에, 운행제어 CTC모드에서 운전사령탑에 장착된 각각의 푸시버튼을 눌러 현장 신호장치의 제어를 할 수 있게 한 제어탁의 장치이다. 역 선택 버튼그룹과 CTC Control Key 선택버튼그룹으로 나뉘며 사용법은 오른쪽 그룹에서 역을 먼저 선택한 다음 왼쪽 CTC Control Key 그룹에서 원하는 버튼(신호진로, 정차시간, 계선택, AUTO TURN, 자동진로, 운영)을 선택 후 실행 또는 취소 버튼을 누르면 된다(비상정지는 역 선택 후 비상정지 설정을 누르면 해당지역의 궤도에 무코드가 현시 된다).

9.3 열차다이아그램

(1) 열차다이아의 개요

가로 눈금은 시각 단위, 세로 눈금은 역간 운전시간 단위로 구분하여 열차 운행시각 및 열차번호 등 열차 상호간의 관계를 알아보기 쉽도록 표시함으로 열차 운전계획과 운전정리에 가장 편리한 것이다.

열차다이아는 시각의 눈금을 1분, 2분, 10분, 1시간 등 필요에 따라 시각의 간격을 구별한 종류가 있으나 서울메트로에서는 1분 간격의 열차다이아를 사용한다.

(2) 열차번호

구간별, 영업별, 열차번호를 부여함으로써 열차 운전정리시의 혼란을 방지하고 운용의 효율을 기하고자 매일 운행하는 열차 단위별로 열차 고유번호를 부여한다.

1) 열차번호 부여 기준

① 하루 1회 운행열차는 1개의 번호 부여
② 열차번호는 시발역에서 종착역까지 동일한 열차번호 부여
③ 선별, 칭호방향(稱號方向)이 다른 구간을 2개 이상 걸쳐 운전하는 경우 시발역 기준
④ 열차번호는 상행열차는 짝수, 하행열차는 홀수 번호로 한다. 다만, 2호선의 경우는 내행선의 경우 짝수, 외선의 경우 홀수로 한다.

⑤ 시, 종점 직통운행 열차 및 구간 반복열차의 번호는 필요에 따라 시각별로 순차적으로 부여한다.

(3) 열차다이아의 기재요령

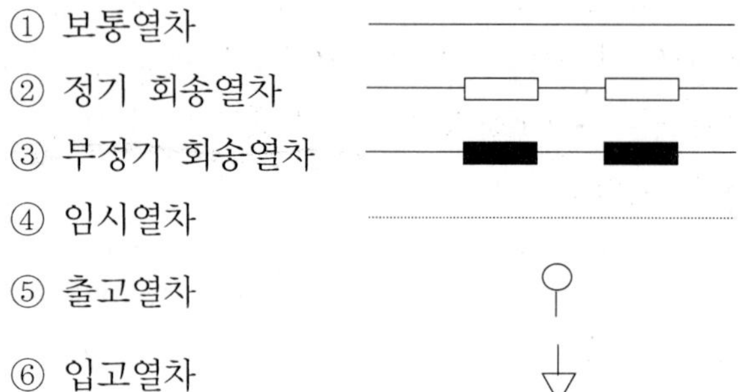

(4) 열차다이아그램(예)

1) 제1901열차

① 제1901열차는 신답역 16시 57분 30초에 출고하여 신설동역으로 회송운행합니다.
② 신설동역에 17시 00분 도착합니다.
③ 신설동 반복 열번은 제1704열차입니다.
④ 제1901열차 신설동 반복시간은 4분입니다.

2) 제1704열차

① 제1704열차는 신설동 17시 04분, 신답 17시 06분 30초, 용답 17시 08분 30초 운행하며 성수역 17시 12분 도착합니다.
② 제1704열차는 성수역 반복 제1711열차입니다.
③ 제1704열차 성수역 반복시간은 5분입니다.

3) 제1904열차

① 제1717열차는 성수역 17시 42분 발차, 신설동역 17시 50분 도착하여 제1904열차로 입고하며 신설동역 반복시간은 4분입니다.
② 제1904열차는 신설동역 17시54분 회송 발차하여 신답역 17시 56분 30초에 입고합니다.

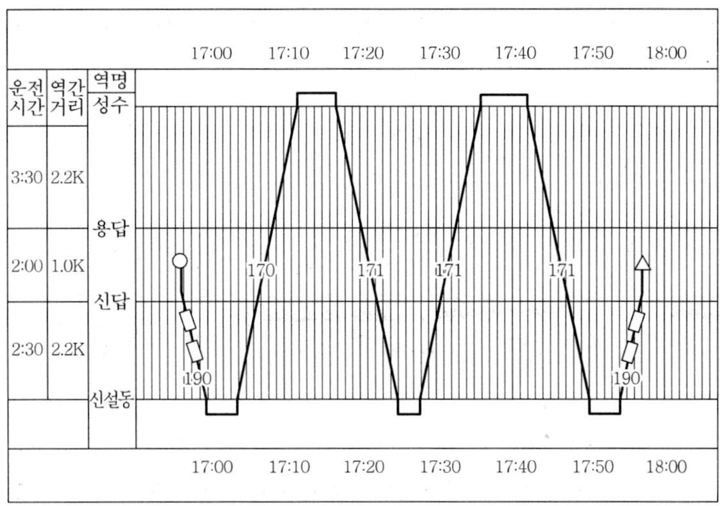

그림 9.4 열차다이아그램(예)

9.4 열차 정시운행 확보

(1) 확보방안

1) 첫차 정시운행 확보

첫차 이용승객은 고정승객이 많고 열차간격이 15~20분 간격이므로 조발, 차량고장 또는 열차 운휴 시에 민원 발생의 소지가 많으므로 정시운행 확보가 특히 중요하다.

2) 영업개시(영업개시 준비업무 시행기준)

① 운전취급 역은 모터카 운행 및 유치완료 상태, 신호기 상태, 전철기 상태, 진로설정 상태, 기타 운전설비 상태를 확인하여 전차선 급전개시 10분전까지 종합관제실에 보고하여야 한다.

② 전차선 급전은 각 호선 첫 열차 20분전까지 전차선 급전을 완료하여야 한다.

③ '첫 열차 발차시각'이라 함은 다음과 같다.

각 호선별 기지구내 첫 출고열차 또는 본선(지선포함) 첫 운행하는 열차 중 빠른 발차시각을 말한다. 단, 직통구간 에서는 지하철구간에 진입하는 최초열차의 역 도착시각을 기준으로 한다.

④ 주박열차 승무원은 전동차 기동 불능 시 발차시각 30분전까지 종합관제실에 통보하여야 한다.

⑤ 담당사령은 담당분야 영업 준비사항을 전차선 급전개시 10분전까지 종합관제실에 통보하여야 한다.

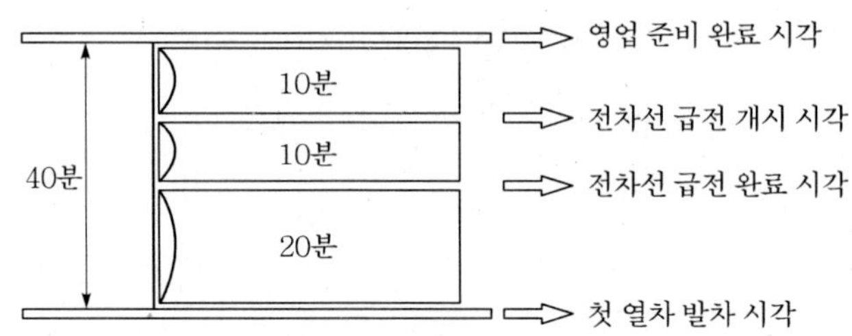

그림 9.5 영업준비 완료 보고시각 기준표

⑥ 단전시각 : 전차선 단전시각은 마지막 열차 종착역도착 입고 또는 유치 완료 후에 시행한다.

⑦ 영업개시 준비업무 시행에 대한 시각기준 : 영업개시 준비업무 시행에 대한 시각기준은 각 호선별 전차선 급전개시 시각을 기준으로 영업개시 준비업무를 시행한다.

※ 급전 개시시각에서 급전 완료시각까지는 10분을 산정한다.

⑧ 막차 승환승객 승환철저 : 막차 이용승객은 고정승객 및 승환승객이 많고 열차간격이 15~20분 간격이므로 열차지연 및 조발 시에 지하철 이용승객의 불편을 초래하게 되므로 정시운행 확보가 특히 중요하며 막차(주박열차) 정시운행 무선방송 : 조발방지 및 열차지연 방지를 위하여 막차 정시운행 확보 무선방송을 시행하여 승무원에게 경각심을 갖도록 한다(23 : 00경).

3) 첫차 정시운행 확보 무선 실시(05 : 25경)

"0호선에 운행 중인 승무원 여러분 아침 일찍부터 수고가 많습니다. 주박열차는 다음 주박지까지 첫차입니다. 전도주시 철저로 선로 및 신호상태를 확인하여 안전운행하여 주시기 바랍니다. 또한 첫차는 열차간격이 15분에서 20분입니다. 조발하는 사례가 없도록 시각표를 보면서 정시운행하여 주시기 바랍니다. 감사합니다. 여기는 종합관제실입니다."

4) 출고열차 정시운행 확보

차량기지에서 영업운행을 위하여 출고하는 출고열차는 양호한 차량으로 정시출고 하여야 본선에서 정시운행을 할 수 있다.

① **출고준비 확인 철저**

전동차 출고준비 완료 후 열차 출발시각 10분전에 관제사 또는 차량기지 운전취급자에게 전화나 열차무선으로 출고준비 완료통보를 하여야한다.

② **출고 시 차량상태 확인 철저**

기관사는 차량기지에서 전동차를 출고하는 경우에는 차량기지와 본선의 경계지점 부근에서, 기타의 장소에서는 그 장소에서 전동차 및 차량상태(ATS 또는 ATC 포함)를 종합관제실에 보고하여야 한다.

③ **열차운행상황표**

각 호선별 출고열차와 본선열차 관계의 주요사항을 열차운행상황표를 작성하여 출고열차가 정시출고하도록 확인한다.

5) 승무사무소 확인 및 보고사항

① 승무원 기상 및 출장상태

② 기타 운전준비사항

③ 계통도 : 당무운용과장은 첫 열차 발차시각 35분전까지 관제실에 보고한다.

당무운용계획과장 → 첫 열차 35분전 보고 → 종합관제실

(2) 전차선 급, 단전 취급

1) 전차선 급전

① 계통도

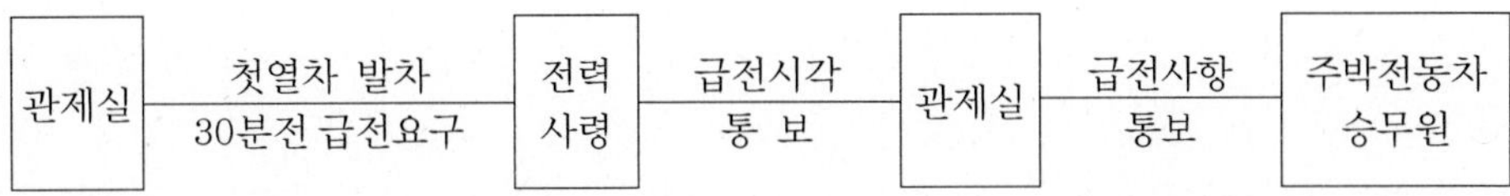

② 관제사는 담당사령별 영업 준비 사항 확인 후 첫 열차 발차 시각 30분전까지 전차선 급전을 전력사령에 요구하여야 한다.

③ 관제사로부터 전차선 급전요구를 받은 전력사령은 전차선 급전 완료 후 전차선 급전시각을 관제사에 통보하여야 한다.

④ 전력사령으로부터 전차선 급전통보를 받은 관제사는 주박전동차 승무원에게 전차선 급전되었음을 통보(열차무선 All Call 사용)하고 직통구간에서는 상호(서울메트로, 한국철도공사) 급전상태를 확인하여야한다.

⑤ 주박열차 승무원은 발차시각 30분전까지 전동차기동(HV 및 기타기기 확인)불능 시는 관제사에 급전여부를 확인하여야 한다.

2) 전차선 단전

① 계통도

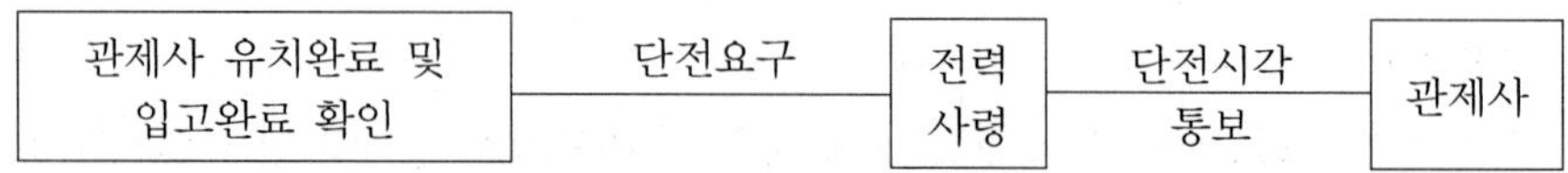

② 관제사는 마지막 열차가 종착역 도착하여 유치완료(입고열차 포함) 후에는 전력사령에 전차선 단전을 요구하여야 한다. 단, 직통구간에서 마지막 열차가 한국철도공사 구간으로 운행하는 열차일 경우 한국철도공사 구간으로 진입 후 전차선 단전을 요구하여야 한다.

③ 관제사로부터 전차선 단전요구를 받은 전력사령은 전차선 단전 후 단전시각을 관제사에 통보하여야 한다.

(3) 기 타

1) 계통별 이상유무 통보 및 보고 시는 시각과 성명, 이상유무 등 수보사항을 분야별 업무일지에 기록하여야 한다.

2) 열차운행 시각표(다이아) 변경 시에는 변경된 시각에 의한다.

9.5 종합관제실의 업무

관제사란 공사 사장의 책임으로 운전에 관한 지시를 하는 직원을 말한다.

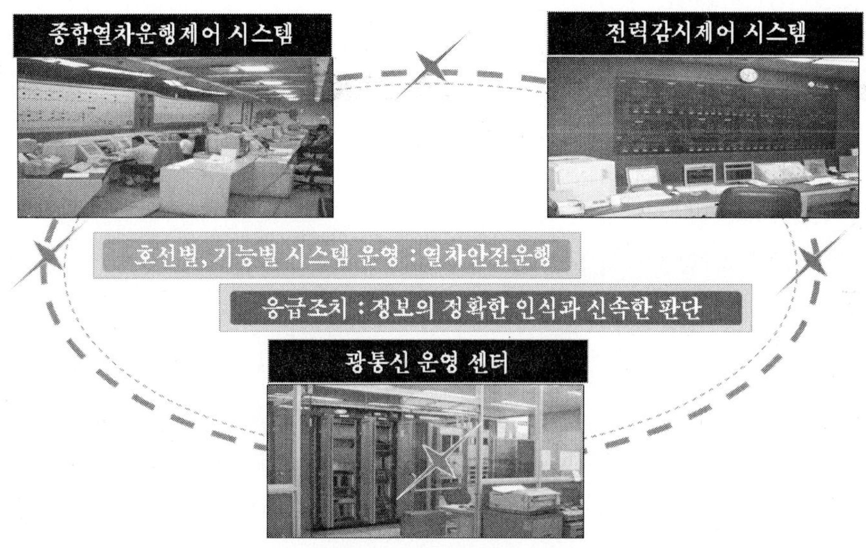

그림 9.6 관제시스템구성도

(1) 관제사의 임무

① 열차를 정상으로 운전하기 위한 일상의 운전정리
② 운전사고 및 장애발생 사항에 대한 상황파악, 운전정리, 구원열차의 운전 등 기타 필요한 조치
③ 열차운전에 필요한 사항의 지시
④ 선로차단공사 및 트로리 사용의 승인 및 기록유지
⑤ 기상 상태의 파악에 의한 조치
⑥ 사령실 조작반의 취급
⑦ 열차운행표의 변경사항에 대한 정보입력
⑧ 열차운행표의 실적정리 및 지연분석
⑨ 기타 관제사 업무와 관계있는 사항

(2) 운전정리

운전정리란 열차가 지연되었거나 혼란될 우려가 있을 때 열차를 정상적으로 운전시키기 위하여 운전에 관하여 지시하는 것을 말한다.

1) 운전정리의 시행자

열차의 운전정리는 관제사가 이를 행한다.

2) 운전정리의 중요사항

운전정리의 주요사항은 다음과 같다.

① 따로발차 : 지연열차의 도착을 기다리지 않고 따로 열차를 조성하여 출발시킴을 말한다.

② 앞당겨 운전, 늦춤 운전 : 열차의 운전시각을 소정의 시각보다 일정시각을 앞당겨 운전함을 앞당겨 운전, 일정시각을 늦추어서 운전함을 늦춤 운전이라 한다.

③ 운행변경 : 열차의 운행구간을 일부변경, 단축 또는 연장함을 말한다.

④ 반복변경 : 열차의 지연 등으로 전동차의 반복 역에서 소정의 충당순서를 변경함을 말한다.

⑤ 순서변경 : 계획된 열차의 운행순서를 바꾸어서 운행함을 말한다.

⑥ 운전휴지 : 시발역에서 종착역까지 전 구간에 대하여 특정열차의 운전을 중지함을 말한다.

⑦ 운전선로 변경 : 계획된 열차의 운전선로를 변경하여 예정된 최종 도착지까지 운전함을 말한다.

⑧ 착발선 변경 : 정거장 구내에서 열차의 소정의 도착 또는 출발선을 임시로 변경함을 말한다.

⑨ 합병운전 : 2열차를 합병하여 1열차로 운전함을 말한다.

⑩ 단선운전 : 복선 운전할 구간에서 일방선로에 열차사고 또는 선로고장 등으로 열차를 운전할 수 없을 경우 타방의 선로를 사용하여 상, 하 열차를 운전시킴을 말한다.

⑪ 차량교환 : 차량의 고장 등으로 소정의 운용순서를 변경하여 다른 차량과 교환함을 말한다.

3) 관계직원의 지명

관제사는 운전취급 또는 운전업무 연락에 필요하다고 인정할 때에는 관계직원을 지명하여 필요한 장소로 즉시 파견할 수 있다.

4) 열차간격의 조정

관제사는 운전정리상 필요하다고 인정할 때에는 열차간격을 조정할 수 있다.

(3) 차량고장에 대한 조치

1) 조치방법

차량고장의 발생통보가 있을 때의 조치방법은 다음 각 호에 의한다.

(가) 차량고장으로 정차 후 10분이 경과하여도 계속운전이 불가능할 때에는 후속열차의 합병 또는 구원열차 등에 관한 조치를 하여야한다.

(나) 차량고장으로 계속운전에 지장을 초래할 염려가 있을 때에는 검사원의 출장 또는 차량교환의 조치를 하여야 한다.

(다) 출입문 고장이 발생한 때에는 관계 직원을 승차시키거나 출입문 폐문 또는 출입문 보호막을 설치하여 승객에 대한 안전조치를 하도록 하여야하며 관계 역장에게 열차감시를 지시하여야 한다.

(라) 고장 전동차에 전동차 이외의 차량연결을 지시할 때에는 중간 연결기 유무를 확인하여야 한다.

① 비연동 운전취급

- 비연동 운전 시는 출입문 비연동스위치를 ON으로 하여야 한다.
- 편성 중 1개 출입문이 닫히지 않을 때는 종합관제실에 보고 후 관제사 지시에 의한 비연동 운전취급으로 차량교환역까지 주의운전 할 수 있다.
- 편성 중 2개 이상의 출입문이 닫히지 않거나, 기타의 사유로 연동운전이 불가능한 경우에는 운전사령 지시에 의해 승객을 하차시킨 후 비연동 운전취급에 의하여 회송조치를 하여야 한다.

② 출입문이 닫히지 않을 때의 조치

- 열차 편성 중 1개 출입문이 닫히지 않을 경우에는 종합관제실에 보고 후 다음 각 호에 의한 조치를 한 후 다음에 의하여야 한다.

- 출입문 보호막과 로프를 설치한다.
- 역무원을 감시자로 승차시킨다.
- 차장은 역장의 출발지시 전호를 확인하고, 출입문을 닫은 후 출발전호를 한다.
- 열차 출발 시에는 1놋치로 시동하여 약 5m 역행 후 타행하여 열차상태에 주의하면서 단계적으로 가속하여야 하며, 급격한 제동취급을 삼가하는 등 주의운전하여야 한다.
- 차장은 열차가 출발 시 승강장 끝을 벗어날 때까지 승객의 상황에 특히 주의하여야 한다.

• 열차 편성 중 2개 이상 출입문이 닫히지 않을 경우 관제사에 영업운전중지 요청 후 관제사 지시에 의하여 회송조치 하여야 한다.

③ 열차의 제동장치 고장 시 조치

• 열차에는 전 차량 제동 작용이 완전하고 열차가 분리 시 자동으로 정차할 수 있는 제동장치를 구비하여야 한다.
• 열차에는 연결축수 100에 대하여 100의 비율에 의한 제동축수를 구비하여야 하며, 고장으로 인하여 차량의 제동축수가 부족한 경우에는 다음 각호에 의한다. 다만, 최후부에 연결된 차량이 고장으로 인하여 차량의 제동축수가 부족한 경우에는 여객열차로 운전할 수 없다.
• 연결축수 100에 대하여 제동축수 80% 이상인 경우에는 65km/h 이하의 속도로 운전할 수 있으며, 차량교환 역까지 운행한 후 교환조치 하여야 한다.
• 연결축수 100에 대하여 제동축수 50~80% 미만인 경우에는 45km/h 이하의 속도로 다음 역까지 주의운전 후 회송조치 하여야 한다.
• 연결축수 100에 대하여 제동축수 50%미만일 때에는 구원 연결하여 회송조치 할 수 있다.

(4) 열차운행기록지, 자기테이프, 열차무선 녹음테이프의 활용

1) 열차운행기록지와 자기테이프는 운전정리 및 열차운전의 적정여부를 확인하여 열차운행 통제 및 운전기술 향상에 활용할 수 있도록 1년간 보관하고, 운전사고와 관련되는 기록의 원본은 5년 동안 보관하며, 운전사고 및 장애와 관련되는 특기사항 등은 발췌하여 별책에 기록한 후 5년간 보관하여야 한다.
2) 보관기간이 경과된 자기테이프는 재사용 후 불량품 발생시 교체하여야 한다.

3) 자기테이프는 별지 서식에 의거 작성 후 보관한다.
4) 열차무선 녹음테이프의 보존기간은 다음에 의한다.
   • 사고 등 특별한 사유 있을 때 : 5년
   • 기타의 경우 : 2월
5) 녹음된 열차무선 녹음테이프는 사고 및 특별히 필요한 경우 재생하여 통화 내용을 검토 분석하고 개선책을 강구하는 등 운전관계 직원의 교육자료로 활용하도록 한다.

(5) 운전시각의 기록

대용폐색방식 또는 전령법을 시행하는 경우에는 종합관제실장 또는 역장은 다음의 열차운전 상황 표를 기록 보존하여야 한다. 이 경우 역장은 열차운전 상황을 관제사에게 보고하여야 한다. 다만, 열차운행기록지(Line print) 또는 열차운행기록매체(Tape, Disk)에 의한 열차 운전시각이 기록될 때는 별도의 운전시각 기록을 생략 할 수 있다. 여기에서 "문서"라 함은 내부 또는 대외적으로 업무상 작성 시행되는 문서(도면, 사진, 디스크, 테이프, 필름, 슬라이드, 전자문서 등의 특수 매체기록물을 포함한다) 및 접수한 모든 문서를 말한다.

(6) 운전명령의 발령

운전명령은 사장 또는 관제사가 열차 및 차량의 운전에 관련되는 상례 이외의 상황을 특별히 지시하거나 통고 하는 것을 말하며, 다음 각호와 같이 구분하여 발령하고 운전사령과 수명자는 관계사항을 기록유지 하여야한다.
1) 정규의 운전명령은 수송수요, 수송시설 및 장비의 상황에 따라 상당시간 전에 문서로서 발령한다.
2) 임시 운전명령은 운전정리를 할 때 또는 긴급히 발령하는 운전에 관한 지시를 말하며 모사 전송기 또는 전화(열차 무선전화기 포함)로 관제사가 발령한다.

(7) 전령법의 시행

1) 전령법은 열차 또는 차량이 있는 폐색구간에 다른 열차를 운전시킬 때에 관제사의 지시를 받고 정거장 양단의 역장이 협의하여 그 열차에 대해서 시행한다. 다만, 관제사 지시에 의하여 후속열차로 고장열차를 구원할 때에는 관제사가 시행한다.
2) 운전규정 후속열차로 고장열차 구원에 의할 때에는 전령자를 생략한다.

(8) 지령식의 시행

지령식은 복선(ATS, ATC)구간에서 주신호기의 고장 또는 기타의 사유 등으로 상용 폐색식을 시행할 수 없을 때 관제사 지시에 의해 시행한다.

1) 열차의 운전방향

① 열차의 운전방향을 구별하여 운전하는 한 쌍의 선로에 있어서 열차의 운전진로는 우측으로 한다. 다만, 좌측으로 운전하는 기존의 선로에 직통으로 연결하여 운전하는 경우에는 좌측으로 할 수 있다.

② 다음 각 호의 1에 해당하는 경우에는 제1항의 규정에 불구하고 운전진로를 달리 할 수 있다.

- 선로 또는 열차에 고장이 발생하여 되돌이 운전을 하는 경우
- 구원열차 또는 공사열차를 운전하는 경우
- 운전사고 등으로 일시 단선운전을 하는 경우
- 기타 특별한 사유가 있는 경우

2) 지령식의 조건 및 시행방법

① 관제사는 지령식을 시행하는 때에는 CTC집중 표시반에 열차위치, 열차번호표시 및 열차무선으로 지령식을 시행하는 구간에 열차 또는 차량이 없음을 확인하여야 한다.

② 관제사는 지령식을 시행하였을 경우 통신식의 조건 및 시행방법에 준하여 대용폐색부에 기록하고 폐색취급의 정확을 기하여야 한다.

③ 관제사는 지령식을 시행할 때에는 대용폐색방식의 시행 시 통보에 의한 통보를 하여야 한다.

④ 관제사는 지령식 시행구간에 선로전환기가 있을 때에는 선로전환기의 잠금(鎖錠)장치 상태를 확인한 후 시행하여야 한다.

3) 대용폐색방식의 변경 요인과 종별

① CTC구간에서 상용 폐색방식을 변경하여 대용폐색방식을 시행할 때에는 다음 각 호에 의한다.

- 복선운전 구간에서 주신호기를 사용할 수 없는 경우로 CTC표시반에 의해 열차의 운행상황을 확인할 수 없고 열차무선을 사용할 수 없을 때에는 통신식
- 복선운전 구간에서 주신호기를 사용할 수 없는 경우 CTC표시반에 의해 열차의

운행상황을 확인할 수 있고 열차무선을 사용할 수 있을 때에는 지령식

4) 폐색구간의 경계

본선은 이를 폐색구간으로 분할하여 운전하여야 하며 폐색구간의 경계는 폐색방식 또는 폐색구간 변경의 통고에서 지정하는 경우를 제외하고 다음 각호에 의한다.

① **대용폐색방식을 시행하는 경우**
- 통신식 : 정거장 내, 외의 경계
- 지령식 : 관제사가 지정하는 구간
- 지도통신식 : 관제사가 지정하는 정거장 내, 외의 경계

② **폐색준용법을 시행하는 경우**
- 전령법 : 관제사가 지정하는 구간
- 무폐색운전 : 정거장에서 다음 폐색경계표지가 설치되어 있는 지점

(9) 역장의 열차감시

1) 역장(부역장, 구내원, 안내원 등 역장이 지정하는 자를 포함한다.)은 다음 각호의 1에 해당하는 경우에는 열차가 도착 또는 출발 시 출발반응표지 및 선로의 상태를 확인함과 동시에 승객의 상황 및 열차의 상태를 감시하여야 하며 당해 열차에 대해 출발지시 전호를 하여야 한다. 다만, 제3호의 경우로서 2개 열차 이상이 동시에 진입 시에는 다른 열차에 대해서는 열차감시를 생략할 수 있다.
① 승객의 혼잡이 예상될 때
② 대용폐색방식 또는 전령법을 시행할 때
③ 첫차 및 막차(기관에 따라 첫차는 생략)
④ 대용수신호에 의하여 열차를 취급할 때
⑤ 출입문 고장으로 비 연동 운전할 때
⑥ 출발지시 전호가 특히 필요하다고 인정할 때
2) 제1항의 경우 역장이 지정하는 적임자는 비상정차 수배를 위해 전호기 또는 전호 등을 휴대하여야 한다.
3) 차장은 열차가 정차하고 있을 때 또는 출발할 때에는 열차감시를 하여야 한다. 열차가 정차하고 있을 때에는 열차의 정차위치, 열차의 정차상태, 여객의 승강 등을 감시하고 열차가 출발할 때에는 출발 신호기의 신호 현시상태를 확인한 후 승강장 끝을 벗어날 때까지 열차의 상태 및 후부를 감시하여야 한다.

(10) 열차집중제어장치 고장의 경우

1) 관제사는 열차집중제어장치(C.T.C)가 고장 등으로 사용할 수 없을 때에는 관계역장에게 지시하여 역취급으로 전환한다.
2) 제1항의 지시를 받은 역장은 역취급에 의하여 신호기 및 선로전환기를 취급한다.
3) 역취급을 할 때 관제사 및 역장은 개시 및 종료시각을 기록하여야 한다.
4) 역취급 시 역장은 열차의 착발 및 통과시각을 기록하고 관제사에게 보고하여야 한다.

(11) 유실물 발생신고의 처리

1) 유실물 수리

① 유실물을 습득한 장소가 역인 때에는 당해역장, 선로 기타 구역인 때에는 가장 가까운 역장, 열차 내인 때에는 차장이 이를 수리한다.
② 제1항의 유실불을 수리할 때에는 그 내용을 점검하여야 한다. 다만, 자물쇠 장치에 의하여 잠겨져 있거나 봉인되어 있는 것은 특히 필요하다고 인정되는 경우에 한하여 점검한다.

2) 긴급처리를 필요로 하는 유실물

다음 각호의 유실물에 대하여는 역(소)장이 수리즉시 가장 가까운 경찰관서에 신고하고 그 요지를 운수처장에게 보고하여야 한다. 다만, 승무중인 차장은 전도의 가장 가까운 역장에게 인도하고 그 조치를 의뢰하여야 한다.

① 폭발물, 기타 위험이 발생할 우려가 있는 것
② 범죄와 관련이 있다고 인정되는 것
③ 부패 또는 변질하기 쉬운 것
④ 법령에 의하여 소지가 금지된 것
⑤ 기타 긴급처리가 필요하다고 인정되는 것

3) 유실물 발생 신고를 받았을 때의 처리

역장 또는 차장은 유실물 발생 신고를 받았을 때에는 다음 각호에 의하여 처리하여야 한다.

① 열차가 운행 중일 때에는 전도역의 역장에게 조치를 의뢰한다. 다만, 역장이 긴급한 사유가 있다고 판단되면 관제사에게 조치를 의뢰 할 수 있다.
② 제1호의 경우 사령 또는 차장이 분실신고 기타 긴급조사 의뢰를 받았을 때에는 열차

운전 취급에 지장이 없는 범위 내에서 조치지시 또는 차내를 점검할 수 있다.

③ 열차가 종착역에 도착한 후일 때 종착역 역장에게 유실물에 대한 확인을 의뢰한다.

④ 차장은 종착역에 도착한 후 운전실로 이동할시 운전취급에 지장이 없는 범위 내에서 유실물 여부를 확인하면서 차내를 순회한다.

⑤ 확인결과를 조속히 신고 직원에게 통지하여야 한다.

(12) 열차만원 등의 통보

열차가 만원, 고장 등으로 다음 역에서 여객을 승차시키기 곤란할 때에는 그 사실을 기관사가 관계 종합관제실에 속보하여야 한다.

- 제1항의 속보를 받은 관제사는 관계 역에 통보하고 역장은 적절한 조치를 취하여야 한다.

(13) 열차운행중 전차선 급, 단전 조치

1) 고속차단기의 차단에 대한조치

전력사령은 열차운행중인 본선용 고속차단기가 차단되었을 때에는 다음 각호의 조치를 하여야 한다.

① 고장표시 확인 후 차단기를 투입한다.

② 제1호에 의하여 차단기를 투입하였으나 다시 차단되었을 때에는 고장표시상태를 재확인한 후 차단기를 투입한다.

③ 제2호에 의하여 차단기를 투입하였으나 차단기가 다시 차단되었을 때에는 해당 구간 전동차의 팬터그래프를 하강하도록 관제사에게 요청하여 확인 후에 재투입한다.

④ 현장출동을 필요로 하거나 제2호에 의하여 차단기를 투입 후 차단기가 재차단되었을 경우 즉시 해당 전기사무소장 및 분소장에게 상황을 통보하여 현장출동을 지시하고, 관제사가 정전구간을 통보한다.

⑤ 직류접지계전기 등의 동작으로 인하여 여러 변전소에 걸치어 차단기가 차단된 경우에는 사고구간으로부터 멀리 떨어진 변전소부터 순차적으로 급전함을 원칙으로 한다.

⑥ 차량기지 구내 고속도차단기가 차단되었을 때에는 전력사령은 차량사업소에 통보하고, 차량사업소는 안전여부를 확인한 후 전력사령에게 급전 요청하여야 한다.

⑦ 차량사업소장은 차단기가 Trip 될 위험이 있는 시험을 할 때에는 전력사령과 사전 협의하여야 한다.

2) 요청에 의한 전차선의 정전

전력사령은 사고로 전차선의 정전요청을 받았을 때에는 다음 각 호의 조치를 하여야 한다.

① 정전요청자의 소속, 직급(위), 성명 및 사고내용을 확인한다.

② 사고지점 양단의 고속도 차단기를 즉시 개방하여 그 구간을 정전 조치한다.

3) 사고 복구후의 급전개시

전력사령은 사고가 복구되어 전차선에 급전을 개시하고자 할 때에는 다음 각호의 조치를 하여야 한다.

① 전차선 관계사고가 복구되어 급전하고자 할 때에는 사고복구 책임자의 급전요청에 의하여 급전을 개시하여야 한다.

② 급전개시 후 3분 이내에 해당구간의 고속자단기가 차단되었을 때에는 급전을 중지한다.

4) 사고 복구후의 전차선의 재 급전

① 관제사는 사고복구에 의하여 전차선 재 급전을 할 때에는 전차선로 작업 또는 기타 사유로 인한 급, 단전 취급에 의한 급전요구를 하여야 한다.

② 관제사는 전차선 급전 후 즉시 열차운전을 위하여 관계 승무원에게 그 요지를 통고하여야 한다.

9.6 원격방송시스템

(1) 원격방송시스템 운용법

1) 전체방송

① 하단의 전체방송버튼을 선택하면 전체방송창이 열린다.

② 방송장소를 선택한 후 방송메뉴의 평상방송 또는 긴급방송버튼을 누른다.

③ 이전 메뉴버튼을 누르면 운영창으로 돌아간다.

2) 그룹방송

① 하단의 그룹방송버튼을 선택하면 그룹방송창이 열린다.
② 하단의 그룹선택에서 그룹 1~10중 원하는 버튼을 선택하면 해당그룹이 노선도에 연두색으로 표시된다.
③ 방송장소를 선택한 후 방송메뉴의 평상 방송 또는 긴급방송버튼을 누른다.
④ 이전 메뉴버튼을 누르면 운영창으로 돌아간다.

3) 개별역사방송

① 하단의 개별방송버튼을 선택하면 개별역사방송창이 열린다.
② 상단의 역사버튼에서 방송하고자 하는 역사 및 방송장소를 선택 후 작업메뉴의 평상방송이나 긴급방송버튼을 선택한다.
③ 이전메뉴버튼을 누르면 운영창으로 돌아간다.

4) 방송종료

방송버튼을 누르면 스피커 모양의 방송창 및 방송종료 방송창이 열린다. 방송을 마치고 나면 방송창의 방송종료버튼을 눌러 방송을 종료한다.

5) 방송시 주의사항

PC에서 사령 인터페이스(Interface)에 방송정보를 전송하는 것은 방송버튼을 누를 때만 전송을 한다. 즉, 방송이 시작된 상황에서는 방송범위, 방송구분 등 어떠한 것도 변경이 불가능하므로 선택사항을 바꾸고자 하는 경우에는 방송을 종료한 후 선택사항을 조정한 다음 다시 방송을 하여야 한다.

9.7 상황보고

운전장애발생시 신속히 안전관리부서로 상황보고하여 관련부서에서 장애 복구를 할 수 있도록 조치한다.

(1) 사고 등의 급보

1) 사고 등이 발생하였을 때에는 다음 각 호의 해당자는 종합관제실장에게 즉시 보고하여야 하며, 중대사고 또는 사망자가 발생하였을 때에는 관할 경찰서장에게도 급보하여야 한다. 다만, 제2호의 경우에 기관사 또는 차장은 가장 가까운 역의 역장에게 급보를 의뢰할 수 있다.
   ① 정거장내에서 발생한 사고 등 – 역장
   ② 정거장과 정거장 사이에서 발생한 사고 등 – 기관사 또는 차장
   ③ 제1호 및 제2호 이외의 장소에서 발생한 사고 등 – 사고현장관할 현업 기관의 장 또는 발견자
2) 사고 등의 급보를 전화로 할 경우에는 사령전화기에 의하여야 한다. 다만, 사령전화기가 설치되지 않았거나 이에 의할 수 없을 경우에는 다른 전화기 또는 열차무선전화기에 의한다.
3) 종합관제실장은 제1항의 규정에 의한 급보사항을 접수하였을 때에는 10분 이내에 사장 및 안전관리부서장, 관계부서장, 대외기관에 급보하여야 한다.

(2) 운전장애의 기준

① 정거장에서 10분 이상 지연되었을 때
② 정거장과 정거장 간에서 10분 이상 지연되었을 때
③ 동일열차번호로 운행한 구간에서 15~20분 이상 지연되었을 때, 이 경우 열차 운전정리 또는 서행으로 지연된 시분은 제외한다.

제 10 장

기계설비

10.1 열원설비 개요
10.2 공조 및 환기설비
10.3 소방설비의 적용

제10장 기계설비

10.1 열원설비 개요

도시철도에 건설되어 있는 대합실 및 승강장에 환기+냉방설비를 도입하여 승객의 쾌적성과 편리성을 고려한 열원설비는 친환경성, 안전성, 경제성, 신뢰성, 유지관리성을 검토하여 효율적인 열원공급이 가능한 시스템을 적용하며 열원설비의 종류는 그림 10.1과 같다.

(a) 압입송풍형 냉각탑

(b) 직교류형 냉각탑

(c) 대향류형 냉각탑

그림 10.1 열원설비

(1) 기본방향 및 주요시스템 계획

기본방향 및 주요시스템 계획의 기본방향과 시스템 선정조건은 다음과 같다.

기 본 방 향	시스템 선정조건
• 정부시책을 고려한 에너지 절감설비 적극도입 • 출 · 퇴근시 부하의 집중현상과 지하공간에 대한 열적특성 즉, 냉방중심의 열원설비계획 • 열원생산으로 인한 공해물질 저발생과 수급의 용이성을 고려한 설비계획 • 생애주기비용(Life Cycle Cost)을 고려	• Rush-Hour를 고려한 충분한 용량 선정 • 지형조건, 열차운행조건 등을 고려한 정확한 부하계산으로 과다장비용량 선정배제 • 전기를 에너지원으로 한 장비선정 • 경제적인 열원장비 선정

(2) 열원공급방식

열원공급방식으로는 원심식 터보냉동기와 압입송풍형 냉각탑, 그리고 직팽식 공조기로 도시철도 역사에 시공되어 있다.

구 분	냉열원	설계 고려사항	비 고
승강장/ 대합실/ 직원근무지역	원심식 터보냉동기	열원공급의 안전성 및 유지관리성을 고려하여 선정	
	압입송풍형 냉각탑	• 펌프의 Cavitation을 방지하기 위한 펌프 케이싱은 냉각탑보다 낮게 설치 • 백연방지코일을 반영	
	직팽식 공조기	• 층고가능여부 및 덕트 설치가능 여부 • 장비발열제거 및 장비운전조건고려	

(3) 특기사항

특기사항은 기기별로 특이사항을 고려할 필요가 있다.

장 비 사 양	특기사항
터보냉동기	냉매 누설감지기 포함, 사용냉매는 HCFC-123a 적용
압입 송풍형 냉각탑	지하 설치형 냉각탑 선정(냉각탑 효율 증대)
공냉식 패키지 에어컨	배관길이 30m이상인 곳은 고 양정에어컨 선정하여 기기 효율에 이상이 없도록 반영

(4) 냉동기의 종류 및 특징 비교

구 분	터보 냉동기	스크류 냉동기	왕복동 냉동기
개요도			
개 요	전기 구동에 의한 회전 원심력으로 냉매를 압축하여 냉수를 얻음	로우터 회전운동으로 로우터와 케이싱 간에 형성된 공간 용적을 감소시켜 냉매를 압축하여 냉수를 얻음	전기 구동에 의한 피스톤 운동에 의해 냉매를 압축하여 냉수를 얻음
에너지원	전기	전기	전기

구 분	터보 냉동기		스크류 냉동기		왕복동 냉동기	
장 점	• 운전 및 제어가 용이 • 1대로 대용량이 가능 • 용량에 비해 소형·소음, 진동이 비교적 적다. • 부하응답성 우수 • 내구성이 우수		• 소형, 경량으로 설치면적이 작다. • 진동이 적다. • 장시간 연속 운전이 가능 • 부품수가 적으며 수명이 길다.		• 초기투자비가 저렴하다. • 설치면적이 적다. • 냉매의 오존층 파괴 지수가 낮다.	
단 점	• 소용량의 압축기는 효율이 감소하므로 경제적이지 못하다. • 부하가 감소하면서 서징을 일으킨다.		• 오일회수기와 오일냉각기가 크다. • 소음이 적다. • 분해소립 및 정비에 특수한 기술이 필요하다.		• 수명이 짧다. • 소음 및 진동이 크다.	
용량범위	100~1600usRT		150~750usRT		100usRT 이하	
사용냉매	HCFC-123a	HFC-134a	R-22	HFC-134a	R-22	HFC-134a
운전압력	저압	고압	고압		고압	
시 설 비	170%	24%	120%		100%	
적 용 지하철	국내 지하철 대부분 적용 (대합실, 승강장)				부산지하철 1호선 (직원근무지역)	
선 정	◎					
선정의견	지하공간 내 설치여건과 기존지하철 냉동기 운영 특성 등을 검토한 결과 운영 및 유지관리가 용이한 터보냉동기(HCFC-123a)를 선정					

(5) 냉각탑

1) 개요

냉각탑 설치시 민원이 최소화 되도록 주변에 조경 및 조형화하여 반영하고, 백연현상을 방지하기 위한 백연방지코일을 설치하여 민원예방을 시행하고 있다.

2) 냉각탑 형식 및 특성비교

구 분	압입송풍형 냉각탑	직교류형 냉각탑	대향류형 냉각탑
개요도			
열교환 방 식	• 강제 대류식 • 수막형 충진재에 의한 열교환방식		

구 분	압입송풍형 냉각탑	직교류형 냉각탑	대향류형 냉각탑
특 징	• 효율이 좋아 소요 풍량 감소 • 협소한 장소에 설치 • 실내에 설치가 가능	• 보수 점검이 용이 • 비산을 방지할 수 있다. • 대수제어가 가능하다. • 토출공기의 재순환율이 적다.	• 내식성과 내구성이 우수 • 냉각수 비산량이 많음 • 분사 물방울과 공기의 효율적 열교환 • 가격이 저렴하다.
지 하 설치시 적응성	덕트 연결이 용이하기 때문에 지하에 설치가 가능하다.	현재 국내에서 사용 중인 것은 지상에 설치하도록 제작 되었으므로 지하설치형이 특수하게 제작 되어야 한다.	지하에 설치시 외기에 면하기 위한 덕트 연결이 어렵다.
설치비	고가	보통	저렴
소 음	70dB	65dB	75dB
동 력	15kW	3.7kW	3.7kW
경제성	가격은 고가이나 수명 및 유지 보수를 감안하면 운영비면에서는 유리하다.	대향류형에 비하여 고가이다.	초기투자비는 제일 저렴하나 저효율 및 용수손실 등 유지 관리 비용이 크다.

3) 냉수 및 냉각수 펌프 비교

구 분	인라인 펌프	단단 볼류트 펌프
주변부속	방진가대, 후렉시블 필요없음.	방진가대, 후렉시블 필요함.
설치방법	수직, 수평 설치	수평 설치, 콘크리트 패드 필요
효 율	68%	65%
장단점 비교	• 펌프의 효율이 뛰어남. • 경량이므로 취급 용이함.(일반펌프 대비 59%) • 크기가 작아 설치 필요 면적이 대폭 절감되므로 기계실 이용 면적 증가(일반펌프 대비 23%) • 주위 설치 배관이 간단하여 공사비 및 공사기간이 대폭 절감됨.	• 펌프 구입 가격이 저렴함. • 구조가 일반적으로 잘 알려져 있으므로 고장시 응급조치가 용이함. • 인라인 펌프에 비해 설치면적이 크게 필요 • 펌프 설치에 따른 부대설비 추가로 인한 공사비 증가 • 소음 및 진동에 대비하나 방진과 후렉시블 죠인트를 설치해야 함.
초기투자비	100%	120%
운 전 비	100%	110%
검토 의견	효율이 단단 볼류트 펌프에 대해 상대적으로 우수하고, 초기투자비, 운전비, 공간 활용도가 우수할 뿐 아니라 같은 층에 냉각탑 설치시 냉각탑 패드를 낮출 수 있는 인라인 펌프를 선정	

10.2 공조 및 환기설비

(1) 공기조화 및 환기설비 계획

1) 승강장 공조방식

① 승강부 공조방식

승강장 지역은 터널 선로부와 승강장을 스크린도어로 구획하고 승강장의 실내공기를 일부 재순환하여 사용하는 방식으로 계획하여 공조설비를 구성하도록 하여야 한다.

표 10.1 승강장 공조방식 비교검토

구 분	중앙공조 급기방식	중앙 공조급기+공기유막 급기방식
개 요	승강장 중앙에서 공조 급기 및 환기하는 방식	승강장 중앙에서 공조 급기를 하고 선단부에서 외기도입 유막을 형성하여 열차풍의 영향을 최소화
개념도	PSD ① 중앙 공조급기 ② 중앙 공조환기	① 중앙 공조급기 ② 공기 유막급기
장 점	• 외기량이 줄어 냉방부하 감소 • 열차풍, 열차소음 감소 • 승객의 선로부 추락사고 방지 • 공조환기를 통해 에너지절약	• 중간기 외기 냉방 효과 증가 • 열차 상부 냉방기 발생열 차단 효과기대 • 열차풍에 의한 불쾌감 감소
단 점	• 스크린도어 설치로 공사비 증가 • 유지관리비 증가	• 승강장 냉방부하 증가 • 유막 급기휀 가동으로 운전비증가
적 용 지하철	• 대전지하철 T-1공구, 105 • 106 정거장, 대구지하철 • 인천송도연장선 6개 역사	• 서울지하철 6호선 • 광주지하철 1호선 일부

② 선로부 배기방식

열차에서 발생하는 부하는 열차 상부발열(차량 냉방기로부터 발열)과 열차 하부발열(제동 발열과 보조기기 발열) 검토 후 비율조정이 필요하다.

표 10.2 배기방식 비교

구 분	상·하부 배기방식	하부 배기방식
개 요	승강장 상·하부에서 열차 발생열을 직접 배출하는 방식	열차의 발생열을 승강장 하부에서 배출하는 방식
개념도	PSD ① ② ① 선로부 상부배기 ② 선로부 하부배기	PSD ① ① 선로부 하부배기
장 점	• 열차 상·하부에서 발생되는 열의 원활한 제거로 선로부내 온도상승 요인을 제거(냉방효과 상승) • 차량 냉방기 발열의 승강장 침입 요소 차단 • 상부배기 덕트를 제연덕트로 활용 • 상·하부의 분할 배기로 배기효율 증가	• 덕트 계통과 구성이 단순 • 천정내 공간 상대적 여유 • 덕트 물량 다소 감소
단 점	• 덕트 계통과 구성이 다소 복잡 • 상·하부 분할 설치로 인한 덕트 물량 다소증가	• 선로상부로 상승하는 배기효과 미흡 • 열차냉방기 발열의 승강장 침입우려 • 제연덕트 별도 설치필요
적 용 지하철	• 인천지하철 1호선 • 대구지하철 1호선 • 광주지하철 1호선 • 인천공항철도	• 대구지하철 2호선 • 부산지하철 3호선

② 대합실 공조방식

대합실 지역은 대합실용 공기조화기를 가동하여 중앙공급식 냉방운전을 실시하고 급기된 공기 일부는 공조기로 재순환시켜 냉방부하를 절감하도록 한다. 동절기에는 대합실 지역온도가 외기 온도보다 높고 승·하차를 위해 잠시 거쳐 가는 승객들을 고려한 별도 난방설비를 설치하는 것은 도시철도 경영효율을 위해 적절하지 않으므로 제외한다.

표 10.3 대합실 공조방식 비교검토

구 분	단일 덕트 방식	팬코일 유니트 방식
개 요	중앙집중식으로 공기조화기에 냉열원(냉수)을 공급하고 덕트로 각 실에 필요한 풍량을 공급하는 방식	중앙집중식으로 냉열원(냉수)배관을 통하여 각실에 설치된 팬코일 유니트에 필요한 열량을 공급하는 방식
개념도	E.A, O.A, 환기, 급기, 냉수, 대합실, 열원설비, 환수, AHU	냉수, 환수, FCU, FCU, FCU, FCU, 열원설비, 대합실
장 점	• 대풍량의 공기를 처리할 수 있다. • 비냉방시 환기용으로 대체가 가능하다. • 실내 공기오염을 최소화 할 수 있다. • 제연덕트와 겸용할 수 있다.	• 설비 설치공간이 적어진다. • 각실 특성에 따라 FCU를 개별제어 할 수 있다. • 공조기계실 면적이 작아진다.
단 점	• 공조기계실 면적이 증대된다. • 덕트 설치공간이 상대적으로 커진다.	• 실내 공기오염을 최소화하기 위해 별도 급·배기 덕트가 필요하며 이에 따른 장비가 추가설치 되어야 한다. • 제연대책이 미흡하므로 별도 제연덕트 설비구성을 요한다. • FCU 드레인 배관처리가 곤란하다
적용지하철	• 국내지하철 대부분 채택	• 외국지하철 사례

(2) 공기여과장치

1) 개요

지하정거장으로 도입되는 외기 중에 포함된 유해물질을 효과적으로 제거하여 도시철도 지하철을 이용하는 승객에게 쾌적한 지하환경을 제공하고 근무자의 근무조건을 향상시킬 수 있도록 하기 위하여 외기도입과 대합실 공조기내에 공기정화설비를 설치·운영하도록 하고 있다.

2) 필터시스템 선정시 반영사항

① 기능적 측면

- 분진포집효율
  - 다중이용시설 등의 실내공기질 관리법(2004년 5월 29일부터 시행)
  - 매년 발생하는 황사를 제거할 수 있는 필터시스템
  - 지하공기질기준(지하생활공간 공기질관리법 시행규칙 제3조 관련)

항 목	기 준	비고
아황산가스(SO_2)	1시간 평균치 0.25ppm 이하	
일산화탄소(CO)	1시간 평균치 25ppm 이하	
이산화질소(NO_2)	1시간 평균치 0.15ppm 이하	
미세먼지(PM-10)	24시간 평균치 140$\mu g/m^3$ 이하	
이산화탄소(CO_2)	1시간 평균치 1000 ppm 이하	
포름알데히드(HCHO)	24시간 평균치 0.1ppm 이하	
납(Pb)	24시간 평균치 3$\mu g/m^3$ 이하	

- 유해물질 제거기능 : 쾌적한 지하생활 공기질 향상을 위한 미세먼지 및 유해물질을 제거할 수 있는 필터시스템을 사용하고 있다.

② 유지관리측면

- 유지관리의 편리성
  - 유지관리인원을 최소화하는 완전 자동 관리 필터 시스템
  - 잔고장이 없는 간단한 구조의 필터시스템
- 유지관리비용 절감
  - 필터의 교환 및 폐기가 필요 없는 필터시스템
  - 자동타이머에 의한 주기적 세정
- 환경보호 : 필터의 폐기가 필요 없는 필터시스템

③ 향상된 공기정화장치시스템

- 집진 효율의 향상
- 에너지절약형 필터시스템(압력손실이 적은 필터시스템)
- 분진제거가 가능한 시스템

3) 필터의 성능 측정방법

구 분	중량법 (Air Filter Institute)	비색법 (National Bureau of Standards)	계수법 (Di Octyl Phthalate)
개 요	상류측에서 발견된 분진량과 하류측에서 포집한 분진량을 계측하여 결과 산출	상류측과 하류측에 각각 여지를 설치하여 일정시간 동안 공기를 통과시켜 2매의 시험용지가 불투명으로 변하는 시간을 정하여 효율을 측정하는 방법	DOP의 작은 입자를 주입시키고 상류측과 하류측에서각각 광산란식 입자개수기에 의하여 아주 미세한 입경과 개수를 계측하여 농도를 측정함으로써 분진 포집률을 구하는 방법
분진입경	1~10μm	0.5~1μm	0.3μm

구 분	중량법 (Air Filter Institute)	비색법 (National Bureau of Standards)	계수법 (Di Octyl Phthalate)
대 상	Pre Filter 일반건식	정전식 중량법 100% 이상, 중성능 필터	중량법, 비색법 100%인 HEPA Filter
분진보유량	70±30mg/m³	70±30mg/m³	70±30mg/m³
포집효율	30±10mg/m³	3±2mg/m³	3μm
정격처리 공기량	오리피스 열선식 중속계	오리피스 열선식 풍속계	오리피스 열선식 풍속계
압력손실	마노미터	마노미터	마노미터

4) 냉방 역사의 정거장 필터시스템 선정

구분	필터 종류	포집효율	보수방식	원리	비고
1차필터 (외기)	건식 자동 재생형 필터	중량법 80% 이상	자동세정	물리적 포집기능을 갖춘 필터를 경사지게 설치하여 관성, 확산, 차단, 중력효과에 의해 포집한다.	
2차필터 (AHU)	복합공기 여과기(습식)	비색법 90% 이상	자동세정	방전부에서 강한 자계를 만들어 통과공기중의 먼지를 대전시키며 집진부측에서 정전기를 이용하여 분진을 제거가 가능한 시스템	

5) 필터시스템 비교

구 분	전기집진장치	자동공기필터	자동세정형 필터	건식 자동재생형 필터
원 리	방전부에서 강한 자계를 만들어 통과 공기 중의 먼지를 대전시키며 집진부 측에서 정전기를 이용하여 분진을 제거하고 광촉매로 유해가스의 제거가 가능한 시스템	구동모터가 가동하면 흡입 노즐이 오염된 여재면을 상·하, 좌·우로 이동, 고압으로 흡진하여 Vacuum에 포집시켜 재생한다. 한 대의 Bag Filter Type집진기 또는 수여과 집진기에 여러 대의 Filter Unit를 순차적으로 자동 재생한다.	물리적 포집기능의 Demister 또는 정전력에 의한 포집기능을 갖춘 무전원 정전 필터를 경사지게 설치하고, 분사 노즐을 체인과 구동모터로 좌·우로 이동하며 물을 분사하여 자동적으로 세정 재생한다.	물리적 포집기능을 갖춘 필터를 경사지게 설치하여 관성, 확산, 차단, 중력효과에 의해 포집한다.
통과풍속	2.5m/s	2.5m/s	2.5m/s	2.5m/s
집진 효율	비색법 90% 이상 (ASHRAE)	중량법 75%(AFI)	중량법 85%(AFI)	중량법 80% 이상(AFI)

구 분	전기집진장치	자동공기필터	자동세정형 필터	건식 자동재생형 필터
장 점	• 압력손실이 적어 동력비가 절감된다. • 분진 및 유해가스, 제거가 가능하다. • 자동운전이 가능하다 (Timer) • 구조가 간단하고 유지관리가 편리 하다. • 여재 교환이 필요 없다.	• 완전 자동운전 가능 (Timer) • 수동작동시 임의의 시간동안 재생이 가능하다. • 여러 대의 필터를 한 대의 집진기에 사용할 수 있다.	• 자동운전이 가능하다 (Timer)	• 완전 자동운전 가능 (Timer) • 구조가 간단하고 유지관리가 편리 하다. • 여재 교환이 필요 없다. • 압력손실이 적어 동력비가 절감된다.
단 점	• 초기 투자비가 다소 든다. • 이물질에 민감하여 세심한 관리가 필요하다 • 급 · 배수 배관 및 배선등의 설치작업이 필요하다.	• 초기 투자비가 다소 든다. • 효율이 낮다. • 집진장치 및 기계 구동부의 운전상태를 점검하여야 한다. • 주기적인 여재교체가 필요하다. • 흡입공기관 배관 및 배선 등의 설치 작업이 복잡하다.	• 초기 투자비가 다소 든다. • 세정시 물 비산으로 인한 습기 및 부식 등을 고려되어야 한다. • 겨울철 물의결빙 및 동파를 방지 하여야 한다. • 급 · 배수 배관 및 배선 등의 설치 삭업이 복잡하다. • 세정수처리가 필요하다.	• 초기 투자비가 다소 든다. • 필터성능이 다소 뒤떨어진다.

(3) 위생설비

1) 위생설비

① 개요

- 급수공급은 화장실 위생기구, 냉각탑 보급수, 청소수전 및 직원 샤워실에 공급
- 직원샤워실에 온수공급
- 단수시 저수조에 저장된 저수활용
- 평시 시상수 압력으로 급수를 공급하여 에너지절감효과
- 배수설비

② 급수설비

- 급수배관
  - 평상시에는 시수 자연압으로 공급하고, 단수시 급수 가압펌프에 의한 부스터방식으로 급수 공급
  - 샤워실에 급수 및 급탕 공급
  - 전기실, 통신실, 환기실의 청소싱크 수전 설치

- 화장실 및 대합실, 승강장 청소수전에 급수 공급
• 물탱크

③ **급탕설비**

샤워실에 온수 공급을 위하여 저탕식 전기온수기 및 전기보일러 설치

④ **배수설비**

• 화장실 및 대합실 등의 각종 위생기구의 배수를 배수관을 통해 화장실 집수조로 유도하여 처리
• 장애인 화장실 : 화장실 내부에서의 휠체어 회전 반경이 용이하도록 구성

⑤ **위생기구**

동시사용 부하율이 높고 다수의 이용 특성을 고려하여 위생기구 선정 시 절수대책(절수형 급수전 사용 등), 보수의 용이성, 위생적인 구조, 도난과 파손방지, 재질 등을 고려하여야 하며 대변기 형식은 절약형 사이폰제트식과 수세밸브를 사용하고 소변기는 바닥 설치형을 기준으로 하고 있다.

절수형 위생기구 적용은 아래 표 10.4를 참고한다.

표 10.4 절수형 위생기구

구 분	소변기	대변기	세면기	비 고
전 원	AC	–	–	
형 식	자 동	절수형 수세발브	자폐식	
센 서	매립식	–	–	
재 질	위생도기	위생도기	위생도기	
작 동 방 식	자동센서	수 동	수 동	
공 급 수 압	0.5~9kg/cm^2	0.5~9kg/cm^2	1~9kg/cm^2	
용 도	공 중 용	공 중 용	공 중 용	

2) 급수설비

급수원은 시수관에서 분기하여 사용하고, 급수조례와 공급규정에 따라 상수도 인입관 연결위치, 가능한 접속관경, 수압조건 등을 검토하여 충분한 수원을 확보하여야 한다.

① **급수방식 결정**

지하철 정거장 급수방식은 시수직결 방식과 압력탱크 방식을 병용한다. 시수 계통은 평상시 시수관에 직결하여 사용하며, 단수시나 필요에 따라 저수조 물의 부패를 방지할 목적으로 급수펌프에 의한 자동급수방식으로 공급하도록 한다.

② 급수량 산정

급수량을 산정하는 방법에는 사용인원에 의한 방법과 위생기구수에 의한 방법이 있으나, 지하철 정거장은 사용인원 산정이 불확실하므로 위생기구수에 의한 방법을 적용하여 필요한 급수량을 산정하였다.

표 10.5 위생기구의 표준유량과 접속구경

기구 종류	소요수량 (l/회)	사용횟수 (회/h)	접속관 구경 (mm)	사용수
대변기(세정밸브)	13.5~16.5	6~12	25	시수
소변기(세정밸브)	4~6	12~20	15	시수
세면기	10	6~12	15	시수
샤워	24~60	3	15	시수
청소용 싱크	15	6~12	15	시수
청소용 수전	15	1	15	시수

시수와 지하수 급수량은 아래 표 10.6을 이용하여 산정하며, 1일 승객수 10만명 규모 정거장의 위생기구에 대한 1일 급수량을 산출한 예를 나타낸 것이다.

표 10.6 1일 승객수 10만명 규모 정거장의 1일 급수량(Q1)

기구명	수량 (개)	소요수량 (l/회)	사용횟수 (회/h)	시간 평균 급수량(l/h)	사용시간 (h)	1일 급수량 (l)	사용수
대변기	7	15	10	1,050	10	10,500	시수
소변기	7	5	16	560	10	5,600	시수
세면기	5	10	9	450	10	4,500	시수
싱 크	4	15	6	360	10	3,600	시수
샤 워	2	40	3	240	2	480	시수
청소전	8	15	1	120	3	360	시수
청소전	8	15	1	120	3	360	시수
1일 시수급수량(l/day)						5,340	
1일 정수급수량(l/day)						20,060	
1일 급수량계(l/day)						25,400	

③ 저수조 용량(Q)

저수조 용량은 각 위생기구의 시간당 평균사용량을 구하고 기구별 사용시간을 적용한 1일 급수량과 냉각탑 보급수를 합산한 용량에 10%의 실용적률을 고려하여 산정한다. 또한, 소화수조는 소화용수를 항상 확보하여야 하며 소화수량을 만족하는 용량으로 별도 설치한다.

저수조는 상수가 오염되지 않도록 내식성, 내수성이 크고 충격과 내압에 충분히 견딜 수 있는 강도를 가진 스테인레스 강재 조립형으로 선정한다.

$$Q = Q_1 + Q_2$$

Q : 저수조 용량

Q_1 : 위생기구 1일 급수량(L)

Q_2 : 냉각탑 1일 보급수량(L/day)

= 냉각용량(RT) × 780L/h · RT × 0.02 × 운전시간

④ 지하철 정거장 위생기구 수 산정 기준

- 지하철 정거장에서 사용되는 위생기구 수량은 지하철 정거장 위생기구 산정표를 이용하여 산정한다.
- 개찰구 외부에 설치하는 화장실은 정거장 건축설계 기준에 따라 승객이외의 일반시민 사용을 고려하여 산정 한 위생기구 수에 40%를 가산한다.
- 위생기구 최소수량은 "공중변소 설치기준(오수, 분뇨 및 축산폐수의 처리에 관한 법률시행규칙 제24조)"에 따라 남자화장실 8(대변기 3, 소변기 5), 여자화장실 대변기 8조로 한다.
- 여자화장실 변기수량은 남자화장실 변기(소변기+대변기) 수량과 동일 수량으로 계획하고 있지만 점차 수량조절 증가 추세에 있다.
- 세면기는 남자화장실 2, 여자화장실 2~3개(변기 10개 이상시 3개)로 계획한다.

⑤ 배관 설계 시 고려사항

- 음용수 배관재료는 한국산업규격(KS) 표시품 중 음용수에 사용할 수 있는 배관재료로 하며, 한국산업규격이 제정되지 아니한 경우에는 국립건설시험소장이 음용수 배관재료로 사용하기에 적합하다고 인정하여 고시한 재료로 한다.
- 지하철은 공중이 사용하는 화장실과 기타 정거장 사용 용수의 상수도 요금이 다르므로 별도 검침이 가능하도록 화장실용 전용배관과 전용수도계량기를 설치한다.
- 지하수를 재활용하여 대합실, 승강장의 청소용수전에 공급한다.
- 여객 전용 화장실 개수공사를 완료한지 얼마 되지 않은 역사 화장실의 내부 위생기구 및 배관(급수, 오 · 배수, 통기)은 재사용하도록 하며, 화장실 이전 배관 인입공사만 계획한다.

3) 급탕설비

직원 근무자를 위한 샤워시설 등에 공급하는 급탕은 저탕식 전기온수기를 설치하여 공급한다. 또한, 샤워실과 접한 곳에 온수기 전용실을 두어 급탕펌프 없이도 공급될 수 있도록 계획한다.

분소사무실 등이 위치하여 급탕 사용량이 많은 정거장에는 대용량(500l 이상), 기타 정거장은 소용량(180l 이상)으로 계획한다. 아래 표 10.17은 위생기구별 급탕량을 나타낸 것이다.

표 10.7 위생기구별 급탕량

세면기(l/h)	샤워기(l/h)	사용율(α)	저탕계수(f)	비 고
22	110	0.5	2.0	

$$Q = Qdh \cdot f \qquad (10.1)$$

여기서, Q : 저탕 용량(l)

Qdh : 시간 최대 급탕량(l/h)

f : 1시간당 최대 급탕량에 대한 저탕 용량의 비율(도면 위생배관 계통도 참조)

4) 오 · 배수설비

① 배수방식

정거장 배수설비는 크게 생활하수 배수계통과 오수·배수계통으로 나누어지며 시설방식에 따라 배수집수조와 정화조로 구분하여 배수 처리한다.

• 생활하수 계통

- 정거장에서 발생하는 생활하수란 청소용 수전, 세면기, 청소용 싱크, 샤워기 등에서 배출되는 하수를 말하며, 이러한 생활하수는 정거장에 인접하여 설치된 생활하수 집수조에 모아 배수펌프로 시하수도에 배출한다.
- 공조기계실의 냉동기, 냉각탑, 펌프 등 장비에서 발생되는 드레인 처리는 장비 주위에 트렌치, 바닥 배수구 등을 계획하여 집수조에 집수한 후 시하수도에 배출한다.

• 오수계통

오수계통은 화장실오수를 대상으로 하며, 지역별 오수처리방식에 따라 분뇨 정화조나 오수 분류관로로 연결하여 배출 처리한다.

- 분뇨 정화조 설치지역에서의 오수계통
  · 대변기, 소변기 등 화장실 오수 : 분뇨정화조 부패조에 배수
  · 세면기, 청소싱크, 샤워기 등 잡배수 : 분뇨정화조 소독조(방류조)에 배수
  · 정화처리된 후 소독조에 집수된 오·배수를 오수펌프로 시하수도에 배출 처리한다.
- 오수분류관로 설치지역에서의 오수 계통 : 오수집수조에 모인 오·배수를 오수펌프를 통해 하수도(우수, 오수 분류식)의 오수관로에 연결 배출한다.

② 배수량 산정

배수관경의 결정기준이 되는 배수량은 위생기구의 최대 배수시 유량을 적용한다. 최대 배수 시 유량이란 순간유량이 시시각각으로 변화하므로 배수유량이 최대가 되는 순간의 유량을 말하며 아래의 표 10.8과 같다.

표 10.8 위생기구 최대배수 시 유량

위생기구	최대배수의 유량(l/sec)	비고
대변기	2.8	
스톨소변기	1.4	
세면기	0.5	
샤워	1.4	
소제용싱크	1.9	
주방용싱크	0.7~1.4	
바닥배수	1.4~2.8	

③ 정화조 용량산정

정화조 용량은 "건축용도별 처리 대상인원 산정기준"(KS F 1507)을 근거로 하여 산정한다. 표 10.8은 정거장별 정화조 용량을 나타낸 것이다.

$$n = \frac{20c + 120u}{8} \times t \quad \cdots\cdots (10.2)$$

여기서, n : 1일 처리대상인원(인)
c : 대변기수
u : 소변기수
t : 1일 평균사용시간(10시간 적용)

* 여자 화장실에 있어서는 변기수의 약 1/2을 소변기로 본다.

5) 주요장비 선정

① **급수펌프**

저수조에서 가압펌프에 의해 각 수전이나 기구까지 가압하여 사용하는 형식으로 선정 하여야 하며, 병렬운전이 용이한 2-펌프시스템(2-Pump System)을 채택하여 교번운전 및 순차작동 기능을 갖는다.

(4) 소방설비

1) 개요

지하철 정거장 소화설비는 화재발생 시 승객 안전과 화재의 조기진화를 위하여 각 실별 기능을 고려하고 건축법, 소방법 등을 만족하는 적법한 소화설비를 계획하여야 한다.

지하철 정거장은 대부분 내화구조로 되어 있어 화재의 위험은 적지만 화재발생 시 구조적 특성상 많은 인명과 재산 피해를 입을 수 있는 특성이 있다. 따라서 이에 대비한 효과적인 소화설비를 구비하는 것이 대단히 중요하다.

2) 소방법규 검토

지하철 지하정거장은 소방시설기본법 제2조 1항 "소방대상물", 소방시설설치유지 및 안전관리에 관한법률 제2조 1항 "특정소방대상물", 동법시행령 제5조의 별표2의 4 "판매시설 및 영업시설"의 마. "철도역사"에 준용하며, 소방시설설치유지 및 안전관리에 관한법률 시행령 제15조 "특정소방대상물의 규모 등에 따라 갖추어야 하는 소방시설 등"의 별표4 "특정소방대상물의 관계인이 특정소방대상물의 규모·용도 및 수용인원 등을 고려하여 갖추어야 하는 소방시설 등의 종류"에 의거 소방시설을 갖추어야 한다.

① **소화기구**

연면적 33m^2 이상인 소방대상물

② **옥내소화전설비**

연면적 3,000m^2 이상이거나 지하층·무창층 중 바닥면적이 600m^2 이상인 층이 있는 것은 전층

③ **스프링클러설비**

판매시설 및 영업시설로서 수용인원이 500인 이상인 곳

④ **가스소화설비**

전기실·변전실·통신기기실로써 바닥면적이 300m^2 이상인 소방대상물

⑤ **소화용수설비**
- 상수도 소화용수설비 : 연면적 5,000m^2 이상인 소방 대상물

⑥ **소화활동설비**
- 제연설비 : 지하층 또는 무창층의 바닥면적이 1,000m^2 이상인 소방대상물
- 연결송수관설비 : 지하층의 층수가 3이상이고 지하층의 바닥면적이 1,000m^2 이상인 소방대상물
- 연결살수설비 : 지하층으로 바닥면적이 150m^2 이상인 소방대상물

⑦ 상기의 기계분야 소화설비 중 연결살수설비는 소방시설 설치유지 및 안전관리에 관한 법시행령 제16조 "유사한 소방시설의 설치면제의 기준" 항목(별표#5)의 기준에 의거하여 본 설계에서는 제외하도록 한다.

10.3 소방설비의 적용

(1) 적용소화설비

국내 소방관련법규를 검토하여 정거장에 적용되어야 하는 기계분야 소화설비는 아래 표 10.9와 같다.

화재를 예방하고 초기에 진압하기 위하여 각 실의 용도, 기능을 고려한 소방시설을 검토하여 적용한다.

표 10.9 지하철정거장 실별 적용 소화시설

시설종류 / 실 명	소화기	옥내 소화전	스프링 클러	가스 소화설비	제연 설비	상수도 소화용수설비	연결 송수관설비
대 합 실	○	○	○		○		지하 3층 이상에 해당
승 강 장	○	○			○		
공 조 실	○	○	○				
전기실, 변전실 및 신호, 통신기기실	○			○			
역무실 및 직원사무실	○		○				
지 상						○	

1) 소방설비의 설치기준

① 수원 및 용량

옥내소화전설비의 화재안전기준(NFSC 102), 스프링클러설비의 화재안전기준(NFSC 103)을 적용한다.

수원은 시수로 하여 소화수조에 저장하며 수조용량은 소화수량을 만족하는 용량으로 한다.

- 옥내소화전설비 수원 : 옥내소화전 5개×130l/min×20min = 13,000l(13m^3)
- 스프링클러설비 수원 : 스프링클러 30개×80l/min×20min = 48,000l(48m^3)

② 가압 송수장치

옥내소화전설비의 화재안전기준(NFSC 102), 스프링클러설비의 화재안전기준(NFSC 103)을 적용한다.

- 옥내소화전과 스프링클러용으로 각각 주 펌프를 1대씩 설치하고 배관 내에 유효한 압력이 유지되도록 하기 위하여 각각 충압펌프와 압력탱크를 설치한다.
- 펌프의 양정
  - 옥내소화전 펌프

$$H = h_1 + h_2 + h_3 + h_4 \quad (10.3)$$

여기서, H : 펌프의 전양정(m)
h_1 : 펌프의 실양정(m)
h_2 : 배관 마찰손실수두(m)
h_3 : 호스 마찰손실수두(m)
h_4 : 노즐 방사압환산수두(1.7kg/cm^2)

  - 스프링클러 펌프

$$H = h_1 + h_2 + h_3 \quad (10.4)$$

여기서, H : 펌프의 전양정(m)
h_1 : 펌프의 실양정(m)
h_2 : 배관 마찰손실수두(m)
h_3 : 헤드 마찰손실수두(1.0kg/cm^2)

  - 충압 펌프

  양정은 배관의 최고 높이에서 2.0kg/cm^{2}의 압력이 될 수 있도록 한다.

- 펌프의 용량
  - 옥내소화전 펌프 : 옥내소화전 5개에 방수량 130l/min를 기준하여 650l/min 이

상으로 한다.

- 스프링클러 펌프 : 스프링클러 헤드 30개에 80l/min를 기준하여 2,400l/min 이상으로 한다.
- 충압 펌프 : 충압 펌프의 유량은 60l/min 이상으로 한다.

③ **상수도 직결 소화설비 설치**

화재로 인한 전원차단시 소방관련 설비인 옥내소화전 및 스프링클러 작동 불가로 초기 화재진압이 되지 않고, 작동시에도 소화용수 공급시간이 20분에 불과하여 계속적인 화재 진압활동 필요시 지장을 초래한다. 화재시 초기진압은 화재규모를 바꿀 수 있을 만큼 중요시되고 있으며, 지하철은 특성상 많은 인원이 이용하는 시설로서 충분한 안전조치가 다른 곳에 비해 매우 중요시되는 곳이기도 하다. 따라서 지속적인 소화를 위한 방법으로서 수도 소화전 배관과 옥내소화전 및 스프링클러로 가는 주배관의 토출 측에 직결로 연결하여 동력 차단시 등 비상시에는 상수도 소화전의 압력으로 작동할 수 있도록 한다.

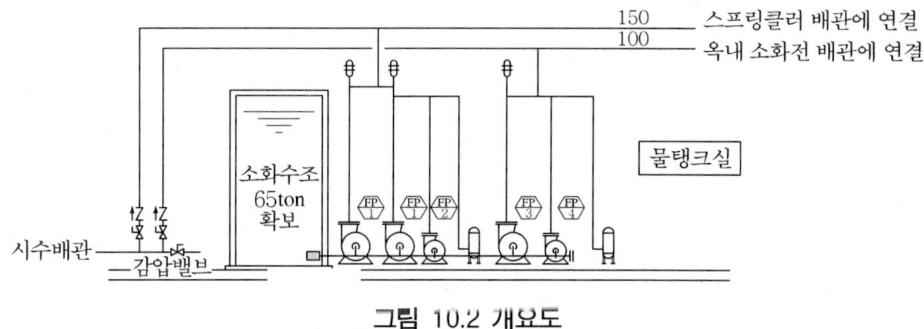

그림 10.2 개요도

(2) 가스소화설비

화재 진압 후에도 대상물에 대한 피해를 최소화하며 화재 진압전의 상태를 유지시킬 필요성이 있는 컴퓨터실, 통제실, 문서보관실과 전기전도성이 없어야 하는 전기실, 배전실 등에는 물이나 분말 등과 같은 잔여물(찌꺼기)을 남기지 않는 가스소화약제를 사용하여야 한다.

전기실, 변전실, 신호·통신 기계실 등에 가스계 소화약제설비(Package Type)를 적용한다.

① **소화약제설비**

소화약제설비는 소화 대상실에 Package Type으로 적용하며 소화약제량은 "소방시설 기준에 관한 규칙 제48조"에 따라 방호구역의 체적 1m^{3}에 대하여 0.32kg 이상으로 한다. 또한 방출구역의 개구부에 자동 폐쇄장치를 설치하지 아니한 경우에는 개

구부 면적 $1m^2$당 2.4kg을 가산하여야 한다.

② 청정소화약제 설비

㉠ 청정소화약제 종류

1995년 8월 11일 내무부 고시 제1995-28에서 발표된 "청정소화약제의 목적"은 "할론 1301, 할론 2402, 할론 1211외의 소화약제로서 소화효과가 있는 물질의 종류 및 그 소화설비의 설치, 유지에 관한 기술 기준"을 정하는데 있으며 이 고시에서 정하는 청정소화약제는 아래 표 10.10에서 정하는 것에 한한다.

표 10.10 청정소화약제 종류

소화약제	화학식
퍼플루오로 부탄(FC-3-1-10)	C_4F_{10}
하이드로클로로플루오로 카본 혼화제 (HCFC BLEND A)	HCFC-123($CHCl_2CF_3$) : 4.75% HCFC-22($CHClF_2$) : 82% HCFC-124($CHClFCF_3$) : 9.5% $C_{10}H_{16}$) : 3.75%
클로로테트라프루오로 에탄(HCFC-124)	$CHClFCF_3$
펜타플루오로 에탄(HFC-125)	CHF_2CF_3
헵타플루오로 프로판(HFC-227ea)	CF_3CHFCF_3
트리플루오로 메탄(HFC-23)	CHF_3
불연성·불활성기체 혼합가스(IG-541)	N_2 : 52%, Ar : 40%, CO_2 : 8%

㉡ 소화약제량 산정

• HCFC계 소화약제량

$$W = \frac{V}{S} \times \left(\frac{C}{100 - C}\right) \quad \cdots\cdots (10.5)$$

여기서, W : 소화약제의 무게(kg)
V : 방호구역의 체적(m^3)
S : 소화약제별 선형상수(K1 + K2 × T)
C : 체적에 따른 소화약제의 설계농도(%)
T : 방호구역의 온도(20℃ 기준)

표 10.11 용적상수

소화약제	K1	K2
FC-3-1-10	0.0941	0.0003
HCFC BLEND A	0.2413	0.00088
HCFC-124	0.1578	0.0006
HFC-125	0.1701	0.0007
HFC-227ea	0.1269	0.0005
HFC-23	0.2954	0.0012

표 10.12 거주지역 내에서의 최대허용 설계농도

소화약제의 종류	최대허용 설계농도(%)
FC-3-1-10	40
HCFC BLEND A	10
HCFC-124	1
HFC-125	7.5
HFC-227ea	9.0
HFC-23	50
IG-541	43

③ 가스계 소화약제 비교

표 10.13 가스계 소화약제 비교

구 분	이산화탄소(CO_2)	하이드로클로로프루로카본 혼화제(HCFC BlendA)	헵타플루우오로 프로판 (HFC-227ea)
소화성능	• 설계소화농도 25~74%	• 설계소화농도 10%	• 설계소화농도 9%
장 점	• 침투성 우수 • 소화시 독성물질 발생 없음 • 소화약제가격이 저렴 • 오존파괴지수(ODP = 0)	• 전기적 전도성 없음. • 하론 대체물질과 비교하여 소량으로 동일한 소화효과의 기대 가능 • 거주구역에 적용가능	• 불활성가스로 ODP, GW P= 0(제로) • 원거리 설치 가능 • 사용량의 규제가 없음 • 거주구역에 적용가능
단 점	• 낮은 소화성능으로 용기 저장 공간 많이 소요(하론에 2.5배) • 비거주 지역에서만 사용 (CO_2 농도 20% 이상일 때 인체에 치명적임) • 고압배관 사용(SCH80) • 배관 및 설치비가 고가임.	• 10초 방출 방식을 사용하므로 독립배관수 증가 (하론설비의 약 2.1배) • 최대방호거리가 수평 80m 정도로 제한됨	• 소화약제 및 설비비 고가임. • 긴 약제방출시간으로 신속 소화 불리함 • 낮은 소화성능으로 용기 저장공간 증대(하론의 6배) • 고압배관 사용(SCH80) • 저압식 시스템으로 설계가능 거리가 짧음(40~50m)
설치면적	100%	30%	50%

(3) 제연설비

① 개요

지하정거장은 소방대상물의 분류시 "철도역사"로서 "소방시설설치유지 및 안전관리에 관한 법률 시행령 제15조 [별표4]"에 의거 제연설비를 설치하여야 할 소방 대상물이다. 지하정거장은 지하구조물 특성상 화재시 제연설비가 미비할 경우 그 위험이 일반건축물에 비해 매우 크다. 따라서 승객들의 안전이 최우선이 될 수 있도록 제연설비를 설치하며 그 위험으로부터 승객들을 보호할 수 있어야 한다.

제연설비는 공조와 환기설비시스템을 기본으로 하여 화재시 전환댐퍼에 의해 제연설비로 전환운전을 할 수 있게 하고, 공조덕트 계획시 제연구역을 고려하여 시스템을 구성하여야 한다. 대합실 및 승강장의 제연의 주목적은 화재시에 승객을 안전하게 상층부 대합실이나 지상으로 대피할 수 있게 하는 것으로 상부에 설치된 배출구를 통해 매연과 유독가스를 신속히 흡입, 배출하여 승객들의 대피가 용이하게 하여야 한다.

② 대합실 및 승강장 제연설비

㉠ 제연방식

대합실 및 승강장의 제연방식은 "제연설비의 화재안전기준(NFSC 501)"에 의거 공조설비 시스템을 기본으로 구성한다. 따라서 공조덕트를 이용하여 제연하도록 하며 공기조화기에 의해 공조되는 지역을 하나의 예상 제연구역으로 한다. 또한 법규상의 제연 풍량에 적합한 제연휀을 별도로 설치하고 급기 덕트를 이용하여 제연하도록 한다.

㉡ 지능형 제연설비

지능형 제연설비가 없을 경우 화재시 대피로 계획이 없어 대피 혼란으로 인한 인명피해를 가중시킬 수 있으므로 화재발생 구역별로 유독가스 배출방향을 조절하여 신선공기를 공급하여 승객의 대피가 용이하도록 하고 정거장 및 본선에 대한 지능형 제연 시스템을 구성한다.

㉢ 대합실 및 승강장

대합실은 화재시 공조 및 환기덕트를 이용 댐퍼 및 휀의 제어에 의해 제연을 한다. 또한, 구역을 4개 구역으로 분할하고 좌·우 구역은 2개 구역으로 별도 구성하며 구역간의 상호 급·배기를 통하여 원활한 배기를 할 수 있도록 한다.

승강장은 화재시 공조 및 환기덕트를 이용 댐퍼 및 휀의 제어에 의해 제연을 하며, 구역을 8개 구역으로 분할하여 구역간의 상호 급·배기를 통하여 원활한 배기를 할 수 있도록 한다.

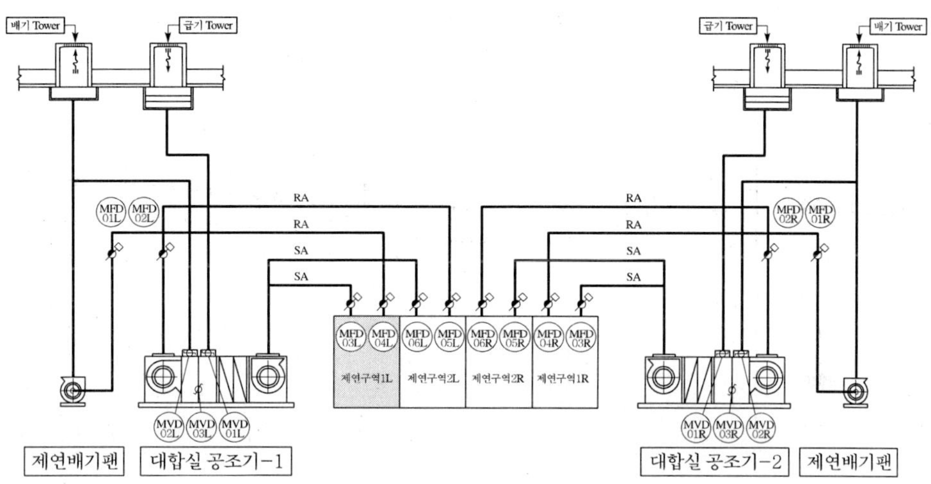

그림 10.3 대합실 제연계통

• 대합실 장비운전 모드

구 분	공조기-1		제연배기팬	공조기-2		제연배기팬
	급기팬	리턴팬		급기팬	리턴팬	
정상운전시	급기운전	환기운전	정 지	급기운전	환기운전	정 지
비상운전시	급기운전	정 지	제연운전	급기운전	정 지	제연운전

• 대합실계통 전동댐퍼 운전모드 (○ : 완전개방, X : 완전폐쇄, △ : 비례운전)

구 분		MFD-01L	MFD-02L	MFD-03L	MFD-04L	MFD-05L	MFD-06L	MVD-01L	MVD-02L	MVD-03L
정상운전시		X	○	○	○	○	○	△	△	△
비상 운전시	1구역L	○	X	X	○	○	X	○	X	X
	2구역L	○	X	○	X	X	○	○	X	X

구 분		MFD-01R	MFD-02R	MFD-03R	MFD-04R	MFD-05R	MFD-06R	MVD-01R	MVD-02R	MVD-03R
정상운전시		X	○	○	○	○	○	△	△	△
비상 운전시	1구역R	○	X	X	○	○	X	○	X	X
	2구역R	○	X	○	X	X	○	○	X	X

• 승강장 제연계통

- 계통도

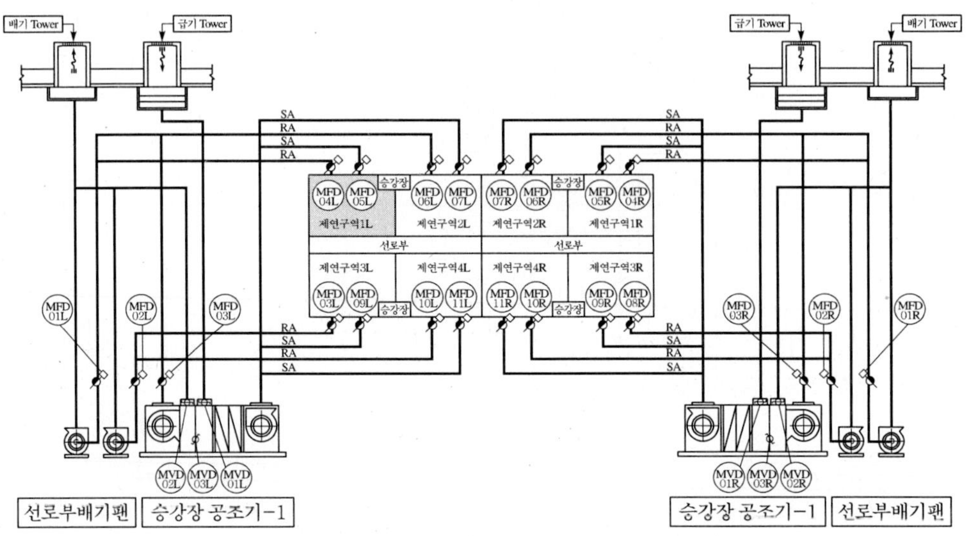

그림 10.4 계통도

- 승강장 장비운전모드

구 분	공조기-1		선로부 배기팬	공조기-2		선로부 배기팬
	급기팬	리턴팬		급기팬	리턴팬	
정상운전시	급기운전	환기운전	배기운전	급기운전	환기운전	배기운전
비상운전시	급기운전	정 지	제연운전	급기운전	정 지	제연운전

- 승강장계통 전동댐퍼 운전모드

(비고, ○ : 완전개방, X : 완전폐쇄, △ : 비례운전)

구 분		MFD-01L	MFD-02L	MFD-03L	MFD-04L	MFD-05L	MFD-06L	MFD-07L	MFD-08L	MFD-09L	MFD-10L	MFD-11L	MVD-01L	MVD-02L	MVD-03L
정상운전시		X	X	○	○	○	○	○	○	○	○	○	△	△	△
비상 운전시	1구역L	○	X	X	○	X	X	○	X	○	X	○	○	X	X
	2구역L	○	X	X	X	○	○	X	X	○	X	○	○	X	X
	3구역L	X	○	X	X	○	X	○	○	X	X	○	○	X	X
	4구역L	X	○	X	X	○	X	○	X	○	○	X	○	X	X

구 분		MFD –01R	MFD –02R	MFD –03R	MFD –04R	MFD –05R	MFD –06R	MFD –07R	MFD –08R	MFD –09R	MFD –10R	MFD –11R	MV D–01R	MV D–02R	MV D–03R
정상운전시		X	X	○	○	○	○	○	○	○	○	○	△	△	△
비상 운전시	1구역R	○	X	X	○	X	X	○	X	○	X	○	○	X	X
	2구역R	○	X	X	X	○	○	X	X	○	X	○	○	X	X
	3구역R	X	○	X	X	○	X	○	○	X	X	○	○	X	X
	4구역R	X	○	X	X	○	X	○	X	○	○	X	○	X	X

- 승강장 선로부

승강장 선로부 제연방식	평상시	제연시
EA OA 냉수 EA M.F.D 승강장	승강장 선로부의 열차의 발열과 오염공기의 제거를 위하여 상·하부 배기를 하여 열차의 승·하차 승객들의 불쾌요소를 감소하고, 또한 쾌적성을 도모하도록 한다.	승강장 선로부의 화재시에는 하부 배기덕트를 전동댐퍼의 작동에 의해 닫고, 상부 배기덕트를 이용하여 제연하도록 한다. PSD는 화재시 개방하여 피난을 유도하고 선로부 및 플랫폼의 제연구를 통하여 제연토록 제연시스템을 구성하여 한다.

③ 제연경계벽 설치

승강장과 대합실에 설치된 계단과 에스컬레이터를 승객들이 비상시 대피통로로 사용하고 있으나 화재시 승강장과 대합실간 계단 및 에스컬레이터 통로를 따라 화염의 급속한 이동으로 피해가 가중되고 있다. 이를 방지하여 피난동선을 확보하여 안전한 시설물이 되도록 하여야 한다. 그러므로 이곳에는 연기의 확산을 방지할 수 있도록 소방법에 적합한 제연 경계벽을 설치하고 연기의 이동을 방지하여 승객의 대피로를 확보하도록 한다. 또한 시수공급라인을 이용하여 수막설비를 설치, 화재시 발생되는 유독가스의 피해를 최소화하여 승객의 안전을 원활히 하고자 한다.

• 제연경계벽

	비상시 대피통로로 사용하는 계단 및 에스컬레이터에 제연 경계벽을 설치하여 연기의 확산을 방지하도록 한다.

• 수막설비

- 개 요 :

열차 및 승강장 화재발생 등 유사시에 대비하여 계단·에스컬레이터 등 수직간 통부에 Water Curtain을 설치하여 화재시 연기의 이동속도 및 주위온도 저하로 승객들의 대피로를 확보하도록 한다.

- 설치 기준

·Water Curtain에 대한 설치기준 조사(질의, 유선)결과 요약

·스프링클러설비의 화재안전기준(NFSC 103) 제15조 ②항 기준에 의거 드렌처 설비 설치기준 적용

·수막설비 설치기준 검토

·개·보수시 : 설치 지역 인근의 스프링클러배관 활용 및 지역별 일제 개방밸브 설치

·냉방화 공사 병행설치 : 스프링클러 펌프 활용 및 물탱크실 등에 제어밸브실 신설

※ 수막설비는 스프링클러설비의 일종으로 볼 수 있으므로 스프링클러 배관에서 수막설비 배관 분기

·수막설비는 승강장에서 대합실 연결 계단입구 부분마다 설치

·노즐 사양 : 명칭 - 주거형 헤드, 분사량 - 50l/min, 분사각도 - 90～140°, 분무입자 - 267.93～308.57μm

·감지방식 ┌ 담당구역 내의 화재감지기와 연동
　　　　　└ 제어반설치

·역무실내 별도의 제어반 설치 및 수신기와 연동

·자동, 수동겸용 방식 채택

※ 자동방식을 원칙으로 하되 각 설치구역마다 수동동작 가능하도록 회로 구성

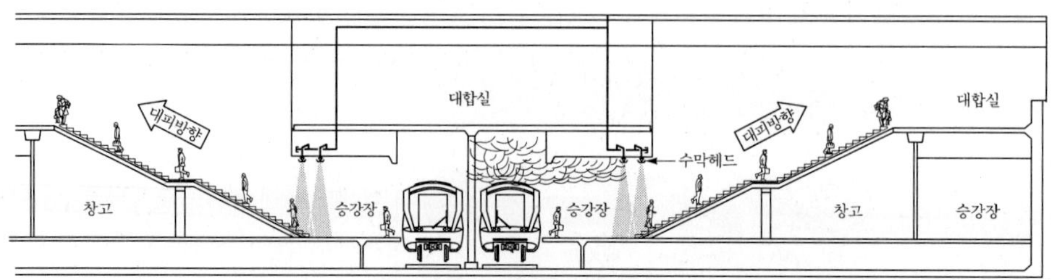

그림 10.5 개요도

(4) 자동제어

① 개요

자동제어설비는 지하철 정거장 및 본선에 시설되는 각종 기계설비들을 기기별 운전 조건에 따라 컴퓨터에 의해 자동으로 원격제어 및 감시하는 시설로서 불필요한 운전으로 인한 에너지 낭비 요인을 줄이고, 기기별 성능을 최대로 유지하여 설비관리 요원을 줄여 인건비를 절감하는데 대단히 효과적인 설비이다.

② 자동제어방식 선정

각종 설비의 원격감시, 제어기능을 유지하고 정보처리의 신속성과 시스템 상호간의 통신기능을 독자적으로 분산 처리하여 수행할 수 있는 직접 디지털 제어방식(DDC : Direct Digital Control)을 선정한다.

표 10.14 자동제어설비방식 비교검토

방식 / 항목	DDC방식	전자식
개 요	최근 개발된 방식으로 모든 제어가 패키지화된 원격 제어반의 중앙 컴퓨터장치에서 이루어지는 방식으로 대, 중, 소규모에 공히 적용된다.	증폭된 전기를 이용한 기기 구동장치방식으로 복잡한 제어와 연속제어가 가능하며 중앙식 공조장치에 적합하다.
구 성	검출기, 전자식 조작기, 분산처리장치(DDC), 중앙감시반(CPU)으로 구성된다.	조절기, 조작기, 릴레이 등 기기종류가 간단하다.
장 점	• 모든 제어라인이 컴퓨터 장치에 의해 통제된다. • 계장공사가 간단하다(2개 라인이 통신선으로 전 계통 제어기능) • 중앙감시반에서 조작으로 명령과 설정점 변경이 가능하고 컴퓨터 프로그램에 의한 에너지 절약을 꾀할 수 있으며 향후 증설이나 제어점 추가가 용이하다. • 관리인원 감소를 꾀할 수 있다. • 복합적인 제어를 요하는 시설에 적합하다.	• 릴레이를 이용한 연속제어가 가능하여 중앙식 공조장치에 적합하다. • 제어기 간단하여 경제적인 운전이 가능하나. • 공장, 사무실 항온 항습 계통에 사용 가능하다.
단 점	• 부속설비(중앙감시용CPU, DDC)가 필요하다. • 소형건물의 경우 시스템 가격이 고가이다.	• 가격이 고가이다. • 미세한 전류에 의하여 조절하므로 보수 및 유지관리가 어렵다.
경제성	• 중대형 건물의 경우 부속설비에 소요되는 초기 투자비가 소요되나 계장공사(설치공사비)에서는 절감할 수 있다.	• 전반적으로 고가이다.

③ **DDC제어방식**

- 제어의 분산화 : 각종제어는 현장제어반에서 수행하고 중앙감시반에서는 제어의 중요한 부분과 감시 및 분석 업무를 수행하도록 한다.
- 기기의 단독화 : 중앙감시반 이상시에도 현장제어반은 계속적으로 제어기능을 수행할 수 있어야 하며, 하나의 현장제어반 고장시 타 현장제어반에 영향을 주지 않도록 한다.
- 향후 추세에 대응 : 확장, 증설 등을 감안 CPU가 내장된 DDC를 도입하도록 한다.
- 에너지 절약 : 에너지를 절약할 수 있는 소프트웨어를 내장하여 감시 및 제어 업무 수행시 과다한 양의 데이터 처리로 인한 통신의 혼잡현상을 방지 하면서 효율적인 에너지 절약 기능을 수행할 수 있도록 한다.
- 현장 제어기능 부여 : 현장의 DDC에서 휴대용 컴퓨터로 기동정지, 상태감시, 설정치 변경이 가능하게 한다.
- 타설비와 연동제어성 : 방재설비 등 타 계통과의 연동제어가 가능토록 함으로서 정거장내 비상사태 발생시 공조 설비를 연계하여 동작할 수 있게 한다.

④ **자동제어시스템 및 운영** : 자동제어시스템 검토

표 10.15 자동제어시스템 검토

구 분	사령실 및 분소 다중제어	정거장, 분소, 사령실 다중제어	정거장, 사령실 다중제어	정거장개별제어Computer+Panel방식
개 요 및 특 성	사령실, 분소에 컴퓨터를 설치하고, 정거장에 DDC 및 통신장치만 설치하여, 사령실에서는 프로그램 관리, 설비제어감시, 방재제어감시를 하고 분소에서는 필요시 감시제어하는 방식	사령실, 분소, 정거장에 컴퓨터를 설치하여 사령실, 정거장에서는 감시 및 제어를 하고 분소에서는 감시만하는 방식	사령실에 통합 관리하는 컴퓨터를 두고 각 정거장별로도 컴퓨터를 두어, 감시, 제어하며 전구간을 사령실에서 일괄 운영하는 방식	현장제어를 최근의 방식인 DDC로 하여 각 정거장별로 소형 컴퓨터를 두어 분산 제어관리하는 방식(정거장별로 근접 운영이 가능함)
구성도	사령실 / 분소 / 역 DDC, 역 DDC, 역 DDC	사령실 / 분소 / 역 CPU, 역 CPU, 역 CPU	사령실 / 역, 역, 역	(본선) / 역, 역
운영 및 유지관리	사령실 중심의 관리, 분소에서도 필요시 제어할 수 있도록 기능보완	사령실중심의 관리, 분소감시	사령실 중심의 관리	정거장 중심의 관리
자동제어 시스템	• 정거장 : DDC • 분 소 : CPU • 사령실 : CPU	• 정거장 : CPU • 분 소 : CPU • 사령실 : CPU	• 정거장 : CPU • 사령실 : CPU	• 정거장 : CPU + Panel

장 점	• 호선별 전구간 일괄 제어 및 감시 기능 • 정거장 무인운전 가능 • 시설비 저렴	• 정거장, 사령실 제어 시스템의 2중화 신뢰도 높다. • 전구간의 일괄제어 및 감시가능 • 정거장별 무인운영 가능	• 전구간 통합 운영이 가능하며 효율적이다. • 유지관리 인력을 절감할 수 있다. • 초기투자 적다.	• 각 정거장별 운영요원에 의해 정확하게 관리할 수 있다. • 시설비가 적다.
단 점	• 정거장에 컴퓨터가 없어 정거장에서의 감시가 다소 불편	• 초기투자비가 높음 • 설비가 복잡해짐 • 운영주체의 이원화로 비효율성	• 사령실 시스템 고장시 전구간 통합 감시 불가	• 전구간 통합 제어 감시 불가능 • 인력 소요과다
적 용 지하철		서울지하철 5, 6, 7, 8호선	대구지하철 1호선 인천지하철 1호선	서울지하철 1, 2, 3, 4호선 일부

• 제어대상 기기감시 및 제어체계

- 정거장 감시제어

·정거장에는 각 공조기계실별로 DDC를 설치하여야 하며, DDC에서 모든 제어대상 기기들을 제어하며, 제어 및 감시 데이터는 통신제어장치에 의해 현업분소와 사령실로 전송된다.

·정거장에는 상시 근무하는 감시제어 요원이 없으며, 이상 발생시, 필요시에 분소 유지보수 요원이 정거장에 출동하여 휴대용 조작기로 DDC에서 제어, 감시, 점검을 한다.

·정거장과 이격된 집수정과 본선환기실의 제어, 감시는 각각 설치된 DDC에 의해 정거장의 DDC로 전송된다.

·화재시 화재 수신반에 수신된 화재신호는 DDC에 전달되며 DDC는 방재 운전모드로 전환되어 운전한다.

·집수정 제어 전원은 정거장 DDC 제어 전원에서도 공급하여 이중화한다.

·공조기계실 전기 MCC반과 자동제어 DDC반을 인접위치에 설치하여야 한다.

- 제어대상기기

·환기 및 공기조화설비 : 냉동기, 공조기, 냉수·냉각수펌프, 송풍기, 공기정화시설, 제연운전 등

·급·배수설비 : 저수조, 정화조, 급·배수펌프 등

·승강설비 : 에스컬레이터, 엘리베이터 등

⑤ 자동제어시스템 검토

업체 전용의 독자적인 통신망에 의한 시스템 구성은 기술 종속으로 시스템간의 비

호환성, 상호 연동 기능의 제한 등의 문제점으로 타 시스템과의 인터페이스를 위해 인력과 비용 투입이 불가피하므로 시스템들 간의 유기적인 연동이 가능한 개방형 통신망을 계획하고자 한다.

• 개방형 표준통신망 적용효과

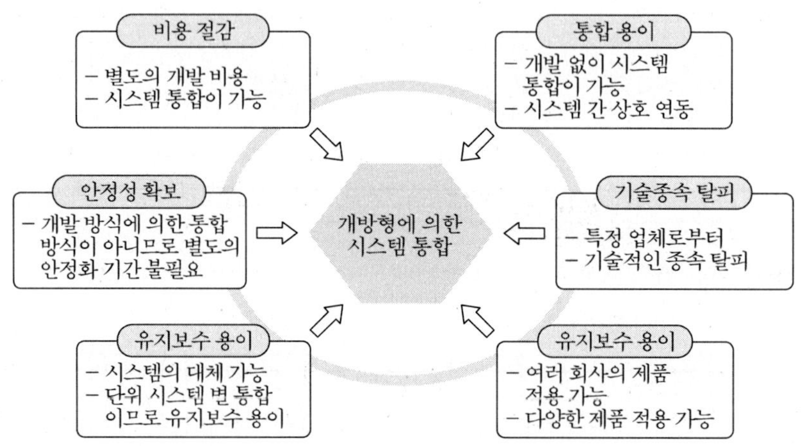

그림 10.6 개방형 표준통신망 적용효과

• 개방형 표준통신망의 기능
- 서로 다른 제조업체 장비들 간의 상호운용가능성(Interoperability) 보장
- 시스템 또는 기기들 간의 통신을 위한 데이터 구조 및 전송규약을 제공
- 제시된 프로토콜 규격을 누구나 개발 가능
- 프로토콜 사용은 무료로 누구나 사용 가능
- 개발된 개방형 프로토콜에 대하여 객관적인 검증 및 인증제도기관의 뒷받침

• 분소사령실 감시기능 확보
- 분소에서는 다른 역사의 인터페이스가 가능하도록 하며 BACnet 인증을 받은 제품을 사용해야 한다.
- 광망을 통한 LAN을 이용한 통신방식의 보안수준은 높아야 하며 계속적인 업데이트가 가능하여야 한다.
- 설비자동제어는 역사 운영을 위한 중요한 시설로서 관리의 일관성 유지 및 효율적인 운영을 위하고, 향후 역사설비의 통합운영이 가능하도록 각 노선별 동일한 설비자동제어시스템으로 설치하여야 한다.

표 10.16 시스템 방식 비교검토

방식 / 항목	개방형 프로토콜(LonWorks)	개방형 표준프로토콜(BACnet)
개 요	다른 제조업체의 장비들 간에 상호운용성이 보장되는 프로토콜	비영리를 추구하는 국제 및 국가표준공인기관에서 규격을 개발하여 보급하는 프로토콜
특 징	• 특정 회사/단체가 규격을 개발 • 개발 완료 후 규격을 공개 • 컨소시엄(Consortium) 구성을 통하여 규격 보급 및 관리 • 규격 개발 특정 업체에 지속적인 기술적 종속 가능성	• 비영리 목적의 공인 단체가 규격을 개발 • 개발단계에서부터 규격이 공개 • 투표과정을 통하여 규격 확정 • 개발된 규격은 공인 단체에서 관리 • 진정한 개방형 프로토콜
인 증	• Echelon이라는 특정 회사에서 개발한 이후, 1999년에 ANSI에서 통신 프로토콜의 표준규격으로 채택하였고, 론마크(LonMark)협회에서는 서류 심사에 의한 상호운영성 인증 부여 • 트랜시버(Transceiver)와 뉴론 칩(Neuron Chip)은 현재 몇몇 특정 업체에서만 생산	• 개발단계에서부터 여러 단계의 전문가 투표과정을 거쳐 1995년에 규격 발표 • BACnet협회라는 공인기관에서 관리를 하며, BMA단체에서는 BTL이라는 인증마크를 부여함. • BTL 인증은 제품에 대해 직접 BACnet 기능을 테스트 한 후에 인증을 부여함.

(5) 승강설비

① 개요

승강기는 건축물과 기타 공작물에 부착되어 일정한 승강로를 통하여 사람이나 화물을 운반히는데 시용되는 시설로시 에스컬레이터, 엘리베이터, 휠체어리프트 등이 있다.

② 에스컬레이터

에스컬레이터는 승강장과 대합실을 연결하여 대량의 승객을 운송하는데 적합한 설비로써 승하차를 원활하게 하며, 각 부분은 트러스, 주 구동장치, 스텝, 난간 및 핸드레일, 제어반, 부속장치 등으로 구성되어 있으며 트러스의 상, 하단부가 건축 구조물의 보에 의해 지지하도록 설치되어 있고, 엔드레스(End-less)로 연결한 계단을 구동장치에 의해 올라가거나 내려가는 방향으로 계속 이동시켜 승객을 수송하는 설비이다.

㉠ 에스컬레이터 사양 - 도시철도 정거장 및 환승·편의시설 보완 설계지(2002.11)

(가) 권고사항(기본방향)

- 외부출입구
  - 외부출입구에 상행 E/S를 설치하여 E/S에 의한 연속동선이 승강장까지 이루어지도록 한다.

- 교차로의 경우 대각선 위치에 2개소를 설치하고 일반도로의 경우 도로 양측에 E/S 출입구를 각각 1개소 이상 설치한다.
- 주변보도여건 및 승객동선 등을 고려하여 배치한다.

• 내부계단

- 설치 가능한 모든 계단에 상행 및 하행 E/S를 1개소 이상씩 설치한다.
- E/S의 효율성 제고를 위해 2개 층에 걸쳐 연속 설치한다.

(나) 기준사항(설치기준)

• 설치기준

- E/S 출입구 : 계단과 E/S의 수송능력을 비교하여 보면 E/S의 수송능력이 더 높으나, 기계의 고장 및 점검과 이용승객이 늘어날 경우를 대비하여 가능하면 계단의 병행 설치를 고려한다.
- 계단과의 병행설치
  - 3.0m ≤ 통로폭 < 3.5m인 경우, 1인용 E/S를 상·하행 설치한다.
  - 3.5m ≤ 통로폭 < 5.0m인 경우, 2인용 E/S를 상·하행 설치한다.
  - 5.0m ≤ 통로 폭인 경우, 2인용 E/S를 상·하행 설치하고 보조계단을 설치하며 보조계단의 폭은 1.5m 이상으로 한다.
  - 상행 E/S와 하행계단만 있을 경우 계단 폭은 1.5m 이상으로 한다.

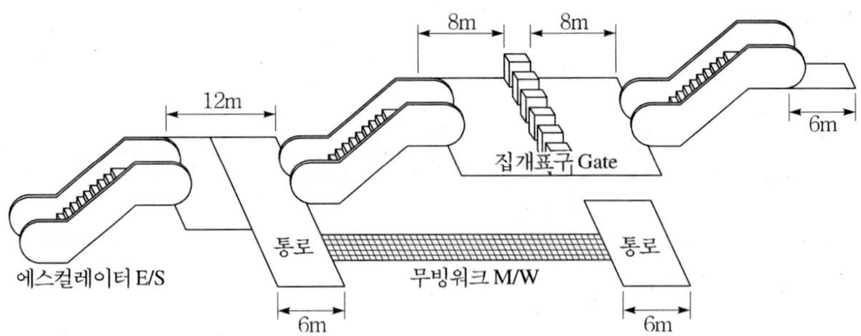

그림 10.7 에스컬레이터(E/S)의 전면최소여유공간

- 전면최소여유공간 : 승객이 다음 장소로 이동을 결정할 때 시간적 여유를 갖게 해주며 혼잡시 승객이 안전하게 머무를 수 있는 최소의 공간을 같이 확보한다(그림 참조).

- E/S～E/S : 12m
- E/S～통로 : 6m
- E/S～문(집 · 개표구) : 8m
- E/S～거리 : 6m
- M/W～통로 : 6m

• 규격

- 유효 폭은 1,200mm를 기본으로 하며, 부득이한 경우 800mm 이상으로 한다.
- 속도는 층고가 6m이내일 경우는 40m/분으로 하며, 6m이상인 경우는 30m/분으로 한다. 다만, 연세되는 E/S의 속도는 동일하여야 한다.
- 방향전환이 가능한 가변형 E/S를 사용하도록 한다.
- 시 · 종점부의 디딤판은 3매 이상 수평이 되도록 한다.

• 구조

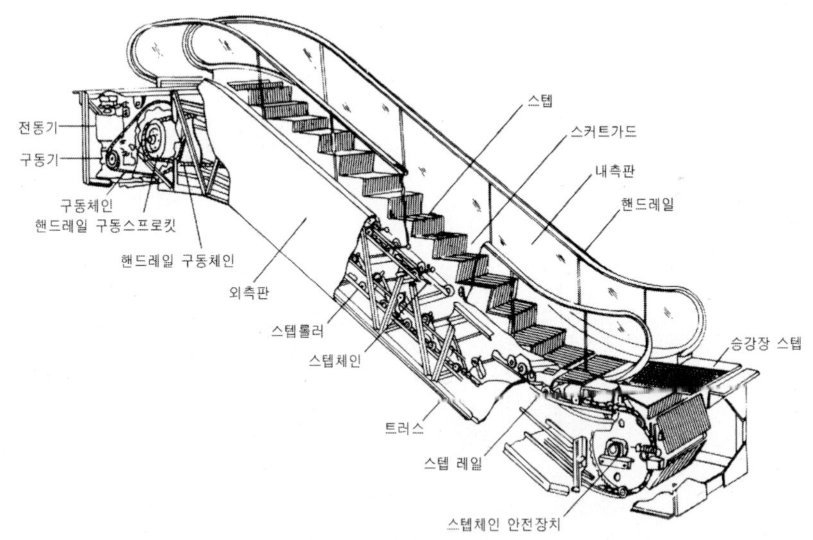

그림 10.8 에스컬레이터구조

③ 엘리베이터(Elevator)

㉠ 개요

엘리베이터의 구동방식은 가장 일반적으로 트랙션식 구동방식이 사용되며, 이 방식은 권상기의 출력축에 시브가 연결되고 또한 간격 유지를 위하여 적당한 위치에 도르래를 연결한 후 와이어로프를 시브와 도르래에 걸어 한쪽에는 카를 매달고 반대쪽에는 균형추를 매달아 전동기의 회전에 의해 감속기축에 있는 시브를 정 · 역회전시켜 카를 승 · 하강 운행하는 구동방식을 트랙션 구동방식이라 하고, 도시철도 지하철에는 E/V로프식에서의 제어방식은 가변전압 가변주파수 제어(Variable Voltage Variable Frequency)방식이며, 이 방식은 권상전동기에서 발생되는 속도와 토크가 전압과 주파수의 변화에 따라 그 값이 연동 변화되는 것이 특징이다.

ⓛ 구조

엘리베이터의 구조는 기계실(구동기, 제어반), 카(Cage), 승강로(昇降路), 승강장(乘降場) 및 승강로의 하부인 「피트」로 구분할 수 있다.

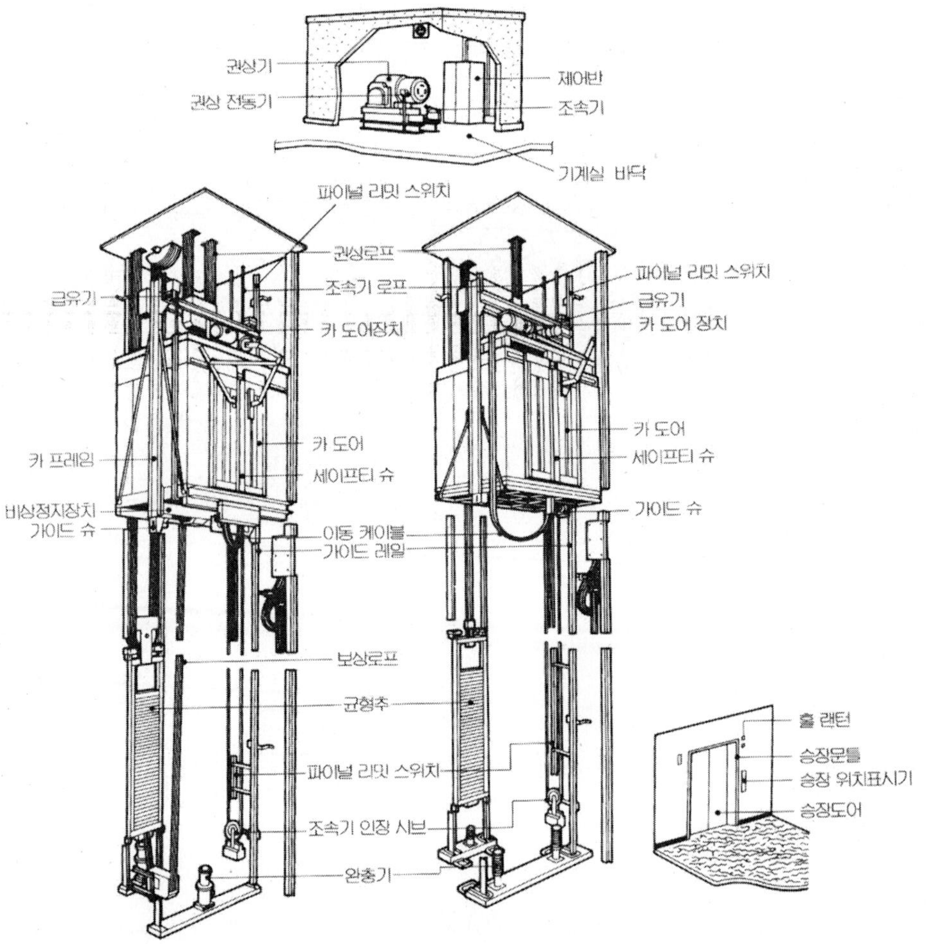

그림 10.9 엘리베이터 구조도

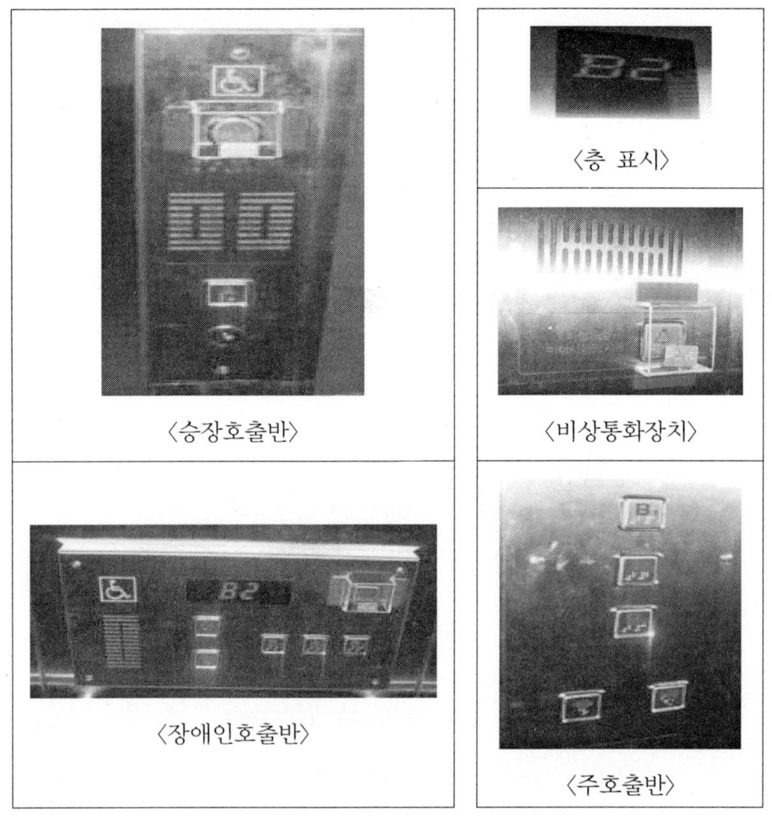

〈승장호출반〉 〈층 표시〉 〈비상통화장치〉 〈장애인호출반〉 〈주호출반〉

그림 10.10 엘리베이터 호출반 및 통화장치 전경

④ **휠체어리프트(WhelChair Lift)**

㉠ 개요

경사형 휠체어리프트는 휠체어 탑승자가 계단을 포함한 경사로의 통행을 쉽게 하기 위하여 75° 이하의 경사를 따라 설치된 가드레일을 타고 계단을 오르내리는 탑승차 등으로 구성된 정격속도 9m/min 이하의 계단 승, 하강 설비이다.

㉡ 구조

구동부(Drive Box), 제어반(Drive Unit & Controller), 탑승차(Carriage), 승강대(Platform), 상·하 가이드튜브(Guid Tubes), 구동로프(Wire Rope), 지지대(Support Column), 운전장치(Operating Panel), 상/하부 운전반(Call station) 및 경광등(Avido-Visual Alert), 안전장치(Safety Devices) 등으로 구성된다.

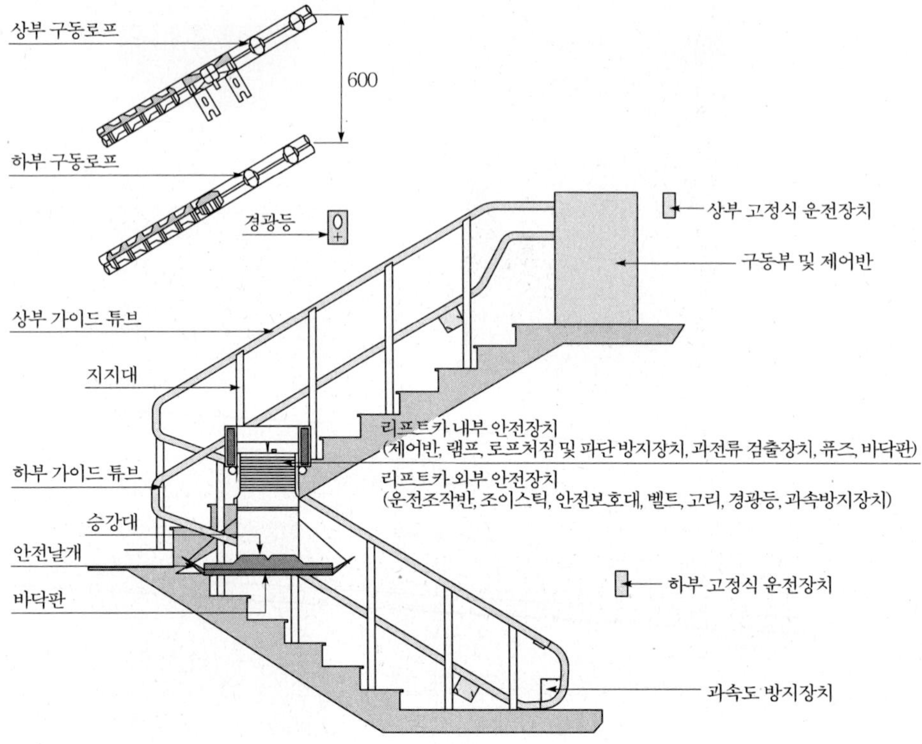

그림 10.11 휠체어리프트 구조도

제 11 장

세계도시의 및 도시철도 개발동향

11.1 도시개발의 새로운 경향
11.2 도시개발의 새로운 동향
11.3 압축개발(Compact Development)
11.4 대중교통지향형 개발(Transit Oriented Development, TOD)
11.5 복합용도개발(Mixed Used Development, MUD)
11.6 입체적 토지이용
11.7 지속가능한 도시재생

제11장
세계도시의 및 도시철도 개발동향

11.1 도시개발의 새로운 경향

20세기 이후는 도시화의 시대라고 할 수 있을 만큼 세계 각국에서는 도시화가 급진전 되고 있다. 1920년에는 세계 인구의 19.4%가 도시에 살았지만, 2000년에는 51.3%가 도시에 살게 되었다. 이러한 도시화를 이루는 세계의 도시개발은 인간적이고 친환경적으로 이루어져야 한다는 명제를 갖고 있다. 도시화의 목표가 보다 나은 삶의 질을 확보하는 데에 있기 때문이다. 21세기 세계의 도시개발은 어떤 흐름으로 나아가고 있는지 여러 경향을 살펴본다.

(1) 21세기 도시개발의 새로운 패러다임, '지속가능한 도시개발'

세계적으로 도시개발이 급격히 진행 되고 있다. 특히 개발노상국의 도시화는 산업화와 맞물려 급속히 증가하고 있다. 이러한 도시 공간은 인간 활동의 중심이 되는 곳으로, 자원의 최대 소비지인 동시에 오염과 폐기물의 최대 생산지가 되고 있다. 따라서 오늘날 환경문제는 도시문제와 따로 생각할 수 없게 되었다.

21세기 들어 진행되고 있는 도시개발 이념의 가장 큰 흐름을 한 마디로 요약한다면 "지속가능한 개발(sustainable development)"이라고 할 수 있을 것이다. 지속가능한 도시개발이란 지구의 환경용량 내에서 개발을 함으로써 개발로 인한 악영향을 최소화하고 현세대는 물론 미래세대에게도 높은 질의 삶을 보장하고자 하는 것이다.

지속가능한 개발에는 일반적으로 환경의 가치(environment), 미래지향성(futurity), 참여(participation), 개발의 형평성(equity) 등의 개념이 내포되어 있는 것으로 인식되고 있다. 이는 토지이용, 사회통합, 환경, 에너지 이용, 교통·통신체계, 역사적·문화적 유산의 보존과 복원을 총체적으로 고려하는 개발을 의미하며 경제·사회개발과 환경보호를 동시에 가능하게 하여 결국 지속가능한 개발이라는 목적을 달성하고자 하는 것이다.

표 11.1 지속가능한 도시개발의 주요 특징

구 분	특 징
사회적 측면	• 커뮤니티 활성화 • 주민참여의 확대 • 사회적 혼합 • 역사·문화적 지속성 확보
경제적 측면	• 자족시설 조성 • 개발시 유보지 확보 • 지불가능한 주택(affordable housing)의 제공
환경적 측면	• 적정밀도 개발 • 자연순응형 개발 • 대중교통 중심 및 보행친화적 교통체계 • 에너지 절약적 도시공간구조 • 공원·녹지의 확충 및 연계시스템 구축

11.2 도시개발의 새로운 동향

이러한 도시개발의 새로운 패러다임에 발맞추어 질적으로 우수하고 차별화된 도시를 개발하기 위한 다양한 시도들이 전 세계적으로 활발히 추진되고 있다. 전문가들뿐 아니라 이미 일반인들에게도 많이 익숙해진 생태환경도시(Ecopolis), 유비쿼터스 도시(Ubiquitous City) 등은 이제 새로운 도시개발의 필수적 조건으로 자리잡고 있다고 할 수 있다.

이밖에 도시개발의 새로운 동향으로 등장하고 있는 주요개발기법 혹은 개발방식으로는 뉴 어바니즘, 압축개발, 대중교통지향형 개발, 복합용도개발, 입체적 토지이용, 지속가능한 도시재생 등을 들 수 있다.

(1) 뉴 어바니즘(New Urbanism)

뉴 어바니즘은 자동차위주의 근대 도시계획에 대한 반발로써 사람중심의 도시환경을 조성하자는 도시설계 운동으로서, 도시개발에 있어 교통감소와 토지의 효율적 이용, 에너지 절약 등의 도시설계적 해결방안을 강구하고자 한다.

이것은 전통적인 근린주구 구성기법에 근거한 전통적 근린주구 디자인(TND), 대중교통 지향형 개발(TOD), 복합용도개발(MUD) 중심의 개발 경향을 포괄하는 개념으로서, 도시공간을 위계별로 <대도시 - 도시 - 타운 - 근린주구 - 구역 - 주요 이동로 - 블록 - 가로 - 건물>로 분류하고, 이에 해당하는 가이드라인 마련 및 새로운 도시설계원칙을 제안하는 트랜섹트 계획기법(Transect Planning)에 이론적 근거를 두고 있다.

이를 위해 인간중심적이며 도보 중심의 커뮤니티 창출을 위한 적정 블록규모의 산정, 교통수단의 연계화 방안 등을 모색하고자 하며, 근린주구와 공공시설을 회랑으로 연계함으로써 안전성과 접근성을 제고하도록 다양한 유형의 커뮤니티 코리더(Community Corridor) 조성방안을 모색한다. 또한 역사와 환경, 커뮤니티를 고려한 도시 이미지 창출, 장소성 제고를 위한 도시설계 제어요소의 개발 및 적용방안 등을 모색하고자 한다.

표 11.2 뉴 어바니즘 원칙

원 칙	내 용
보 행 성	• 직주근접, 보행친화적 가로디자인 근린주구 • 중심과 경계의 명확성 • 트랜섹트 계획기법(Transect Planning)
연 계 성	• 분산된 교통과 쉽게 걸을 수 있는 개발밀도 • 빌딩, 주거, 상점과 서비스시설을 같이 상호 연결된 격자형 가로 네트워크 서비스시설을 같이 입지시켜 압축적 공간 구성
용도복합	• 근린주구와 블록, 그리고 빌딩 교통 • 도시, 타운, 근린주구를 모두 연결하는 내에서의 복합용도 고도로 연결된 도로 네트워크
주거복합	• 유사한 범위 내의 주택유형, 지속성 • 개발에 있어서 환경적 영향의 최소화 규격, 규모 • 에너지 효율 증대
심 미 성	• 미, 편의성, 장소성 창출, 환경의 질 • 좋은 장소를 만들어서 높은 삶의 질 추구

11.3 압축개발(Compact Development)

압축개발이란 일정 지역의 건조환경(Built Environment)을 고밀·집적 개발하여 기반시설과 에너지 이용의 효율성을 향상시키며 공공공간과 오픈스페이스의 확대를 통해 지속가능한 성장을 추구하는 개발방식을 말한다. 즉 고밀도시를 구성하여 교통에 대한 수요를 감소시키고 복합공간과 토지이용으로 도시 활력 증대 및 에너지 절약을 도모하고자 하는 것이다. 이를 위해 단일 도심에 의한 수평적 도시 확산을 지양하고 자연녹지공간을 최대한 보존하고자 하며, 주요 기반시설 및 대중교통망 중심의 분산형 집중개발(Decentralized Concentration)을 통하여 개발과 보전의 균형을 추구하고자 한다. 이렇게 될 경우 도시기능의 집약과 복합적 토지이용으로 자동차에 의한 통행발생을 억제하고 보행 편의성을 향상시킴으로써 저에너지소비·고효율의 도시구조 형성이 용이하게 되며, 고밀개발에 의한 충분한 공원녹지 확보로 친환경적 도시환경 조성이 가능하게 된다.

한편 압축개발은 도심부의 쇠퇴에도 불구하고 무분별하게 지속되어 온 한 도시 외곽에서의 확산개발(Urban Sprawl)에 대한 반성에서 비롯된 것으로서 미국을 중심으로 진행되고 있는 뉴 어바니즘의 유럽식 모형이라고 할 수 있다. 파리나 바르셀로나가 압축개발의 모범사례로 꼽히고 있는데, 기성시가지에서의 고밀개발과 외곽지역의 개발억제를 통한 교통수요 억제 및 에너지 저감효과에 관한 논란은 아직도 명확한 결론이 나지 않은 상태라고 할 수 있다. 특히 우리나라의 경우 그동안 과밀개발이 진행되어 온 상황에서 압축개발방식의 적용은 무의미하다는 주장과, 그럼에도 불구하고 신도시나 신시가지 개발의 경우 한국적 차용이 유의미하다는 주장이 상존하고 있는 실정이다.

(1) 바르셀로나

산으로 둘러싸인 완사면 지형에 위치하는 스페인의 바르셀로나는 국제적인 금융 중심지로서, 북측의 신시가지와 남측의 해안 사이에 위치하는 람블라스 거리와 카탈루냐 광장을 중심으로 구시가지가 형성되는 등 전형적인 압축개발 형태를 보이고 있다.

(2) 파리

파리분지의 한 가운데를 흐르는 세느강의 시테섬을 중심으로 방사환상형 형태로 발달한 파리시는 역사적인 건축물들과 현대식 빌딩 사이로 수많은 공원과 울창한 숲이 어우러진 '예술의 도시', '빛의 도시'이다.

11.4 대중교통지향형 개발(Transit Oriented Development, TOD)

대중교통지향형 개발이란 무분별한 교외지역 확산을 대신하여 중심성 있는 고밀개발을 추구하기 위해 경전철, 버스 등과 같은 대중교통수단의 결절점을 중심으로 근린주구를 개발하는 기법을 말한다. 여기에서는 지역교통 시스템을 따라 주요거점에 복합용도 개발을 집중하고 보존적인 성격의 공공용도, 노동을 위한 일자리, 상업 및 서비스와 함께 고밀의 주거지를 조성함으로써, 중심적 상업지역과 대중교통 정차역으로부터 보행거리 내에 복합용도의 커뮤니티를 형성하게 된다.

이를 위해 지하철이나 전철역으로부터 보행 또는 자전거 통행 거리내 상업지 및 고용 중심지를 형성하고, 그 외곽에 공공공지와 주택을 배치하여 차량교통감소와 직주근접을 실현하는 개발형태를 띄게 되는데, 일반적으로 대중교통중심축상의 1차 역세권을 중심으로 복합용도개발을 도모하고, 주변의 생활권과 연계되는 커뮤니티 코리더를 조성하는 방식으로 계획이 이루어진다.

위치에 따라 도심지형(Urban TOD)과 주거지형(Neighborhood TOD)으로 구분되며, 기본적으로 해당도시 내부에서의 연계망 구축과 함께 외곽지역이나 주변도시와의 연계를 위한 광역 연계체계 구축방안이 모색되어야 한다. 브라질의 환경도시 쿠리찌바는 기성시가지에 급행버스체계(BRT, Bus Rapid Transit)를 도입한 경우이고 미국의 라구나 웨스트나 오렌코는 외곽지역의 신개발에 적용한 사례이다. 우리나라에서도 서울이나 지방 대도시, 행정중심복합도시 등에서 버스나 지하철역을 중심으로 한 대중교통지향형 개발이 추진되고 있다.

(1) 라구나 웨스트

미국 캘리포니아 새크라멘토 지역에 1033 에이커의 옛 목장지대를 활용하여 3400가구를 수용할 수 있도록 전통적 미국마을을 재현하는 새로운 주거지로 개발된 라구나 웨스트(Laguna West)는 대중교통지향형 개발(TOD) 기법을 적용한 대표적 사례로 꼽힌다.

(2) 오렌코

포틀랜드시 2040 지역계획의 하나로 제시된 오렌코 개발계획안은 오렌코 경전철역을 중심으로 소매점과 오피스, 산업시설, 공공건물이 배치되고 주변지역에 1700여 가구의 주택과 풍부한 공원, 녹지가 체계적으로 연결되는 전형적 대중교통지향형 개발 계획안이다.

11.5 복합용도개발(Mixed Used Development, MUD)

복합용도개발이란 토지이용에 있어 주거, 상업, 업무 등 3가지 이상의 상이한 기능요소들이 상호 밀접한 관계를 가질 수 있도록 연계하여 구성하는 개발방식을 말한다. 이는 기존의 엄격한 기능분리에 의한 도시구성 개념의 한계를 극복하기 위한 시도로서, 업무시간 이후 도심공동화 현상을 방지하고 다양한 기능을 수용하여 도심활성화를 도모하는 데 기여할 수 있는 장점이 있다. 이를 위해서는 도심부내에 주거기능을 적극적으로 배치할 필요성이 있으며, 도심활성화를 위한 소매기능의 전략적 수용, 편익 시설의 확충, 공적 공간의 적극적 배려가 필요하다. 특히 복합용도개발은 전통적 복합구조의 수용이라는 측면에서 문화적 연속성의 제고가 가능하다는 장점이 있으나, 개발효과를 극대화하기 위해서는 도시의 한 블록 혹은 그 이상 규모의 개발(연면적 10만~100만m^2 이상)이 바람직하다고 할 수 있다.

복합용도개발은 개발의 목적에 따라 정보교류거점형, 첨단기술집적형, 국제교류거점형, 교육·문화형 등으로 구분할 수 있는데, 용도와 기능의 복합이라는 측면에서 개발의 시너지효과가 크기 때문에 도심재개발이나 역세권지역에서 지역 활성화를 위한 선도 프로젝트나 개발촉진제(Catalysis)로서 종종 활용되고 있다.

표 11.3 복합용도개발의 유형

개발유형	목적 및 특성
정보교류거점형	새로운 정보통신네트워크에 의한 전국적, 국제적인 정보교류기회의 제공을 위한 도시기능의 도입으로 시민이 직접 최신 정보에 접촉할 수 있는 기회 제공
첨단기술집적형	연구소나 기술연수시설 등의 형성이나 지역산업의 기술집적지 형성 목적
국제교류거점형	지방도시의 국제화를 향한 거점으로서 외국인 유학생을 유치하거나 문화를 교류하는 국제적인 이벤트의 개최 목적
교육 · 문화형	선택의 폭이 넓은 다양한 학습의 장소로서 생활하는 시민의 적극적인 참여에 의한 활동의 장을 형성

(1) 록본기 힐

일본 도쿄 미나토구의 22만여평 부지에 4개 지구로 개발된 록본기 힐은 다국적 기업과 일본 대기업을 위한 사무공간과 도쿄 시민들을 위한 문화공간, 주민을 위한 주거공간이 복합된 복합용도개발의 성공적 사례로 꼽힌다.

(2) 포츠다머플라츠

독일 통일 후 베를린을 국제적 상업업무 및 문화의 중심지로 육성하기 위하여 베를린 장벽의 흔적이 남아있는 포츠다머 광장 및 주벽지역을 전체적인 공간체계하에 업무, 주거, 영화관, 쇼핑몰, 호텔, 카지노 등의 다양한 기능이 조화롭게 어우러진 복합단지로 조성하였다.

11.6 입체적 토지이용

토지를 합리적, 효율적으로 이용하기 위하여 공간상의 어느 점을 기준으로 상하에 다른 종류의 기능과 용도를 수용하고자 하는 것으로서, 복합용도건물이나 지하공간 등의 정적인 구조(요소 + 정보)뿐만 아니라 자동차와 보행의 흐름 등 동적인 기능(활동+정보)을 동시에 포함하는 개념이다. 일본의 경우 입체도시계획제도(2000)를 활용한 입체도로 건설, 인공지반 집합주택 건설 등이 활발히 진행 중이다.

도심부에서는 도시철도와 터미널, 철도역 등과 연계된 각종 편의시설의 복합화가 바람직하며, 주거지역에서는 지하차량기지, 지하도로 등과 연계된 공동주택단지 개발방식을 적극적으로 고려할 수 있다. 다만 개발이익의 공유 측면에서 개발공간의 일정비율은 반드시 공공성을 가지도록 계획하여야 하며, 이용객들의 편의를 위한 환승시스템 및 편의시설의 확충이 필요하다고 할 수 있다.

표 11.4 입체토지이용의 구성요소

구 분	구 성 요 소
지상공간	옥상정원(roof garden), 보행육교(skyway), 전망대(sky lounge)
지표공간	광장(plaza), 인공지반(deck), 쌈지공원(pocket park), 유개보도(covered pedestrian space)
지하공간	지하보도(underground concourse), 침상광장(sunken garden)

(1) 난바파크

일본 오사카 난바지역의 옛 야구장 자리에 건설된 난바파크는 대중교통수단과 쇼핑몰, 휴게시설이 잘 구비된 활력 있는 도심공간으로서 자연지형적 특성을 살려 입체적 토지이용을 실현한 성공적 사례의 하나이다.

(2) 라데팡스

파리 중심부로부터 서쪽 6km 지점에 조성된 라데팡스는 도심인구 분산 및 도심업무시설 이전을 목적으로 텔레포트기능을 수행하는 국제적 규모와 수준의 업무지구를 개발한 사례로서, 대규모 인공지반을 조성하여 차량동선은 지하로 처리하고 지상부 공간은 대형광장을 중심으로 고층의 업무·주거·상업·문화시설이 밀집된 복합용도로 개발하였다.

11.7 지속가능한 도시재생

도시 내 쇠퇴지역의 문제를 종합적인 시각에서 검토하고 비전을 제시함으로써 해당지역의 경제적, 사회적, 환경적 상태를 지속적으로 개선하려는 통합적 접근방식으로서, 교외지역으로의 무분별한 도시확산(urban sprawl)과 그에 따른 도심부 쇠퇴(urban decline) 문제에 대한 대응전략으로 등장하였다. 영국, 미국, 일본 등 선진국의 경우 지속가능한 개발의 관점에서 기성 시가지의 재생을 통해 도시의 부흥을 시도하거나 성장관리의 측면에서 도심부를 재활성화 하기 위한 다양한 정책을 수립, 시행중이며, 우리나라의 경우 최근에 국토해양부 내에 도시재생사업단이 출범하는 등 적극적인 행보를 보이고 있다.

표 11.5 지속가능한 도시재생의 기본방향 및 전략

측 면	기본 방향	기본 전략
물리·환경	압축적이고 짜임새 있는 도심부 개발	• 분산적 집중의 도시구조 • 입체적·집약적 토지이용 • 대중교통 지향적 교통체계 • 주택시가지의 체계적 정비
	자연과 인간이 공존하는 생태적 도심부 조성	• 도심생태계 보존 및 회복 • 자연자원 및 경관 보존 • 역사·문화자원의 보전
사회·경제	점진적이고 균형있는 도심재생	• 기반시설의 체계적 정비 및 확충 • 기반시설과 개발의 동시성 확보
	자족적 경제기반의 구축	• 지불능력을 고려한 주택정책 • 도심경제의 활성화
정책·관리	체계적이고 일관성 있는 도심부 정책	• 정부간 기능조정 및 역할분담 • 정책조정기능의 강화
	주민참여 활성화를 통한 도시관리 강화	• 공공/민간부문간 협력강화 • 주민참여의 제도화

지속가능한 도시재생을 위해서는 교외지역에서의 무분별한 개발확산의 억제와 함께 기성 시가지 내부의 충진재개발(infill) 촉진을 병행 실시할 필요성이 있으며, 물리적 환경의 개선 측면에서 역사·문화환경의 조성, 보행자공간의 창출, 도심주거의 확보, 복합용도개발의 활성화, 소매업 활성화 방안 등의 적극적인 방안이 마련되어야 한다.

(1) 셰필드

영국 요오크셔 지방에 위치한 셰필드 시는 민관 파트너십을 기반으로 7대 핵심사업 중심이 도심재생기본계획을 수립하여 도심부를 활성화하고 도시경쟁력을 제고시킨 도시재생의 성공사례 중 하나이다.

(2) 빌바오

스페인 북부 바스크 자치주의 해변도시인 빌바오는 시가지를 가로지르는 네르비온 강가의 노후화된 공업지역을 프랑크 게리가 설계한 빌바오 구겐하임 미술관을 중심으로 문화지구로 적극개발한 수변재생의 대표적 성공사례이다.

제 12 장

도시철도관련 명칭약어 해설

12.1 전기동력차 일반회로
12.2 ATS회로
12.3 보조전원장치(SIV)회로
12.4 전기신호통신관련 용어·약어
12.5 전기철도관련 용어풀이 해설
12.6 전기내선규정관련 용어해설

제12장 도시철도관련 명칭약어 해설

12.1 전기동력차 일반회로

기 호	명 칭	비 고
A	전류계	Ampere Meter
ACAR	교류 구간 계전기	AC Area Relay
ACArr	교류 피뢰기	AC Arrestor
AC BOX	보조 제어함	Auxiliary Control Box
ACCon	교류 콘센트	AC Consent
ACConN	교류 콘센트 회로차단기	NFB for "ACCon"
ACCT	교류 변류기	AC Current Transformer
ACM	보조공기압축기 전동기	Auxiliary Compressor Motor
ACMCS	보조공기압축기 제어 스위치	Auxiliary Compressor Motor Control Switch
ACMF	보조공기압축기 전동기 계자	Field for "ACM"
ACMG	보조공기압축기 조압기	Governor for "ACM"
ACMK	보조공기압축기 접촉기	Aux. Compressor Motor Contactor
ACMKN	보조공기압축기 접촉기 회로차단기	NFB for "ACMK"
ACMLp	보조공기압축기 구동지시등	Auxiliary Compressor Motor Lamp
ACMLpRe	보조공기압축기 구동지시등 저항기	Resistor for "ACMLp"
ACMN	보조공기압축기 제어회로차단기	NFB for "ACM"
ACMR	보조공기압축기 계전기	"ACM" Relay
ACOCR	교류과전류 계전기	AC Over Current Relay
ACOCRR	교류과전류 보조계전기	AC Over Current Relay Auxiliary Relay
ACV	교류전압표시등	AC Voltage Lamp
ACVR	교류전압계전기	AC Voltage Relay
ACVRC	교류전압 계전기 콘덴서	Condenser for "ACVR"

기 호	명 칭	비 고
ACVRRe	교류전압계전기 저항기	AC Voltage Relay Resistor
ACVRTR	교류전압 시한계전기	AC Voltage Time Relay
ADAN	교직 절환 교류용 회로차단기	NFB for AC Selection
ADAR	교직 절환 교류용 계전기	Relay for AC Selection
ADCg	교직 절환기	AC - DC Change-Over Switch
ADCgHe	교직 절환기 히터	ADCg Heater
ADd	보조다이오드	Auxiliary Diode
ADDN	교직 절환 직류용 회로차단기	NFB for DC Selection
ADDR	교직 절환 직류용 계전기	Relay for DC Selection
ADLp	방공등	Air Defence Lamp
ADLpN	방공등 차단기	NFB for "ADLp"
ADLpR	방공등 계전기	Air Defence Lamp Relay
ADLpRN	방공등 계전기 회로차단기	NFB for "ADLpR"
ADLpS	방공등 스위치	Switch for "ADLp"
ADMV	자동 배수변	Automatic Drain Valve
ADS	교직 절환스위치	AC - DC Change-Over Switch
ADVHe	자동 배수변 보온기	Automatic Drain Valve Heater
AETR	자동 연장급전 시한 계전기	Time Relay for "Auto Extension Supply"
AF	보조퓨즈	Auxiliary Fuse
Air DHe	공기건조기 히터	Air Dryer Heater
AK	보조 접촉기	Auxiliary Contactor
AKR	보조 접촉기 계전기	"AK" Relay
AMCS	연장급전 자동 / 수동 절환스위치	Auto / Manual Change-Over Switch
APR	보조전원 계전기	Aux. Power Relay
ACPT	교류 계기용 변압기	AC Potential Transformer
ArrOCR	직류모진 보호 계전기	Arrestor Over Current Relay
ASCN	공전활주방지제어 차단기	Anti-Skid Control NFB
ASiLp	차측고장 지시등	Accident Side Lamp
ASOCR	보조전원장치 과전류 계전기	Over Current Relay for "SIV"
ASPS	공기스프링 압력스위치	Air Spring Pressure Switch
AT	보조 변압기	Auxiliary Transformer
ATN	보조 변압기 회로차단기	NFB for "Aux. Transformer"
ATSCOS	ATS 차단스위치	ATS Cut-Out Switch
ATSEBR	ATS 비상제동 계전기	ATS Emergency Brake Relay
AV	제동전자변	Application Magnet Valve
Bat	축전지	Battery
BatK	축전지 접촉기	Battery Contactor

기 호	명 칭	비 고
BatKN 1, 2	축전지 접촉기 회로차단기 1, 2	NFB 1, 2 for "BatK"
BatN 1, 2	축전지 회로차단기 1, 2	NFB 1, 2 for Battery
BatV	축전지 전압계	Battery Charge Voltmeter
BCMAR	CM 바이패스 보조계전기	By-pass "CM" Aux. Relay
BCMK	CM 바이패스 접촉기	"CM" By-pass Contactor
BCMKTR	CM 바이패스 시한계전기	By-pass "CM" Time Relay
BCMLK	CM 바이패스 리액터 접촉기	By-pass "CM" Reactor Contactor
BCN	축전지 충전회로차단기	Battery Charge NFB
BEEAR	비상제동연장 보조계전기	Aux. Relay for Brake Emergency Extension
BEEN	비상제동연장계전기 회로차단기	NFB for "BEER"
BEER 1~5	비상제동연장계전기 1 ~ 5	Brake Emergency Extension Relay 1 ~ 5
BEETR	비상제동연장계전기 시한계전기	Time Relay for "BEER"
BER	비상제동계전기	Brake Emergency Relay
BF 1, 2	모선보호 퓨즈 1, 2	Bus Fuse 1, 2
BMFR	주변환장치 송풍기고장 계전기	Blower Motor Fault Relay
BOUHe	제동장치 히터	Brake Operating Unit Heater
BPS	제동압력 스위치	Brake Pressure Switch
BPRR	제동압력 보조계전기	Brake Pressure Aux. Relay
BR	제동계전기	Brake Relay
BTUAR	제동중계 보조계전기	Aux. Relay for Brake Translating Unit
BTUHe	제동중계장치 히터	Heater for "Brake Translating Unit"
BTUN	제동중계장치 회로차단기	NFB for "Brake Translating Unit"
BTUR 1~3	제동중계 계전기 1 ~ 3	Brake Translating Unit Relay 1 ~ 3
BVN 1, 2	제동제어 회로차단기 1, 2	NFB 1, 2 for Brake Control
Bz	부저	Buzzer
BzS 1~3	부저 스위치 1 ~ 3	Switch "Bz"
BzSN	부저 스위치 회로차단기	NFB for "BzS"
CabDL	운전실 감광등	Cab Dimming Lamp
CabHeN 1, 2	운전실 히터 회로차단기 1, 2	NFB 1, 2 for "CabHe"
CabLFF	운전실 환풍기	Cab Line Flow Fan
CabLFFN	운전실 환풍기 차단기	NFB for "CabLFF"
CabLp1	운전실등(교류)	Cab Lamp 1(AC)
CabLp2	운전실등(직류)	Cab Lamp 2(DC)
CabLpN	운전실등 회로차단기	NFB for "CabLp"
CADV	공기압축기 자동배수변	"Comp" Automatic Drain Valve
CADVHe	공기압축기 자동배수변 보온기	"CADV" Heater
CCOS	제어회로 절환스위치	Control Changeover Switch

기 호	명 칭	비 고
CDCN	운전실 감광등 제어기 차단기	NFB for "CabDL" Controller
CDR	제동전류 감지계전기	Brake Current Detector Relay
CF	응축기 팬	Condenser Fan
CGAR	보조전자변 지령변경	Change Command of Aux. Magnet Valve
CGEV	비상전자변 지령변경	Change Command of Emergency Magnet Valve
CGHR	HRDA 계전기 지령변경	Change Command of HRDA Car Relay
CGR	지령변경 계전기	Change Relay
CgSR	절환신호 계전기	Change Signal Relay
CGSR	SELD 계전기 지령변경	Change Command of SELD Car Relay
CHCgN	냉난방 절환 제어회로 차단기	NFB for Cooler, Heater Change Control
CHCgS	냉난방 절환스위치	Cooler, Heater Change Switch
CHR	직류정류 축전기 충전저항기	Charging Resistor for "FC"(DC)
CIBM	주변환장치 송풍기	Conv./ Inv. Blower Motor
CIBMN	주변환장치 송풍기 차단기	NFB for Conv./ Inv. Blower Motor
CIFR 1, 2	주변환장치 고장 계전기	Conv./ Inv. Fault Relay 1, 2
CIH 1, 2	주변환장치 히터 1, 2	Heater 1, 2 for Conv. / Inv.
CIN	주변환장치 제어회로차단기	NFB for Conv./ Inv. Control
CM	공기압축기 전동기	Compressor Motor
CMAR	공기압축기 보조계전기	"CM" Auxiliary Relay
CMARTr	공기압축기 보조계전기 변압기	"CM" Auxiliary Relay Transformer
CMCN	공기압축기 동기제어 회로차단기	NFB for "CM" Control
CMETR	CM 지연 시한계전기	"CM" Extension Time Relay
CMFL	공기압축기 필터리액터	"CM" Filter Reactor
CMG	공기압축기 조압기	Compressor Motor Governor
CMGN	공기압축기 조압기 회로차단기	NFB for "CMG"
CMGR	공기압축기 조압기 계전기	"CM" Governor Relay
CMK	공기압축기 접촉기	Compressor Motor Contactor
CMKTR	공기압축기 접촉기 시한계전기	"CMK" Time Relay
CML	공기압축기 리액터	Compressor Reactor
CMN	공기압축기 차단기	NFB for CM
CMPDR	공기압축기 전원검지 계전기	"CM" Power Detector Relay
CMTR	공기압축기 시한계전기	"CM" Time Relay
CMTRAR	공기압축기 시한 보조계전기	"CMTR" Auxiliary Relay
CN1	후진 회로차단기	NFB for Forward/Reverse
CN2	제동 회로차단기	NFB for Braking
CN3	역행 회로차단기	NFB for Powering
COR	차단계전기	Cut-Out Relay

기 호	명 칭	비 고
CP	공기압축기	Compressor
CpRN	강제완해 회로차단기	NFB for Compulsory Release
CpRS	강제완해 스위치	Compulsory Release Switch
CRe	교류정류 축전기 충전저항기	Charging Resistor for "FC"(AC)
CRLp	강제완해 표시등	Compulsory Release Indicating Lamp
CRLpRe	강제완해 표시등 저항기	Resistor for "CRLp"
CrS 1, 2	출입문 개폐 스위치 1, 2	Crew Switch 1, 2
CrSN	출입문 개폐 스위치 회로차단기	NFB for "CrS"
CRV	강제완해전자변	Compulsory Release Magnet Valve
CT 1, 2	변류기 1, 2	Current Transformer 1, 2
CTR	주변환장치 전원제어 계전기	Converter Power Control Relay
CTU.V.W	U.V.W상 변류기	Current Transformer for U.V.W.
DCArr	직류 피뢰기	DC Arrestor
DCCT	직류 변류기	DC Current Transformer
DCCon	직류 콘센트	DC Consent
DCConN	직류 콘센트 회로차단기	NFB for "DCCon"
DCK	직류제어 전원접촉기	DC Control Power Contactor
DCKTD	직류제어 전원접촉기 시한계전기	DCK Timer(ON Delay)
DCPT	직류계기용 변압기	DC Potential Transformer
DCPTRe	직류계기용 변압기 저항기	DC Potential Transformer Resistor
DCV	직류전압 표시등	DC Voltage Lamp
DCVHe	복식 역지밸브 보온기	Double Check Valve Heater
DCVR	직류전압계전기	DC Voltage Relay
DCVRRe 1, 2	직류전압계전기 저항기 1, 2	DC Voltage Relay Resistor 1, 2
DCVRTR	직류전압 시한계전기	DC Voltage Time Relay
Dd	다이오드	Diode
Def	제상기	Defroster
DefN	제상기 회로차단기	NFB for "Def"
DHR	출입문 반감계전기	Door Half Relay
DHRN	출입문 반감계전기 회로차단기	NFB for "DHR"
DHS	출입문 반감스위치	Door Half Switch
DILp 1, 2	발차지시등 1, 2	Door Indicator Lamp 1, 2
DILpN	발차지시등 회로차단기	NFB for "DILp"
DILpRe 1, 2	발차지시등 저항기 1, 2	Resistor for "DILp 1, 2"
DIR 1, 2	출입문 연동 계전기 1, 2	Door Interlock Relay 1, 2
DIRS	출입문 비연동 스위치	Door Interlock Relay Switch
DLp1, 2	출입문 차측표시등 1, 2	Door Lamp 1, 2

기 호	명 칭	비 고
DLpN	출입문 차측표시등 회로차단기	NFB for "Door Lamp"
DMd	출입문 모니터링 다이오드	Door Monitoring Diode
DMV	출입문 전자변	Door Magnet Valve
DMVN 1, 2	출입문 전자변 회로차단기 1, 2	NFB for "DMV 1, 2"
DPS	이중 압력스위치	Double Pressure Switch
DROR 1, 2	출입문 재개폐 계전기 1, 2	Door Re-Open Relay 1, 2
DROS	출입문 재개폐 스위치	Door Re-Open Switch
DrR 1, 2	출입문 계전기 1, 2	Door Relay 1, 2
DS 1~8	출입문 연동 스위치 1~ 8	Door Switch 1 ~ 8
DSD	운전자 경계장치	Driver's Safety Device
DSDAR	운전자 경계장치 보조계전기	Aux. Relay for "DSD"
DSDR	운전자 경계장치 시간지연 계전기	Time Delay Relay for "DSD"
DSSR	절연구간 표시 계전기	Dead Section Indicator Relay
DSSRR	절연구간 표시 보조계전기	Dead Section Indicator Aux. Relay
DVHe	배수변 히터	Drain Valvc Heater
EAN	전자경보장치 회로차단기	NFB for Electronic Alarm
EBAR	비상제동 보조계전기	Aux. Relay for Emergency Brake
EBCOS	비상제동 차단스위치	Emergency Brake Cut-Out Switch
EBR 1, 2	비상제동 계전기 1, 2	Emergency Brake Relay 1, 2
EBRSR	비상제동 완해 계전기	Emergency Brake Reset Relay
EBS 1, 2	비상제동 스위치 1, 2	Emergency Brake Switch 1, 2
EBV	비상제동 전자변	Emergency Brake Magnet Valve
EF	증발기 팬	Evaporator fan
EGCN	비상접지 스위치 회로차단기	N.F.B for "EGS"
EGCS	비상접지 제어 스위치	Emergency Ground Control Switch
EGS	비상접지 스위치	Emergency Ground Switch
EGSR	비상접지 스위치 보조계전기	Emergency Ground Switch Auxiliary Relay
EGSV	비상접지 스위치 전자변	Magnet Valve for "EGS"
ELBCOS	발전제동 차단스위치	Electric Brake Cut-Out Switch
ELBR	전기제동 계전기	Electric Brake Relay
EMR 1, 2	비상 계전기 1, 2	Emergency Relay 1, 2
EOCN	비상운전 제어차단기	NFB for Emergency Operating Control
EOCR	전자 과전류 계전기	Electronic Over Current Relay
EOD	제동제어 유니트	Electronic Operation Device
EODN	제동제어 유니트 회로차단기	NFB for "EOD"
EON	비상운전 차단기	NFB for Emergency Operating
EOR 1, 2	비상운전 계전기 1, 2	Emergency Operation Relay 1, 2

기 호	명 칭	비 고
EORN	비상운전 계전기 차단기	NFB for "EOR"
EPN	전자경보장치 부저 차단기	NFB for "Electronic Alarm Buzzer"
EPanDS	팬터그래프 비상하강 스위치	Emergency Pantograph Down Switch
EqK	전류평형 접촉기	Equalizing Contactor
EqRe	전류평형 저항기	Equalizing Resistor
EqRF	전류평형 저항기 퓨즈	Equalizing Resistor Fuse
ESAR	연장급전 보조계전기	Extension Supply Aux. Relay
ESD 1, 2	연장급전 다이오드 1, 2	Extension Supply Diode 1, 2
ESK	연장급전 접촉기	Extension Supply Contactor
ESKN	연장급전 접촉기 회로차단기	NFB for "ESK"
ESKS	연장급전 접촉기 투입위치 선택스위치	Selector Switch for "ESK" Position
ESN	연장급전 선택 회로차단기	NFB for Extension Supply
ESPS	연장급전 누름 스위치	Extension Supply Push Button Switch
ESS	연장급전 선택 스위치	Selector Switch "ESK"
FAULT	주고장 지시등	Fault Lamp
FC	필터 캐패시터	Filter Capacitor
FCPR 1~4	고장 전환 방지 계전기 1 ~ 4	Fault Converting Protection Relay 1 ~ 4
FL	필터 리액터	Filter Reactor
FLBFM	리액터 송풍기	Reactor Blower Fan Motor
FLBMK	리액터 송풍기 접촉기	"FL" Blower Motor Contactor
FLBMKN	리액터 송풍기 접촉기 회로차단기	NFB for Reactor Blower Contactor
FLBMN	리액터 송풍기 회로차단기	NFB for "FL" Blower Motor
GB	접지 브러시	Ground Brush
GCT	접지 변류기	Ground Current Transformer
GSB	접지 스위치함	Ground Switch Box
HBRe	차단기 L1 투입 저항기	Resistor for "L1" Close
HBRy	차단기 L1 투입 계전기	Relay for "L1" Close
HBTD	차단기 L1 투입 시한계전기	Time Delay Relay for "L1" Close
HCR 1~5	전두차 제어계전기 1 ~ 5	Head Control Relay 1 ~ 5
HCRN	전두차 제어계전기 회로차단기	NFB for "HCR"
HeAN	교류히터 차단기	NFB for AC Heater
HeDN	직류 히터 차단기	NFB for DC Heater
HGS	고압접지 스위치	High Tension Ground Switch
HLp 1, 2	전조등 1, 2	Head Lamp 1, 2
HLpN 1, 2	전조등 회로차단기 1, 2	NFB for "HLp 1, 2"
HLpDS	전조등 감광 스위치	Half Switch "HLp"
HLpS	전조등 스위치	Switch "HLp"

기 호	명 칭	비 고
HSCB	차단기 L1 차단표시등	High Speed Circuit Breaker Lmap
IFR	압축기 기동장치 인버터 고장 계전기	Inverter Fault Relay for "CMSB"
ILp 1~5	운전실 계기 조명등 1 ~ 5	Instrument Lamp 1 ~ 5
ITS	실내온도 감지기	Inside Temperature Sensor
IVCN	보조전원장치 제어 회로차단기	NFB for "SIV Control"
IVF	인버터 퓨즈	Inverter Fuse
IVHB	인버터 고속도차단기	Inverter High Speed Circuit Breaker
K	접촉기	Contactor
KR	접촉기 계전기	"K" Relay
KRR	접촉기 반복 계전기	"K" Repeat Relay
L1	차단기 L1	Line Breaker Switch "L1"
L2	차단기 L2	Unit Switch "L2"
L3	감류 차단기	Unit Switch "L3"
L1(C)	L1 투입 코일	"L1" Close
L1FR	L1 고장 계전기	"L1" Trip Relay
L1R	L1 제어 계전기	L1 Control Relay
L1RR	L1 제어 반복계전기	L1 Control Repeat Relay
L2R	L2 제어 계전기	L2 Control Relay
L3R	L3 제어 계전기	L3 Control Relay
L1(T)	L1 차단 코일	"L1" Trip
LGS	저압접지 스위치	Low Tension Ground Switch
LJB	저압회로 접속함	Low Tension Junction Box
LpCS	객실등 제어 스위치	Lamp Control Switch
LpK 1, 2	객실등 접촉기 1, 2	Lamp Contactor 1, 2
LpKN	객실등 접촉기 회로차단기	NFB for "LpK"
LRR 1, 2	부하 반감 계전기 1, 2	Load Reduction Relay 1, 2
LRRN	부하 반감 계전기 차단기	NFB for "LRR"
LSBS	저속 바이패스 스위치	Low Speed By-pass Switch
LVDN	저전압 검지 회로차단기	NFB for Low Voltage Detector
LVHe	레벨링 밸브 히터	Leveling Valve Heater
MC	주간 제어기	Master Controller
MC	전자접촉기	Magnetic Contactor
MCB	주차단기	Main Circuit Breaker
MCBAR	주차단기 보조계전기	"MCB" Aux. Relay
MCB-C	주차단기 투입 전자변	"MCB" Close
MCBCS	주차단기 투입 스위치	"MCB" Close Switch
MCBHe	주차단기 히터	"MCB" Heater

기 호	명 칭	비 고
MCBHeN	주차단기 히터 회로차단기	NFB for "MCBHe"
MCBHR	주차단기 제어계전기	"MCB" Holding Relay
MCBN 1, 2	주차단기 제어회로차단기 1, 2	NFB 1, 2 for "MCB"
MCB OFF	주차단기 차단지시등	"MCB" OFF Lamp
MCB ON	주차단기 투입지시등	"MCB" ON Lamp
MCBOR	주차단기 차단계전기	"MCB" Open Relay
MCBOS	주차단기 차단스위치	"MCB" Open Switch
MCBR 1~3	주차단기 보조계전기 1 ~ 3	"MCB" Aux. Relay 1 ~ 3
MCB T	주차단기 차단코일	"MCB" Trip
MCBTR	주차단기 시한계전기	"MCB" Time Relay
MCN	주간제어 회로차단기	NFB for "MC"
MCOR	주간제어기 작동계전기	"MC" Operating Relay
MF	주 퓨즈	Main Fuse
MLp 1, 2	후부 표시등 1, 2	Marker Lamp 1, 2
MLpS	후부 표시등 스위치	Marker Lamp Switch
MM1~4	견인전동기 1 ~ 4	Traction Motor 1 ~ 4
MOAN	모니터 장치 보조 회로차단기	Aux. NFB for Monitor
MON	모니터 장치 회로차단기	NFB for "Monitor"
MRPS	주공기통 압력 스위치	Main Resorvior Pressure Switch
MRPSAR	주공기통 압력 스위치 보조계전기	"MRPS" Aux. Relay
MS	주간제어 스위치	Master Switch
MTr	주변압기	Main Transformer
MTAR	주변압기 보조계전기	Main Transformer Aux. Relay
MTBM	주변압기 전동송풍기	Main Transformer Blower Motor
MTBMN	주변압기 전동송풍기 회로차단기	NFB for "MTBM"
MTN	주변압기 회로차단기	NFB for "MTr"
MTOFTR	주변압기 유류 시한계전기	"MTr" Oil Flow Time Relay
MTOFTD	주변압기 유류 시한지연 계전기	"MTr" Oil Flow Time Delay Relay
MTOM	주변압기 오일펌프 전동기	Main Transformer Oil Pump Motor
MTOMN	주변압기 오일펌프 전동기 회로차단기	NFB for "MTOM"
MTThR	주변압기 온도 계전기	Main Transformer Thermal Relay
MTThRR	주변압기 온도 반복계전기	"MTr" Thermal Repeat Relay
NFB	회로차단기	No Fuse Breaker
OilTh	공기압축기 유온 감지기	Oil Temperature Sensor
OTS	외부온도 감지기	Outside Temperature Sensor
OVCRf	과전압 방전 사이리스터	Over Voltage Discharge Thyristor
OVRe	과전압 저항기	Over Voltage Resistor

기 호	명 칭	비 고
PAmp	출력증폭기	Power Amplifier
PAmpN	출력증폭기 회로차단기	NFB for "PAmp"
Pan	팬터그래프	Pantograph
PanDN	팬터그래프 하강 회로차단기	NFB for "Pan Down"
PanDS	팬터그래프 하강 스위치	Pantograph Down Switch
PanPS 1, 2	팬터그래프 압력 스위치 1, 2	Pantograph Pressure Switch 1, 2
PanPS 1,2R	팬터그래프 압력 스위치 계전기 1, 2	"PanPS" Relay 1, 2
PanR	팬터그래프 제어계전기	Pantograph Relay
PanUS	팬터그래프 상승 스위치	Pantograph Up Switch
PanV	팬터그래프 전자변	Pantograph Magnet Valve
PanVN	팬터그래프 전자변 회로차단기	NFB for "PanV"
PAR	주차제동 압력 스위치 보조계전기	"PBPS" Aux. Relay
PBN	주차제동 회로차단기	NFB for Parking Brake
PBBS	주차제동 바이패스 스위치	Parking Brake By-pass Switch
PBPS	주차제동 압력 스위치	Parking Brake Pressure Switch
PCBHe	팬터그래프 제어함 보온기	Heater for Panto Control Box
PCR	상확인 계전기	Phase Check Relay
PCVHe	압력제어변 보온기	Heater for "PCV"
PDARTR	팬터그래프 하강 보조시한계전기	Pantograph Down Aux. Time Relay
PDd 1~4	보호 다이오드 1~4	Protection Diode 1~4
PEC	전공변환기	Pneumatic Electric Converter
PECN	전공변환기 회로차단기	NFB for "PEC"
PhHe1, 2	기적 보온기 1, 2	Pneumatic Horn Heater 1, 2
PLpN	지시등 회로차단기	NFB for "Pilot Lamp"
POWER CRT	역행전류 검지표시등	Power Circuit Lamp
PRVHe	보안제동변 히터	Heater for "PRV"
PS	역행 스위치	Powering Switch
PT	계기용 변압기	Potential Transformer
RALp	객실 교류등	Room Lamp(AC)
RALpN1,2	객실 교류등 회로차단기 1, 2	NFB 1, 2 for "RALp"
RDLp	객실 직류등	Room Lamp(DC)
RDLpN	객실 직류등 회로차단기	NFB for "RDLp"
RELV	완해전자변	Release Magnet Valve
RHe1~16	객실히터 1~16	Room Heater 1~16
RHeK1, 2	객실히터 접촉기 1, 2	Room Heater Contactor 1, 2
RHeN 1,2	객실히터 회로차단기 1, 2	NFB 1, 2 for "RHe"
RLFF1~6	실내환풍기 1 ~ 6	Room Line Flow Fan 1 ~ 6

기 호	명 칭	비 고
RLFFK	실내환풍기 접촉기	RLFF Contactor
RLFFN	실내환풍기 제어차단기	NFB for "RLFF"
RS	복귀 스위치	Reset Switch
RSOS	구원운전 스위치	Rescue Operating Switch
RSR	복귀 계전기	Reset Relay
S5	제동제어 스위치	Brake Control Switch
SB7R	상용제동 7단 계전기	Relay for Service Brake 7 Step
SBHe	보안제동변 보온기	Security Brake Valve Heater
ScBN	보안제동 회로차단기	NFB for Security Brake
ScBS	보안제동 스위치	Security Brake Switch
ScBR	보안제동 계전기	Security Brake Relay
ScBV	보안제동변	Security Brake Valve
SCN	객실부하 제어 회로차단기	NFB for "Service Control"
SIV	보조전원장치	Static Inverter
SIVFR	보조전원장치 고장 계전기	"SIV" Fault Relay
SIVK	보조전원장치 접촉기	Static Inverter Contactor
SIVSR	보조전원장치 기동 계전기	"SIV" Starting Relay
SIVSRN	SIV 기동계전기 회로차단기	NFB for "SIV" Starting Relay
SIVSR	보조전원장치 정지 계전기	"SIV" Stop Relay
SP 1~6	스피커 1 ~ 6	Speaker 1 ~ 6
SqAR	시컨스 시험 보조계전기	Sequence Aux. Relay
SqHR	시컨스 시험 유지 계전기	Sequence Holding Relay
SqLp	회로시험등	Sequence Test Lamp
SqN	시컨스 시험 차단기	NFB for Sequence Testing
SqR 1, 2	시컨스 시험 계전기 1, 2	Sequence Test Relay 1, 2
SVHe	안전변 보온기	Safety Valve Heater
SYN 1, 2	동기 신호 회로차단기 1, 2	NFB 1, 2 for Synchronizing Signal
TCN	냉난방 온도제어기 회로차단기	NFB for HVAC Temperature Controller
TCR 1~3	후부차 제어 계전기 1 ~ 3	Tail Control Relay 1 ~ 3
TEST	시험스위치	Test Switch
ThR	열동 계전기	Thermal Relay
TRCP	열차 무전기 제어반	Train Radio Control Panel
TrIF	전면자동행선 표시기	Train Destination Indicator for Front
TrIFLp	전면자동행선 표시등	Lamp for Train Destination Indicator Front
TrIS	측면자동행선 표시기	Train Destination Indicator for Side
TrLpN	열차 표시등 회로차단기	NFB for "Train Lamp"
TrNI	열차번호 표시기	Train Number Indicator

기 호	명 칭	비 고
TrNLp	열차번호 표시등	Train Number Indicator Lamp
TTLp	시간표등	Time Table Lamp
UCOLp	유니트 개방 표시등	Unit Cut-Out Lamp
UCOR	유니트 개방 계전기	Unit Cut-Out Relay
UCORR	유니트 개방 반복계전기	Unit Cut-Out Repeat Relay
UN 1, 2	냉방장치 회로차단기 1, 2	NFB 1, 2 for Unit Cooler
V	전압계	Volt Meter
Var	바리스터	Varistor
VCOLp	고장차량 차단 표시등	Vehicle Cut-Out Lamp
VCOR	고장차량 차단 계전기	Vechicle Cut-Out Relay
VCORR	고장차량 차단 반복 계전기	"VCOR" Repeat Relay
VCOS	고장차량 차단스위치	Vehicle Cut-Out Switch
VRS	고장차량 완해스위치	Vehicle Reset Switch
VN	전압계 회로차단기	NFB for "Voltmeter"
VZ	"0" 속도신호	Zero Velocity Signal
WTN	열차무선 회로차단기	NFB for "Wireless Telephone"
WTS	열차무선 스위치	Wireless Telephone Switch
WWN	창닦이 회로차단기	NFB for Window Wiper
ZVR	"0" 속도계전기	Zero Velocity Relay

12.2 ATS회로

기 호	명 칭	비 고
ABR	ATS 제동 계전기	ATS Brake Relay
AEmR	ATS 비상제동 계전기	ATS Emergency Brake Relay
AESR	초과속도 계전기	ATS Excess Speed Relay
AESRR1,2	초과속도 보조계전기 1, 2	ATS "AESR" Relay 1, 2
ASOR1~3	특수운전 계전기 1 ~ 3	ATS Special Operation Relay 1 ~ 3
ASORR	특수운전 보조계전기	"ASOR" Aux. Relay
ATSEBR	ATS 비상제동 계전기	ATS Emergency Brake Relay
ATSN1, 2	ATS 회로차단기 1, 2	NFB 1, 2 for "ATS"
BMR	제동기억 계전기	Brake Memory Relay
BPF	대역 여파기	Band Pass Filter

기 호	명 칭	비 고
BVR 1, 2	제동변 계전기 1, 2	Brake Valve Relay 1, 2
CFB	제동 비교기	Comparator for Brake
CG	클럭 발생기	Clock Generator
DDTG	속도 발전기 단선검지기	Disconnection Detector for Tacho Generator
DSSR	절연구간 표시계전기	Dead Section Indication Relay
DSSTR	절연구간 표시 시한계전기	Dead Section Indicator Time Relay
FD	고장검지기	Failure Detector
FDR	고장검지 계전기	Fault Detect Relay
FPR (OPR 25PR, 45PR)	역행 계전기	Free(0, 25, 45) Power Relay
FSR (OSR25SR, 45SR)	속도 계전기	Free(0, 25, 45) Speed Relay
L 1~16	리액터 1 ~ 16	Reactor 1 ~ 16
MBR	기억차단 계전기	Memory Brake Relay
NSR	무신호 계전기	No Signal Relay
NSRR	무신호 보조계전기	"NSR" Aux. Relay
OSC	발진기	Oscillator
PG	패턴 발생기	Pattern Generator
PSP	AC 전원부	Power Source Part
PSW.A.V.R	자동전압 조정기부 전원장치	Power Source Unit A.V.R
RLP	계전기 논리부	Relay Logic Part
SBR	상용제동 계전기	Service Brake Relay
SCP	속도 조사부	Speed Check Part
SD	정지 검지기	Stop Detector
SDR	정지 검지 계전기	Stop Detect Relay
SCOgS	입환절환스위치	Shunting Operating Change Switch
SRR(0, 25,45)	속도보조계전기(0, 25, 45)	"SR" Aux. Relay
STR	출발 계전기	Start Relay
WSC	파형 정형회로	Wave Shaping Circuit
15KR	15km/h 계전기	15km/h Relay
15KRR	15km/h 보조계전기	15km/h Aux. Relay

12.3 보조전원장치(SIV)회로

기 호	명 칭	비 고
ACC	교류 필터 캐패시터	AC Filter Capacitor
ACCT	교류 변류기	AC Current Transformer
ACL	교류 리액터	AC Reactor
ACPT	교류 전압 검지기	AC Potential Transducer
ARF	보조정류기	Auxiliary Rectifier
ASOCR	보조전원장치 과전류 계전기	Over Current Relay for "SIV"
BCCHR	축전지 충전기 저항기	Battery Charger Resistor
BD	역지 다이오드	Blocking Diode
BPC	대역 필터 캐패시터	Band Pass Capacitor
BPL	대역 필터 리액터	Band Pass Reactor
BPR	내역 필터 저항기	Band Pass Resistor
C11～42	스너버 캐패시터 11～42	Snubber Capacitor 11～42
CHK	충전 접촉기	Charging Contactor
CHR	충전 저항기	Charging Resistor
CM 1, 2	초퍼 모듈	Chopper Module
D	다이오드	Diode
DCPT	직류전압 검지기	DC Potential Transducer
DSR	방전저항기	Discharging Resistor
FC	직류 필터 캐패시터	Filter Capacitor(DC)
FCCT	필터 전류 검지기	FC Current Transducer
FD	프리휠 다이오드	Freewheel Diode
FILC	필터 캐패시터	Filter Capacitor
FILR	필터 저항기	Filter Resistor
FL	직류 필터 리액터	Filter Reactor(DC)
IDU	IGBT 구동 유니트	IGBT Drive Unit
IM	인버터 모듈	Inverter Module
IVF	인버터 퓨즈	Inverter Fuse
IVHB	인버터 고속도 차단기	Inverter High Speed Circuit Breaker
IVS	인버터 스위치	Inverter Switch
R	(스너버) 저항기	(Snubber) Resistor
RFD	정류기 다이오드	Rectifier Diode
RFN	정류기 회로차단기	NFB for Rectifier
RFT	정류기 변압기	Rectifier Transformer

기 호	명 칭	비 고
SIVFR	보조전원장치 고장계전기	"SIV" Fault Relay
SIVK	보조전원장치 접촉기	Static Inverter Contactor
SIVN	보조전원장치 회로차단기	NFB for "SIV"
SL	평활리액터	Smoothing Reactor
SSCN	외부 수전 제어회로 차단기	NFB for Shore Supply Control
SSK	외부 수전 접촉기	Shore Supply Contactor
SSN	외부 수전 회로차단기	NFB for Shore Supply
SSS	외부 수전 소켓	Shore Supply Socket

12.4 전기신호통신관련 용어·약어

(1) 신호관련 약어 해설

약 어	원 어	해 설
ABS	자동폐색장치 Automatic Block System	폐색구간을 여러 개로 구분하여 궤도회로를 이용 신호를 자동으로 현시 여러 개의 열차를 안전하게 운행시켜 선로용량을 최대화하는 장치
ATC	열차자동제어장치 Automatic Train Control	궤도에서 열차의 운전조건을 차상으로 전송하여 지상신호기 없이 자동으로 운전토록 하는 장치
ATS	열차자동정지장치 Automatic Train Stop	열차가 신호지시 속도를 초과 또는 신호체계를 무시하고 운행할 경우 자동으로 열차를 정지 또는 감속토록 하는 장치(속도조사식, 점제어식)
ATO	열차자동운전장치 Automatic Train Operation	지상에서 열차의 운전조건을 차상으로 전송하여 열차의 출발, 정차, 출입문 개폐 등을 자동으로 동작토록 하여 기관사 없이도 운행할 수 있는 장치
ATP	열차자동방호장치 Automatic Train Protection	ATC장치의 일부개념으로 전방열차의 위치에 따라 후방열차의 속도를 제어하는 장치
ALS	열차자동감시장치 Automatic Line Supervision	전방궤도회로 조건을 후방으로 전송하여 전방구간의 열차유무를 감시하는 장치
CTC	열차집중제어장치 Centralized Traffic Control	여러 역의 신호보안장치를 한 장소인 중앙사령실에서 집중조작하여 열차를 일괄 통제 감시하는 장치
TTC	종합열차운행체제 Total Traffic Control System	여러 역의 열차운행, 여객업무, 운수업무 등 모든 정보를 한 장소에서 일괄 통제 감시하는 장치
MI	기계연동장치 Mechanical Interlocking	수동식 완목신호기 및 선로전환기를 철관 또는 철색장치 등으로 연쇄하여 열차를 안전하게 운행토록 하는 장치

약 어	원 어	해 설
RI	전기연동장치=계전연동장치 Relay Interlocking	궤도회로, 선로전환기, 신호기 등을 전기적으로 상호 연쇄하여 계전기를 전기적 연동으로 동작시켜 열차를 안전하게 운행토록 하는 장치
EI	전자연동장치 Electronic Interlocking	기계실의 Logic구성을 전자식으로 구성하는 연동장치 SSI : Solid State Interlocking(영, 불 등) SIMIS : Sicheres Mikrocomputer System(독) SMILE : Safe Multiprocessor Inter Locking Equipment (일, 대동신호) EIP-I : Electronic Interlocking Processing System (한, 유경통신)
(E) RCS	(전자식) 신호원격제어장치 (Electro) Remote Control System	소규모 역의 운전취급을 인접역에서 원격 조작하는 장치
R.C	Railroad Cross (LC : Level Cross, HC : Highway Cross)	철도건널목 [LC : 평면교차건널목, HC : 입체(고가)교차건널목]
AFC	역무자동화 설비 Automatic Fare Collcction System	여객의 개, 집찰 및 매표업무 등 역업무를 자동으로 운용토록 하는 장치
CSC	변전설비집중제어장치 Centralized Substation Control	여러 개의 SS, SP, SSP를 중앙의 한 장소에서 집중제어 감시토록 하는 장치
SCADA	Supervisory Control And Data Acquisition System	집중원방감시장치
CCTV	Closed Circuit Televison	폐쇄회로장치
SS	Sub-Station	변전소
SP	Sectioning Post	급전 구분소
SSP	Sub Secioning Post	보조 구분소
UPS	무정전 전원공급장치 Uninterruptable Power Source(Supply)	중요한 전기기기의 전원을 무순단으로 공급하는 장치
AGT	Automatic Guided Transit	자동유도 대중교통수단
LRT	Light Rail Transit	경량전철
LSM	Liner Synchronous Moter	선형동기전동기(자기부상열차용)
LIM	Liner Induction Moter	선형유도전동기(자기부상열차용)
MRT	Mass Rapid Transit	도시철도
MPPP	Multi Purpose Public Project	다목적 공공사업
SSS DSS SCO DC	Single Slip Switch Double Slip Switch Scissors Cross Over Diamond Cross	SSS SCO DSS DC
TLDS	Trackcircuit Level Detection system	궤도회로기능 감시장치

(2) C.T.C 장치

약 어	원 어	해 설
AAE	Automatic Announcment Equipment	자동안내방송장치
ADD(A/D)	Address	정보저장위치(주소)
AVR	Automatic Voltage Requlator	자동전압조정장치
UPS	Uninterruptible Power Supply	무정전 전원공급장치
BT	Block Track Ciruit	폐색 궤도회로
B/W CRT	Black & White Cathode Ray Tube	흑백 브라운관
CCM	Console Control Mode	탁상제어방식
CCR	Central Control Room	사령실
DBM	Database Manger	정보관리 S/W
DIB	Data Input Board	입력정보카드
DOB	Date Output Board	출력정보카드
DTC	Date Transmission Controllor	사령실간 정보전송장치
DTS	Data Transmission System	정보전송장치
CDTS	Central Data Transmission System	중앙정보전송장치
LDTS	Local Data Transmission System	역정보전송장치
G16	GRS Micro Processor	GRS사 마이크로프로세서
HQ CCR	Head Quarter CCR	본청 사령실
I/O List	Input Output List	입출력정보표
KRS	Korean Railway Standard	한국철도규격
KS	Korean Standard	한국산업규격
L/S	Line/Station Monitor	역, 역간 표출 모니터
LCP	Local Control Panel	역 조삭표시반
LDB	Lamp Driver Board	표시램프제어기
LDM	Line Dispatcher Mode	판넬제어방식
LDP	Line Dispatcher Panel	사령 조작표시반
MS	Magnetic Switch	전자석 스위치
PCB	Printed Circuit Board	전자회로판
PSCCR	Power Supply Central Control Room	급전사령실
RS 232	Type of serial Interface	인터페이스 종류
RTU	Remote Terminal Unit	인터페이스 종류
(S)RR	(signal) Relay Room	(신호) 계전기실
SSC	Station to Station Communication	경계역간 정보전송장치
TC	Track Circuit	궤도회로
TD	Train Describer	열차번호
T/G	Train Graphic(Monitor)	열차운전곡선도

약 어	원 어	해 설
TDE	Train Destination Equipment	열차행선안내장치
TDI	Train Destination Indicator	열차행선안내표시기
PI	Platform Indicator	열차행선 안내표시장치
TNI	Train Number Indicator	열차번호표시창
VMS	Virtual Memory System	가상기억장치
VHCM	Video Hard Copy Machine	영상화면 복사기

(3) 전기, 전자, 통신 관련용어

약 어	원 어	해 설
AF	가청주파수 Audio Frequency	사람의 귀로 들을 수 있는 범위내의 주파수로 16Hz-20,000Hz 부근
Q	Quality	주파수 선택도, 품질계수
RF	공진주파수 Resonance Frequence $f=1/2\pi\ \sqrt{LC}$	진동회로에 외세를 가해서 진동시킬 때 강제진동력의 주파수가 그 진동계와 일치할 때 진폭이 가장 커지며 이때의 주파수를 공진주파수라 한다.
R.F	Radio Frequency	무선(방송)주파수
CAM	Computer Aided Manufacturing	컴퓨터를 이용한 생산
CAD	Computer Aided Design	컴퓨터 이용 설계
CPU	Central Processing Unit	중앙전산처리장치
FSK	Frequency Shift Keying	주파수 천이방식
RAM	Random Access Memory	RAM : 보조기억장치
ROM	Read Only Memory	ROM : 고정기억장치
MRC	이동통신 Mobile Radio Communication	차량, 열차, 항공기 등의 이동체 상호간 및 이동체와 외부와 행하여지는 통신
MIS	경영정보시스템 Management Information System	관리업무 및 의사결정 등의 모든 업무를 자동화하는 제도
OIS	운용정보시스템 Operating Information System	모든 자료의 관리, 통제, 분석 등을 자동화하여 의사결정을 위한 정확한 정보를 제공하는 제도
SIS	Strategic Information System	기획 및 전략정보 시스템
KROIS	Korean Railroad Operating Information System	철도운영정보전산망
RT	열차전화 Railway Telephone	극초단파(400MHz)대를 사용 열차내에서 일반가입자 전화와의 통신
TB	Talk Back	고성전화장치
LAN	Local Area Network	근거리 통신망
WAN	Wide Area Network	광역 통신망
VAN	Value Added Network	부가가치통신망

약 어	원 어	해 설
FRP	Fiber grass Reinforced Plastic	유리섬유합성수지
LED	Light Emitting Diode	발광 다이오드
PLC	Programmable Logic Controller	프로그램이 가능한 전자 제어기
LCD	Liquid Crystal Display	액정표시기
PCM	Pulse Code(or Count)Modulation	펄스 Code 변조방식
PWM	Pulse Width Modulation	펄스폭 변조방식
TWC	Train to Wayside Communication	차량과 현장설비간의 정보전송 장치 WCE : Wayside Computerized Equipment
CVCF	Constant Voltage Constant Frequency	정전압 정주파수 방식
VVVF	Variable Voltage Variable Frequency	가변전압 가변주파수 방식
PSI	Power Supply Instrument	전원공급장치
EMI	Electro Magnetic Interference	전자기파 간섭 : 외부로의 전자기파 간섭발생 방지
EMC	Electro Magnetic Compatibility	전자기파 적합성 : 외부로부터의 전자기파 간섭 내성시험
KFX	Korea Foreign Exchange	한국정부 보유외환 자금
PERT	Program Evaluation and Review Technique	계획, 조직의 관리방식 : 주기적인 보고로서 분석, 통제하는 관리기법
PTr	Point Transformer	전철기 전원용 변압기
TTr	Track circuit Transformer	궤도회로 전원용 변압기
ITr	Indication Transformer	표시반 전원용 변압기
STr	Signal Transformer	신호기 전원용 변압기
RTr	Repeater Transformer	중계기 전원용 변압기
LTr	Level crossing Transformer	건널목 전원용 변압기

(4) 케이블류

약 어	원 어	해 설
ACSR	Aluminium Conductor Steel Reinforced	강심 알루미늄 연선
CPEV	Polyethylene Insulated Polyvinyl Chloride Sheathed Pair Cable for Telephone 폴리에틸렌절연 비닐쉬이즈 시내 쌍케블	
CV	XLPE Insulated PVC Sheathed Cable(660V~275kV)	케이블가교비닐연비닐쉬이즈(가교 폴리에틸렌 절연 비닐절연쉬이즈)
CVV	PVC Insulated PVC Sheathed Control Cable	케이블제어(제어용 비닐절연 비닐쉬이즈케이블) 외피 : PVC, 심선 : PVC
CVVS	PVC Insulated PVC Sheathed Control Cable(S : Shiedle → Coper Tape) 차폐용 케이블제어 : 동박테이프 차폐층 케블	
EV	PE Insulated PVC Sheathed Cable(600V)	케이블폴리에틸렌 절연전력(폴리에틸렌 절연 비닐절연쉬이즈)
GV	PVC Insulated Grounding Wire	접지용 비닐절연 전선
HIV	Heat-resistant in-door PVC Insulated Wire	600V 2종 내열성 비닐절연 전선
IV	In-door PVC Insulated Wire	옥내용 비닐절연 전선
KIN	600V Grade In-door PVC Insulated Wire	전기기배선용 비닐절연 전선(가요성 우수, 소선 0.18~0.45mm)
OW	Out-door PVC Insulated Wire	옥외용 비닐절연 전선
PEF	Polyethylene Foramed	시외케이블 포말폴리에틸렌 수지 차폐방법(스탈페이스, 웰만텔)
SVV	PVC Insulated PVC Sheathed Signal Cable	케이블신호(신호용 비닐절연 비닐 쉬이즈케이블)
VCT	PVC Cabtyre Cable	비닐 캡타이어 케이블
VF	PVC Insulated Flexible Wire	비닐 코오드선 : 기기배선용(가요성, 절연성)
M	Messenger Wire	조가선
T	Trolley Wire	전차선
LCX	Leakage Coaxial Sheath Cable	동축케이블

12.5 전기철도관련 용어풀이 해설

AAE(Automatic Announcement Equipment) : 자동방송장치. 열차의 접근 등을 자동으로 감지하고 사람이 아닌 기계 자체가 내장된 음성정보를 다양한 형태로 자동방송하는 장치

ABS(Automatic Block System) : 열차자동폐색장치. 역과 역 사이에 신호기를 여러 개 설치하여 열차가 자유로이 진입할 수 있는 폐색구간을 단축하고 신호가 열차운행에 따라 자동으로 현시되는 장치로서 선로용량을 증대시킴

ADPCM(Adaptive Differential Pulse Code Modulation) : 적응차분 펄스부호 변조. PCM 방식의 일종으로 24채널을 전송용량의 T1급회선에 48개 채널을 전송하는 방식으로 경부선 광단국에 일부 채용

AF(AT Feeder) : 급전선. 전차선의 전기를 공급하는 전선

AFC(Automatic Fare Collection) : 역무자동화 설비. 수도권 전철구간에서 승차권의 발행과 개·집표를 자동화하여 수입금의 자동회계처리 및 승차권 통계 업무를 전산처리하는 장비

AG(Automatic Gate) : 자동 개·집표기. 승차권의 자성띠에 기록된 정보를 판독 및 기록하여 개·집표구간의 승객 이동을 통제하는 기기

AGT(Automatic Guided Transit) : 자동유도 대중교통수단

AM(Amplitude Modulation) : 진폭 변조

APSK(Amplitude Phase Shift Keying) : 진폭위상 편이변조. 디지털 통신에서 일반 통신회선을 이용하여 다중통신을 가능케 하기 위한 변조방식으로 ASK(진폭편이변조)와 PSK(위상편이변조)의 조합

ARS(Audio Response System) : 음성 응답 시스템. 컴퓨터에 저장된 각종 정보를 MFC 전화를 사용하여 정보를 음성으로 확인할 수 있는 시스템, 다양한 정보를 음성변환 출력하는 기능이 있음.

ASK(Amplitude Shift Keying) : 진폭 편이 변조. 컴퓨터 통신용 접속모뎀 등에 사용하며 디지털 신호에 따라 진폭이 편이 되는 변조 방식

AT(Auto-Transformer) : 단권변압기. 교류 전차선로에서 전압강하 및 유도장애 등을 경감시킬 목적으로 전차선로에 설치하는 변압기

ATC(Automatic Train Control) : 열차자동정지장치. 궤도에서 열차의 운전조건을 차상으로 전송하여 지 상신호기 없이 자동으로 운전하도록 하는 장치, 감속토록 하는 장치(속도

조사식, 점제어식)

ATO(Automatic Train Operation) : 자동열차운전장치. 지상에서 열차의 운전조건을 차상으로 전송하여 열차의 출발, 정차, 출입문 개폐 등을 자동으로 동작하도록 하여 기관사 없이 운행할 수 있는 장치

ATP(Automatic Train Protection) : 열차자동방호장치. ATC장치의 일부 개념으로 전방열차의 위치에 따라 후방열차의 속도를 제어하는 장치

ATS(Automatic Train Control) : 열차자동정지장치. 정지신호시 기관사가 정차 조작을 아니해도 열차를 자동으로 정지시키는 장치

AV(Audeo-Video, Audio and Visual) : 음성과 영상의 합성어

AVM(Automatic Vehicular Monitoring) : 자동 차량위치 탐지. 컴퓨터와 무선통신장치를 연동 구성하여 무선통신단말기가 탑재된 자동차의 위치를 자동으로 탐지할 수 있는 장치로서 택시회사 등 사용

B-ISDN(Broadband ISDN) : 광대역 통합정보 통신망

BBS(Bulletin Board System) : 전자게시판 시스템. 중앙컴퓨터에 불특정 다수의 단말기들간에 상호 연락 정보제시를 할 수 있도록 한 시스템

BER(Bit Error Rate) : 비트 전송오율. 디지털 통신에 전송된 정보가 파형의 곡, 지연 등으로 인하여 발생하는 오차율

BS(Broadcasting Satellite) : 위성 방송 위성통신망

BT(Booster Transformer) : 흡상변압기. 통신유도장해 경감을 위하여 급전회로에 직렬로 연결하여 레일에 통하는 운전전류를 부급전선으로 흐르게 하는 변압기

CAD(Computer Aided Design) : 컴퓨터 이용 설계

CATV(Cable TV (Community Antenna TV)) : 공동 수신 TV

CBX(Computer Controlled Business Communications Exchange) : 컴퓨터 교환기

CC(Control Center) : 제어소(전기철도급전사령실). 집중원방감시장치에 의하여 변전소등으로 구성되는전기회로

CCTV(Closed Circuit Television) : 폐쇄회로 텔레비전

CD(Compact Disc) : 광학식 디지털 디스크

CDTS(Central Data Transmission System) : 중앙정보 변환장치(중앙통신장치). CTC 등에서 HOST와 각역 등의 단말기간의 통신을 위하여 중앙에 설치한 데이터통신장치를 말함.

CODEC(Coder Decoder) : 데이터 송수신장치. 현대의 전송설비는 디지털 전송방식이므로 아날로그방식인 영상신호를 디지털신호로 바꾸어 전송하거나, 또는 반대의 기능을 가진 설비

CPU(Central Processing Unit) : 중앙처리장치. 컴퓨터에서 각종 자료를 처리(계산, 제어, 기억 등)하는 곳으로 인간으로 비교한다면 두뇌와 같은 곳

CRT(Cathode Ray Tube) : 영상표시장치. 컴퓨터에 보내진 자료인 문자, 기호, 도형 등을 브라운관에 표시하는 단말장치

CSC(Centralized Substation Control) : 변전설비집중제어장치. 여러 개의 SS, SP, SSP를 중앙의 한 장소에서 집중 제어 감시토록 하는 장치

CTC(Centralized Traffic Control) : 열차집중제어장치. 중앙사령실에서 여러 개의 신호장치를 일괄적으로 집중제어하는 장치로서 열차의 안전운행과 선로용량을 증대시킴

DBS(Direct Broadcasting Satellite) : 직접방송위성

DDD(Direct Distance Dialing) : 자동 즉시 교환

DDI(Direct Digital Interface) : 디지털 신호접속장치. 현대의 컴퓨터는 디지털 방식이므로 상호 접속은 디지털 방식에 접합하도록 하여야 통신이 가능

DID(Direct Inward Dialing) : 내부전화 직접 호출방식

DOD(Direct Outward Dialing) : 외부전화 직접 호출방식

DPSK(Differential Phase Shift Keying) : 차동위상 편이변조. ASK 또는 PSK는 전송 속도에 한계가 있으며 일반 전화 회선을 이용하여 다양한 전송속도를 구사하기 위한 ASK + PSK 통합변조방식

DS0(Digital Signal Level-0(Zero)) : 64Kbps 전송로, 다중화기의 1채널(회선)PCM 등 디지털 회선의 최소 단위로 24개의 DSO가 합쳐서 DSI이 됨

DS1(Digital Signal Level-1) : 1.544Mbps 전송로. DSO 24개의 용량임 DSI은 통신방식에 따라 1.544Mbps 또는 2.048Mbps 로 분류됨

DS2(Digital Signal Level-2) : 6.312Mbps 전송속도, DS1×4의 용량임

DS3(Digital Signal Level-3) : 45Mbps 전송속도, DS2×7, DS1×28의 용량임

DSU(Data Service Unit) : 옥내 데이터회선 종단장치. 모뎀(Modem)은 아날로그 통신회선을 이용한 컴퓨터간, DSU는 컴퓨터와 디지털 회선을 구성하기 위한 통신설비임.

DTE(Data Terminal Equipment) : 데이터 단말장치. 승차권 단말기 등

E1 : 유럽전송방식 2,048Mbps 전송(30채널)

EDI(Electric Data Interchange) : 전자정보교환. 거래당사자가 인편이나 우편에 의존하는 종이서류 대신 컴퓨터가 읽을 수 있는 합의된 표준전자문서를 정보통신망을 이용하여 컴퓨터 상호간에 교환하는 새로운 정보처리 방식

EDTV(Extended Definition Television) : 고화질화 텔레비전

EI(Erectro Interlocking) : 전자연동장치. 기계실의 Logic 구성을 전자식으로 구성하는 연동장치 SSI : Solid State Interlocking(영, 불 등), SIMIS : Sicheres Mikrocomputer System (독) SMILE : Safe Multiprocessor Inter Locking Equipment(일, 대동신호)

EMC(Electromagnetic Compatibility) : 전자파 장해와 그 내성. 방사된 전자파에 의해 영향을 받지 않는 내구성을 말함. 컴퓨터 등의 전자제품은 외부의 전자파의 영향을 받아 오동작할 우려가 있는데 이러한 영향을 받지 않도록 하는 기법

EMI(Electromagnetic Interference) : 전자파 장해. EMC의 대응되는 용어로 타 전자제품 등에 유해전자파를 방사하지 않도록 하는 기술. 근래에는 각종기기가 유해전자파를 일정 수준 이하로 제한하는 규격이 출현하여 사용중임.

EMS(Electronic Message Service System) : 전자메시지 서비스 시스템. 서신을 왕래하듯이 봉투와 용지를 사용하지 않고 통신컴퓨터로서 편지 문서 등을 데이터로 통신하는 법

EPROM(Erasable Programmable Read Only Memory) : 전기적 소거, 기억장치. ROM은 본래 생산 당시 입력된 자료가 지워지지 않는 기억소사이나 이의 단점을 보완하여 필요하면 ROM-Writer로 기억된 데이터를 지우거나 변경할 수 있다. 전기적 소거, 기억가능하게 만들어진 ROM

FDM(Frequency Modulation) : 주파수 변조

FSK(Frequency Shift Keying) : 주파수 편이 방식

FSP(Front System Processor) : 선별처리장치. 역단위 전산기와 중앙 전산기간의 데이터를 전송하는 기기

HDD(Hard Disk Drive) : 하드디스크장치

HDTV(High Density Television) : 고밀도 TV. 기존 TV보다 선명한 화면을 재현하기 위하여 주사선수를 증가시켜 해상도를 높게 하는 TV방식, 정보량이 많으므로 주파수 점유대폭이 대폭 커지므로 공간파 통신으로는 곤란하여 위성통신 및 케이블TV 방식으로 사용될 예정이며 상용되지 않고 있다.

HSE(Hograst System Equipment) : 열차행선 주제어 컴퓨터. PIS시스템의 중앙제어장치로서 CTC 등의 정보를 받아 처리하여 LSE(국부역 장치)에 정보를 전송한다.

ID(Identification) : 가입자 식별 번호. 컴퓨터 통신 등을 하는 가입자간 상호 구별하는 번호

IDF(Intermediate Distributing Framet) : 중간 단자판(배선반)

IDTV(Improved Definition TV) : 종전 TV의 신호를 디지털 처리 고화질화 방식

IRCP(Interocking Radio Control Panel) : 연동식 열차무선 조작반. 서울지하철공사에서 사용하는 열차무선통신장치의 일부로서 역에 설치되어 있으며 무전기를 조작할 수 있는

역할을 가진다.

ISDN(Integrated Service Digital Network) : 종합 디지털 통신망. 전화, FAX, 데이터, 영상 등을 통합하여 취급할 수 있는 통신망

ITV(Industrial TV) : 산업용 TV

KL-Net(Korea Logistics Network) : 종합물류전산망. 수출입 전반에 걸친 화물유통 및 정보흐름의 원활화를 위하여 정부와 민간업체 등 거래당사자의 컴퓨터간에 연결된 통신망과 기존방식 외에 새로운 정보통신기술인 EDI System을 이용하여 운송/하역/보관/입출항 분야의 자동화를 구현하는 물류종합 정보망 ※ 주관 : 건설교통부 대상 : 철노청(OIS), 해운항만청, 민간기업 등

KROIS(Korean-Railload-Operating-Information-System) : 철도운영정보시스템. 철도종합전산망의 중추적 시스템의 화물운송, 차량열차운용, 승무원관리, 운송정보, 고객지원시스템으로 구성되며 화물운송업무의 전산화를 위한 시스템 ※ 경영의사 결정시스템인 경영정보시스템(MIS)의 하부시스템으로서 각종 운영관리정보를 MIS에 제공

KT-Net(Korea-Trade-Network) : 종합무역전산망. 무역관련 업무(통관관리, 보세운송)의 전산화를 위해 추진중인 무역전산망 ※ 주관 : 상공부 대상 : 관세청, 무역관련기관 및 민간업체

KTA(Korean Telecommunications Authority) : 한국전기통신공사

LAN(Local Area Network) : 근거리 통신망. 통신은 주로 기업내/빌딩 등의 내부간의 통신이 가장 활발함. 한정된 구역내에서 사무능률을 높이기 위하여 컴퓨터 등을 통합 구성하여 통신비용을 절감하고 효율을 향상시키기 위한 통신망을 말함.

LCD(Liquid Crystal Diode (Display)) : 액정표시장치. 경박단소하고 소비전력이 적어 시계, 계산기, 컴퓨터 등에 채용되고 있으며, 낮은 온도에서 동작이 어려운 단점도 있다.

LCX(Leakage Coaxial Cable) : 누설 동축 케이블. 지하, 터널 등에는 전파의 전파가 곤란하여 무선통신이 곤란하여 터널내 무선통신을 용이하도록 LCX 케이블을 시설하여 케이블 인근에서 상호통신이 가능하도록 특수 제작한 케이블을 말함.

LD(Laser Disc) : 광학식 비디오디스크

LDTS(Local Data Transmission System) : 국부정보 변환장치(CDTS 역기능 수행)

LED(Light Emitting Diode) : 발광다이오드. LED는 크기가 다양하며 3색(녹 Green, 황 Orange, 적 Red) 종류가 있으며 근래에는 3색 통합형과 수많은 LED를 모자이크처럼 조합하여 광고에 사용하며 행선안내장치 등에도 사용하고 있다(저전압, 저전력).

LIM(Liner Induction Moter) : 선형유도전동기(자기부상열차용)

LRT(Light Rail Transit) : 경량전철

LSE(Local System Equipment) : 행선안내 국부역 컴퓨터. HSE로부터 정보를 받아 홈표시기에 정보를 전송 한다.

LSM(Liner Synchronous Moter) : 선형동기전동기(자기부상열차용)

MCA(Multi Channel Access) : 주파수 공용 방식. 무선기기가 널리 보급되어 공동자원인 주파수가 고갈되고 상호간섭 등으로 통신 한계에 따라 다수 사용자의 원활한 통신을 위하여 채용된 무선통신방식 무전기의 출력을 낮추고 지역을 세분하는 방식

MCU(Multipoint Control Unit) : 다지점 제어장치. 화상회의 장치 등에 사용되며 중앙회의실에서 각 지역을 원격조정할 수 있는 장치

MFC(Main Frame Computer) : 중앙전산기. 선별처리장치 및 역단위 전산기를 제어하는 컴퓨터로서 역의 회계관리 및 각종 통계자료를 생산하는 기기

MI(Mechanical Interlocking) : 기계연동장치. 수동식 신호기 및 전철기를 철관 또는 철색장치 등으로 연쇄하여 열차를 안전하게 운행토록 하는 장치

MIPS(Million Instruction Per Second) : 백만 명령/초, 컴퓨터 처리속도 단위

MIS(Management Information System) : 관리 및 경영정보시스템. 경영의 의사결정 시스템으로 정보를 경영적 차원에서 활용하기 위한 시스템으로 기회 및 전략 정보 시스템(SIS)에 정보 제공

MOF(Metering Out Fit) : 계기용 변성기. 1차 전압과 1차 부하전류를 PT, CT를 통하여 변성

MPPP(Multi Purpose Public Project) : 다목적 공공사업

MSS(Mobile Stellite Service) : 이동위성 서비스. 보통 위성간의 통신을 정지장소에서 행하나 현대에는 차량, 선박 등의 이동체에서도 위성을 이용하여 통신이 가능하도록한 방식

MUX(Multiplexer) : 다중화기

NF(Negative Feeder) : 부급전선. 통신유도장해 경감을 위하여 궤선레일에 병렬로 시설하여 운전용 전기를 변전소로 통하게 하는 전선

NMS(Network Management System) : 망관리 시스템. 과거와 달리 현재의 통신은 복잡다양화, 대량화하여 통신회선을 인력으로 관리/운영하는데 한계 도래, 통신회선(망)을 컴퓨터에 의존 운용 관리하는 방식

OSI(Open Systems Interconnection) : 개방형 시스템간 상호 접속. 근래의 통신장비(컴퓨터)는 상호 호환성을 요구하고 있으며, 생산자는 이에 부응한 설비를 생산하려 한다. OSI는 상호접속을 위한 기계적/전기적 기능에 대하여 규정된 체계/규약을 의미한다.

PBX(Private Branch Exchange) : 구내 교환 설비

PCM(Pulse Code Modulation) : 펄스부호변조. 디지털 통신장비로 신호를 부호화하여 송수신하는 다중통신장비로 아날로그 통신에 비하여 통신품질이 좋아 근래에 사용되는 전송방식은 대부분 PCM방식임

PI(Platform Indicator) : 홈 표시기. PIS와 연결되고 홈에 설치, 각종 여행정보를 표시 하는 장치

PIS(Passenger Information System) : 여객 자동안내. 홈, 개집표구, 대합실, 역출입구 등에 설치된 표시기에 각종 정보를 전송 여객에게 안내하는 장치

PLL(Phase Lock(ed) Loop) : 전압 제어 발진기. 무전기의 주피수를 생산하는 방식의 하나로 전압을 정밀히 검출 제어하여 안정된 주파수를 유지하는 방식

PM(Phase Modulation) : 위상 변조, Pulse Modulation 펄스 변조

POM(Passenger Operated Machine) : 자동발매기. 승객이 직접 주화를 투입한 후 운임 수준 버튼을 조작하여 수도권전철 승차권을 발매하는 기기

PROM(Programmable Read Only Memory) : 읽기, 쓰기, 소거가 가능한 기억소자

RAM(Random Access Memory) : 읽거나, 쓰거나, 소거가 가능한 기억소자

RC(Railroad Cross) : 철도건널목 [LC(Level Cross : 평면교차건널목, HC(Highway Cross : 입체(고가)교차건널목]

RCS(ERCS)((Erectro)Remote Control) : (전자식)신호원격제어장치. 역세가 작은 역의 운전취급을 인접역에서 원격조작하는 장치

RI(Realy Interlocking) : 전기연동장치(계전연동장치). 궤도회로, 전철기, 신호기 등을 전기적으로 상호 연쇄하여 계전기를 전기적 연동으로 동작시켜 안전히게 운행도록 하는 장치

ROM(Read Only Memory) : 읽어내기 전용 기억소자

RS-232C(Recommanded Standard RS-232C) : 인터페이스 : 최대속도 20bit/s DTE-DCE간에 15m 이하, 25편 접속 방식

RS-422(Recommanded Standard) : 인터페이스 : 최대속도 10Mbit/s. DTE-DCE 간에 12.2km 구간에 접속 가능

RTU(Remote Terminal Unit) : 원격소 장치. SCADA 시스템에서 변전소, 구분소, 역소 등의 원격지에 설치된 일종의 컴퓨터로서 사령실의 주컴퓨터와 통신하며 원격지의 각종기기를 동작시키고 자료를 주컴퓨터에 보내주는 일을 하는 장치. 장치

S/N(Signal-to-Noise ratio) : 신호대 잡음(비)

S/W(Software) : 소프트웨어. 컴퓨터에서 기계부분을 움직이게 하고 어떤 문제를 해결하도록 시키는 무형의 프로그램 또는 데이터를 말함.

SACU(Station Accounyancy And Control Unit) : 역단위전산기발권기, 발매기, 개·집표기를 제어하는 컴퓨터로서 역의 회계관리 및 각 장비별 운용상태를 통제하고 선별 처리장치에 데이터를 전송하는 기기

SCADA System(Supervisory Control And Data Acquisition System) : 변전소, 구분소, 역소 등의 원격지를 통신망으로 연결하여 원격지의 각종 기기를 제어하고 자료를 취득, 처리하며 경보 등을 발생시키는 컴퓨터설비

SIS(Strategic Information System) : 기획 및 전략정보시스템. 관리 및 경영정보시스템(MIS)으로부터 정보를 제공받아 경영전략적으로 활용하기 위한 시스템

SP(Sectioning Post) : 급전구분소. 급전구간의 구분과 연장을 위하여 개폐장치를 시설한 곳

SRAM(Static RAM) : 전원 투입중에 정보를 기억하는 소자

SS(Sub Station) : 전철변전소. 구외(構外)로부터 전송된 전기를 시설한 변압기, 전동발전기, 회전변류기 등 기타의 기계기구에 의하여 변성하는 장소로서 변성한 전기를 다시 構外로 전송하는 곳

SSP(Sub Sectioning Post) : 급전보조구분소. 작업시 또는 사고시에 정전구간을 한정하거나 연장급전할 목적으로 개폐장치를 설치한 곳

T1(Transmission Link 1) : 북미 PCM방식, 1.544Mbps 전송(24채널)

TDE(Train Destination Equipment) : 열차행선안내 장치. PIS의 범주에 속하며, CTC에서 정보를 받아 HSE에서 가공하여 LSE로 전송하여 표시기에 정보를 전달하여 Display 시켜주는 장치

TDI(Train Destination Indicator) : 열차행선안내 표시기. LSE에서 정보를 수신하여 각종 정보를 여행자에게 Display 해주는 표시기

TF(Trolley Feeder) : 전차선. 전기차량의 집전장치에 접촉하여 이에 전기를 공급하는 가공전선

TOM(Ticket Office Machine) : 자동발권기. 승객이 사용하는 모든 종류의 수도권 전철 승차권을 역무원이 조작하여 발권하는 기기

TRCP(Train Radio Contral Panel) : 전동차용 열차무선 조작반

TTC(Total Trafic Control System) : 통합열차운행체제. 수십 개 역의 열차운행, 여객업무, 운수업무 등 모든 정보를 한 장소에서 일괄 통제 감시하는 장치 Control System

UPS(Uninterruptible Power Supply) : 컴퓨터 등에 정전없이 전원을 공급하는 장치로서 정류기, 축전지, 인버터 등으로 구성됨.

UPS(Uninterruptible Power Supply) : 무정전 전원공급장치. 컴퓨터 등에 정전없이 전원을 공급하는 장치로서 정류기, 축전지, 인버터 등으로 구성됨.

VAN(Value Added Network) : 부가가치 통신망. 일반통신망에 각종 S/W와 접목하여 통신 사용자가 필요한 정보를 이용할 수 있도록 구성된 통신망

VSAT(Very Small Aperture Terminal) : 초소형 지구국

WAN(Wide Area Network) : 광역 통신망(LAN을 광역화한 통신망)

ZCT(Zero phase-sequence Current Transformer) : 영상변류기. 왕복선 전류의 차, 3ϕ선로의 불평형 등으로 접지전류를 검출하여 누전차단기 또는 지락계전기 등의 전원으로 사용

12.6 전기내선규정관련 용어해설

(1) 시설장소에 관한 용어

1. 전기사용장소

전기를 사용하기 위하여 전기설비를 시설한 장소를 말함

① 발전소, 변전소, 개폐소, 수전소(실) 또는 배전반 등은 포함하지 아니한다.

② 옥외에 하나의 작업장으로 통일되어 있는 것은 하나의 전기사용 장소로 생각하여도 된다.

2. 수용장소

전기사용장소를 포함하여 전기를 사용하는 구내전체를 말한다.

3. 구내

벽, 울타리, 도랑 등으로 구분된 지역 또는 시설자 및 그 관계자 이외의 사람이 자유로이 출입할 수 없는 지역 도는 지형상 및 사회통념상 이에 따르는 장소를 말한다.

4. 도로

공도, 사도의 구별없이 또한 도로관계법의 규정에 관계없이 인축이나 차량이 왕래하는 장소를 말한다.

5. 조영물

건축물, 광고탑 등 토지에 정착하는 시설물중 지붕 및 기둥 또는 벽을 가지는 시설물을 말한다.

6. 조영재

조영물을 구성하는 부분을 말한다.

7. 건조물

사람이 거주하거나 근무하거나, 빈번히 출입하거나 또는 사람이 모이는 건축물 등을 말한다.

8. 옥측

조영물의 옥외측면을 말한다.

9. 우선내

옥측의 처마 또는 이와 유사한 것의 선단에서 연직선에 대하여 45° 각도로 그은 선내의 옥측부분으로서, 통상의 강우상태에서 비를 맞지 아니하는 부분을 말한다.

10. 우선외

옥측에서 우선내 이외의 부분을 말한다.

11. 건조한 장소

평상시 습기 또는 수분이 없는 장소를 말한다.

12. 습기가 많은 장소

다음에 해당하는 장소를 말한다.

① 욕탕 또는 음식점의 주방(주택의 주방을 포함한다) 등의 장소와 같이 수분기가 충만한 장소
② 마루 밑
③ 술, 간장, 음료수 등을 양조하거나 저장하는 장소
④ 기타 상기와 유사한 장소

13. 물기가 있는 장소

다음에 해당하는 장소를 말한다.

① 생선가게, 채소가게, 세탁소의 작업장 등과 같이 물을 취급하는 장소나 세척장(세차장 및 목욕탕의 샤워장 포함), 또는 이러한 장소부근에 물방울이 튀는 장소
② 상시 물이 새어나오거나 물방울이 맺히는 지하실
③ 기타 이와 유사한 장소

14. 고온장소

주위온도가 보통 사용상태에서 30°C를 초과하는 장소를 말한다.

15. 노출장소

옥내의 천장 아랫면 또는 벽면 기타 옥측과 같은 은폐되지 아니한 장소를 말한다.

16. 점검가능한 은폐장소

점검구가 있는 천장 안이나 벽장 또는 다락같은 장소를 말한다.

17. 점검할 수 없는 은폐장소

점검구가 없는 천장 안, 마루 밑, 벽내, 콘크리트바닥내, 지중 등과 같은 장소를 말한다.

18. 사람이 쉽게 접촉될 우려가 있는 장소

옥내에서는 바닥에서 1.8m 이하, 옥외에서는 지표상 2m 이하인 장소를 말하고, 그밖에 계단의 중간, 창 등에서 손을 뻗어서 쉽게 닿을 수 있는 범위를 말한다.

19. 사람이 접촉될 우려가 있는 장소

옥내에서는 바닥에서 저압인 경우는 1.8m 이상 2.3m 이하(고압인 경우는 1.8m 이상 2.5m 이하), 옥외에서는 지표면에서 2m 이상 2.5m 이하의 장소를 말하고, 그밖에 계단의 중간, 창 등에서 손을 뻗어서 닿을 수 있는 범위를 말한다.

(2) 회로에 관한 용어

1. 회 로

보통의 사용상태에서 전기를 통하는 회로의 전부 또는 일부를 말한다.

2. 전선로

발전소, 변전소, 개폐소 이와 유사한 장소 및 전기사용장소 상호간의 전선(전차선, 소세력 회로 및 출퇴표시 등 회로의 전선을 제외한다.) 및 이를 지지하거나 보장하는 시설물을 말한다.

보장하는 시설물이라 함은 지중전선로에 대하여 케이블을 넣는 암거, 관, 지중관 등을 말한다.

3. 전 선

강전류전기의 전송에 사용하는 나선, 절연전선, 다심형전선코드, 케이블 등을 말한다.

4. 배 선

전기사용장소에 고정하여 시설하는 전선을 말하고 기계기구내(배, 분전반을 포함한다)에 그 일부분으로 시설된 전선, 소세력회로의 전선 등은 포함하지 아니한다.

5. 옥내배선

옥내의 전기사용장소에 시설하는 배선을 말한다.

6. 옥측배선

옥측의 전기사용장소에 시설하는 배선을 말한다.

7. 옥외배선

옥외의 전기사용장소에 시설하는 전선(옥측배선은 제외한다)을 말한다.

8. 전구선

전기사용장소에 시설하는 전선가운데에서 조영물에 고정하지 아니하고 백열전등에 이르는 것으로서 조영물에 시설하지 아니하는 코드 등을 말한다. 전기사용 기계기구내의 전선은 포함하지 아니한다.

9. 이동전선

전기사용장소에 시설하는 전선가운데서 조영재에 고정하여 시설하지 아니하는 것을 말한다. 전구선, 전기사용 기계기구내의 전선, 케이블의 포선 등은 포함하지 아니한다.

10. 제어회로

계전기 또는 이와 유사한 기구를 통하여 다fms 회로를 제어하는 회로를 말한다.

11. 제어회로 등

자동제어회로, 원방조작회로, 원방감시조작의 신호회로 및 기타 이와 유사한 전기 회로를 말한다.

12. 신호회로

벨, 부저, 신호등 등의 신호를 발생하는 장치에 전기를 공급하는 회로를 말한다.

13. 약전류회로

다음의 것을 말한다.

① 전신, 전화용회로, 화재경보설비의 회로
② 라디오, 텔레비젼 등의 시청회로 기타 이와 유사한 회로
③ 인터폰, 보청기 등의 전용 음성회로
④ 고주파 또는 펄스에 의한 신호의 전용전송회로
⑤ 1차 전지에서 공급되는 사용전압 30V 이하의 회로
⑥ 1차 전지(30V 이하의 것은 제외한다) 및 2차 전지, 전용의 발전기 등에서 공급되는 60V 이하의 회로에서 소세력회로의 시설의 규정에 따라 과전류보호 또는 전류제한이 행하여지는 것

14. 약전류전선

전신선, 전화선 및 기타 약전류전기의 전송에 사용하는 나선, 피복선, 케이블 등을 말하는 외에 소세력회로의 시설 및 출퇴근표시등회로의 시설에 규정하는 전선을 말한다.

15. 관등회로

방전등용안정기(네온변압기를 포함한다)와 점등관등의 점등에 필요한 부속품과 방전관을 연결하는 회로를 말한다.

16. 정격전압

전기사용기계기구, 배선기구 등에서 사용상 기준이 되는 전압을 말한다. 보통 낙판에 기재되며 점멸기, 소켓, 고리퓨즈 등 낙판이 없는 것은 각인, 형출문자 등으로 표시된다.

17. 최대사용전압

보통의 사용상태에서 그 회로에 가하여지는 선간전압의 최대치를 말한다.

18. 대지전압

접지식 전로에서는 전선과 대지 사이의 전압을 말하고 또 비접지식 전로에서는 전선과 그 전로중의 임의의 다른 전선 사이의 전압을 말한다.

19. 접촉전압

지락이 발생된 전기기계기구의 금속제외함 등에 인축이 닿을 때 생체에 가하여지는 전압을 말한다.

20. 가공인입선

가공전선로의 지지물에서 다른 지지물을 거치지 아니하고 수용장소의 인입선 접속점에 이르는 가공전선을 말한다.

21. 연접인입선

하나의 수용장소의 인입선 접속점에서 분기하여 지지물을 거치지 아니하고 다른 수용장소의 인입선 접속점에 이르는 전선을 말한다.

22. 인입선

가공인입선, 지중인입선 및 연접인입선의 총칭을 말한다.

23. 인입선 접속점

수용장소의 조영물 또는 보조지지물(완금, 애자 부착용금구 등)상의 가공인입선, 연접인입선 또는 지중인입선을 접속하는 전선접속점중 전원에 가장 가까운 곳을 말한다.

24. 구내전선로

수용장소의 구내에 시설한 전선로를 말한다.

25. 구내인입선

구내전선로에서 그 구내의 전기사용장소로 인입하는(또는 전기사용장소에서 인출하는) 가공전선 및 동일구내의 전기사용장소 상호간의 가공전선으로서 지지물을 거치지 아니하고 시설되는 것을 말한다.

26. 인입구

옥외 또는 옥측에서의 전로가 가옥의 외벽을 관통하는 부분을 말한다.

27. 간선

인입구에서 분기과전류차단기에 이르는 배선으로서 분기회로의 분기점에서 전원측의 부분을 말한다.

고압수전의 경우는 저압의 주배전반(수전실 등에 시설되고 공급 변압기에서 보아 최초의 배전반)에서부터로 한다.

28. 분기회로

간선에서 분기하여 분기과전류차단기를 거쳐서 부하에 이르는 사이의 배선을 말한다.

29. 인입구장치

인입구 이후의 전로에 설치하는 전원측으로부터 최초의 개폐기 및 과전류차단기를 합하여 말한다.

① 인입구장치로서는 일반적으로 배선용차단기, 퓨즈를 붙인 나이프스위치 또는 컷아웃스위치가 사용된다. 이들은 단순히 인입개폐기라 부르는 경우가 있다.

② 분기회로수가 적을 경우에는 인입구장치의 개폐기가 주개폐기, 분기개폐기 또는 조작개폐기를 겸하는 것도 있다.

30. 주개폐기

간선에 설치하는 개폐기(개폐기를 하는 배선용차단기를 포함한다) 중에서 인입구장치 이외의 것을 말한다.

주개폐기는 인입구장치 이외의 것을 말하지만 시설장소에 따라서는 인입구 장치를 겸하는 것도 있다.

31. 분기개폐기

간선과 분기회로와의 분기점에서 부하측에 설치하는 전원측으로부터 최초의 개폐기(개폐기를 겸하는 배선용차단기를 포함한다)를 말한다.

① 분기개폐기는 분기과전류차단기와 조합하여 사용하는 것이 보통이다.

② 분기개폐기는 분기회로의 절연저항측정 등의 경우에 해당 회로를 개로하기위하여 시설되고 또 전등회로에서는 분기회로 전체를 점멸하는데 이용되는 수도 있다. 또 전동기 회로에서는 조작개폐기를 겸할 때도 있다.

32. 조작개폐기

전동기, 가열장치, 전력장치 등의 기동이나 정지를 위하여 상용하는 개폐기(배선용차단기를 포함한다)를 말한다.

33. 점멸기

전등 등의 점멸에 상용하는 개폐기(텀블러스위치 등)를 말한다.

34. 수전반

특별고압 또는 고압수용가의 수전용 배전반을 말한다.

35. 배전반

대리석판, 강판, 목판 등에 개폐기, 과전류차단기, 계기(전류계, 전압계, 전력계, 전력량계 등) 등을 장비한 집합체를 말한다.

수전용, 전동기의 제어용 등을 목적으로 하는 것은 포함되나 분전반은 포함되지 아니한다.

36. 제어반

전동기, 가영장치, 조명 등의 제어를 목적으로 개폐기, 과전류 차단기, 전자개폐기, 제어용기구 등을 집합하여 설치한 것을 말한다.

37. 분전반

분기과전류차단기 및 분기개폐기를 집합하여 설치한 것(주개폐기나 인입구장치를 설치하는 경우도 포함한다)을 말한다.

38. 캐비닛

분전반 등을 넣은 문이 달린 금속제, 목제 또는 합성수지제의 함을 말한다.

39. 수구

소켓, 리셉터클, 콘센트 등의 총칭을 말한다.

40. 접지선

다음의 것을 접지극에 접속하는 금속선을 말한다.

① 전기기기의 금속제프레임 또는 외함
② 금속제의 전선관, 덕트 등
③ 케이블의 금속피복
④ 전로의 중성점 또는 1단자
⑤ 피뢰기의 접지단자
⑥ 변성기의 2차측 접지단자
⑦ 기타 접지의 목적물

41. 접지측전선

저압전로에서 기술상의 필요에 따라 접지한 중성선 또는 접지된 전선을 말한다.

42. 본드선

금속관 등 상호 또는 이들과 금속박스를 전기적으로 접속하는 금속선을 말한다.

43. 중성선

다선식전로에서 전원의 중성극에 접속된 전원을 말한다.

44. 전압측 전선

저압전로에서 접지측 전선 이외의 전선을 말한다.

45. 뱅크(BANK)

전로에 접속된 변압기 또는 콘덴서의 결선상단위를 말한다.

(3) 기계기구에 관한 용어

1. 전기기계기구

배선기구, 가정용전기기계기구, 업무용전기기계기구, 백열전등 및 방전등(관등회로의 배선은 제외한다)을 말한다.

2. 전기사용기계기구

백열전등, 방전등, 가정용전기기계기구 및 업무용전기기계기구를 말한다.

3. 배선기구

개폐기, 과전류차단기, 접속기 및 기타 이와 유사한 기구를 말한다.

4. 가정용전기기계기구

라디오, 텔레비전, 선풍기, 전기냉장고, 전기세탁기, 전기풍로, 전기다리미, 전기스탠드 및 기타 이와 유사한 것으로서, 주로 가정용에 사용되는 것을 말한다. 백열전등, 방전등 및 배선기구는 포함하지 아니한다.

5. 업무용 전기기계기구

전동기, 공업용가열장치, 용접기 및 기타 이와 유사한 것으로서, 주로 업무용에 사용되는 것을 말한다. 백열전등, 방전등 및 배선기구는 포함하지 아니한다.

6. 가반전기기계기구

탁상용선풍기, 전기다리미, 텔레비전, 전기세탁기, 가반전기드릴 등과 같이 손으로 운반하기 쉽고 수시로 옥내배선에 접속하거나 또는 옥내배선에서 분리할 수 있도록 꽂음 플러그가 달린 코드 등이 부속되어 있는 것을 말한다.

7. 고정전기기계기구

나사못 등으로 조영물에 붙이는 전기기계기구 또는 전기냉장고, 캐비닛 형 난방기, 조리용 전기기구 등과 같이 형태 및 중량이 크고 일정한 위치에서 사용하는 성질의 전기기계기구를 말한다.

8. 보통형

보통의 장소(흥행장은 제외한다) 특수장소 이외의 장소에서만 사용이 적합한 것을 말한다.특히 방폭형 및 방수형이라 하지 아니하는 경우에는 보통형을 말하고, 이 경우 일반적으로 보통형이라고는 표기하지 아니한다.

9. 방폭형

보통 옥내의 장보소다도 습기가 많고 계절, 기후 등에 따라서 물방울이 생길 가능성이 있는 장소(목욕탕, 펌프 등)에서 사용에 적합한 형의 것으로, 다음 각호에 해당하는 것을 말한다.

① 적당한 외함 등을 구비하여 내부에 물기가 스며드는 것을 방지하는 것
② 외함 등은 구비하지 아니하였으나, 그것 자체가 습기 및 물방울에 견디고 사용상 지장이 없는 것
③ 위 두 항목을 조합한 것

10. 방수형

옥측의 우선외, 옥외에서 비와 이슬을 맞는 장소, 상시 또는 장시간 습기가 100%에 가깝고 물방울이 떨어지거나 또는 이슬이 맺혀 전기용품이 젖어 있는 장소(영안실, 지하도 등)에서 사용에 적합한 형의 것으로, 다음 각호에 해당하는 것을 말한다.

① 적당한 외함을 구비하고 내부에 물기가 스며드는 것을 방지하는 것
② 외함 등은 구비하지 아니하였으나, 그것 자체가 습기 및 물방울에 견디고 사용상 지장이 없는 것

③ 위 두 항목을 조합한 것

11. 옥내형

습기 또는 수분이 많지 않은 보통의 옥내장소에서 사용에 적합한 성능을 가지는 것을 말한다.

12. 수중형

연못, 우물 안 등의 물속에서 사용하는데 적합한 형의 것을 말한다.

13. 옥내형

습기 또는 수분이 많지 않은 보통의 옥내장소에서 사용에 적합한 성능을 가지는 것을 말한다. 특히 옥외형이라 표기하지 아니하는 경우에는 옥내형을 말하고, 이 경우에 일반적으로 옥내형 이라고는 표기하지 아니한다.

14. 옥외형

바람, 비 및 눈과 직사광선을 받는 장소에서 사용하는데 적합한 성능을 가지는 것을 말한다.

① 옥외형의 것을 옥내에 사용하는 것은 지장이 없다.

② 옥내형의 것을 옥외형의 성능을 가지는 함 속에 넣으면 옥외에서 사용할 수 있다.

15. 내고온형

고온장소에서 사용에 성능을 가지는 것을 말힌다.

(4) 재료에 관한 용어

1. 단자

놉단자, 핀단자와 같이 전선을 부착하여 이것을 다른 것과 절연하는 것을 말한다.

2. 애관류

전선의 조영재 관통장소 등에 사용하는 애관, 두께 1.2mm 이상의 합성수지관 등을 말한다.

3. 전선접속기

전선상호의 접속에 사용하는 금속물 및 전선의 끝에 부착하여 기계기구의 단자부와의 접속에 사용하는 금속물로서 납땜을 요하지 아니하는 것을 말한다.

4. 지지물

목주, 철주, 콘크리트주, 강관주, 강판조립주, 철탑 또는 이와 유사한 시설물로서 전선 또는 강전류전선의 지지를 주목적으로 하는 것을 말한다.

5. 내화성

사용중 닿게 될지도 모르는 불꽃, 아크 또는 고열에 의하여 열소되는 일이 없고 또한 실용상 지장을 주는 변형 또는 변질을 초래하지 아니하는 성질을 말한다.

6. 불연성

사용중 닿게 될지도 모르는 불꽃, 아크 또는 고열에 의하여 열소되지 아니하는 성질을 말한다.

7. 난연성

불꽃, 아크 또는 고열에 의하여 착화하지 아니하거나 또는 착화하여도 잘 열소하지 아니하는 성질을 말한다.

8. 절연전선

600V 비닐절연전선, 600V 폴리에틸렌절연전선, 600V 불소수지절연전선, 600V 고무절연전선, 특별고압절연전선, 고압절연전선, 인입용 비닐절연전선 및 인하용 절연전선을 말한다.

9. 케이블

통신용 케이블 이외의 및 캡타이어케이블을 말한다.

10. 전기용품

전기설비의 부분이 되거나 또는 여기에 접속하여 사용되는 기계기구 및 재료 등을 말한다.

(5) 과전류보호 및 누전차단에 관한 용어

1. 과전류

과부하전류 및 단락전류를 말한다.

2. 과부하전류

기기에 대하여는 그 정격전류, 전선에 대하여는 그 허용전류를 어느 정도 초과하여 그 계속되는 시간을 합하여 생각하였을 때 기기 또는 전선의 부하 방지상 자동차단을 필요로 하는 전류를 말한다. 기동전류는 포함하지 아니한다.

3. 단락전류

전로의 선간이 임피던스가 적은 상태로 접속되었을 경우에 그 부분을 통하여 흐르는 큰 전류를 말한다.

4. 지락전류

지락에 의하여 전로의 외부로 유출되어 화재, 인축의 감전 또는 전로나 기기의 상해 등 사고를 일으킬 우려가 있는 전류를 말한다.

5. 누설전류

전로 이외를 흐르는 전류로서 전로의 절연체(전선의 피복절연체, 단자, 부싱, 스페이서 및 기타 기기의 부분으로 사용하는 절연체 등)의 내부 및 표면과 공간을 통하여 선간 또는 대지 사이를 흐르는 전류를 말한다.

누설전류가 생기는 것은 절연체의 절연저항이 무한대가 아니며 전로 각 부 상호간 또는 대지간에 정전용량이 존재하기 때문이다.

6. 과전류차단기

배선용차단기, 퓨즈, 기중차단기(A.C.B)와 같이 과부하전류 및 단락전류를 자동차단하는 기능을 가지는 기구를 말한다.

① 배선용차단기 및 퓨즈는 일반적으로 단락전류 및 과부하전류에 대하여 보호기능을 갖는다. 단락전류전용의 것도 있으나, 이것은 과전류차단기로는 인정하지 아니한다. 또, 열동계전기가 붙은 전자개폐기는 일반적으로 과부하전류 보호전용으로서 단락전류에 대한 차단능력은 없다.

② 전류제한기는 전력수급거래상 필요에 따라 설치하는 것으로서 과전류차단기는 아니다.

7. 분기과전류차단기

분기회로마다 시설하는 것으로서 그 분기회로의 배선을 보호하는 과전류차단기를 말한다.

① 분기과전류차단기로는 일반적으로 배선용차단기 또는 퓨즈가 사용된다.
② 열동계전기가 붙은 전자개폐기 또는 로제트 혹은 전등점멸용의 점멸기 내부에 시설하는 퓨즈는 분기과전류차단기라고는 보지 아니한다.

8. 누전차단장치

전로에 지락이 생겼을 경우에 부하기기, 금속제외함 등에 발생하는 고장전압 또는 지락전류를 검출하는 부분과 차단기 부분을 조합하여 자동적으로 전로를 차단하는 장치를 말한다.

9. 누전차단기

누전차단장치를 일체로 하여 용기속에 넣어서 제작한 것으로서 용기 밖에서 수동으로 전로의 개폐 및 자동차단후에 복귀가 가능한 것을 말한다.

10. 누전경보장치

전로에 지락이 생겼을 경우에 부하기기, 금속제외함 등에 발생하는 고장전압 또는 지락전류를 검출하는 부문과 경보를 내는 부분을 조합하여 자동적으로 소리, 빛 및 기타의 방법으로 경보를 내는 장치를 말한다.

11. 누전경보기

누전경보장치를 일체로(틱접 경보를 내는 부분을 제외한 것도 포함한다)하여 용기 안에 넣은 것을 말한다.

12. 배선용차단기

전자 작용 또는 바이메탈의 작용에 의하여 과전류를 검출하고 자동으로 차단하는 과전류차단기로서 그 최소동작 전류(동작하고 아니하는 한계전류)가 정격전류의 100%와 125% 사이에 있고 또 외부에서 수동, 전자적 또는 전동적으로 조작할 수 있는 것을 말한다.

13. 정격차단용량

과전류차단기가 어떤 정해진 조건에서 차단할 수 있는 차단용량의 한계를 말한다.

14. A종퓨즈

저압배선용의 고리퓨즈, 통형퓨즈 또는 플러그 퓨즈로서 그 특성이 배선용차단기에 가깝고 그 최소용단전류(끊어지고 안 끊어지는 한계전류)가 정격전류의 110%와 135% 사이에 있는 것을 말한다.

15. B종퓨즈

저압배선용의 고리퓨즈, 통형퓨즈 또는 플러그 퓨즈로서 최소용단전류가 정격전류의 130%와 160% 사이에 있는 것을 말한다.

16. 고리퓨즈

연합금의 선 또는 핀의 양단에 동의 고리를 납땜이나 기타의 방법으로 접착한 것 또는 아연판을 정공하여 그 양단을 고리형으로 한 것을 말한다.

17. 포장퓨즈

가용체를 절연물 또는 금속으로 충분히 포장한 구조의 통형퓨즈 또는 플러그퓨즈로서 정격차단용량 이내의 전류를 용융금속 또는 아크를 방출하지 아니하고 안전하게 차단할 수 있는 말한다.

18. 비포장퓨즈

포장퓨즈 이외의 퓨즈를 말하고 방출형 퓨즈를 포함한다.

19. 한류퓨즈

단락전류를 신속히 차단하며 또한 흐르는 단락전류의 값을 제한하는 성질을 가지는 퓨즈로서 이 성질에 관하여 일정한 규격에 적합한 것을 말한다.

20. 전동기용 퓨즈

전동기의 보호에 적합한 퓨즈를 말한다.

참고문헌

1. 철도기술 중장기 기본계획[2006~2010], 2005.6. 건설교통부
2. 철도업무편람, 2008.4. 국토해양부 철도정책 관리실
3. 도시철도유지보수체계 정보화시스템, 표준화보고서, 현대정보기술
4. 철도계획설계, 2006-080-093, 철도인력개발원
5. 한국철도사진 108년사, (사)한국철도건설공학협회
6. 지하철 구내정보통신 기반설비 표준화 및 기능향상방안연구, 서울특별시지하철공사
7. 경량전철실부, 2003.09, (주)유신코퍼레이션
8. 전동차전기, 2002, 서울메트로교육원
9. 도시철도운영 효율화 방안연구, 제2권, 2008, 국토해양부, 한국건설교통기술평가원
10. 전동차 전자, 2001, 서울메트로
11. 전동차, 2006, 서울메트로 교육원
12. 한국철도학회논문집, 2008.8, 한국철도학회
13. 철도차량기술자료 통권131호, 한국철도차량엔지니어링
14. 교수연구보고서, 2005, 서울특별시지하철공사
15. 전동차기계, 1999, 서울특별시지하철공사 교육원
16. 서울메트로 1~4호선 궤도건설지, 2006.12, 서울메트로
17. 도시철도건축설계메뉴얼, 2006.12, 서울메트로
18. 도시철도 기술자료 및 현황 part 1.2.3, 서울메트로
19. 도시철도 기술자료집(6)차량, 서울특별시지하철 건설본부
20. 경량전철 표준화 기준연구 연구결과보고서(안), 2008
21. 건설관리 업무 매뉴얼, 서울메트로 토목팀
22. 철도차량기술 2008년~2009년, 한국철도차량엔지니어링
23. 서울메트로 경전철기술 및 철도 SE 전문과정 자료철
24. 서울메트로 교수연구보고서, 2005년~2009년도
25. 중장기 경영전략 2009~2016, 서울메트로
26. 전치혁, “소프트웨어 신뢰성 모형의 비교에 관한 연구,” 대한산업공학회지, 제15권, 제2호, pp. 65-75, 1989.
27. CENELEC Standard prEN 50126, prEN 50128, prEN 50129, 1997.
28. 平尾裕司, 渡郁夫, “鐵道信號の安全性技術規格の動向,” RTRI 信號通信技術研究部
29. Faivre, Alain and Benoit, Paul, “Safety Critical Software of M t or Developed with the B Formal Method and the Vital Coded Processor,” The 4th WCRR Conference, Tokyo, 1999.
30. 창상훈 외, “전철급전회로 이상전압 억제를 위한 접지시스템 연구”, 2000. 12, 한국철도기술연구원
31. 오광해 외, “전류Map을 이용한 전차선로 관리시스템 구축 연구”, 2000. 12, 한국철도기술연구원
32. 김용기 외, “전철구조물 수명예측 기법에 관한 연구”, 2000. 12, 한국철도기술연구원
33. 최성규, 김남포, 구병춘 외, “기존선 고속화를 위한 시스템에 관한 연구”, 2000. 12, 한국철도기술연구원

34. 김남포, 구병춘, 오지택, “기존선 속도향상을 위한 새마을호 열차의 실험 연구”, 한국철도기술 통권27호, 2001
35. 平尾裕司, 渡郁夫, “鐵道信號にあける安全性技術,” 電子情報通信學會 FTS 99-71.
36. 平尾裕司, 渡郁夫, “列車保安制御システムの安全性技術指針,” RTRI REPORT, Vol. 10, No.11, pp. 5-10, 1996. 11.
37. 김남포, 유원희, 구병춘 외, “곡선부 고속주행용 대차 설계기술 개발”, 2000. 12, 한국철도기술연구원
38. 한국철도기술연구원(2000), 경량전철시스템 기술개발사업 2차년도 연구결과보고서(시스템최적화 및 시험평가)
39. 한국철도기술연구원(2000), 경량전철시스템 기술개발사업 2차년도 연구결과보고서(신호시스템 분야)
40. 일본 철구엔지니어링, “KRT의 시험선”
41. “Railway Safety Principles and Guidance” Health & Safety Executive, September, 1996
42. “The Specification and Demonstration of Reliability, Availability, Maintainability and Safety” CENELEC, June, 1997
43. Raythyon system company, “Phase II Demonstration PRT Project Safety Compliance Assessment Report”, September 1998
44. “종합시스템엔지니어링”, 경량전철시스템기술개발사업, 한국철도기술연구원, 1999
45. “경량전철시스템의 안전성 구축방안”, 한국철도학회추계학술대회, 2000. 11
46. “시스템최적화 및 시험평가”, 경량전철시스템기술개발사업, 한국철도기술연구원, 2000
47. 서울메트로 1~4호선 궤도 건설지. 2006.12.
48. 전기철도 역사 전기설비 RE-Engineering. 설계시공/인계, 인수
49. 신호시스템 종합시험 평가 연구 결과보고서(안), 2008, 한국건설교통평가원, 국토해양부
50. 철도토목 연구발표대회종합철, 2008, 서울메트로
51. 알기쉬운 철도용어 해설집, 2008, 한국철도학회
52. 철도기술 중장기 기본계획, 2006~2010, 2005.12, 건설교통부
53. 이한준, 유정복, 이중호, 김무성, 경량전철의 개발추이와 도입방안, 교통개발연구원, 1997
54. 한국철도기술연구원, 경량전철시스템 기술개발사업 1차년도 연구결과보고서(분야 : 종합시스템엔지니어링), 건설교통부, 1999, 12
55. 고등기술연구원, (주)대우자동차, 전산보조 시스템 설계 및 개발기술 최종보고서, 과학기술부, 1998
56. 박종선, “시스템공학 전산지원도구를 이용한 시스템 설계 및 관리 데이터의 통합 정보화”, 아주대학교 석사논문, pp. 31-32, 8. 2000
57. James N. Martin, Systems Engineering Guidebook, CRC Press, New York, 1997
58. Young Won Park, Hae Sang Song and Heung Chae Chung, “Traceability in A Unified Systems Engineering Framework for A High-Speed Railway System”, Proc. of the 10th International Symposium of the International Council on Systems Engineering, pp. 43-47, 2000
59. Dennis M. Buede, The Engineering Design of Systems, John Wiley & Sons, Inc., New York, 2000
60. INCOSE, System Engineering Handbook, INCOSE, 1998
61. 도시철도 유지보수체계 정보화 시스템, 차량유지보수 시스템, 표준화보고서, 현대정보기술
62. 한국철도대학 전기동력차 1, 2권, 손영진

63. 한국철도기술연구원, 전자웹진기술지, 2006년~2009년
64. 철도차량공학, 철도세상네트워크, 손영진, 2008
65. 전동차 대차 및 기어행거 브라켓트 안전성에 관한 연구, 손영진, 2002
66. 공공교통 전동차 안전운행을 위한 RIMS프로젝트 적용의 성공요인 연구, 손영진, 2007
67. InterCityExpress(ICE)/InterCity-Neitech(ICT) http://mercurio.iet.unipi.it/ice.html
68. The Future of High Speed Rail http://www.o-keating.com/hsr/future.htm
69. NUREG-0711, Human Factors Engineering Review Model, NRC, Rev.2, 2004.
70. 철도청, 철도사고사례집, 2003.
71. Rasmussen, J., "A Cognitive Engineering Approach to the Modeling of Decision Making and its Organization", 1986, RISO-M-2589, RISO.
72. IRJ(International RailwayJournal) EDITORIAL - May 2000
73. 선도기술개발사업-고속전철기술개발, 1996, 한국고속철도건설공단
74. ANSI/ANS 3.5-1998, "Nuclear Power Plant Simulators for Use in Operator Training", American Nuclear Society, 1998.
75. Ministry of Transport in the Netherlands, Public Works and Water Management, "International Study on Intermodal Transport", 1998. 2, The Hague
76. 平尾裕司, 渡郁夫, "鐵道信號の安全性技術規格の動向," RTRI 信號通信技術研究部
77. 세계의 고속철도, 장경수, 백남욱, 김기환 共譯, 골든벨
78. 한국철도기술정보지 2001년 1·2월호, 기존선고속화와 신호체계
79. TGV Research Overview http://mercurio.iet.unipi.it/tgv/research.html
80. 平尾裕司, 渡郁夫, "鐵道信號にあける安全性技術," 電子情報通信學會 FTS 99-71
81. 平尾裕司, 渡郁夫, "列車保安制御システムの安全性技術指針," RTRI REPORT, Vol. 10, No.11, pp. 5-10, 1996. 11.
82. "2000년도 고속전철기술개발사업 기본계획", 9/2000
83. CENELEC Standard prEN 50126, prEN 50128, prEN 50129, 1997.
84. G7 고속전철기술개발사업 2단계 1차년도 연차보고서, 주전력변환장치 개발
85. G7 고속전철기술개발사업 2단계 1차년도 연차보고서, 차량시스템 엔지니어링 기술개발
86. 세계의 고속철도와 속도향상 & 자기부상식 철도기술, 住田俊介 著, 골든벨
87. Faivre, Alain and Benoit, Paul, "Safety Critical Software of M t or Developed with the B Formal Method and the Vital Coded Processor," The 4th WCRR Conference, Tokyo, 1999.
88. "G7 고속전철기술개발사업 2단계 1차년도 연구성과 보고서", 12/2000
89. "G7 고속전철기술사업과 동역학 및 제어분야 기술개발", 대한기계학회, 11/2000
90. search.naver.com/search.naver?sm=tab_hty&where=nexearch&query.INTERNET
91. ko.wikipedia.org/wiki INTERNET EXPLORER.
92. 부산 도시철도 4호선 국내최초의 고무차륜형식 경량전철 시승기, 이희성, 손영진, 송문석, 한국철도학회, 철도저널, 제14권 제2호, 2011.4.
93. 전동차용 보조전원장치(SIV) 유지보수에 관한 연구, 신혜진, 손영진, 한국철도학회, 한국철도학회 2010년도 정기총회 및 추계학술대회 2010.10

94. 전력회생 브레이크의 에너지 효율화 방안 연구, 박영진, 문관일, 신민식, 손영진, 한국철도학회, 한국철도학회 2010년도 춘계학술대회논문집 2010.7, page(s): 204-212

95. 도시철도차량 차륜슬립 문제 해결에 관한 연구, 조동식, 정상범, 조성원, 손영진, 한국철도학회, 한국철도학회 2010년도 춘계학술대회논문집 2010.7

96. 수동 Mode에서 PSD System 최적화 연구, 손영진, 민경윤, 이강원, 방연근, 한국철도학회, 한국철도학회 2004년도 추계학술대회논문집 2004.10

97. 서울메트로의 베트남 철도사업 프로젝트, 손영진. 정수영. 이종성. 최시행, 한국철도학회, 한국철도학회 2008년도 춘계학술대회논문집 2008.6

98. 수동운전 모드에서 정위치 정차 방법 및 연동 시스템, 손영진, 안청모, 정동윤, 박병노, 한국철도학회, 한국철도학회 2004년도 춘계학술대회논문집 2004.6

99. 지하철 7호선 차륜의 구름 및 미끄럼 접촉으로 인한 피로손상 예측 연구, 이세용, 손영진, 권석진, 유인동, 김호경, 한국철도학회, 한국철도학회 2010년도 정기총회 및 추계학술대회 2010.10.

100. 분기기에서의 단면 형상 변화에 따른 주행안전성 연구, 김태건, 안천헌, 손영진, 강부병, 이희성, 한국철도학회, 한국철도학회 2010년도 정기총회 및 추계학술대회 2010.10

101. 계전기 및 접촉기 수명분석에 의한 신뢰성 향상에 관한 연구, 신건영(Kun-Young Shin), 이덕규(Duk-Gyu Lee), 손영진(Young-Jin Son), 구병춘, 강부병, 이희성, 한국철도학회, 한국철도학회 2010년도 정기총회 및 추계학술대회 2010.10

102. 지하철 환기구 개선 방안에 관한 연구, 최성, 최순기, 손영진, 한국철도학회, 한국철도학회 2010년도 춘계학술대회논문집 2010.7

103. FMECA 적용을 통한 벨트식 도어시스템 신뢰성 향상에 관한 연구, 안천헌, 이도선, 손영진, 이희성, 한국철도학회, 한국철도학회 논문집, 제13권 제1호 2010.2

104. 도시철도 철도차량 유지보수 선진화 방안, 손영진, 이희성, 한국철도학회, 철도저널, 제12권 제6호 2009.12

105. 전동차 안전운행을 위한 RIMS 적용 성공요인, 손영진, 한국철도학회, 철도저널, 제11권 제4호(통권 제41호) 2008.12

106. 중고전동차를 활용한 서울메트로의 베트남 하노이~하롱베이 철도사업에 관한 연구, 손영진, 정수영, 최시행, 서덕용, 이상호, 오성효, 한국철도학회, 한국철도학회 2008년도 추계학술대회논문집 2008.11

107. 철도차량의 운행 중 소음 저감을 위한 휠업소버의 해석 및 실험적 고찰, 손영진, 정수영, 장원락, 최상춘, 한국철도학회, 한국철도학회 2008년도 춘계학술대회논문집 2008.6

108. RIMS 데이타를 활용한 전동차 운행 신뢰성 향상방안, 박수중, 이도선, 전서탁, 손영진, 한국철도학회, 한국철도학회 2007년도 추계학술대회논문집 2007.11

109. 전동차 유지보수 정보화체계 관리시스템 실증적 운영결과 분석, 손영진, 이강원, 한국철도학회, 한국철도학회 논문집, 제10권 제3호, 2007.6.

110. RIMS "지능형 BOM" 구축과 활용에 관한 연구, 박수중, 이도선, 최광석, 손영진, 김명규, 한국철도학회, 한국철도학회 2007년도 춘계학술대회논문집 2007.5

112. 전국 도시철도 전기설비 운영시스템 발전방향 제고, 손영진, 한국철도학회, 한국철도학회 2006년도 전기신호통신분과 학술발표회 2006.11.

113. 도시철도 유지보수체계 RIMS 관련 전동차 BOM 구축에 관한 연구, 박수중, 이도선, 손영진, 한국철도

학회, 한국철도학회 2006년도 추계학술대회논문집 2006.11

114. 서울메트로의 베트남 철도산업 진출 현황, 손영진, 한국철도학회, 철도저널, 제11권 제1호 (통권 제38호) 2008.3
115. 도시철도 전동차용 전력반도체 냉각장치에 대한 연구, 김주태, 손영진, 한국철도학회, 한국철도학회 2010년도 정기총회 및 추계학술대회 2010.10
116. 전동차 유지보수를 위한 BOM 체계 구축에 관한 연구, 손영진, 이강원, 한국철도학회, 한국철도학회 논문집, 제10권 제2호 2007.4
117. 서울메트로 2호선 외순환 구간의 혼잡완화 및 수송력 증대 방안에 관한 연구, 이현주, 국광호, 손영진, 한국철도학회, 한국철도학회 2008년도 춘계학술대회논문집 2008.6
118. 전동차내 이산화탄소 저감방안에 관한 연구, 최성호, 최순기, 손영진, 한국철도학회, 한국철도학회 2010년도 정기총회 및 추계학술대회 2010.10
119. 도시철도의 서비스품질, 고객만족도 및 충성도에 관한 연구, 이현주, 국광호, 손영진, 한국철도학회, 한국철도학회 2009년도 추계학술대회논문집 2009.11
120. 수동운전(ATS)구간에서 PSD 적용 기술의 성공적 요인 분석연구, 민경윤, 손영진, 박근수, 한국철도학회, 한국철도학회 논문집, 제10권 제1호 2007.2
121. 수동운전(ATS)구간에서 PSD 적용 기술의 성공적 요인 분석연구, 민경윤, 손영진, 박근수, 한국철도학회, 한국철도학회 2006년도 추계학술대회논문집 2006.11
122. 철도차량 객실화재 안전감시 시스템, 손영진, 이강원, 방연근, 한국철도학회, 한국철도학회 2005년도 춘계학술대회논문집 2005.5.
123. 공공교통 전동차 안전운행을 위한 RIMS 프로젝트 적용의 성공요인 연구, 손영진, 이강원, 방연근, 한국철도학회, 한국철도학회 논문집, 제9권 제5호 2006.10.
124. 산악열차 운행에 관한 연구, 손영진, 정수영, 이종성, 한국철도학회, 한국철도학회 2007년도 춘계학술대회논문집 2007.5
125. 우천 시 서울메트로 신형 VVVF 전동차(2, 3호선)의 슬립현상에 관한 연구, 김재현, 김주태, 남재호, 손영진, 한국철도학회, 한국철도학회 2010년도 춘계학술대회논문집 2010.7
126. FMECA 적용을 통한 벨트식 도어시스템 신뢰성 향상에 관한 연구, 이도선, 김종운, 손영진, 이희성, 한국철도학회, 한국철도학회 2009년도 추계학술대회논문집
127. 전동차 대치차 기어의 적절한 탐상법에 관한 연구, 이재일, 이민열, 이원학, 손영진, 한국철도학회, 한국철도학회 2010년도 춘계학술대회논문집 2010.7.
128. VVVF 직류전동차의 보조전원장치(SIV)180KVA용에 사용되는 필터콘덴서(FC) 유지보수 및 사용한도에 관한 연구, 신혜진, 우석태, 신민호, 손영진, 한국철도학회, 한국철도학회 2010년도 춘계학술대회논문집 2010.7.
129. 컨네이너 겸용 무개화차 적재함 설계, 김완기, 손영진, 권석진, 김호경, 한국철도학회, 한국철도학회 2010년도 정기총회 및 추계학술대회 2010.10
130. 공공교통 전동차 안전운행을 위한 RIMS 프로젝트 적용 제고, 손영진, 이강원, 방연근, 이도선, 한국철도학회, 한국철도학회 2005년도 추계학술대회논문집 2005.11.

찾아보기

ㄱ

가공 단선식 241
가공 복선식 241
가상구배(假想句配) 68, 198
가선(架線) 241
가선종단표 250
가속력곡선 67
가스소화설비 404
가이드웨이(guideway) 18
가이드웨이 버스(guideway bus) 24
가이드웨이 버스시스템 14
가청주파수 327
간선 264
간선 전철(Trunk Line Electric Railway) 244
감압량 77
강체조가방식 256
개발의 형평성(equity) 427
개착공법 189
개착식(cut-and-cover) 6
객실 송풍기(Linedeliar) 149
객실 환기장치 149
객화차 제동통압력 78
거리비례제 44
거푸집(Mould) 215
건식표 207
건축한계(建築限界) 205
견인력(Ti) 63
견인정수 66
견인정수 사정 60
견인중량 67
경량전철 17, 25
경전철(輕電鐵) 242
경전철시스템 12
계기용 변압기(PT) 132
고무차륜 AGT 18
고무AGT 14
고속전철 243
고속철도 5
고심도 전기철도 방식 지하철 7
고압 단로기(DS) 268
고압배전선로(高壓配電線路) 262
고압보조회로 121
고저차 198
고정폐색방식(fixed block system) 310
고주파 327
고체음(groundborne noise) 227
고탄소강 레일 211
곡선보정(曲線補正) 199
곡선저항 72
공간간격법(space interval system) 309
공공교통수단 13
공공성 39
공기정화설비 395
공주거리 81
공주시간 81
공중케이블(索道, cable car) 26
과전류계전기(ACOCR) 134
과좌식 모노레일 15
관제방송장치 357
광궤간(Broad gage) 194
광섬유(Optical Fiber) 322
광역철도 11
교·직류 전동차 특성 115
교·직류겸용 전동차 115
교류 궤도회로 285
교류 전기철도 239
교류피뢰기(ACArr) 133
교외 전철(Suburban Electric Railway) 244
교직류전동차(ADV) 113

교직절환기(ADCg) 123, 130
교통카드 43, 47
구배저항(Grade Resistance) 71
구분장치(Section) 258
구분표 251
구역제 45
국철 11
궤도(軌道, rail road) 207
궤도거더 16
궤도구조(軌道構造) 207
궤도중심간격 206
궤도회로(軌道回路, Track Circuit) 284, 364
귀선(歸線) 241
균일제 45
균형속도 95
극성(極性) 320
글래스고(Glasgow) 8
급전구분점(Air Section) 261
급전구분소(SP : Sectioning Post) 246, 247
급전선로(給電線路) 260, 261
급행버스체계(BRT, Bus Rapid Transit) 431
급행전철 32
기관차 제동통압력 78
기록표 207
기울기(句配) 197
기울기(踏面句配) 194
기지국 329
꼬임선 케이블(Twisted Pair Wire) 321

ㄴ

낙성계약 43
난바파크 433
네트워크(Network) 323
노면전차(Tram) 31
노반(roadbed) 192
노웨이트 트랜짓(No Wait Transit) 32
농형 전동기 118
뉴 어바니즘(New Urbanism) 428

ㄷ

다등형 신호기 306
다비드손 8
단권변압기 급전방식(AT급전방식) 241
단등형 신호기 306
단로기 252
단방향 통신방식(Simplex) 324
단선터널 73
단체권 47
단체여객운임 48
대용폐색방식(Substitute block system) 99, 312, 381
대중교통지향형 개발 431
대합실 395
대향(對向) 199, 288
대형전동차 243
내형표시빈(LDP) 270, 361, 363
데이터통신 318
도상(Ballast) 208, 215
도상계수(道床係數, Ballast coefficient) 216
도시 전철(Rapid Transit Electric Railway) 244
도시간 전철(Interurban Electric Railway) 244
도시철도 구간 43
도시철도 3, 11, 42
도시확산(urban sprawl) 434
도심부 쇠퇴(urban decline) 434
도심지형(Urban TOD) 431
도어 투 도어(door to door) 13
도쿄의 모노레일 하네다선 15
도크랜드(Docklands) 19
독점성 40
동기전동기(synchronous motor) 22
동륜주 견인력(Td) 64
동축 케이블(Coaxial Cable) 322
드롭퍼(Dropper) 255
등렬식 신호기 306
디젤기관차(DL : Diesel Locomotive) 235
디젤동차 65
디젤전기기관차 65

디지털신호 320

ㄹ

라구나 웨스트 431
라데팡스 434
레일 208
레일제동 73
록본기 힐 432
루이기 갈바니(Luigi Galvani) 8
리니어 모터(linear motor) 22
리드부 96
리치몬드 유니온 여객철도(Richmond Union Passenger Railway) 10
리프트(lift) 26

ㅁ

마차(cab) 6
마차궤도(tram way) 9
마찰계수 62
마찰력(frictional force) 60
멀티미디어통신 319
메인컴퓨터 270
메트로(Metro) 7
메드로폴리단 철도(Metropolitan Railway) 7
모노레일 31
모니터 스피커 148
무선 전송매체 323
무선이동단말기 52
무절연방식 285
무폐색운전 100
미래지향성(futurity) 427
밀착연결기 135

ㅂ

바르셀로나 430
반발력 20
반위 쇄정 292
반위(反位) 200
반이중 통신방식(Half Duplex) 324
반자동신호기 307
발전제동 73
배전반(Switch Board) 266
배전선로 260
배향(背向) 199, 288
백분율(%) 198
변류기(Current Transformer) 135
변압기(transformer) 9, 266
변전소(Sub Station) 246
보류쇄정(保留鎖錠, Stick Locking) 298, 365
보스트위크(H.D Bostwick) 233
보안제동 145
보일의 법칙 78
보조 전동공기압축기(ACM) 138
보조급전구분소(SSP : Sub-Sectioning Post) 246, 247
보조제어함(AC Box) 135
복선터널 73
복합용도개발 432
볼티모어 & 오하이오 철도 10
부담력(負擔力) 193
부상(levitation) 21
부정기열차 87
부합계약 44
분기기(turnout) 16, 96
분기회로(Branch Circuit) 264
분전반(Panel Board) 264
불완해 142
브러시(brush) 21
비상인터폰 148
비상접지스위치(EGS) 132
비상제동 144
빌바오 435

ㅅ

사인파진동(sine波 振動) 320

사정구배(査定勾配, Ruling Grade) 67
사행동(Snake Motion) 226
사후검사방식(수시검사방식) 153
산악철도 5
산악터널공법(ASSM : American Steel Support Method) 190
산업선 전철(Industrial Line Electric Railway) 245
삼상교류 유도전동기 118
상용제동 144
상용폐색방식 99, 312
상전도자기부상식(常電導磁氣浮上式, EMS : Electro-magnetic suspension) 20
상치신호기(Fixed signal) 303
생태환경도시(Ecopolis) 428
서울도시철도공사 11
서울메트로 11
선급교통카드 43
선로구조물(structure) 192
선로제표 207
설정기 148
센트럴 런던 철도(Central London Railway) 7
셰필드 435
소내입환사업 88
소방설비 404
소음 220
소화용수설비 405
소화활동설비 405
솔바이트 레일(Sorbite Rail 또는 경두레일) 211
송전선로 259
쇼난 모노레일(Shonan monorail) 17
수동신호기 307
수용제동 145
수전선로(受電線路) 260
쉴드공법(Shield) 191
스프링클러설비 404
슬랙(Slack) 196
승강설비 419
승차거부 49
승차거절 49
승차권발매용단말기(WTIM) 51
승합차(omnibus) 6
승환 42
시가지 전철(Street Electric Railway) 244
시간간격법(time interval system) 309
시내 전차(electric trams/trolley cars) 10
시운전열차 87
시티 & 사우스 런던 철도(City & South London Railway) 7
신교통시스템 17
신속성 39
신호 Bond 287
신호기장치 302
심플커티너리 조가방식 255
심플커티너리방식 255
쌍무계약 43

ㅇ

아날로그신호 319
안전루프회로 146
안전성 40
알레산드로 볼타(Alessandro Volta) 8
압상력 증가장치(Force Spring) 126
압축개발(Compact Development) 429
앵커링 설비(Anchoring) 257
엄호신호기(Protecting signal) 303
에드몬슨 47
에디슨 9
에스컬레이터 419
에어섹션(Air section) 258
에어조인트 259
엘리베이터(Elevator) 421
여객 42
여객운송업 42
여객운임 48
여객취급 44
여행 개시 43

역 43
연동장치(連動裝置) 291, 364
연락 송전선로(連絡送電線路) 260, 261
연락운송 42
열번표시기 148
열원설비 389
열차다이아(DIA) 85
열차무선전화장치(TRCP) 338
열차승무 87
열차운행제어컴퓨터(TCC : Traffic Control computer) 361
열차운행종합제어장치(TTC : Total Traffic Control) 361
열차저항 68
열차편성 77
영상통신 319
영업킬로 42
영업활동 37
예방검사방식(정기검사방식) 153
오렌코 431
옥내소화전설비 404
와류제동 73
완목식 신호기(Semaphore signal) 276, 305
완속전철 243
완화곡선(transition curve) 195
우대여객운임 49
운동마찰력 61
운송 41
운송계약 42
운영관리컴퓨터(MSC : Management Support Computer) 361
운임 42
운행관리시스템(MSC) 362
운행시격 92
원방신호기(Distance signal) 304
윌리암 로빈슨 276
유도신호기(Caller signal) 303, 306
유도전동기(induction motor) 22
유로스타(Eurostar) 244
유비쿼터스(ubiquitous) 318
유비쿼터스 도시(Ubiquitous City) 428
유상계약 44
유절연방식 285
유효 견인력 66
육상이동국 329
음성통신 318
음압(sound pressure) 220
이동구간제 45
이동성(移動性, mobility) 14
이동폐색방식(moving block system) 310
익스펜션 조인트(Expansion Joint) 257
인버터제어시스템 122
인장봉 견인력(Te) 64
임펄스 궤도회로 285
입·출력 제어컴퓨터(I/O Controller) 361
입출력장치(I/O Controller) 363
입환사업 87
입환신호기(Shunting signal) 303, 306

ㅈ

자기부상열차 20
자동개집표기(AGM) 52
자동발매기(ATIM) 52
자동방송장치 356
자동신호기 307
자동안내 게시기 52
자동안내방송장치 148
자성승차권 46
작용실린더 125
장내신호기(Home signal) 303
저압보조회로 121
저주파 327
저항제어시스템 122
저항제어차 115, 116
전기기관차(EL : Electric Locomotive) 8, 65 235, 236

전기동차 65, 113
전기연동장치 298
전기철도 3, 5
전동차(도시전철용) 242
전동차 11
전령법 100
전송망관리시스템(NMS : Network Management System) 328
전신(telegraph) 8
전위(電位) 320
전이중 통신방식(Full Duplex) 324
전자 직통제동 145
전자변(Pan V) 126
전자연동장치 299
전차선(Contact wire) 254
선차세동률 76
전철변전소(S/S : Sub-Station) 247
전파(傳播) 317
전파(電波) 317
절연구간(Neutral Section) 247
점착 견인력 65
점착계수 65
접근쇄정(接近鎖錠, Approach Locking) 365
접근쇄정 297
접지 브러시(GB) 135
접촉(contact) 17
정류기 267
정반위 쇄정 292
정보 317
정보전송장치(DTS) 361, 363
정보통신 317
정시성(定時性) 13
정위(定位) 200
정위 쇄정 292
정지마찰력 61
정차제동 145
제1종 계전연동장치(繼電連動裝置) 364
제3궤조방식 257
제3궤조식 242
제동률 76
제동배율 75
제동사용률 75
제동원력 75
제동축수 97
제동통압력 77
제륜자 62
제어탁(WORKSTATION) 363
제연설비 410
제한구배(制限句配) 198
제한속도 95
조건부 쇄정 292
조명장치(Light Circuit Diagram) 150
조사쇄정 296
존 포울러(John Fowler) 7
종곡선(終曲線) 199
종속신호기(Subsidiary signal) 304
주거지형(Neighborhood TOD) 431
주기(Period, ‘T’로 표현) 326
주변압기(MT) 123, 134
주변환기(C/I) 135
주스프링(Main Sping) 125
주신호기(Main signal) 303
주차단기(Main Circuit Breaker : MCB) 123, 127
주차제동 145
주파수 공동방식(TRS) 329
주파수(Frequency, ‘f’로 표현) 326
주행로(走行路, treacheries) 15
주회로 121
주휴즈(MFs) 123, 131
중계신호기(Repeating signal) 304, 307
중앙제어기 148
중전철(重電鐵) 242
중형전동차 243
증기기관차 3
지도통신식 100, 381
지령식 99, 380, 381

지멘스(Werner von Siemens) 9
지바시 모노레일(Chiba city monorail) 17
지속가능한 개발(sustainable development) 427
지주(standards, support, column) 16
지하철 11
지하철도 3
직류 고속도차단기 268
직류 궤도회로 285
직류 전기철도 238
직류모신 136
직류전동차(DCV) 113
직류전용 전동차 115
직류직권전동기 118
직류피뢰기(DCArr) 133
직접 급전방식(Simple Feeding System) 240
진동 221
진로구분쇄정 297
진로쇄정(進路鎖錠, Route Rocking) 365
진로쇄정 296
진로제어 300
진로표시기(Route appendent) 305
집전슈(collector shoe) 125
집중개발(Decentralized Concentration) 430

ㅊ

차내 지연 43
차내신호기 304
차단기(Circuit Breaker) 267
차량 스피커 148
차량한계(車輛限界) 205
차륜 62
차륜활주(공전) 61
참여(participation) 427
천분율(‰) 198
철도선로 192
'철도'의 수송분담률 11
철도제동 73
철도차량(鐵道車輛) 196
철사쇄정(撤査鎖錠, Detector Locking) 296, 365
철제차륜 AGT 19
철제AGT 14
청소년 43
청정소화약제 설비 408
초고속자기부상식철도(MAGLEV : Magnetic Levitation System) 22
초고속전철 244
초전도자기부상식(超傳導磁氣浮上式) 20
종괄제어(總括制御) 114
최고속도 95
최급구배(最急句配) 198
최대유효감압량 79
최대정지 마찰력 61
최소 운전시격 60
최소유효감압량 79
최소유효제동통압력 79
쵸퍼제어시스템 122
쵸퍼(CHOPPER)제어차 116
축제동률 76
출력 증폭기 148
출발신호기(Starting signal) 303
측면제어기 148
침목 208

ㅋ

캔트(Cant) 196
코레일 11
콜브렌(H. Collblen) 233
크로소이드(clothoid) 195
크로싱부 96
크리퍼지(Creepage) 227
크리프(Creep) 현상 227

ㅌ

타력구배(惰力句配) 198
터널공법(ASSM) 190

통과신호기(Passing signal) 304
통신(通信, communication) 317
통신식 100, 381
통신채널(Communication Channel) 323
튜브(Tube) 7
트롤리 방식(trolley system) 9
트리형 325
특고압회로 121
특성 견인력 64
틀조립체 125

ㅍ

파리 430
파장(Wavelength, ‘l’로 표현) 326
파형(Waveform) 319
팔링턴(Farringdon) 3
팔링턴가(Farringdon Street) 6
패딩턴(Paddington) 3
팬터그래프(PAN) 123
편성(編成) 113
평균속도 94
평시 운행시격 92
폐색신호(閉塞信號, blocking signal) 98
폐색신호기(Block signal) 303
폐색장치(block device) 309
폐색준용법 99, 313, 381
포스트텐션공법(Post-tensioning method) 215
포인트부(point : 전철기) 96
포츠다머플라츠 433
표시쇄정 296
표정속도 13, 95
표준구배(標準句配) 198
표준궤간(Standard gage) 194
표준운전시분 60
프랭크 스프라그(Frank Julian Sprague) 9
프리텐션공법 214
플랜지(Flange) 196
피뢰기 268
피뢰기과전류계전기(ArrOCR) 133
피크시간(peak time, 尖頭時) 24
필터리액터(FL) 135

ㅎ

하중곡선 67
학생 43
행거(Hanger) 255
행선표시기 148
헌팅(사행동)현상 226
헤비심플커티너리방식 255
현수링크(stopper) 17
현수식 모노레일 15
협궤간(Narrow gage) 194
혼잡도 91, 93
혼합제동 74
화상(이미지)통신 319
확산개발(Urban Sprawl) 430
환경의 가치(environment) 427
환승 42
회생제동 73, 145
회생제동방식 118
횡압 226
후급교통카드 43
휠체어리프트(WhelChair Lift) 423
흡인력(吸引力) 20

1~9

1분(分目) 다이아 85
1선 도선식 306
1시간목(時間目) 다이아 85
2분목(分目) 다이아 85
2선 도선식 306
3차포물선(cubic Parabola) 195
10분(分目) 다이아 85

A

A.T.O(Automatic Train Operation) 자동열차 운행장치 274
A.T.S(Automatic Train Stop)열차자동 정지장치 274
AF(Audio Frequency) 궤도회로 285
AGT(Automated Guideway Transit) 17, 31
AGT시스템 14
APM(Automated People Mover) 13, 242
ATC 143
ATC방식 281
ATC(Automatic Train Control)장치 278
ATO 143
ATO방식 281
ATO(Automatic Train Operation)장치 278
ATS방식 281
ATS(Automatic Train Stop)장치 277

B

BCPS 142
BL(Black List) 54
BRT 32

C

C.T.C장치 364
CC 142
CM(전동공기 압축기) 140
CONSOLE 363
Cross Bond 287
CTC(Centralized Traffic Control) 364

F

FAIL SOFT 280
FAIL-SAFE 280
FC(Filter Capacitor) 116
FEP(Front End Process) 270
FL(Filter Reactor) 116
FOOL PROOF 280
Free Wheeling Diode 117
FSB 142

G

GTO(Gate Turnoff) thyristor 21

H

HCR 137
HSST(High Speed Surface Transport) 20, 21

I

ICR 137
IEEE(Institute of Electrical and Electronics Engineers) 13
IGBT(Insulated Gate Bipolar Transistor) 21
Impedance Bond 287

J

Jumper Bond 287

K

KTX 11

L

LAN(근거리 통신망) 321
LATENT 54
LB 142
LCD 안내게시기 148
LIM(Linear Induction Motor) 19
LIM(Linear Induction Motor)방식 22
LIMAGT 14
LSM(Linear Synchronous Motor)방식 22

NATM공법(New Austrian Tunneling Method) 190, 191

P

P.C침목(Prestressed Concrete Tie) 214
PL(Positive List) 54
PM(People Mover) 242
PRT(Personal Rapid Transit) 22
PS콘크리트(prestressed concrete) 16
PSM(Precision Stop Marker) 289
PWM(Pulse Width Modulation) 118

R

Rail Bond 286
REDUNDANCY(여유도) 280
RFID단말기 53
RFID카드 53
RTU(Remote Terminal Unit) 270
Rush-Hour 운행시격 92

S

SIV장치(보조전원장치) 139

T

T.T.C(Total Traffic Control) 열차종합제어장치 274, 275
T.W.C(Train To Wayside Communication) 274
TBM공법(Tunel Boring Machine) 191
TCMS(Train Control and Monitoring System) 140
TCMS장치(열차종합제어 감시장치) 140
TCR 137
T-money 45
TTC(Total Traffic Control) 364
TWC 144
TWC장치(Train to Wayside Communication) 289

U

UNIT 114

V

VITAL시스템 280
VVVF 인버터(inverter) 21
VVVF(Variable Voltage Variable Frequency) INVERTER 제어차 117
VVVF(Variable Voltage Variable Frequency) 21

▣ 저자약력

손 영 진

경영학 박사(철도경영정책전공)
철도차량기술사
System Engineering Level B
ceoson@seoultech.ac.kr

학력 :
- 한국철도대학 철도운전기전과 전문학사 졸업
- 서울과학기술대학교 금형설계학과 학사 졸업
- 경희대학교 경영대학원 산업안전공학과 1년 수료
- 서울시립대학교 도시행정대학원 고위정책과 수료
- 서울과학기술대학교 철도전문대학원 철도차량공학 석사 졸업
- 서울과학기술대학교 철도전문대학원 철도경영정책 박사 졸업

경력 :
- 서울특별시 기계직 7급 공채 임용
- 서울메트로 차량처장 역임
- 노동부 세부직무 전문위원 재임
- 한국철도학회 전기신호 분과위원장 역임
- 서울메트로 기술본부장(상임이사) 역임
- 선진엔지니어링 기술연구소 부회장 역임
- 한국철도공사 철도발전 자문위원회 자문위원 재임
- 서울과학기술대학교 자동차공학과, 철도차량공학과 교수 재임

저서 : 신편철도차량공학, 구미서관(2011년 문화체육관광부 우수학술도서)

신도시철도시스템공학

저 자 | 손 영 진
발행인 | 임 해 진
발행처 | 구미서관
인 쇄 | 2011년 8월 20일 초판 1쇄
발 행 | 2011년 8월 30일 초판 1쇄
주 소 | 서울시 마포구 동교동 174-7 구미빌딩
등 록 | 1979년 6월 29일 No.9-6호
ISBN | 978-89-8225-799-5 (93550)

TEL : (代) 333-1101 FAX : 335-2201
http://www.goomibook.com

정가 23,000원